Burchard Kohaupt

**Praxiswissen Chemie
für
Techniker und Ingenieure**

Aus dem Programm
Grundlagen und Anwendungen der Technik

Werkstoffkunde der Elektrotechnik
von E. Döring

Praktikum in Werkstoffkunde
von E. Macherauch

Fertigungstechnik mit Kleb- und Dichtstoffen
von W. Endlich

Praktische Oberflächentechnik
von K.-P. Müller

Praxiswissen Chemie für Techniker und Ingenieure
von B. Kohaupt

Handbuch Technische Oberflächen
von H. von Weingraber und Abon-Aly

Tribologie Handbuch
von H. Czichor und K.-H. Habig

Experimentalphysik für Ingenieure
von D. Schulz et al.

Vieweg

Burchard Kohaupt

Praxiswissen Chemie für Techniker und Ingenieure

Mit 123 Bildern

5., verbesserte Auflage

Die Deutsche Bibliothek – CIP-Einheitsaufnahme

Kohaupt, Burchard:
Praxiswissen Chemie für Techniker und Ingenieure / Buchard Kohaupt.
– 5., verb. Aufl. – Braunschweig ; Wiesbaden : Vieweg 1996
  4. Aufl. u.d.T.: Kohaupt, Burchard: Chemie für Techniker und Ingenieure
ISBN 3-528-14978-7

153 / 96

Das Buch erschien bis zur 4. Auflage unter dem Titel
Chemie für Techniker und Ingenieure im Hoppenstedt-Verlag, Darmstadt

5., verbesserte Auflage 1996

Alle Rechte vorbehalten
© Friedr. Vieweg & Sohn Verlagsgesellschaft mbH, Braunschweig/Wiesbaden, 1996

Der Verlag Vieweg ist ein Unternehmen der Bertelsmann Fachinformation.

Das Werk einschließlich aller seiner Teile ist urheberrechtlich geschützt. Jede Verwertung außerhalb der engen Grenzen des Urheberrechtsgesetzes ist ohne Zustimmung des Verlags unzulässig und strafbar. Das gilt insbesondere für Vervielfältigungen, Übersetzungen, Mikroverfilmungen und die Einspeicherung in elektronischen Systemen.

Druck und buchbinderische Verarbeitung: Lengericher Handelsdruckerei, Lengerich
Gedruckt auf säurefreiem Papier
Printed in Germany

ISBN 3-528-14978-1

Vorwort

Erkenntnisse chemischer Forschungs- und Entwicklungsarbeit haben heute große Bedeutung im Alltag.

Zu Recht nicht immer unumstritten, hat die Chemie als Teilgebiet der Naturwissenschaften im letzten Vierteljahrhundert ihr Gesicht sehr gewandelt.

Um zu zeigen, daß Chemie kein statisches Wissensreservoir ist und sich durch die Genialität vieler Chemiker entwickelt hat, wurden in den einzelnen Abschnitten die Meilensteine der Chemie und ihre Forscher genannt.

Das besondere Anliegen dieses Buches ist es, Erkenntnisse aus der chemischen Grundlagenforschung *in einem erkennbaren praktischen Nutzen zu zeigen*.

Vor allem Studenten technischer Fachrichtungen und bereits in der Praxis stehende Techniker und Ingenieure haben mit diesem Buch die Möglichkeit, ein ihr Aufgabenfeld sonst nur tangierendes Wissensgebiet – mit dem sie aber ständig konfrontiert werden – für sich zu erschließen und zu beherrschen.

Bei der Stoffauswahl wurden besonders die modernen Teilgebiete wie Kunststoffe, Korrosion, Klebstoffe, die Organometalle und die Elektrochemie (einschließlich Brennstoffzellen) berücksichtigt.

Theorien sind unbeständig, Tatsachen weit weniger.

Es ist wichtig, Beobachtungen einzuschätzen, die gewonnenen Informationen zu analysieren und ihren Wert und die Grenzen ihrer Anwendbarkeit beurteilen zu können.

Koblenz, im Sommer 1995 *Burchard Kohaupt*

Inhaltsverzeichnis

Teil 1	Allgemeine und anorganische Chemie	1
Vorwort		V
1.	**Einleitung**	1
2.	**Grundbegriffe der Chemie**	5
2.1	Aufbau der Materie	5
2.2	Chemische Kurzzeichen (Nomenklatur)	5
2.3	Wertigkeit der Atome	6
2.4	Metalle und Nichtmetalle	6
2.5	Katalysatoren	6
2.6	Indikatoren	7
2.7	Lösungsmittel	7
2.8	Die drei chemischen Grundgesetze (stöchiometrische Gesetze)	7
2.9	Die chemische Bindung	8
3.	**Säuren, Basen und Salze**	11
3.1	Säuren	11
3.1.1	Sauerstofffreie Säuren	11
3.1.2	Sauerstoffhaltige Säuren	11
3.1.3	Säurereste	11
3.1.4	Säureanhydride	11
3.2	Basen (Laugen)	12
3.3	Salze	12
3.3.1	Saure, neutrale, basische Salze	13
3.3.2	Sauer, neutral und basisch reagierende Salze	13
3.4	Der pH-Wert	13
3.5	Konzentration gängiger konzentrierter Säuren und Basen	14
3.6	Bildung, Benennung und Aufstellung von Formeln für Säuren, Basen und Salze	14
3.6.1	Bildung von Säuren, Basen und Salzen	14
3.6.2	Namen und Formeln einiger wichtiger Säuren, Basen und Salze	15
3.6.3	Aufstellung von Formeln chemischer Verbindungen als Summen- und Strukturformeln anhand der Element-Wertigkeit (Oxidationszahl) sowie deren Benennung	16
4.	**Periodensystem der Elemente**	21
5.	**Atombau**	29
5.1	Allgemeines	29
5.2	Aufbau der Atome	29
5.2.1	Maximale Elektronenzahl auf den Elektronenschalen	29

5.2.2	Elektronenverteilung	30
5.2.3	Massen-Energiegesetz	30
5.3	Bohr'sches Atommodell (1913)	31
5.4	Isotope und Radionuklide	31
5.5	Genaue Kennzeichnung von Elementen	32
5.6	Atom- und Molekülmasse	32
5.7.	Zusammenfassung des Atomaufbaus	33
6.	**Chemische Bindung**	**35**
6.1	Bindungen 1. Ordnung	35
6.2	Bindungen höherer Ordnung	36
6.3	Polarität chemischer Verbindungen	37
6.3.1	Modellmäßige Erklärung des polaren Verhaltens an Hand des Bohr'schen Atommodells	37
6.3.2	Erklärung der Polarität mittels der Elektronegativität	38
6.3.3	Der Wasserstoff im Periodensystem	39
6.4	Die Wertigkeit und Oxidationszahl	40
7.	**Chemische Gesetze**	**43**
7.1	Avogadro'sches Gesetz	43
7.2	Chemisches Gasvolumengesetz	43
7.3	Allgemeine Gasgleichung	45
7.4	Loschmidt- oder Avogadro-Konstante (Loschmidt'sche- oder Avogadro'sche Zahl)	46
7.5	Massenwirkungsgesetz (MWG)	47
7.6	Das Gesetz von der Erhaltung der Masse und der Energie	47
7.7	Das Gesetz der festen Massenverhältnisse	48
7.8	Das Gesetz der vielfachen Gewichtsverhältnisse	48
7.9	Schwefel-Eisen-Versuch	49
8.	**Dissoziationsgrad und pH-Wert**	**53**
8.1	Die Dissoziation	53
8.2	Dissoziationsgrad der Elektrolyte	53
8.3	pH-Wert	54
8.4	Verhalten von Gips gegenüber Metallen	56
8.4.1	Aggressivität von Gips gegenüber Stahl und anderen Metallen	56
8.4.2	Schützende Wirkung von Gips gegenüber Blei	57
9.	**Stickstoff und seine wichtigsten Verbindungen**	**59**
9.1	Salpetersäure-Synthese nach dem Luftverbrennungsverfahren	59
9.2	Verschiedene Oxide des Stickstoffs	59
9.3	Ammoniaksynthese (Haber-Bosch-Verfahren)	60
9.4	Salpetersäure-Synthese (n. d. Ammoniakverbrennungsverfahren)	60
9.5	Einige Katalyse-Verfahren mit Edelmetallen (Platinmetallen)	61
10.	**Eigenschaften der Gase (Gastheorie)**	**63**
10.1	Linde-Luftverflüssigungsverfahren	63
10.2	Gase	63

10.2.1	Reale Gase	64
10.2.2	Ideale Gase	64
10.3	Kritische Größen von Gasen	65
10.4	Kinetische Gastheorie	65
10.4.1	Die drei wichtigsten Gasgesetze	67
10.5	Ozon	68
10.6	MAK-Werte	69
11.	**Eingestellte Lösungen**	**73**
11.1	Maßlösungen	75
11.2	Ansetzen einer Maßlösung	75
11.3	Das Einstellen einer angesetzten Maßlösung	76
11.4	Maßanalytische Bestimmung gelöster Substanz	79
Teil 2	**Organische Chemie**	**83**
12.	**Einführung in die organische Chemie**	**83**
13.	**Kohlenwasserstoffe**	**85**
13.1	Einige gesättigte Kohlenwasserstoffe	85
13.2	Sonderstellung des Kohlenstoffs im Periodensystem	86
13.3	Alkane, Alkene und Alkine	86
13.3.1	Die Spannungstheorie	87
13.3.2	Alkene (Olefine)	88
13.3.3	Alkine und Acetylen	88
13.4	Acyclische und cyclische Kohlenwasserstoffe	90
13.4.1	Beispiele acyclischer Kohlenwasserstoffe	91
13.4.2	Beispiele cyclischer Kohlenwasserstoffe	91
13.4.3	Beispiele aromatischer Kohlenwasserstoffe	93
13.4.4	Beispiele aliphatisch-aromatischer und ähnlicher Kohlenwasserstoffe	95
13.5	Isomerie	98
13.5.1	Spiegelbild-Isomerie (optische Isomerie)	99
13.5.2	Substitutions-Isomerie	100
14.	**Wichtige Verbindungen und Begriffe der organischen Chemie**	**103**
14.1	Paraffine	103
14.2	Olefine	103
14.3	Derivate und Halogenderivate	103
14.4	Homologe Reihe	106
14.5	Jodzahl	108
14.6	Radikale	108
14.7	Alkohole	108
14.7.1	Alkoholische Gruppe (OH-Gruppe)	109
14.7.2	Mehrwertige Alkohole	110
14.7.3	Primäre, sekundäre und tertiäre Alkohole	110
14.7.4	Erkennungsmöglichkeiten der verschiedenen Alkohole (primär, sekundär, tertiär)	111
14.7.5	Vergällungsmittel (Denaturierungsmittel) für Ethanol	112

15	**Kohlenhydrate (Saccharide)**	115
16	**Verbindungen mit funktionellen Gruppen**	117
16.1	Ether	117
16.2	Substitution	117
16.3	Amine und Amide	117
16.4	Aldehyde	118
16.5	Ketone	118
16.6	Carbonsäure	119
16.7	Mehrbasige organische Säuren	120
16.8	Ester	120
17	**Seifen und Waschmittel (Fette und Tenside)**	125
17.1	Seifen (Waschseife)	125
17.2	Synthetische Waschmittel	126
17.3	Schwimmaufbereitung von Erzen (Flotation)	127
18	**Kraftstoffe**	129
18.1	Benzin (Oktanzahl, Verbleiung)	129
18.2	Dieselkraftstoff (Cetanzahl)	131
19	**Teer und Bitumen**	133
19.1	Herkunft von Teer und Bitumen	133
19.2	Definition von Teer und Bitumen	133
19.3	Unterscheidungsmerkmale zwischen Teer und Bitumen	133

Teil 3	**Elektrochemie (Elektrolyse)**	137
20	**Einführung in die Elektrochemie**	137
21	**Elektrolytische Zersetzung**	139
21.1	Elektrolytische Zersetzung von Kupfersulfat und E-Kupfergewinnung	139
21.3	Faraday'sche Gesetze	140
22	**Elektrochemische Spannungsreihe**	145
22.1	Normalpotentiale	146
22.1.1	Elektrochemische Spannungsreihe der Metalle (in saurer Lösung)	147
22.1.2	Elektrochemische Spannungsreihe der Nichtmetalle	148
22.1.3	Elektrochemische Spannungsreihe der Ionenumladungen	149
22.1.4	Thermoelektrische Spannungsreihe	149
22.2	Polarisation	150
22.3	Lokalelemente	151
22.4	Passivität	151
22.5	Elektropolieren („Elysieren")	152

23 Korrosion ... 155

- 23.1 Allgemeine Bedeutung ... 155
- 23.2 Theorie der elektrochemischen Korrosion ... 157
- 23.3 Kontaktkorrosion ... 157
- 23.3.1 Korrosion verzinkter Stahlrohre (Wasserleitungen) ... 157
- 23.4 Das „Umkehren" des Zink- und Eisenpotentials ... 158
- 23.5 Lochfraß ... 158
- 23.6 Lokalelementbildung ... 159
- 23.7 Reibkorrosion und Reibverschleiß ... 159
- 23.7.1 Die selektive Korrosion ... 159
- 23.7.2 Spongiose (Schwammkorrosion) ... 160
- 23.8 Erosions- und Kavitationskorrosion ... 160

24 Korrosionsschutz ... 163

- 24.1 Korrosionsschutz durch Oberflächenbeschichtung ... 163
- 24.1.1 Natürlicher Korrosionsschutz ... 163
- 24.1.2 Künstlicher Korrosionsschutz ... 163
- 24.2 Kathodischer Korrosionsschutz ... 164

25 Elektrischer Leitungsmechanismus ... 167

- 25.1 Elektrische Leiter ... 167
- 25.2 Elektrische Nichtleiter (Isolatoren) ... 169
- 25.3 Elektrische Halbleiter ... 169
- 25.3.1 Theoretische Grundlagen ... 169
- 25.3.2 Störstellenleitung in Halbleitern ... 171

26 Akkumulatoren (Sekundärelemente) und Brennstoffzellen ... 175

- 26.1 Bleiakkumulator ... 175
- 26.1.1 Aufbau des Bleiakkumulators ... 175
- 26.1.2 Elektrochemischer Arbeitsprozeß ... 176
- 26.1.3 Herstellung der Akkumulatorplatten ... 177
- 26.1.4 Technische Daten ... 178
- 26.1.5 Vor- und Nachteile des Bleiakkumulators ... 179
- 26.2 Nickel-Eisen- und Nickel-Cadmium-Akkumulator ... 180
- 26.2.1 Arbeitsprinzip ... 180
- 26.2.2 Gasdichte Akkumulatoren ... 181
- 26.2.3 Entwicklung und Aufbau ... 181
- 26.2.4 Lade- und Entladevorgang ... 183
- 26.3 Silber-Zink-Akkumulator (oder auch Silber-Cadmium-Akkumulator) ... 185
- 26.4 Anwendung der Akkumulatoren ... 186
- 26.4.1 Schaltung von Akkumulatoren ... 186
- 26.4.2 Zukunftsaussichten der Akkumulatoren ... 186
- 26.4.3 Akkumulatoren im Elektroauto (Elektrotraktion) ... 186
- 26.5 Brennstoffzellen ... 186

Teil 4 Kunststoffe 193

27 Einführung 193
27.1 Entwicklung der Kunststoffproduktion 194

28 Gliederungsmöglichkeiten der Kunststoffe 199
28.1 Einteilung der Kunststoffe nach ihrer Herkunft 199
28.2 Einteilung der Kunststoffe nach Kunststofftypen 207
28.2.1 Thermoplaste (Plastomere) 207
28.2.2 Duroplaste 210
28.2.3 Elastomere 211

29 Sonderarten der Polymerisation 215
29.1 Die stereospezifische Polymerisation 215
29.2 Die Copolimerisation 216
29.3 Die Pfropfpolymerisation 216
29.4 Homopolymerisation 217
29.5 Merkmale einiger spezieller Polyethylenarten 217
29.6 Leiterpolymere 217
29.7 Polyblends („Kunststofflegierungen") 220

30 Die Silikone 223

31 Die Kunststoff-Kurzzeichen 225
31.1 Kunststoff-Kurzzeichen 225

32 Kunststoffeigenschaften 233
32.1 Die Zustandsbereiche der Kunststoffe 234
32.2 Das Formänderungsverhalten der Kunststoffe 235
32.3 Mechanische Eigenschaften 238
32.3.1 Verformungsverhalten von Kunststoffen 238
32.3.2 Kurzzeitige Beanspruchung 239
32.3.3 Die Zugfestigkeit 239
32.3.4 Der E-Modul 241
32.3.5 Die Biegefestigkeit 242
32.3.6 Das Langzeitverhalten 243
32.3.7 Die Zähigkeit 245
32.3.8 Das dynamische Verhalten 246
32.4 Das Reibverhalten 248
32.5 Thermische Eigenschaften 249
32.6 Elektrische Eigenschaften 251
32.7 Optische Eigenschaften 253
32.8 Chemische Beständigkeit 253

33 Kunststoffanwendung in der Konstruktion 257
33.1 Der Sicherheitsbeiwert der Kunststoffe 258
33.2 Beurteilung der chemischen Eigenschaften von Kunststoffen 259

34 Das Flammwidrigmachen brennbarer Kunststoffe 261

35 Der Technische Einsatz und die Bearbeitung von Kunststoffen 265
35.1 Die spanabhebende Bearbeitung von Kunststoffen 265
35.2 Die Metallbeschichtung von Kunststoffen 265
35.3 Die Pulverlackierung von Metallen 266
35.4 Das Verschweißen von Kunststoffen 267
35.4.1 Schweißverfahren 267
35.4.2 Ultraschall-Schweißnahtgestaltung 268

36 Das korrosionsbeständige Wasserleitungsrohr aus vernetztem Polyethylen . . 271

37 Schaumstoffe 273
37.1 Treibprozesse 273
37.1.1 Der mechanische Treibprozeß 273
37.1.2 Der physikalische Treibprozeß 274
37.1.3 Der chemische Treibprozeß 274
37.2 Polyurethanschäume 275
37.3 Integral- und Strukturschäume 276

38 Kunstharze 279

39 Ionenaustauscher auf der Basis vernetzter Kunststoffe 281

40 Klebstoffe 285

41 Verfahren zur Kunststoff-Metallisierung 299

42 Elektrische Leitfähigkeit der Kunststoffe 301
42.1 Elektrisch leitfähige Kunststoffe 301
42.2 Elektrisch leitfähige, gefüllte Kunststoffe 302
42.3 Organische Halbleiter 302
42.4 Die „organischen Metalle" („Synmetals") 302

43 Charakteristische Eigenschaften einiger für die Technik wichtiger Kunststoffe 309

44 Die Molekülmassenbestimmung von Kunststoffen 317

45 Qualitäts- und Gütezeichen für Kunststoffe 319

Teil 5 Stöchiometrie mit Übungsbeispielen 321

1 Einführung in die Stöchiometrie 321
1.1 Was versteht man unter stöchiometrischem Rechnen? 321
1.2 Ausführung der stöchiometrischen Berechnungen 321

2	**Stöchiometrische Übungsbeispiele**	323
2.1	Übungsbeispiele einfacher Art	323
2.2	Berechnung von Gasreaktionen	325
2.3	Berechnungen im Rahmen des Faraday'schen Gesetzes	333
2.4	Berechnungen im Rahmen eingestellter Maßlösungen	334
2.5	Berechnungen von Mischungen unter Verwendung des Mischungskreuzes	336

Teil 6 Metallkunde ... 339

1	**Mischkristalle und Schmelze (Metallkristalle)**	339
1.1	Mischkristallbildung bei binären Legierungen	339
1.2	Reinkristallbildung bei binären Legierungen	340
1.3	Die begrenzte Mischkristallbildung	341

Anhang ... 343

1	Physikalisch-chemische Daten wichtiger Säuren/Basen und Löslichkeit anorganischer Salze in Wasser	343
2	ABC der Chemie und Kunststoffe	351
3	Literatur	379
4	Stichwortverzeichnis	383

Teil 1 Allgemeine und anorganische Chemie

1. Einleitung

Die Kenntnis der Systematik der Elemente, die Darstellung der Eigenschaften und der Reaktionen der Elemente und ihrer Verbindungen ist für jedes weitere Verständnis chemischer Vorgänge unverzichtbar.

In diesem Kapitel werden deshalb u. a. Grundbegriffe der Chemie, das Periodensystem der Elemente, der Atombau, Verbindungen wie Säuren, Basen, Salze, chemische Bindungsarten und chemische Grundgesetze behandelt.

Wie sich diese Erkenntnisse und ihre Bedeutung für die Praxis – aufbauend aufeinander – entwickelt haben, zeigt die folgende historische Aufstellung:

Robert Boyle (1627–1691) und *Edme Mariotte* (1620–1684) fanden beim Studium der Gase das nach ihnen benannte *Boyle-Mariotte'sche Gesetz*. Es besagt, daß das mathematische Produkt aus dem Gasdruck p und dem Gasvolumen v bei gleichbleibender Temperatur stets einen konstanten Wert ergibt ($p \cdot v$ = const.). Dieses Gesetz gilt jedoch nur streng für ideale Gase.

1771 *Scheele* (1742–1786) und *Priestley* (1733–1804) *entdeckten den Sauerstoff.*

1774 *Lavoisier* deutet die Vorgänge beim Verbrennen und Atmen richtig, führt die Waage in die Chemie ein und stellt das *„Gesetz von der Erhaltung der Masse"* bei chemischen Reaktionen auf.

1788 *Lavoisier* führt die erste primitive *Elementaranalyse* durch.

1797 *Proust* (1754–1826) formuliert das „Gesetz der konstanten Proportionen": Die Elemente vereinigen sich in ganz bestimmten, konstanten Gewichtsverhältnissen zu Verbindungen. Die Zusammensetzung der Verbindungen ist konstant *(Erstes stöchiometrisches Gesetz)*.

1802 *Gay-Lussac* (1778–1850) erkannte und formulierte das Gesetz, wonach sich das Volumen eines idealen Gases bei 0 °C und bei gleichbleibendem Druck je Grad Temperaturänderung um den 273,15ten Teil des Ausgangsvolumens bei Temperaturerhöhung vergrößert und bei -erniedrigung verkleinert. Gleiches gilt für das Verhalten des Druckes bei konstantem Volumen.

Volumenänderung: $\quad v_1 = v_0 \cdot \left(1 + \dfrac{t}{273{,}15}\right)$

Druckänderung: $\quad p_1 = p_0 \cdot \left(1 + \dfrac{t}{273{,}15}\right)$

1808 *Dalton* (1766–1844) – *„Gesetz der multiplen Proportionen"*: Wenn zwei Elemente mehrere Verbindungen miteinander bilden, so stehen die Gewichtsmengen des einen Elementes, die sich mit einer konstanten Gewichtsmenge des anderen Elementes verbinden, im Verhältnis einfacher ganzer Zahlen zueinander *(Zweites stöchiometrisches Gesetz)*.

1808 *Gay-Lussac* – erstes und zweites chemisches Gasvolumengesetz.

1811 *Avogadro* (1776–1856) entwickelt seine Molekulartheorie für gasförmige Stoffe: Ein Mol eines Gases hat unter Normbedingungen (0 °C und 1013 mbar) stets ein Volumen von 22,4 l *(Avogadro'sches Gesetz)*.

1813–1815 *Berzelius* (1779–1848) führt die heute weltweit übliche „chemische Zeichensprache" und den Begriff „organische Chemie" ein.

1819 *Dulong* (1785–1838) und *Petit* (1791–1820) haben erkannt, daß bei vielen Metallen das Produkt aus der Atommassenzahl und der spezifischen Wärme etwa 26 J ist *(Dulong-Petit'sche Regel)*.

1823 *Döbereiner* (1780–1849) stellt fest, daß sich Wasserstoffgas an feinstverteiltem, kolloidalem Platin („Platinmohr" wegen seiner schwarzen Farbe) in Anwesenheit von Luftsauerstoff entzündet *(Katalysator)*.

1828 *Wöhler* (1800–1882) gelingt die erste Synthese eines organischen Stoffes (Harnstoff) aus einem anorganischen Stoff (Ammoniumcyanat). Er stellte zuvor (1827) erstmalig elementares Aluminium dar und entdeckte Yttrium, kristallisiertes Bor sowie Silicium. Mit Liebig arbeitete er über Benzoylverbindungen.

1835 *Berzelius* (1779–1848) führt den Begriff der *Katalyse* ein und erklärt sie. 1803 entdeckte er das Element Cer, 1817 fand er die Elemente Selen und Lithium.

1840 *Justus von Liebig* (1803–1872) begründete die Agrikulturchemie. Er arbeitete Vorschriften für die Herstellung von Fleischextrakten („Liebigs Fleischextrakt"), Backpulver und Silberspiegel aus.

1842 *Robert Mayer* (1814–1878) stellt *„das Prinzip von der Erhaltung der Energie"* auf.

1858 *August Kekulé* (1829–1896) stellt die *Vierwertigkeit des Kohlenstoffs* fest und definiert die *organische Chemie* neu als die *Chemie der Kohlenstoffverbindungen*.

1865 *August Kekulé* stellt die ringförmige *Benzolring-Strukturformel* mit drei oszillierenden Doppelbindungen (lt. Kekulé: „*Mesomerie*") auf. Dieser Benzolring gibt den Bindungszustand nicht exakt wieder; heute werden daher auch häufig diese drei Doppelbindungen durch eine Ladungswolke, die aus 6 π-*Elektronen* besteht, kreisförmig im aus 6 Einfachbindungen bestehenden Ring angegeben.

1867 *Guldberg* (1836–1902) und *Waage* (1833–1900) formulieren erstmals exakt das *Massenwirkungsgesetz* (MWG).

1869 *D. Mendelejew* (1834–1907) und *Lothar Meyer* (1830–1895) entdecken unabhängig von einander, daß die Eigenschaften der Elemente periodische Funktionen ihrer Atommassen sind *(Periodensystem der Elemente)*.

1886 *Van't Hoff* (1859–1912) findet, daß die Gasgesetze auch auf Lösungen anwendbar sind.

1887 *Svante Arrhenius* (1859–1927) findet die Theorie der *elektrolytischen Dissoziation* von Elektrolyten in Lösungen.

1892 *Alfred Werner* (1866–1919) begründet die *Koordinationslehre*, d. h. die Lehre der Verbindungen höherer Ordnung.

1895 *Carl von Linde* (1842–1934) ermöglicht mit dem *Luftverflüssigungsverfahren* erstmals die Anwendung tiefster Temperaturen.

1896 *A. H. Becquerel* (1852–1908) stellt erstmals am Uran radioaktive Erscheinungen fest.

1898 *Marie Curie* (1867–1934) entdeckt mit ihrem *Ehemann Pierre* (1859–1906) und *Becquerel* die Elemente *Radium* und *Polonium* in der Uranpechblende. *Nobelpreis* 1911 (Chemie)

1900 *Planck* (1858–1947) errechnet das Wirkumsquantum und damit die Quantentheorie *(„Planck'sches Wirkumsquantum")* und erhält dafür den *Nobelpreis* 1918 (Physik).

1902 *Normann* (1870–1939) erfindet die Fetthärtung durch Hydrierung an Nickelkatalysatoren („Raney-Nickel"), die von ihm bis 1920 weiter verbessert wird. Außerdem entwickelte er ein Verfahren zur Reduktion von Fettsäuren zu Fettalkoholen.
1905–1907 *Einstein* (1879–1955): *Masse-Energie-Gleichung* ($E = m \cdot c^2$), spezielle und allgemeine *Relativitätstheorie*.
1906–1910 *Haber* (1868–1934) und *Bosch* (1874–1940) entwickeln die *Ammoniaksynthese (erstes Hochdrucksyntheseverfahren)*.
1909 *Sörensen* (1868–1939) Einführung des pH-Wertes.
1913 *Bergius* (1884–1949) erhält das Patent für die erste katalytische Hochdruckhydrierung von Braunkohle zu Benzin *(„Kohleverflüssigung")*.
1913 *Bohr* (1885–1962) entwickelte das Bohr'sche Atommodell.
1916 *Kossel* (1888–1956) und *Lewis* (1875–1946) erarbeiten gemeinsam die Elektronenoktettregel (Edelgaszustand) durch Elektronenaufnahme bzw. -abgabe.
1919 *Irving Langmuir* (1881–1957) Veröffentlichung der *Oktett-Theorie* der Valenz.
1923 *Brönsted* (1879–1947) und *Lowry* entwickelten einen neuen Säure-Base-Begriff: Säuren sind Stoffe, die Protonen abgeben, also *Protonendonatoren*, und Basen sind solche, die Protonen aufnehmen, also *Protonenakzeptoren*.
1923 *Lewis* (1875–1946) erweitert den Säure-Base-Begriff: *Lewis-Säure* ist ein Elektronenpaarakzeptor, der ein von einer *Lewis-Base* zur Verfügung gestelltes Elektronenpaar aufnehmen kann.
1932 *Linus Pauling* (1901–1994) stellt erstmals eine *Elektronegativitätstabelle* auf.
1939 *Otto Hahn* (1879–1955) und *Strassmann* (1902–1980): *Erste Atomkernspaltung* mittels Neutronenbestrahlung.
1940 *Fleming* (1881–1955) sowie den Mitarbeitern *Chain* (1906–1979) und *Florey* (1898–1968) gelingt es, das *Penicillin* aus dem Fleming'schen Schimmelpilz zu isolieren.
1948 *Libby* (1908–1980) gelingt erstmals die vor- und frühgeschichtliche *Altersbestimmung anhand der Strahlungsmessung am radioaktiven* ^{14}C *und* ^3H.
1962 *Ab 1.1.1962 ist die internationale Bezugseinheit für die relative Atommasse die Masse des Kohlenstoffisotops* ^{12}C *gleich 12,00000 als Bezugsbasis*. Die Atommasse 1,00000 ist ab 1.1.1962 demnach $\frac{1}{12}$ der Atommasse von ^{12}C.

Kunststoffe

1869 *Cellulosenitrat-Herstellung* – „Nitrocellulose" – (Kurzzeichen: CN).
1908 *Baekeland* (1863–1944) erfindet das „Bakelit", den *ersten vollsynthetischen Kunststoff*, der durch Polykondensation gewonnen wird.
1912 *Klatte* (1880–1934) gelingt *erstmals die Polymerisation* von Vinylchlorid zu *Polyvinylchlorid*.
1922 *Hermann Staudinger* (1881–1965), „Vater der makromolekularen Chemie", führt den Begriff *„Makromolekül"* für Kettenmoleküle mit einer Molekülmasse > 8000 ein. Er entdeckte und bewies die Kettenstruktur der hochpolymeren Moleküle.
1929 Beginn der *Polyvinylchlorid-Produktion in Deutschland* (IG-Farbenwerk Ludwigshafen)
1937 *Otto Bayer* (1902–1982) entwickelt in Leverkusen anhand der Synthese von *Polyurethan* (Kurzzeichen: PUR) die *Polyaddition* als ein neues Kunststoffsyntheseverfahren.
1941 und 1942 *Eugen Georg Rochow* (1907) und *Richard Müller* (1903) finden unabhängig von einander in Amerika (1941) und Deutschland (1942) anhand der Direkt-

synthese die Silikone *(,,Polyorganosiloxane")*. Diese Direktsynthese wird auch die *Müller-Rochow-Synthese* genannt. (Kurzzeichen: SI).

1952 Die *BASF* erhält die *Patenterteilung* für durch vergasendes, leichtsiedendes Benzin geschäumtes Polystyrol – *,,Styropor"* – (Kurzzeichen: PS-E)

1953 *Karl Ziegler* (1898–1973) entdeckt das Verfahren der Niederdruckpolymerisation von Ethylen (Ethen) zu Polyethylen (Polyethen).

1963 *H. Naarmann* (1931) und *F. Beck* (1931), beide BASF, gelingt die Synthese von *elektrisch leitfähigen organischen Polymeren (,,Synmetals"),* die ohne Ruß- oder Metallpulverbeimengungen *metallische Leitfähigkeit (π-Elektronen)* besitzen. – (Patentanmeldung: 11.4.1963, Patenterteilung: 11.4.1965, Patentnummer: 100 679)

1964 *W. A. Little* entwickelt eine *Theorie der Supraleitung* in organischen Polymeren. Dieses *,,Little-Modell"* ist aber bis heute noch nicht verwirklicht.

1980–1982 *Entwicklung einer flexiblen, wiederaufladbaren elektrochemischen Zelle* mit einer Elektrode aus elektrisch leitfähigem organischem Polymer *(Polypyrrol)* und der anderen aus Lithium.

2. Grundbegriffe der Chemie

2.1 Aufbau der Materie

Es gibt 92 natürliche und bis jetzt etwa 17 künstlich hergestellte Elemente.
Das Atom ist der kleinste Baustein eines Elementes. Ein Atom ist aufgebaut aus *Protonen* (Masse 1, Ladung ebenso groß wie die eines Elektrons aber positiv) und *Neutronen* (Masse 1, Ladung neutral) im Kern, sowie aus *Elektronen*, die auf Schalen verteilt den Kern umgeben (Masse ≈ 0, Ladung negativ).
Ein Molekül ist der kleinste Baustein einer chemischen Verbindung, der noch die Eigenschaften dieser Verbindung besitzt.
Das Ion ist ein Atom oder eine Atomgruppe mit einer oder mehreren Elementarladungen. Positive Ionen werden Kationen und negative Ionen Anionen genannt.
Chemische Verbindungen liegen vor, wenn sich zwei oder mehrere Atome oder Ionen verschiedener Elemente oder auch des gleichen Elementes zu einem Teilchen mit neuen Eigenschaften verbunden haben. Ein derartiges Teilchen nennt man Molekül.

Chemische Verbindungen werden je nach Stärke des Zusammenhaltes, der durch chemische *Hauptvalenz-* und *Nebenvalenzbindung* bewirkt wird, unterschieden. Bei der chemischen *Hauptvalenzbindung* unterscheidet man zwischen:

- Atombindungen, auch *homöopolare* oder *unpolare* bzw. *kovalente* oder *Elektronenpaarbindungen* genannt.
- Ionenbindungen, auch *heteropolare* oder *polare* bzw. *elektrovalente* oder *ionogene Bindungen* sowie *elektrostatische Bindungen* genannt.
- Metallbindungen, auch *metallische Bindungen* genannt.

2.2 Chemische Kurzzeichen (Nomenklatur)

Die chemische Namensgebung *(Nomenklatur)* stammt von dem schwedischen Professor der Chemie *Berzelius* (1779–1848). Er führte 1815 ein, die Elemente so zu bezeichnen, daß man von den lateinischen Namen des betreffenden Elementes den ersten Buchstaben in Verbindung mit einem der folgenden Buchstaben dieses Namens als *Kurzzeichen für das betreffende Element* einheitlich einsetzt.
Die Zahl vor einem Molekül oder Atom gibt die Anzahl der Moleküle oder Atome an. Die Indexzahl rechts unten an einem Elementkurzzeichen gibt an, wieviel Atome dieses Elementes in einem Molekül der Verbindung vorkommen.
Beispiel: $3\,H_2O$: 3 Moleküle der Verbindung, deren Moleküle jeweils aus 2 Atomen Wasserstoff (H) und 1 Atom Sauerstoff (O) bestehen.

2.3 Wertigkeit der Atome

Die Wertigkeit gibt an, wieviel Atome Wasserstoff ein Atom eines Elementes binden oder ersetzen kann.
Erklärung: Die Anzahl Wasserstoffatome, die ein Element binden kann, gibt seine negative Wertigkeit an, da Wasserstoff in einer anorganischen chemischen Verbindung meistens einwertig positiv ist.
Die Anzahl Wasserstoffatome, die ein Element ersetzen kann, gibt somit seine positive Wertigkeit an.

1. Für die 1. bis 7. und 0. Hauptgruppe im Periodensystem gilt für jedes Element, daß die Angabe, in der wievielten Hauptgruppe das Element steht, gleich seiner maximalen positiven Wertigkeit (Oxidationszahl) ist.
2. Die negative Wertigkeit (Oxidationszahl), die nur bei den Hauptgruppenelementen bis zur 7. Hauptgruppe möglich ist, ergibt sich stets aus der Differenz zwischen 8 und der jeweiligen Hauptgruppennummer.
3. Wasserstoff ist in chemischen Verbindungen immer einwertig positiv (Ausnahme: s. Kap. 6.4), und Sauerstoff in der Regel zweiwertig negativ.
4. Metalle haben in chemischen Verbindungen immer nur positive Wertigkeiten (Oxidationszahl).
5. Nichtmetalle können in chemischen Verbindungen positiv oder negativ sein.
6. Metalle oder Nichtmetalle können in verschiedenartigen Verbindungen verschiedene Wertigkeiten (Oxidationszahlen) haben.
7. Die Elemente der Gruppennummer 11, der ersten Nebengruppe im Periodensystem können in Verbindungen folgende Wertigkeiten haben: Kupfer – meistens zweiwertig, seltener einwertig. Silber – meistens einwertig, aber auch zweiwertig. Gold – meistens dreiwertig, manchmal auch einwertig.

2.4 Metalle und Nichtmetalle

1. Die Elemente werden in *Metalle* und *Nichtmetalle* eingeteilt. Metalle haben immer positive Wertigkeit, während Nichtmetalle positive oder auch in anderen Verbindungen negative Wertigkeit haben können.
2. Aufgrund der Stellung eines Elementes im Periodensystem teilt man die Elemente auch in *Hauptgruppen- und Nebengruppenelemente* ein. Hauptgruppenelemente können Metalle oder Nichtmetalle sein. Nebengruppenelemente (Im Langperiodensystem Übergangselemente genannt) sind sämtlich Metalle.
3. Elemente der 1., 2. und 3. Hauptgruppe sind Metalle und haben als Hauptgruppenelemente fast immer nur eine positive Wertigkeit, die der Gruppennummer entspricht.

2.5 Katalysatoren

Ein *Katalysator* ist ein Stoff, der durch seine Anwesenheit eine, auch ohne Katalysator mögliche, Reaktion beschleunigt. Ein Katalysator kann nur mögliche Reaktionen beschleunigen, d.h. die Reaktion muß auch ohne Katalysator, wenn auch sehr langsam, ablaufen können. Die chemischen Reaktionen werden verlangsamt durch *Inhibitoren* (lat.: inhibitare = verzögern), die man aber auch negative Katalysatoren nennt. Jeder Katalysator wird an der Reaktion teilnehmen, und zwar meist so schnell, daß man seine Zwischenstufe als Energie- oder Materieüberträger nicht feststellen kann. Er liegt nach der Katalyse wieder unverändert vor. Der Katalysator wird auf den Pfeil der jeweiligen chemischen Reaktionsgleichung geschrieben, z.B. die katalytische Oxidation von SO_2 mit V_2O_5 als Katalysator:

$$2\,SO_2 + O_2 \xrightarrow[500\,°C]{V_2O_5} 2\,SO_3$$

2.6 Indikatoren

Indikatoren (lat.: indicare = anzeigen) sind Farbstoffe, deren Farbe von dem jeweiligen Vorliegen einer Säure oder Lauge bzw. deren jeweiligen Stärke abhängt. Es gibt u.a. auch Redoxindikatoren.
Lackmus (Pflanzenfarbstoff) wird in Säuren rot und in Laugen blau. Phenolphthalein ist im sauren, neutralen und sehr schwach alkalischen Gebiet farblos, schlägt erst im stärker alkalischen Bereich (pH 8,2) nach Rot um.
Es gibt noch eine Vielzahl anderer Farbstoffe, die in Abhängigkeit von Säuren oder Laugen ihre Farbe ändern, z.B. Methylorange. Die exaktesten Werte lassen sich elektrisch, d.h. potentiometrisch, messen.

2.7 Lösungsmittel

„Ähnliches ist in ähnlichem meist gut löslich."
Das heißt, wenn für einen Stoff ein Lösungsmittel gesucht wird, so sollten immer zunächst Flüssigkeiten erprobt werden, die in ihrem molekularen Aufbau dem zu lösenden Stoff ähneln.
So lassen sich z.B. auch Stoffe, deren Moleküle durch Ionenbindungen zustande kommen, meist nicht in Lösungsmitteln lösen, die nur Atombindungen im Molekül enthalten. In Alkoholen (reine Atombindung) kann man daher z.B. NaCl nicht lösen.

2.8 Die drei chemischen Grundgesetze (stöchiometrische Gesetze)

1. Das Gesetz von der Erhaltung der Masse

Lavoisier erkannte 1785, daß durch eine chemische Reaktion die Gesamtmasse der einzelnen Reaktionspartner nicht verändert wird. Die Summe der Massen der Ausgangsstoffe ist gleich der Massen der Endprodukte.

2. Das Gesetz der konstanten Proportionen

Proust hatte 1797 anhand zahlreicher Untersuchungen erkannt, daß die Atome stets nur im Verhältnis bestimmter, einfacher ganzer Zahlen miteinander zu chemischen Verbindungen reagieren.

3. Das Gesetz der multiplen Proportionen

Dalton erkannte 1808 die Gesetzmäßigkeit: Wenn zwei Elemente mehrere Verbindungen miteinander bilden, so stehen die Gewichtsmengen des einen Elementes, die sich mit ein und derselben Gewichtsmenge des anderen Elementes verbinden, im Verhältnis einfacher ganzer Zahlen.

2.9 Die chemische Bindung

Kekulé führte 1858 (unabhängig davon auch gleichzeitig Couper) die Valenzstrich-(Bindestrich-)formel („Strukturformel") ein. Diese Valenzstriche führten zu einem wesentlich besseren Verständnis der Verbindungen, besonders der organischen Verbindungen. Bei anorganischen Verbindungen ist die Valenzstrichformel nur bedingt anwendbar. Ein Valenzstrich bedeutet eine Wertigkeit, d.h. hier haben sich zwei „Wertigkeitsarme" miteinander verbunden (s. 2.3 „Wertigkeit").

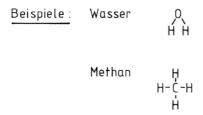

Abb. 2.9. Valenzstrichformeln von Wasser und Methan

Man unterscheidet zwischen 3 chemischen Hauptbindungsarten:

1. *Ionenbindung* (oder *elektrovalente, heterogene* Bindung), die hauptsächlich bei anorganischen Bindungen vorliegt.
2. *Atombindung* (*homöopolare, kovalente* oder *Elektronenpaarbindung*), die hauptsächlich bei organischen Verbindungen vorliegt.
3. *Metallbindung* (metallische Bindung), die bei allen Metallen vorliegt. Hier sind die Metallkristallbausteine „*Atomrümpfe*", die regellos vom „*Elektronengas*" (= Gesamtzahl der *Leitfähigkeitselektronen* = Gesamtzahl der *freien Elektronen* = Gesamtzahl der von jeweils einem Metallatom abgespaltenen „Valenzelektronen") umgeben sind. Die Leitfähigkeitselektronen können das Metall ohne Anlegen einer elektrischen Spannung (Potential) mit Stromfluß nicht verlassen, sich aber in diesem völlig frei und regellos bewegen. Der nach völliger oder teilweiser Abspaltung dieser Valenzelektronen (= Elektronengas) verbliebene Metallatomrest ist ein „*Atomrumpf*". Er schwebt im Elektronengas und schwingt dabei in Abhängigkeit von der Temperatur um seine Ruhelage.

Fragen zu Abschnitt 2:

1. Welche chemischen Hauptbindungsarten sind Ihnen bekannt?

2. Was gibt die Wertigkeit eines Elementes an? – einfache Erklärung –

3. Welche Ladung können Metall-Ionen und welche Nichtmetall-Ionen haben?

4. Was ist ein Katalysator, was ist ein Inhibitor?

5. Was ist die Voraussetzung, damit ein Katalysator wirksam werden kann?

6. Wie lauten die drei chemischen Grundgesetze?

7. Was ist ein Atomrumpf?

3. Säuren, Basen und Salze

3.1 Säuren

Drei wichtige chemische Verbindungsgruppen sind Säuren, Basen (Laugen) und Salze. Säuren sind chemische Verbindungen, die Wasserstoff enthalten, der durch Metalle ersetzbar ist. Nach Brönsted sind Säuren Stoffe, die Protonen (H^+-Ionen) abgeben können.

3.1.1 Sauerstofffreie Säuren

Sauerstofffreie Säuren, die man auch *reine Wasserstoffsäuren* nennt, z. B. HCl, entstehen, wenn sich Elemente der 5., 6. und 7. Hauptgruppe chemisch mit Wasserstoff verbinden.

3.1.2 Sauerstoffhaltige Säuren

Sauerstoffhaltige Säuren, die man *Oxisäuren* nennt, entstehen, wenn sich Nichtmetalloxide chemisch mit Wasser verbinden. In Oxisäuren ist nur der Wasserstoff, als H^+-Ion (Proton, das sich mit H_2O sofort zum H_3O^+-Ion verbindet) in wäßriger Lösung abspaltbar bzw. durch Metall ersetzbar, über Sauerstoff mit dem säurebildendem Element verbunden. Die Summenformel für Schwefelsäure (Oxisäure) ist H_2SO_4.

Die Valenzstrichformel ist:

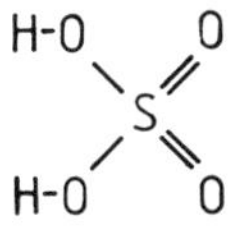

$$\begin{array}{c} H\text{-}O \diagdown \quad O \\ \quad\quad S \\ H\text{-}O \diagup \quad O \end{array}$$

Abb. 3.1. Valenzstrichformel von Schwefelsäure

3.1.3 Säurereste

Säurereste sind das, was übrig bleibt, wenn der durch Metall ersetzbare Wasserstoff aus einem Säuremolekül abgespalten ist. Säurereste sind immer negativ geladene Ionen, deren negative Wertigkeit gleich der Anzahl der abgespaltenen H^+-Ionen ist.

3.1.4 Säureanhydride

Säureanhydride sind Nichtmetalloxide, die mit Wasser *Oxisäuren* ergeben. Zum Beispiel ergibt das *Nichtmetalloxid* SO_3 mit H_2O das Säuremolekül H_2SO_4 oder das Nichtmetalloxid N_2O_5 ergibt mit H_2O zwei Säuremoleküle HNO_3 (Salpetersäure).

3.2 Basen (Laugen)

1. Basen sind positive Metallionen, die sich mit der einwertig negativen Hydroxidgruppe (OH^-) verbunden haben. Nach *Brönsted* bezeichnet man Stoffe, deren Teilchen Protonen aufnehmen können, als Basen.
2. Laugen sind die wäßrigen Lösungen starker Basen. Laugen sind chemische Verbindungen, die OH^--Gruppen enthalten, die durch Säurereste ersetzbar sind.
3. Basen bilden sich, wenn Metalloxide mit Wasser chemisch reagieren und sich diese Verbindungen mehr oder weniger gut in Wasser lösen.

3.3 Salze

1. Salze sind chemische Verbindungen, die sich ergeben, wenn in einer Säure der Wasserstoff durch Metall ersetzt wurde.

   $$H_2SO_4 + Zn \rightarrow ZnSO_4 + H_2$$
   Säure + Metall → Salz + Wasserstoff

2. Salze liegen auch dann vor, wenn in einer Lauge die OH^--Gruppen durch einen Säurerest entsprechender Wertigkeit ersetzt worden sind.

   $$H_2SO_4 + 2\,NaOH \rightarrow Na_2SO_4 + 2\,H_2O$$
   Säure + Lauge → Salz + Wasser

3. Salze lassen sich auch durch chemische Verbindungen von Metalloxiden mit Nichtmetalloxiden gewinnen.

   $$Na_2O + SO_3 \rightarrow Na_2SO_4$$
   Metalloxid + Nichtmetalloxid → Salz

4. Salze lassen sich auch herstellen, wenn zwei leichtlösliche Salze in gelöstem Zustand gemischt werden und sich dabei ein schwerlösliches Salz aus den vorliegenden Ionen bilden kann.

   $$CaCl_2 + Na_2SO_4 \rightarrow CaSO_4 + 2\,NaCl$$
   Salz 1 + Salz 2 → Salz 3 + Salz 4
   leichtlöslich   leichtlöslich   schwerlöslich   leichtlöslich

5. Salze können sich auch dann bilden, wenn eine Säure auf ein Metalloxid einwirkt.

   $$CaO + H_2SO_4 \rightarrow CaSO_4 + H_2O$$
   Metalloxid + Säure → Salz + Wasser

6. Salze entstehen ebenfalls, wenn eine Base auf ein Nichtmetalloxid einwirkt.

$$SO_3 + 2\,NaOH \rightarrow Na_2SO_4 + H_2O$$

Nichtmetalloxid + Base → Salz + Wasser

3.3.1 Saure, neutrale, basische Salze

Es gibt saure, neutrale und basische Salze. Man kann sie an ihrer Formel erkennen, denn:
Saure Salze enthalten im Molekül, d. h. auch in der Formel Wasserstoff, so zum Beispiel $Al(HSO_4)_3$, $AlH(SO_4)_2$, $Ca(HS)_2$.
Neutrale Salze enthalten im Molekül weder Wasserstoff noch OH^--Gruppen, so zum Beispiel $Al_2(SO_4)_3$, Na_2CO_3, $CaSO_4$.
Basische Salze enthalten im Molekül OH^--Ionen, so z. B. $Al(OH)SO_4$, $Al_2(OH)_4SO_4$, $Al_2(OH)_5Cl$, $Al(OH)Cl_2$, $Ca(OH)Cl$.

3.3.2 Sauer, neutral und basisch *reagierende* Salze

Es gibt außerdem auch sauer reagierende, neutral reagierende und alkalisch (basisch) reagierende Salze. Sie verfärben z. B. Lackmus rot (sauer), violett (neutral) oder blau (basisch).
Sauer reagierende Salze sind aus einer starken Säure und einer schwachen Base entstanden, z. B. $CaSO_4$, $Al_2(SO_4)_3$, $CaCl_2$, $Al(OH)_2Cl$.
Neutral reagierende Salze sind aus starken Säuren und aus starken Basen entstanden, z. B. $NaCl$, Na_2SO_4.
Alkalisch reagierende Salze sind aus schwachen Säuren und starken Basen entstanden, wie z. B. Na_2CO_3, Na_2SiO_3, Na_3PO_4 und $NaHCO_3$.

3.4 Der pH-Wert

Zur exakten und vergleichbaren Angabe und Messung von sauren oder alkalischen Lösungen, führte 1909 der dänische Professor für Chemie Sörensen den Begriff *pH-Wert* ein (s. Kap. 8.2).
Der *pH-Wert* ist der negative dekadische Logarithmus der H^+-Ionen-Konzentrationen.

pH 0 (Grenzwert) bis pH 7 (Grenzwert)	sauer
pH 7	neutral
pH 7 (Grenzwert) bis pH 14 (Grenzwert)	alkalisch (basisch)

Mit fallendem pH-Wert (pH 7 bis pH 0) nimmt der saure Charakter einer wäßrigen Lösung zu, d.h. die auf Säure basierende Agressivität einer wäßrigen Lösung nimmt entsprechend dem fallenden pH-Wert zu. Bei pH 7 liegt neutrales Wasser vor. Mit steigendem pH-Wert (pH 7 bis pH 14) nimmt der alkalische (laugige, basische) Charakter einer wäßrigen Lösung zu, d.h. die auf Basen beruhende Aggressivität einer wäßrigen Lösung nimmt entsprechend dem steigenden pH-Wert zu.

3.5 Konzentration gängiger konzentrierter Säuren und Basen

Unter „gängigen" Säuren und Basen werden allgemein bekannte Säuren und Basen verstanden wie: Salzsäure, Salpetersäure, Schwefelsäure, Phosphorsäure, Flußsäure, Natronlauge, Kalilauge und Ammoniaklösung (Salmiakgeist).

> Die „gängigen" Säuren und Basen (Laugen) haben, wenn sie als „konzentrierte" Säuren und Basen vorliegen, zufällig eine Konzentration in Gewichtsprozenten, die ziffermäßig etwa der Molekülmasse dieser Säuren oder Basen entspricht.

Beispiele:
Somit müßte die konzentrierte Flußsäure (H_2F_2) ca. 40%ig sein, was auch genau zutrifft. Konzentrierte Natronlauge (NaOH) müßte demnach ca. 40%ig sein. Sie ist etwas „stärker", aber nicht höher als 45%ig. Konzentrierte Schwefelsäure (H_2SO_4) müßte demnach ca. 98%ig sein, sie ist 96%ig. Konzentrierte Salzsäure (HCl) müßte demnach ca. 36%ig sein, sie ist meist ca. 25–30%ig. Unter einer konzentrierten Säure oder Base (Lauge) wird immer eine derartige Maximalkonzentration verstanden, die sich bei Zimmertemperatur in ihrer Konzentration, wenn die Flasche kurzzeitig geöffnet wird, nicht wesentlich verändert. Überkonzentrierte Säuren oder Basen sind bei Zimmertemperatur in ihrer Konzentration nicht stabil, d. h. wenn eine Flasche, die mit z. B. 37%iger HCl (rauchende Salzsäure) gefüllt ist, geöffnet wird, so entweichen dieser Flasche HCl-Nebel.

3.6 Bildung, Benennung und Aufstellung von Formeln für Säuren, Basen und Salze

3.6.1 Bildung von Säuren, Basen und Salzen

Säuren können hergestellt werden, wenn sich Wasser mit Nichtmetalloxiden chemisch verbindet: $H_2O + SO_3 \rightarrow H_2SO_4$
Oder wenn Halogenwasserstoffe (Gase) oder H_2S-Gas in Wasser gelöst werden.
Basen können hergestellt werden, wenn sich Wasser mit Metalloxiden oder mit NH_3 chemisch verbindet:

$$H_2O + Na_2O \rightarrow 2\,NaOH$$
$$H_2O + NH_3 \rightarrow NH_4^+ + OH^-$$

Salze können entstehen, wenn sich Metall und Nichtmetall chemisch miteinander verbinden (Fe + S → FeS). Der Salzname trägt die Endung -id. Oder wenn sich Metalloxid und Nichtmetalloxid chemisch verbinden ($Na_2O + SO_3 \rightarrow Na_2SO_4$). Diese Salznamen tragen die Endungen -at oder, falls nicht die höchste Wertigkeitsstufe (Oxidationsstufe) des Nichtmetalles vorliegt, -it. Salze bilden sich auch, wenn sich Metalloxid und Säure bzw. Nichtmetalloxid und Base chemisch verbinden. In diesem Falle bildet sich jeweils ein Salz und Wasser ($Na_2O + H_2SO_4 \rightarrow Na_2SO_4 + H_2O$ oder $SO_3 + 2\,NaOH \rightarrow Na_2SO_4 + H_2O$). Diese Salznamen tragen die Endungen -at oder -it. Salz plus

Wasserstoff entstehen, wenn Metall und Säure miteinander chemisch reagieren (Zn + H_2SO_4 → $ZnSO_4$ + H_2). Diese Salznamen tragen die Endungen -at, -id oder -it. Wenn zwei Salze durch doppelte Umsetzung die Ionen gegeneinander austauschen (reziproke Salzpaare), so entstehen zwei neue Salze.

Beispiel:

Na_2SO_4 + $BaCl_2$ → $BaSO_4$ + 2 NaCl

| leicht- | leicht- | schwer- | leicht- |
| löslich | löslich | löslich | löslich |

3.6.2 Namen und Formeln einiger wichtiger Säuren, Basen und Salze

a) Säuren:

H_2SO_3	Schweflige Säure
H_2SO_4	Schwefelsäure
H_2CO_3	Kohlensäure
HCl	Salzsäure
H_2F_2 oder auch HF	Flußsäure
HNO_3	Salpetersäure
HNO_2	Salpetrige Säure
H_2S	Schwefelwasserstoff
H_3PO_4	Phosphorsäure

b) Basen:

NaOH	Natronlauge
KOH	Kalilauge
NH_4OH	Ammoniaklsg. („Salmiakgeist")
$Ca(OH)_2$	Calciumhydroxid („gelöschter Kalk", „Kalkhydrat")
$Al(OH)_3$	Aluminiumhydroxid („Tonerdehydrat")
$Mg(OH)_2$	Magnesiumhydroxid
$Ba(OH)_2$	Bariumhydroxid

c) Salze:

NaCl	Natriumchlorid („Kochsalz")
Na_2SO_4	Natriumsulfat („Glaubersalz")
$CaSO_4$	Calciumsulfat („Gips")
$CaSO_4 \cdot 2 H_2O$	Calciumsulfat mit 2 Molekülen Kristallwasser („abgebundener Gips")
KCl	Kaliumchlorid („Kali")
$CaCO_3$	Calciumcarbonat („Kalkstein", „Kreide", „Marmor", „abgebundener Kalk")
$Na_2CO_3 \cdot 10 H_2O$	Natriumcarbonat mit 10 Molekülen Kristallwasser („kristalline Soda")
Na_2CO_3	Natriumcarbonat
$NaHCO_3$	Natriumhydrogencarbonat („Natriumbicarbonat", „saures Natriumcarbonat", „doppelkohlensaures Natron")

Na$_2$SO$_3$	Natriumsulfit
NaNO$_3$	Natriumnitrat („Natriumsalpeter", „Chilesalpeter")
Na$_3$PO$_4$	Trinatriumphosphat
KNO$_3$	Kaliumnitrat („Salpeter")
Ca(NO$_3$)$_2$	Calciumnitrat („Mauersalpeter")
AgNO$_3$	Silbernitrat („Höllenstein")
BaSO$_4$	Bariumsulfat („Schwerspat", „Baryt")
CuSO$_4$	wasserfreies Kupfersulfat (weißes Pulver)
CuSO$_4 \cdot 5$ H$_2$O	Kupfersulfat mit 5 Molekülen Kristallwasser („Kupfervitriol")
Ca$_3$P$_2$	Calciumphosphid
Ca$_3$(PO$_4$)$_2$	Calciumphosphat
NH$_4$Cl	Ammoniumchlorid („Salmiak", ist der „Salmiakstein" beim Löten)
NaClO$_2$	Natriumchlorit NaClO Natriumhypochlorit („Natronbleichlauge")
Na$_2$S	Natriumsulfid
FeS	Eisensulfid
Na$_3$AlF$_6$	Trinatrium-Aluminium-hexafluorid („Kryolith")

d) Erkennung der Salze am Salznamen:

AlN	Aluminiumnitrid
Al(NO$_2$)$_3$	Aluminiumnitrit
AgCl	Silberchlorid
Na$_2$S	Natriumsulfid
Na$_2$SO$_3$	Natriumsulfit
Na$_2$SO$_4$	Natriumsulfat
Ca$_3$P$_2$	Calciumphosphid
Na$_3$N	Natriumnitrid
NaNO$_2$	Natriumnitrit
NaNO$_3$	Natriumnitrat
NaCl	Natriumchlorid
NaClO	Natriumhypochlorit
NaClO$_2$	Natriumchlorit
NaClO$_3$	Natriumchlorat
NaClO$_4$	Natriumperchlorat (Chlor hat hier als ein Element der 7. Hauptgruppe seine höchste Wertigkeit)

3.6.3 Aufstellung von Formeln chemischer Verbindungen als Summen- und Strukturformeln anhand der Element-Wertigkeit (Oxidationszahl) sowie deren Benennung

Zur Aufstellung einer chemischen Verbindungsformel („Symbole") muß die *Oxidationsstufe (Oxidationszahl)* der einzelnen Atomsymbole bekannt sein. Zur Überprüfung der Richtigkeit des entsprechenden Verbindungssymbols wird diese Oxidationszahl jeweils über oder neben dem entsprechenden Atomsymbol in römischen Ziffern angegeben. Das Pluszeichen (+) vor einer positiven Wertigkeitsangabe rechts oben neben dem Elementesymbol, jeweils auf ein Elementatomsymbol bezogen, entfällt, während das Minuszeichen (−) vor die entsprechende römische Ziffer über oder rechts oben neben das entsprechende Elementesymbol geschrieben wird. Als Beispiel sei hier *Wasserstoffperoxid*

(*„Wasserstoffsuperoxid"*) und Schwefelsäure angegeben:

	I −II		I VI −II
über dem Symbol	H_2O_2	und	$H_2\ S\ O_4$
neben dem Symbol	$H_2^{I}O_2^{-II}$	und	$H_2^{I}\ S^{VI}\ O_4^{-II}$

Die Summe der positiven und negativen Wertigkeiten (Oxidationszahlen o. a.) muß beim Vorliegen eines Moleküls, das bekanntlich immer neutral ist, stets Null ergeben. Falls ein Ion vorliegt, so ergibt sich die Ionenwertigkeit aus den restlichen positiven oder negativen Wertigkeiten.

Die Wertigkeit [6] ist eine Sammelbezeichnung für die valenztheoretischen Begriffe: die stöchiometrische Wertigkeit, die Ionen-Wertigkeit (Ionenladung), die Oxidationszahl (Oxidationsstufe), die Koordinationszahl, die Bindigkeit (Zahl der kovalenten Bindungen) und die formale Ladung.

1. Die Wertigkeiten der Elemente der Verbindung sind bekannt: z. B. Calciumchlorid. Ca ist ein Element der zweiten Hauptgruppe und somit (+) zweiwertig. Cl ist ein Element der siebten Hauptgruppe, kann daher in Verbindungen entweder positiv oder negativ vorliegen (s. unter 2.3). Da aber jedes Molekül eine ausgeglichene Ladung haben muß, d. h. wertigkeitsmäßig ± 0, also neutral ist, kann in diesem Falle Cl als Nichtmetall nur negativ sein, und da es sich um ein Element der 7. Gruppe handelt, kann es dann nur minus einwertig sein, denn 8 − 7 = 1 (s. 2.3 unter 2.). Wegen der Namensendung mit der Endsilbe -id kann in diesem Calciumchloridmolekül auch kein Sauerstoff (O) vorkommen. Also lautet die Formel von Calciumchlorid:

   II   −I
   Ca Cl_2

Die Wertigkeitsangaben über den Elementkurzzeichen schreibt man normalerweise nicht.

Überkreuzangabe der Elementwertigkeitsziffer als Indexziffer (arabische Ziffer). Wenn möglich auch kürzen bis zur kleinstmöglichen Indexziffer. Die Formel für ein Schwefeloxid mit S (+) sechswertig muß demnach lauten:

VI   −II
S_2 O_6

Somit lautet die richtige Formel nach dem Kürzen: SO_3.

---

2. Die Formel einer chemischen Verbindung ist bekannt. Wie berechnet man die Wertigkeit der Elemente in der Verbindung und welche Benennung hat sie? Z. B. $Ca_3(PO_4)_2$: Hier könnte man sich die Formel folgendermaßen geschrieben vorstellen:

   II   V   −II
   Ca_3 (P $O_4)_2$

Es ist bekannt, daß Sauerstoff (O) in chemischen Verbindungen fast immer zweifach negativ ist. Somit liegen insgesamt 16 negative Wertigkeiten vor, denn $-II \cdot 4 \cdot 2 = -16$, während vom Calcium insgesamt 6 positive Wertigkeiten vorliegen, denn $II \cdot 3 = +6$. Die zum völligen Ausgleich der negativen Wertigkeiten erforderlichen zehn positiven Wertigkeiten müssen sich dann auf das Element Phosphor (P), von dem zwei Teilchen im Molekül vorliegen, verteilen. Atome und Moleküle sind immer ladungsmäßig neutral. Also ist hier der Phosphor je fünfwertig positiv. Der Name dieser Verbindung muß die Endsilbe -at haben, da der Phosphor (Element der 5. Hauptgruppe) hier in seiner höchsten positiven Oxidationsstufe vorliegt.

Fragen zu Abschnitt 3:

1. Wie ist ein Säurerest-Ion geladen?

2. Welche Ladung hat das säurebildende Nichtmetall in einer Oxisäure und welche in einer sauerstofffreien Säure?

3. Wodurch unterscheidet man ein basisches Salz von einem basisch reagierenden Salz?

4. Was bedeutet es, wenn ein pH-Wert zwischen 0 und 7 oder 7 und 14 liegt?

5. Wieviel prozentig ist konzentrierte Salpetersäure?

6. Was weiß man bezüglich Molekülstruktur, wenn ein Salzname die Endung -id, -it oder -at hat?

4. Periodensystem der Elemente

Das Periodensystem der Elemente (oft kurz: PSE) wurde zuerst von dem russischen Chemieprofessor *Mendelejew* und unabhängig davon von dem deutschen Chemieprofessor *Lothar Meyer* aufgestellt. *Mendelejew* veröffentlichte sein System im März 1869 (Z. f. Chem. (1869) 405 und J. prakt. Chemie 106 (1869), während *Lothar Meyer* sein System im Dez. 1869 in Liebigs Ann. Chem., Suppl. 7 (1870) 354–364 veröffentlichte. Das Periodensystem (PSE) ist das Ergebnis einer allgemeinen Suche nach einer umfassenden *Systematik in der Chemie*.

Das Problem war die Einordnung der Elemente und deren *Isotope*. Man ordnete zuerst die Elemente nach ihrem Atomgewicht (Atommasse). Als später die *Edelgase* in der Reihe der Elemente gefunden wurden, stellte man fest, daß diese Gase eigentlich nicht in diese Reihe hineinpaßten, da sie keine Ionen bildeten und keine Verbindungen eingingen. (Heute sind aber auch Verbindungen der Edelgase möglich, wenn man ihnen durch große Energieeinwirkung, z.B. durch kosmische oder Höhenstrahlen Elektronen entreißt. Derartige Verbindungen wurden zuerst im Rahmen der Raumflüge außerhalb der Erdatmosphäre festgestellt.) Die Edelgase wurden daher in einer 0. Gruppe eingeordnet, da sie nullwertig sind. Außerdem wurde herausgefunden, daß nach bestimmten Abständen bei den Elementen ähnliche Eigenschaften auftreten. So folgt dem 2. Element, dem Edelgas Helium, nach sieben weiteren Elementen das nächste Edelgas, das Neon. Ebenso wurde erkannt, daß die anderen Elemente entsprechend der jeweils gleichen Elektronenzahl auf der Außenschale *(Außen-E-Schale)* ähnliche Eigenschaften aufweisen. Die Elemente mit ähnlichen Eigenschaften wurden daher im Periodensystem (PSE) untereinander gesetzt, was einige Ausnahmen bezüglich der steigenden Atommassen in der Reihenfolge mit sich brachte. Die Elemente Ar/K, Co/Ni und Te/I haben somit entgegen der Reihenfolge nach den steigenden Atommassen *(= mittlere Isotopenmasse)* der Elemente ihre Plätze mit der niedrigeren Ordnungszahl im Periodensystem tauschen müssen (s. nachfolgend „*Isotope*").

Perioden werden die Zeilen im Periodensystem genannt, während die jeweils untereinanderstehenden Elemente eine Gruppe bilden. Somit besteht das Periodensystem aus sieben waagerecht verlaufenden Lang-Perioden und 18 vertikalen Gruppen oder insgesamt 9 Gruppen (0. Gruppe und 1. bis 8. Gruppe) beim Kurz-Periodensystem.

Heute wird überwiegend mit dem Lang-Periodensystem gearbeitet. In ihm sind die sich sehr ähnelnden Elemente direkt übereinander angeordnet. So steht in der 1. Periode der Wasserstoff meistens unter Gruppennummer 1 (1. Hauptgruppe, *Gruppe der Alkalimetalle*) über dem Alkalimetall Lithium, dem er aufgrund seiner immer positiven Wertigkeit (Ausnahme: in den Metallhydriden ist der Wasserstoff stets einwertig negativ) und wegen seines einen Außenelektrons sehr ähnelt. Seine *Elektronegativität (Linus Pauling)* würde aber eine Einordnung zwischen Bor und Kohlenstoff fordern, während das Helium über den Edelgasen in der 1. Periode der Gruppennummer 18 (0. Hauptgruppe, *Gruppe der Edelgase*) steht, in der bekanntlich sämtliche Edelgase stehen. Bei diesem Langperiodensystem wird unterschieden zwischen den *kurzen Perioden* (1., 2. und 3. Periode) und den *langen Perioden* (4., 5., 6. und 7. Periode). In diesen langen Perioden stehen in der 4. und 5. Periode außer den Hauptgruppenelementen der Gruppennummer 1 und 2 sowie 13 bis 18 jeweils nach zwei Hauptgruppenelementen zehn *Übergangselemente (Nebengruppenelemente)*. Diese Zahl erhöht sich in der 6. und 7. Periode um jeweils 14 Übergangselemente in der 3. Hauptgruppe *(Borgruppe)*. Bei diesen Übergangselementen der 6. Periode handelt es sich um die *Lanthaniden* (Elemente 58–71). Die nächsten 14 Über-

4. Periodensystem der Elemente

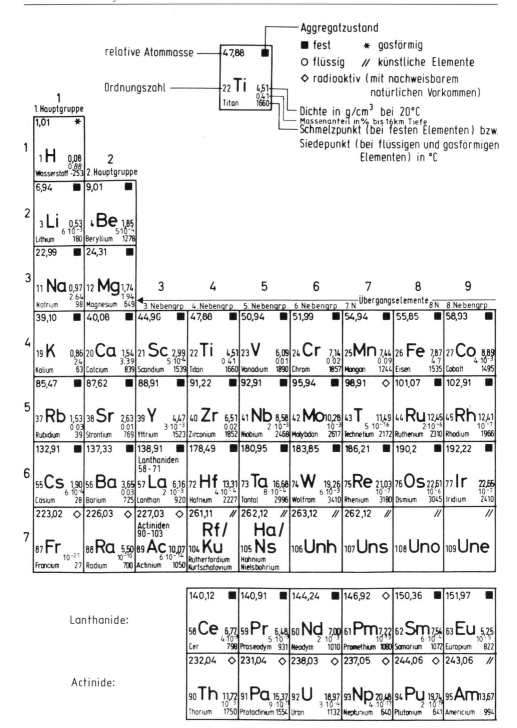

4. Periodensystem der Elemente

			13 3. Hauptgr.	14 4. Hauptgr.	15 5. Hauptgr.	16 6. Hauptgr.	17 7. Hauptgr.	18 0. Hauptgruppe
								4,00 *
								2 He 0,17 $4 \cdot 10^{-7}$ Helium −269
10 8. Nebengrp.	11 1. Nebengrp.	12 2. Nebengrp.	10,81 ■	12,01 ■	14,01 *	15,99 *	18,99 *	20,18 *
			5 B 2,46 10^{-3} Bor 2300	6 C 3,51 0,09 Kohlenstoff 3550	7 N 1,17 0,03 Stickstoff −196	8 O 1,33 4,94 Sauerstoff −183	9 F 1,58 0,03 Fluor −188	10 Ne 0,84 $5 \cdot 10^{-7}$ Neon −245
			26,98 ■	28,09 ■	30,97 ■	32,07 ■	35,45 *	39,95 *
			13 Al 2,70 7,57 Aluminium 660	14 Si 2,33 25,8 Silicium 1410	15 P 1,82 0,09 Phosphor 44	16 S 2,06 0,05 Schwefel 119	17 Cl 2,95 0,19 Chlor −34	18 Ar 1,66 $4 \cdot 10^{-4}$ Argon −188
58,69 ■	63,55 ■	65,39 ■	69,72 ■	72,61 ■	74,92 ■	78,96 ■	79,90 O	83,80 *
28 Ni 8,91 0,01 Nickel 1453	29 Cu 8,92 0,01 Kupfer 1083	30 Zn 7,14 0,01 Zink 420	31 Ga 5,91 10^{-3} Gallium 30	32 Ge 5,32 $6 \cdot 10^{-4}$ Germanium 937	33 As 5,72 $6 \cdot 10^{-4}$ Arsen 613	34 Se 4,82 $8 \cdot 10^{-5}$ Selen 221	35 Br 3,14 $6 \cdot 10^{-4}$ Brom 59	36 Kr 3,48 $2 \cdot 10^{-8}$ Krypton −152
106,42 ■	107,87 ■	112,41 ■	114,82 ■	118,71 ■	121,75 ■	127,60 ■	126,90 ■	131,29 *
46 Pd 12,02 10^{-6} Palladium 1554	47 Ag 10,49 10^{-5} Silber 962	48 Cd 8,64 $3 \cdot 10^{-5}$ Cadmium 321	49 In 7,31 10^{-5} Indium 157	50 Sn 7,29 $3 \cdot 10^{-3}$ Zinn 232	51 Sb 6,69 $7 \cdot 10^{-5}$ Antimon 631	52 Te 6,25 10^{-6} Tellur 449	53 I 4,94 $6 \cdot 10^{-6}$ Iod 113	54 Xe 5,49 $2 \cdot 10^{-9}$ Xenon −107
195,08 ■	196,97 ■	200,59 O	204,38 ■	207,2 ■	208,98 ■	208,98 ◇	209,99 ◇	222,02 ◇
78 Pt 21,45 $5 \cdot 10^{-7}$ Platin 1772	79 Au 19,32 $5 \cdot 10^{-7}$ Gold 1064	80 Hg 13,55 $4 \cdot 10^{-5}$ Quecksilber 357	81 Tl 11,85 $3 \cdot 10^{-7}$ Thallium 303	82 Pb 11,34 $2 \cdot 10^{-3}$ Blei 327	83 Bi 9,80 $2 \cdot 10^{-5}$ Bismut 271	84 Po 9,20 $2 \cdot 10^{-14}$ Polonium 254	85 At $3 \cdot 10^{-24}$ Astat 302	86 Rn 9,23 $6 \cdot 10^{-16}$ Radon −62

157,25 ■	158,93 ■	162,50 ■	164,93 ■	167,26 ■	168,93 ■	173,04 ■	174,97 ■
64 Gd 7,89 $6 \cdot 10^{-4}$ Gadolinium 1311	65 Tb 8,25 $9 \cdot 10^{-5}$ Terbium 1360	66 Dy 8,56 $4 \cdot 10^{-4}$ Dysprosium 1409	67 Ho 8,78 10^{-4} Holmium 1470	68 Er 9,05 $2 \cdot 10^{-4}$ Erbium 1522	69 Tm 9,32 $2 \cdot 10^{-5}$ Thulium 1545	70 Yb 6,97 $3 \cdot 10^{-4}$ Ytterbium 824	71 Lu 9,84 $7 \cdot 10^{-5}$ Lutetium 1656
247,07 //	247,07 //	251,08 //	252,08 //	257,10 //	258,10 //	259,10 //	260,11 //
96 Cm 13,51 Curium 1340	97 Bk 13,25 Berkelium 986	98 Cf 15,1 Californium 900	99 Es Einsteinium	100 Fm Fermium	101 Md Mendelevium	102 No Nobelium	103 Lr Lawrencium

gangselemente der 3. Hauptgruppe in der 7. Periode sind die *Actiniden* (Elemente 90–103). Alle *Übergangselemente sind Metalle*. Bei den Hauptgruppenelementen werden stets nur die Außen-E-Schalen um ein weiteres Elektron durch die neu hinzukommenden Elektronen aufgefüllt.

Diese Hauptgruppenelemente sind rechts einer *gedachten Diagonalen* vom Element Bor (2. Periode, Gruppennummer 13 bzw. 3. Hauptgruppe) zum Element Astat (6. Periode, Gruppennummer 17 bzw. 7. Hauptgruppe *sämtlich Nichtmetalle*, während *links dieser gedachten Linie sämtliche Elemente* (Hauptgruppen- und Übergangselemente) *Metalle* sind. Diese Elemente besitzen wie alle Metalle in chemischen Verbindungen, stets n u r positive Wertigkeit, während die Nichtmetalle mit Ausnahme der Edelgase, in der einen Verbindung positive und in einer anderen aber auch negative Wertigkeit haben können. Längs der gedachten Diagonalen (Bor/Astat) stehen typische *Halbleiterelemente (Halbmetalle)* wie Bor, Silicium, Germanium, Arsen, Selen und Tellur. Diese Elemente sind sehr schlechte elektrische Leiter, die aber durch Hinzufügen geringer Verunreinigungen eine erheblich bessere Leitfähigkeit erhalten.

Die *Ordnungszahl* ist gleich der *Kernladungszahl* des Atoms eines Elements. Sie gibt bei der fortlaufenden Nummerierung die Stelle an, an der ein Element im Periodensystem steht. Diese Zahl ist auch gleich der Anzahl *Protonen im Atomkern* eines Elementes. Ein Proton ist genauso positiv geladen, wie ein *Elektron negative Ladung* besitzt. Die Gesamtzahl der auf den Schalen verteilten Elektronen ist in einem Atom ebenfalls gleich der Protonenzahl im Kern, d. h. ein Atom ist immer ladungsmäßig elektrisch neutral.

Die *Gruppennummer* bedeutet für die *Hauptgruppenelemente*, daß sie gleich der *maximalen positiven Wertigkeit* eines Elementes in einer Verbindung ist. Es gibt acht Hauptgruppen, die der Anzahl der in der 2. und 3. Periode stehenden Elemente entsprechen:

Gruppen-Nr.	Hauptgruppe	Gruppenbezeichnung
1	1.	Alkalimetalle
2	2.	Erdalkalimetalle (auch als Berylliumgruppe bezeichnet)
13	3.	Borgruppe
14	4.	Kohlenstoffgruppe
15	5.	Stickstoffgruppe
16	6.	Chalkogene (Erzbildner, auch als Sauerstoffgruppe bezeichnet)
17	7.	Halogene (Salzbildner)
18	0.	Edelgase

Nachdem bei jedem Edelgas das 8. Elektron auf der äußeren E-Schale vorliegt, gelangt immer bei den beiden nächsten Elementen (Gruppennummern 1 und 2) das jeweils damit hinzugekommene Elektron auf die nächstfolgende neue E-Schale (neue Periode). Dieser Beginn einer neuen Elektronenschale mit zunächst nur 2 Elektronen erfolgt unabhängig davon, ob die vorhergehende E-Schale gefüllt ist oder nicht. Letzteres gilt z. B. in der 4. Periode für die Elemente Kalium (K) und Calcium (Ca), in der 5. Periode für Rubidium (Rb) und Strontium (Sr), in der 6. Periode für Cäsium (Cs) und Barium (Ba), sowie in der 7. Periode für Francium (Fr) und Radium (Ra). Damit ist übrigens immer beim 2. Hauptgruppenelement einer neuen E-Schale (Periode) elektronenmäßig zunächst eine Zwischensättigung auf der E-Schale erreicht.

Nach Erreichen dieser Zwischensättigung in der 4. Periode wird die vorletzte Elektronenschale, d. h. die 3. E-Schale bei den nächsten 10 Elementen der Gruppennummern 3 bis einschließlich 12 von 9 bis auf 18 Elektronen weiter gefüllt. Die 3. E-Schale ist damit elektronenmäßig gesättigt, da sie als 3. E-Schale vom Atomkern gezählt, wie bekannt ($2n^2$, wo n die E-Schalennummer ist), nur für $2 \cdot 3^2 = 18$ Elektronen Platz hat. Diese 10 Elemente, die auch in der 5., 6. und 7. Periode (letztere hat bis jetzt statt 10 erst das natürliche Element Actinium und 6 künstlich hergestellte Elemente) jedes Mal nach den beiden Elementen der 1. und 2. Hauptgruppe im Periodensystem folgen, sind, wie in der 4. Periode, sämtlich Übergangselemente (Nebengruppenelemente), da sie alle immer das zuletzt eingebrachte Elektron auf eine zurückliegende Elektronenschale eingebaut bekamen. Alle Übergangselemente sind bekanntlich Metalle.

Vierzehn Elemente (Übergangselemente) der Gruppennummer 3 in der 6. Periode mit den Ordnungszahlen 58 (Cer) bis einschließlich 71 (Lutetium) erhalten immer das zuletzt eingebaute Elektron auf die drittletzte E-Schale , also auf die 4. E-Schale. Zusammengefaßt werden sie als „Lanthanide" (oder „Lanthanoide") bezeichnet, da sie alle ihre äußere, 6. E-Schale, mit 2 Elektronen als auch ihre vorletzte, d. h. die 5. Elektronenschale mit 9 Elektronen, gleichartig wie das Element Lanthan aufgebaut haben. Diese Lanthaniden ähneln sich in ihren chemischen Eigenschaften sehr, da sie sich elektronenmäßig erst im Aufbau der drittletzten Elektronenschale unterscheiden. Beim Element Lutetium (Element mit der Ordnungszahl 71) hat diese drittletzte Elektronenschale (4. E-Schale) des Atoms mit 32 Elektronen ihre Sättigung (entsprechend der Formel $2 \cdot 4^2 = 32$ Elektronen) erreicht.

Entsprechendes gilt auch für die 14 Elemente (Übergangselemente) der Gruppennummer 3 in der 7. Periode mit den Ordnungszahlen 90 (Thorium) bis einschließlich 103 (Lawrencium), die zusammengefaßt „Actiniden" (oder „Actinoide") genannt werden. Auch hier haben alle 14 Elemente wie das Actinium-Atom sowohl auf ihrer äußeren Elektronenschale, der 7. E-Schale, 2 Elektronen und auf ihrer vorletzten Elektronenschale, der 6. E-Schale, 9 Elektronen.

Diese Actiniden-Atome unterscheiden sich bei der Ordnungszahl 90 beginnend mit zunehmender Ordnungszahl, auch in der Zunahme der Elektronen auf der drittletzten, der 5. E-Schale, bis beim Element Lawrencium (Element mit der Ordnungszahl 103) diese E-Schale mit 32 Elektronen eine Zwischensättigung, also keine Sättigung erreicht hat. Diese Elektronenschale (5. E-Schale) würde gemäß der Formel $2n^2$ Platz für $2 \cdot 5^2 = 50$ Elektronen bieten, wird aber bei den folgenden Elementen mit den Ordnungszahlen 104 bis 109 nicht weitergebaut. Diese Elemente erhalten das jeweils zuletzt eingebaute Elektron auf die vorletzte, d. h. die 6. E-Schale, als 10. bis 15. Elektron.

Die im Periodensystem jeweils übereinander stehenden Elemente der Lanthaniden und Actiniden verhalten sich chemisch sehr ähnlich und gleichen sich in den jeweiligen Elektronenzahlen ihrer drei äußeren E-Schalen völlig. So haben sie alle auf ihrer äußeren E-Schale 2 Elektronen, auf der vorletzten E-Schale 9 Elektronen und auf der drittletzten E-Schale, soweit sie übereinander stehen, ebenfalls jeweils die gleiche Elektronenzahl. Die Lanthaniden haben insgesamt 6 E-Schalen, während die Actiniden 7 E-Schalen besitzen.

Auf die wenigen Ausnahmen in der Elektronenverteilung auf den E-Schalen, wird in weiterführender Literatur eingegangen.

Da die Übergangselemente sämtlich Metalle sind, können diese Elemente in chemischen Verbindungen mit Ausnahme einiger seltener Sonderfälle in den Gruppennummern 7, 8 und 9 in denen die Elemente auch negative Wertigkeit besitzen können (Mn und Re – 1, Fe, Ru und Os – 2 sowie Co und Ir – 1) ansonsten jedoch nur positive Oxidationszahlen (Wertigkeiten) haben. Von der Gruppennummer 3 bis einschließlich 7 (Elemente der 3.,

4., 5., 6. und 7. Nebengruppe) ist die jeweilige maximale positive Oxidationszahl (Wertigkeit) immer gleich der Gruppennummer. Zu den Elementen der Gruppennummer 8, 9 und 10 ist zu sagen, daß die Elemente der Gruppennummer 8 (Eisen, Ruthenium und Osmium) bis auf das Element Eisen ebenfalls die maximale Oxidationszahl (Wertigkeit) gleich der Gruppennummer, also + 8, haben. Vom Eisen ist als maximale Oxidationszahl (Wertigkeit) + 6 bekannt.

Von den Elementen der Gruppennummer 9 (Co, Rh und Ir) ist für Cobalt eine maximale Oxidationszahl (Wertigkeit) von + 3, für Rhodium ist die maximale Oxidationszahl (Wertigkeit) + 5 und für Iridium + 6.

Für die Elemente der Gruppennummer 10 gilt, daß Nickel die maximale Oxidationszahl (Wertigkeit) + 3, und Paladium und Platin eine solche von + 4 haben (s. weitere Oxidationszahlen dieser und aller anderen Elemente im Langperiodensystem).

Die Elemente der Gruppennummer 11 und 12 sind die Elemente der ersten und zweiten Nebengruppe. Zu den Elementen der Gruppennummer 11 (Kupfer, Silber und Gold) ist zu sagen, daß Kupfer meistens in chemischen Verbindungen die Oxidationszahl (Wertigkeit) + 2 und selten + 1 besitzt, während Silber meistens die Oxidationszahl (Wertigkeit) + 1 und selten + 2 hat. Die wichtigste Oxidationszahl (Wertigkeit) des Goldes ist in chemischen Verbindungen + 3 und selten + 1.

Die Elemente der Gruppennummer 12 (Zink, Cadmium und Quecksilber) haben alle die Oxidationszahl (Wertigkeit) + 2, die der 2. Nebengruppe entspricht. Nur Quecksilber kann in chemischen Verbindungen auch noch mit der Oxidationszahl + 1 vorliegen, wobei aber in derartigen Quecksilber(I)-Verbindungen wie in den Quecksilber(II)-Verbindungen beide Valenzelektronen (Elektronen der äußeren E-Schale) betätigt werden, wie z. B. in der Verbindung Hg_2Cl_2, für das die Strukturformel Cl–Hg–Hg–Cl zutrifft (Ähnlich wie die Oxidationszahl (Wertigkeit) − 1 des Sauerstoffs in Peroxiden). Hg(I)-Salze können durch Einwirkung von elementarem Quecksilber auf Hg(II)-Salze dargestellt werden (Peroxide s. Kap. 6.4).

Basen- und säurebildende Elemente (amphotere Elemente)

Die Metalle der ersten Gruppe bilden starke Basen, wie LiOH, NaOH, KOH, RbOH, CsOH und FrOH.

Die Stärke der Basen nimmt jeweils nach oben und rechts hin ab, wenn man die Reihenfolge der basenbildenden Elemente im Periodensystem verfolgt. Ganz rechts oben steht im Periodensystem das typischste Nichtmetall, das Element Fluor

$$\text{Nichtmetalloxid} + \text{Wasser} \rightarrow \text{Säure}$$

Fluor ist das Element, das das größte Bestreben hat, ein Elektron aufzunehmen. Die Aufnahme von nur einem Elektron führt hier zum Edelgaszustand (volle E-Schale).

Denkt man sich eine Diagonale durch die Hauptgruppenelemente von links oben (Bor) nach rechts unten (Astat), so stehen an dieser Diagonalen Elemente, die eine Mittelstellung einnehmen. Die Oxide und Hydroxide dieser Elemente sind alle in Wasser schwer löslich, denn sie besitzen säure- wie basenbildende Eigenschaften. Man nennt diese Elemente „amphotere Elemente", diese gedachte Linie von Bor nach Astat ist demnach die „amphotere Linie".

Z. B.: $Al_2O_3 + \text{Wasser} \rightarrow Al(OH)_3$

oder auch:

$$Al_2O_3 + \text{Wasser} \rightarrow H_3AlO_3$$

Wie Al(OH)$_3$ reagiert, ob als Säure oder als Base, hängt ausschließlich von der jeweils auf diese Verbindung einwirkenden Säure bzw. Base ab. Al(OH)$_3$ (als Säure geschrieben) reagiert also mit NaOH wie folgt:

$$H_3AlO_3 + 3\ NaOH \rightarrow Na_3AlO_3 + 6\ H_2O$$

oder mit H$_2$SO$_4$:

$$2\ Al(OH)_3 + 3\ H_2SO_4 \rightarrow Al_2(SO_4)_3 + 6\ H_2O$$

Fragen zu Abschnitt 4:

1. In welcher Gruppe von Verbindungen tritt Wasserstoff immer einwertig negativ auf?

2. Warum steht im PSE der Wasserstoff meist oberhalb der Alkalimetalle? – 3 Begründungen –

3. Wie wurden die Elemente im PSE von Mendelejew und Lothar Meyer geordnet und wonach sind die Elemente heute geordnet?

4. Wodurch unterscheidet sich das Kurzperiodensystem vom Langperiodensystem?

5. Wodurch unterscheiden sich die Hauptgruppenelemente von den Nebengruppenelementen?

6. Wo stehen im PSE die amphoteren Elemente?

7. Wo stehen im PSE die stärksten Säurebildner und wo die stärksten Basenbildner?

8. Wo stehen im PSE die Metalle und wo die Nichtmetalle?

5. Atombau

5.1 Allgemeines

Das Atom (grch.: atomos = unteilbar) ist das kleinste Teilchen eines Elementes. Das Wort Atom wurde zuerst von dem griechischen Philosophen *Demokrit* (um 500 v. Chr.) geprägt, dann aber von *Dalton* um 1800 endgültig in die Chemie eingeführt. Durch seine gedanklichen Vorstellungen kam er zu dem Schluß, daß alle Stoffe aus kleinen, unteilbaren und unveränderlichen Einheiten bestehen müßten. *Lavoisier* und *Dalton* griffen Ende des 18. Jahrhunderts diese Ansicht in ihrer Atomtheorie wieder auf. Heute ist die Existenz des Atoms bewiesen.

5.2 Aufbau der Atome

Im Kern, der die Masse eines Atoms ausmacht, die Nucleonen:

Proton: Ladung positiv,
Masse 1; genaue Masse = 1,0073 = $1,67252 \cdot 10^{-27}$ kg

Neutron: elektrisch neutral,
Masse 1; genaue Masse = 1,0087 = $1,67482 \cdot 10^{-27}$ kg

Auf Schalen, die um den Kern liegen:

Elektron: Ladung negativ,
Masse 0; genauer $\frac{1}{1836}$ der Masse eines Protons = $0,91091 \cdot 10^{-30}$ kg

In einem Atom ist die Gesamtzahl der Elektronen auf den Schalen gleich der Protonenzahl im Kern. Diese ist im PSE immer gleich der Ordnungszahl des betreffenden Elementes.
Nuklide sind durch die Anzahl der Protonen und Neutronen im Kern charakterisiert (von 1500 bekannten N. sind 1200 N. radioaktiv).
Isobare sind Nuklide mit der gleichen Masse, d. h. sie haben im Kern die gleiche Anzahl *Nukleonen*, sie unterscheiden sich aber in der Protonen- und Neutronenzahl. Beispielsweise sind Isobare: ^{17}N, ^{17}O, ^{17}F.

5.2.1 Maximale Elektronenzahl auf den Elektronenschalen

Die maximale Elektronenzahl auf einer Schale = $2n^2$
n = Schalennummer (7 Elektronen-Schalen) vom Kern aus gezählt.

1. E-Schale = K-Schale (kernnächste Schale)
2. E-Schale = L-Schale
3. E-Schale = M-Schale
4. E-Schale = N-Schale
5. E-Schale = O-Schale
6. E-Schale = P-Schale
7. E-Schale = Q-Schale

5.2.2 Elektronenverteilung

Elektronen sind somit folgendermaßen auf E-Schalen verteilt

E-Schalen-nummer	theoretische maximale Elektronenzahl auf den E-Schalen	tatsächliche maximale Elektronenzahl auf den E-Schalen
1	2 Elektronen	2 Elektronen
2	8 Elektronen	8 Elektronen
3	18 Elektronen	18 Elektronen
4	32 Elektronen	32 Elektronen
5	50 Elektronen	32 Elektronen
6	72 Elektronen	15 Elektronen
7	98 Elektronen	2 Elektronen

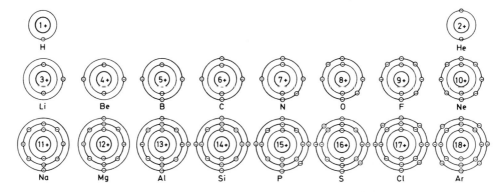

Abb. 5.2.2. Elektronenverteilung bei den Elementen 1 bis 18

Die Elektronenzahl kann sich aber verändern, es bilden sich so Ionen.

5.2.3 Massen-Energiegesetz

Das Massen-Energiegesetz A. *Einstein* (1905) lautet: Energie gleich Masse mal Quadrat der Lichtgeschwindigkeit.

$$E = m \cdot c^2$$

E = Energie in Joule = Nm (Newtonmeter)
m = Masse in kg
c = Lichtgeschwindigkeit in m/s (somit $c^2 = 9 \cdot 10^{16}$ m²/s²)

5.3 Bohr'sches Atommodell (1913)

(Niels *Bohr*, dän. Physiker, geb. 7.10.1885, gest. 18.11.1962) Die Elektronen bewegen sich als elektrisch geladene Elementarteilchen (die Ladung dieses Teilchens nennt man die Elementarladung) auf Schalen verteilt um den Kern, der aus Protonen und Neutronen aufgebaut ist. Im Atom ist die Elementarladung gleich der Protonenzahl. Der Chemiker kann nur die Anzahl der Elektronen auf den Schalen ändern, nicht aber die Anzahl der Protonen im Kern. – Eine Änderung der Protonenzahl im Kern gehört in das Aufgabengebiet des Kernphysikers. – Die Elektronen bewegen sich, ähnlich wie sich die Erde um die Sonne und dabei zusätzlich um die eigene Achse dreht, auch um den Kern und gleichzeitig zusätzlich um die eigene Achse. Man bezeichnet diese Drehung des Elektrons um die eigene Achse als *Elektronenspin*. Der Spin ist die Urzelle des *Magnetismus*, denn sich bewegende elektrische Ladung bewirkt die Ausbildung eines Magnetfeldes. Da die Winkelgeschwindigkeit bei der Drehung des Elektrons um die eigene Achse e r h e b l i c h größer ist als die der Drehung um den Kern, braucht letztere in ihrer magnetischen Auswirkung nicht berücksichtigt zu werden. Elektronen treffen sich stets paarweise mit antiparallelem Spin, d.h. jeweils entgegengesetzter Drehrichtung.

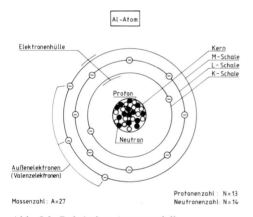

Abb. 5.3. Bohr'sches Atommodell

Bohr sagte, daß die Elektronen auf Schalen *„verschmiert"* sind, wenn das Elektron als elektromagnetische Energiewelle betrachtet wird.

5.4 Isotope und Radionuklide

Die Atommassen sind nur Durchschnittswerte, die sich aus Atomen mit verschiedenen ganzzahligen Atommassen des selben Elementes ergeben. Einzelatome haben nie eine Atommasse mit Dezimalstellen. So haben zum Beispiel von 100000 Wasserstoffatomen gut 99000 Atome die Atommasse 1, während ca. 800 die Atommasse 2 besitzen. Diese ca. 800 Atome müssen also noch einen Baustein zusätzlich besitzen, der keinen Einfluß auf die stofflichen Eigenschaften, wohl aber auf die Atommasse („Atomgewicht") hat.

Diese Bausteine nennen wir die *Neutronen*. Sie sind elektrisch neutral und haben die Masse 1. Diese Atome, die im Atomkern außer einem Proton zusätzlich ein Neutron besitzen, und daher wegen des einen Protons im Kern Wasserstoffatome sind, haben wegen des zusätzlichen Neutrons die Atommasse 2. Sie werden *Isotope* genannt, weil sie im Periodensystem an der gleichen Stelle stehen (grch.: isos = gleich, topos = der Ort). Heute ordnet man die Elemente im Periodensystem ausnahmslos nach der Protonenzahl im Kern *(Kernladungszahl)*. Die Existenz der Neutronen konnte erst in den dreißiger Jahren (und somit auch die Existenz der Isotope) bewiesen werden. Beweis der Existenz der Isotope z. B. mittels Clusius'schem Trennrohr 1938 (*Klaus Clusius*, deutscher Chemiker, geb. 19. 3. 1903, gest. 23. 5. 1963). Die Halbwertszeit ist die Zeit, während der jeweils die Hälfte der vorliegenden radioaktiven Substanz eines Radionuklids zerstrahlt ist. Die Halbwertszeit vom Kohlenstoffisotop ^{14}C ist 5730 Jahre, d. h. von einem Kilogramm ^{14}C ist nach 5730 Jahren nur noch ½ kg vorhanden und nach weiteren 5730 Jahren nur noch ¼ kg usw.

Mattauch'sches Gesetz: Elemente, die sich in der Ordnungszahl nur um 1 unterscheiden, also benachbart sind, haben nie Isotope gleichen Atomgewichtes, sie zerstrahlen spontan.

5.5 Genaue Kennzeichnung von Elementen

Elemente werden wie folgt gekennzeichnet:

$$\substack{\text{Massezahl} \\ \text{Kernladungszahl}} \mathbf{E} \substack{\text{Oxidationszahl (in dem Molekül)} \\ \text{Atomzahl (in dem Molekül)}}$$

Also links oben steht die Massezahl (Summe der Protonen- und Neutronenzahl = Nucleonenzahl) und links unten steht die Kernladungszahl (Protonenzahl = Ordnungszahl). Rechts oben steht die Oxidationszahl. Sie ist verwandt mit dem alten Begriff „Wertigkeit", oder dem von Kekulé stammenden Valenzstrich, der aber keine Auskunft über den Ladungszustand des entsprechenden atomaren Teilchens gibt. Rechts unten steht die Atomzahl, d. h. die Anzahl Atome, mit der dieses Element in dem Molekül vertreten ist.

5.6 Atom- und Molekülmasse

Die relative Atom- und relative Molekülmasse (unexakt: Atom- und Molekulargewicht) ist eine dimensionslose Verhältniszahl, die ursprünglich auf das leichteste Atom, auf Wasserstoff = 1,000 bezogen wurde (damals Sauerstoff = 15,88). 1899 bezog man das Atomgewicht auf Sauerstoff = 16,00 und seit 1. 1. 1962 auf das Kohlenstoffatom mit der Atommasse 12,000. Dem ^{12}C-Isotop wurde per Definition die Atommasse 12 verliehen. Diese Änderung vom 1. 1. 1962 hat nur eine unwesentliche Atommassenveränderung verursacht.

Die Molekülmasse ist gleich der Summe der Atommassen, z. B. Molekularmasse von Bariumchlorid (BaCl):

$$\begin{aligned}
\text{Ba} &= 137,33 \\
\text{Cl} &= 35,453 \\
\text{Cl} &= 35,453 \\
\hline
\text{BaCl}_2 &= 208,23
\end{aligned}$$

Die Molekülmasse darf nur mit soviel Dezimalen angegeben werden, wie sie die darin enthaltene Atommasse des atommassenmäßig am wenigsten genau bekannten Elementes aufweist!

5.7 Zusammenfassung des Atomaufbaus

1. Elektronen sind praktisch masselose Teilchen, die gleichzeitig ein elektromagnetisches Energiequantum darstellen. Ein Elektron ist das kleinste elektrisch geladene Teilchen. Die Ladung eines Elektrons ist die Elementarladung (Elementarladung = $1,6 \cdot 10^{-19}$ As)
2. Die Protonenzahl. Es gilt: Ordnungszahl = Protonenzahl = Kernladungszahl = Elektronenzahl (letzteres nur im Atom, aber nicht im Ion).
3. Neutronenzahl im Kern ist ohne Bedeutung für den Elementcharakter, sie hat nur Einfluß auf die Atommasse.
4. Protonen und Neutronen bestimmen die Masse des Atoms („Atomgewicht"). Dabei können 2 Atome zwar die gleiche Atommasse haben, aber verschiedene Kernladungszahl. Es sind also dann Isobare verschiedener Elemente.
5. Atome sind elektrisch neutral, da sie die gleiche Anzahl Protonen und Elektronen enthalten.
6. Ionen sind entweder positiv oder negativ geladene Teilchen etwa in der Größenordnung der Atome oder Moleküle. Wenn dem Atom ein oder mehre Elektronen entzogen wurden (also Überschuß an Protonen), liegt ein ein- oder mehrwertiges positives Ion vor. Das positive Ion hat dann einen kleineren Durchmesser als das entsprechende Atom. Wenn dem Atom Elektronen zugeführt wurden (also Elektronenüberschuß), liegt ein entsprechend negatives Ion vor. Das negative Ion hat dann einen größeren Durchmesser als das entsprechende Atom.
7. Isotope sind Atome des gleichen Elementes mit verschiedener Masse. Die Ursache für die verschiedenen Massen bei Atomen des gleichen Elementes (der gleichen Ordnungszahl oder der gleichen Kernladungszahl) ist die unterschiedliche Neutronenzahl. Das Atomgewicht des Chlor ist beispielsweise 35,453, d. h. ca. 75% der Atome haben die Atommasse 35 und ca. 25% die Atommasse 37. Kalium hat die Atommasse 39,098 und folgende Isotope: 39 (mit 93,4%), 41 (6,6%) und 40 (0,01%). Kohlenstoff hat die Atommasse 12,01115 und folgende Isotope: 12 (98,89%) und 13 (1,11%). Isotope kommen in fast jedem Element vor, sonst müßten die Atomgewichte ganzzahlig sein. Das besagt aber nicht, daß im Periodensystem für Elemente angegebene ganzzahlige Atomgewichte keine Isotope enthalten.
Neben den stabilen Isotopen gibt es instabile natürliche und künstlich hergestellte Isotope (Radioisotope, Radionuklide).

Fragen zu Abschnitt 5:

1. Welche Elementarbausteine bilden das Atom und welche Massen sowie elektrische Ladungen haben sie?

2. Was ist die Elementarladung?

3. Was sagt das Mattauch'sche Gesetz aus?

4. Was versteht man unter Halbwertszeit?

5. Wodurch unterscheiden sich Atome von Molekülen und Ionen?

6. Worauf sind die nicht ganzzahligen Atommassen zurückzuführen?

7. Was sind Isotope?

8. Was sind Nuklide?

9. Welche Atombausteine machen die Masse eines Atoms aus?

10. Was sind Radionuklide?

6. Chemische Bindung

Alle Edelgase haben elektronenmäßig auf der äußeren E-Schale 8 Elektronen, d.h. eine Sättigung bzw. Zwischensättigung. Beim He und Ne ist eine Sättigung mit 2 bzw. 8 Elektronen erreicht, d.h. diese Schale ist somit beim He mit 2 Elektronen, beim Ne mit 8 Elektronen gefüllt. Alle anderen Edelgase erreichen mit 8 Elektronen (Elektronenoktett) auf der äußeren Schale jeweils nur eine Zwischensättigung.
Jedes Element ist bestrebt, durch Elektronenabgabe oder -aufnahme den Edelgaszustand zu erreichen und geht deswegen eine chemische Verbindung ein (Oktett-Theorie von Lewis und Kossel 1916). Wenn das Element (z. B. Silizium) wählen kann zwischen voller E-Schale und Edelgaszustand (hier Ne-Zustand) oder nur Edelgaszustand, d.h. Zwischensättigung (hier Ar-Zustand), so wählt es beim Eingehen einer Verbindung den Edelgaszustand mit gleichzeitig voller E-Schale.

6.1 Bindungen 1. Ordnung

Hier wird durch Elektronenaustausch der Edelgaszustand auf der äußeren Schale erreicht.

a) *Atombindung (homöopolare, unpolare oder kovalente Bindung)* Sie liegt vor, wenn eine chemische Verbindung aufgespalten wird und diese Verbindung dabei in Atome zerfällt.

Beispiel: (Lewis-Formel)

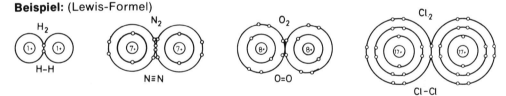

Abb. 6.1. Zusammenhang zwischen Elektronen- und Valenzstrichformel (Elektronenpaarbindung). Elektronenoktett (Lewis) auf der äußeren E-Schale des Edelgases Argon

Zusammenhang zwischen *Elektronen-* und *Valenzstrichformel* (Elektronenpaarbindung). *Elektronenoktett* (Lewis) auf der äußeren E-Schale des Edelgases Argon

b) *Ionenbindung (heteropolare Bindung)* Sie liegt vor, wenn eine chemische Verbindung aufgespalten wird und die Moleküle dabei in Ionen zerfallen.
c) *Metallische Bindung* Sie liegt bei allen Metallen vor und bewirkt, daß alle Metalle Leiter erster Klasse sind, da hier *Atomrümpfe* im *Elektronengas* schweben. *Atomrümpfe* liegen in jedem Metall vor. Sie bilden sich, da Metallatome ihre *Valenzelektronen* ganz oder teilweise als *Leitfähigkeitselektronen* abspalten. Diese *Leitfähigkeitselektronen* bewirken, daß die Metalle Leiter erster Klasse sind, da hier im Gegensatz zur Ionenleitung die praktisch masselosen Elektronen den Stromtransport, d.h. den Stromfluß, ausmachen.

36 6. Chemische Bindung

6.2 Bindungen höherer Ordnung

a) *Komplexbindung* (Kationkomplex) Sie liegt vor, wenn eine chemische Verbindung durch *Nebenvalenzbindungen* (siehe Begriffserklärung) zusammengehalten wird, z. B. $[Cu(NH_3)_4]^{2+}$ als *Kupfertetrammin-Komplexion*. Diese Nebenvalenzbindung wird hier durch den polaren Charakter des NH_3 bewirkt, wodurch gleichzeitig das zweiwertig positive Kupfer-Ion auf der äußeren Schale 8 Elektronen, d. h. den Edelgaszustand erreicht, was somit einer erstrebten Zwischensättigung auf der äußeren Schale des Cu^{2+}-Ions gleichkommt.

Farbe: Königsblau, wasserlöslich

Abb. 6.2a. Kupfertetrammin-Komplex $[Cu(NH_3)_4]^{2+}$-Ion

Bei der Dissoziation:

$$2H^+\text{-Ionen} + (SO_4)^{2-}\text{-Komplex-Ion}$$

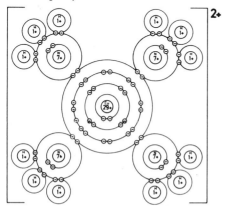

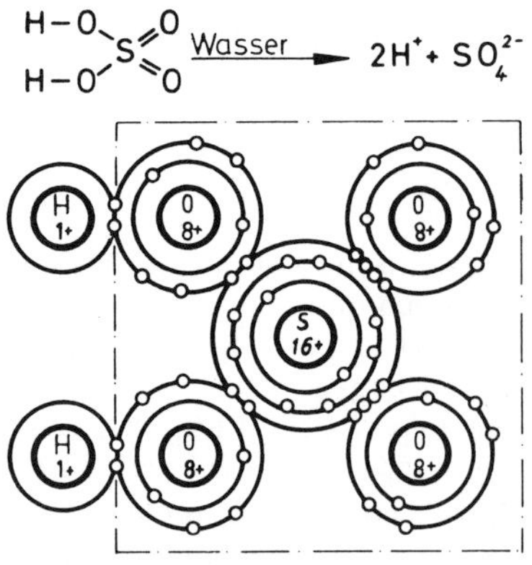

Abb. 6.2b. Anionenkomplex

6.3 Polarität chemischer Verbindungen

Die Polarität gewisser Moleküle ist von größter Bedeutung. Ohne den polaren Aufbau verschiedener Moleküle wäre unser Leben nicht möglich. In vielen anderen Dingen, wie Färben, Wasseraufnahme von Eiweiß und eiweißähnlichen Stoffen u.a., könnte man, ohne den polaren Charakter in Molekülen zu berücksichtigen, zu keinem erklärbaren Vorgang kommen. Auch in der Kunststofftechnik hat der polare Charakter sehr vieler Kunststoffe eine überragende Bedeutung für ihre Verarbeitung (z. B. HF-Schweißen), ihr Verhalten und ihre Eigenschaften (z. B. Weichmacher im Polyvinylchlorid).

6.3.1 Modellmäßige Erklärung des polaren Verhaltens an Hand des

Bohr'schen Atommodells

Die Molekülgestalt wird durch die Atomanzahl, deren räumliche Anordnung und Elektronegativität bestimmt.

a) Die asymmetrische Anordnung der H-Atome in einem Wassermolekül bewirkt den Dipolcharakter des Wassers.

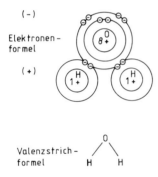

Abb. 6.3.1a. Elektronen- und Valenzstrichformel (Strukturformel) eines Wassermoleküls.

Dieses winklig gezeichnete Modell eines Wassermoleküls soll eine asymmetrische Ladungsverteilung im Molekül darstellen. Diese asymmetrische Ladungsverteilung bewirkt, obwohl das Molekül die gleiche Anzahl an Protonen und Elektronen besitzt und somit im ganzen gesehen elektrisch neutral ist, den zweipoligen Charakter. Dieser zweipolige Charakter bewirkt die Ausbildung von sog. Nebenvalenzen. Auf Grund dieser im Wassermolekül vorliegenden Nebenvalenzen bilden sich Wassermolekül-Schwärme. Beim Erwärmen des Wassers bis zum Sieden werden durch die zugeführte Energie zunächst die Nebenvalenzkräfte unwirksam gemacht, was schließlich zur völligen Auflösung der „Wassermolekül-Schwärme" zu einzelnen Wassermolekülen führt. Erst jetzt kann das Wasser sieden.

38 6. Chemische Bindung

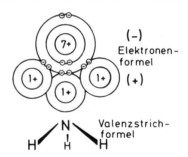

Abb. 6.3.1 b. Wassermolekül-Schwarm

Abb. 6.3.1 c. Elektronen- und Valenzstrichformel (Strukturformel) eines Ammoniakmoleküls

b) Auch Ammoniak besitzt einen Dipolcharakter, der nicht so stark in Erscheinung tritt wie der eines Wassermoleküls. Die hervorragende Wasserlöslichkeit des Ammoniaks ist mit dem Dipolcharakter beider Moleküle zu erklären. So können bei Zimmertemperatur in 1 Liter Wasser bis zu 1000 Liter Ammoniakgas aufgelöst werden. In dieser Lösung, die allgemein auch „Salmiakgeist" genannt wird, liegt der größte Teil des NH_3-Gases wirklich nur als gelöstes Gas vor. Da H_2O nur minimal in Ionen (H^+- und OH^--Ionen) aufgespalten ist, geht NH_3 ebenfalls nur minimal mit dem Wasser folgende Reaktion ein:

$$NH_3 + H_2O \rightarrow NH_4^+ + OH^-$$

Eine wäßrige Ammoniaklösung („Salmiakgeist") ist daher auch nur eine schwache Lauge, obwohl der Dissoziationsgrad von NH_4OH praktisch gleich 1 ist („Dissoziationsgrad" = Grad der Aufspaltung in Ionen).

6.3.2 Erklärung der Polarität mittels der Elektronegativität

(Erstmals 1932 von dem Amerikaner *Linus Pauling*, geb. 1901, Nobelpreis Chemie 1954) Das Element Fluor hat, da ihm nur 1 Elektron zum Erreichen des Edelgaszustandes und einer vollen E-Schale fehlt, die größte Elektronegativität nach *Linus Pauling* und *Allred-Rochow* (1958). Diese beiden Letzteren haben die Anziehungskraft des Elementatomkerns auf die Elektronen einer Bindung festgestellt und durch einen passenden Koeffizienten auf die Pauling'schen Elektronegativitätswerte umgerechnet. Die zweitgrößte Elektronegativität hat das Element Sauerstoff, da es mit 2 Elektronen ebenfalls den Edelgaszustand und eine volle Schale hat.
Die Elektronegativität des Sauerstoffs ist auch erheblich höher als die des Wasserstoffs, daher Dipolbildung beim H_2O. Unter Elektronegativität versteht man das Begehren, Elektronen an sich zu ziehen. Wegen dieser größeren *Elektronegativität* des Sauerstoffs zieht er das Elektron des Wasserstoffs sehr stark an sich und liegt damit im H_2O-Molekül als das negativere Ende vor, während die Wasserstoffatome hier durch diese verringerte Elektronenbindung jeweils positiver auftreten. Unter Verwendung des Bohr'schen Atommodells sind die Wasserstoffatome asymmetrisch angeordnet, das Wassermolekül muß also auch einen zweipoligen Charakter, d.h. ein positives Ende beim Wasserstoff und ein negatives Ende beim Sauerstoff besitzen. Ähnliches ist auch wegen der größeren Elek-

Abb. 6.3.2. Tabelle der Elektronegativitäten der Hauptgruppen-Elemente (Nach Linus Pauling von 1932 und Allred-Rochow von 1958)

I	II	III	IV	V	VI	VII
			H 2.20			
Li 0,97	Be 1,47	B 2,01	C 2,50	N 3,07	O 3,50	F 4,10
Na 1,01	Mg 1,23	Al 1,47	Si 1,74	P 2,06	S 2,44	Cl 2,83
K 0,91	Ca 1,04	Ga 1,82	Ge 2,02	As 2,20	Se 2,48	Br 2,74
Rb 0,89	Sr 0,99	In 1,49	Sn 1,72	Sb 1,82	Te 2,01	J 2,21
Cs 0,86	Ba 0,97					
Fr 0,86	Ra 0,97	Tl 1,44	Pb 1,55	Bi 1,67	Po 1,76	At 1,96
		(113) —	(114) —	(115) —	(116) —	(117) —

tronegativität des Stickstoffs im Vergleich zum Wasserstoff für das Ammoniakmolekül zutreffend. Wegen ihrer Dipolcharaktere gehen Wasser und auch Ammoniak praktisch nicht durch Polyethylen hindurch, während CO_2, das unpolar ist (O=C=O), Polyethylenfolien besser durchdringt.

Mit zunehmender Elektronegativitätsdifferenz zweier in einem Molekül miteinander verbundener Atome vergrößert sich auch der ionische Charakter der betreffenden Verbindung. Hierbei stellt das Atom mit der größeren Elektronegativität den negativen und das mit der kleineren Elektronegativität den positiven Bindungspartner dar. So ist beispielsweise der Wasserstoff im CaH_2 (Calciumhydrid) elektronegativ, während er im HCl elektropositiv ist. Der Elektronegativitätswert wurde für Fluor von Pauling willkürlich als Fixpunkt festgelegt.

6.3.3 Der Wasserstoff im Periodensystem

1. Die Einordnung des Wasserstoffs in das Periodensystem ist umstritten. Meist findet man ihn oberhalb der Gruppe der Alkalimetalle, da er in Verbindungen praktisch immer als positives Ion auftritt (Wasserstoff in der elektrochemischen Spannungsreihe der Metalle).
2. Wasserstoff kann aber auch negativ auftreten, man spricht dann von „Hydriden". Daher kann man Wasserstoff auch oberhalb der Halogene einordnen.

3. Da beim Wasserstoff nur eine Halbbesetzung der Valenzschale (äußere Elektronen-Schale) wie beim Kohlenstoff gegeben ist, könnte man den Wasserstoff auch über diesen Elementen im Periodensystem einordnen. Wasserstoff zeigt tatsächlich eine gewisse Verwandtschaft zum Kohlenstoff *(Ionisierungsenergie, Elektronenaffinität, Elektronegativität)*.

6.4 Die Wertigkeit und Oxidationszahl

Der Begriff Wertigkeit wurde bereits vorstehend unter 2.3 kurz behandelt. Da aber unter Oxidation bzw. Reduktion allgemein und umfassend die Abgabe bzw. Aufnahme von Elektronen verstanden wird, spricht man auch von der *Oxidationszahl* eines Elementes, wenn man die Wertigkeit eines Elementes in einer Verbindung meint. Oxidation ist der Entzug von einem oder mehreren Elektronen, während Reduktion das Gegenteil ist.
Wenn man also wissen will, welche *Wertigkeit* bzw. *Oxidationszahl* oder auch welche *Oxidationsstufe* oder *oxidative Wertigkeit* ein Element in einer etwas kompliziert erscheinenden Verbindung hat, so soll das hier genauer erklärt werden. Bekannt ist, daß Wasserstoff in den chemischen Verbindungen stets die Oxidationszahl I hat. Ausnahme: In den *Metallhydriden* z.B. im NaH; Hier hat der Wasserstoff die Oxidationsstufe −I (oder die Oxidationszahl −I) bzw. die Wertigkeit −I. Für Sauerstoff ist bekannt, daß er in chemischen Verbindungen stets die Oxidationsstufe −II hat. 1. Ausnahme: In der *Peroxigruppe* (−O−O−) hat der Sauerstoff die Oxidationszahl −I, z.B. H_2O_2 (Wasserstoffperoxid) oder Na_2O_2 (Natriumperoxid) u.a. Hier ist ein Sauerstoffatom (−O−) in einer Verbindung durch eine (−O−O−)-Bindung ersetzt. 2. Ausnahme: Im F_2O-Gas *(Difluorsauerstoff)*, das exakter als „*Sauerstoffdifluorid*" bezeichnet werden müßte, da hier der Sauerstoff wegen der von allen Elementen höchsten Elektronegativität des Fluors sogar die positive Oxidationszahl II besitzt. Fluor hat in chemischen Verbindungen stetes die Oxidationszahl −I, da Fluor bekanntlich das Element mit der größten Elektronegativität ist, d.h. das größte Bestreben hat, Elektronen aufzunehmen und somit in chemischen Verbindungen immer nur mit einer einwertig negativen Oxidationszahl (−I) auftritt. Fluor erreicht durch die Aufnahme von einem Elektron den Edelgaszustand und eine volle E-Schale.
Elektronenformel des Moleküls Sauerstoffdifluorid (F_2O) Hier hat Sauerstoff die positive Oxidationszahl II und Fluor die negative Oxidationszahl −I.

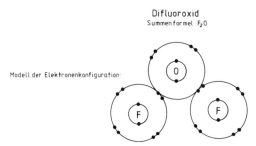

Abb. 6.4. Elektronenformel des Moleküls Sauerstoffdifluorid (F_2O)

Es soll z. B. die Oxidationszahl von Schwefel in der Schwefelsäure (H_2SO_4) ermittelt werden. Die Oxidationszahl des Schwefel (S) ist dann einfach errechenbar. Die Summe aller Oxidationszahlen eines Moleküls ist immer gleich Null. Für das Molekül H_2SO_4 gilt also:

$$(2 \cdot I) + (1 \cdot X_S) + (4 \cdot -II) = 0$$
$$H_2 \quad\quad S \quad\quad\quad O_4$$

Somit ist die Wertigkeit des Schwefels (X) in diesem Molekül:

$$X_S = VI$$

Die vollständige Formel der Schwefelsäure mit der Oxidationszahlangabe (röm. Ziffer bei positiver Oxidationszahl ohne Pluszeichen über dem Element) der einzelnen Elemente im Molekül lautet demnach:

$$\overset{I}{H_2} \quad \overset{VI}{S} \quad \overset{-II}{O_4}$$

Für Phosphorsäure (H_3PO_4) gilt demnach:

$$\overset{I}{H_3} \quad \overset{V}{P} \quad \overset{-II}{O_4}$$

Bei Kaliumpermanganat gilt für die Oxidationszahl des Elementes Mn in der Verbindung $KMnO_4$:

$$K \quad \overset{VII}{Mn} \quad O_4$$

Im Kaliumdichromat ($K_2Cr_2O_7$) gilt demnach für die Oxidationszahl des Elementes Cr die in nachfolgender Formel angegebene Wertigkeit, wenn man berücksichtigt, daß Kalium als ein Element der 1. Hauptgruppe stets nur die positive Wertigkeit der Gruppennummer hat (entsprechendes gilt übrigens auch für die Elemente der 2. und 3. Hauptgruppe). K hat somit in chemischen Verbindunden stets die Oxidationszahl I.

$$K_2 \overset{VI}{Cr_2} O_7$$

Soll die Wertigkeit (Oxidationszahl o. a.) eines Elementes in einem Ion errechnet werden, so muß beachtet werden, daß die Summe der Oxidationszahlen gleich der Wertigkeit des Ions ist. So z.B. P im $(PO_4)^{3-}$-Ion:

$$X_P + (4 \cdot -II) = -III > X_P = V$$

Fragen zu Abschnitt 6:

1. Welche drei Hauptbindungsarten gibt es?

2. Was sind Komplexbindungen? – Geben Sie ein derartiges Salz des Kupfers an –

3. Wie kann die Polarität eines Wassermoleküls erklärt werden anhand
   a) der Strukturformel
   b) der Elektronenformel des Wassermoleküls
   c) der Elektronegativitäten der Elemente des Wassermoleküls?

4. Warum hat das Element Fluor die größte Elektronegativität aller Nichtmetalle? – Erklärung mittels Atomaufbau einschließlich Elektronenverteilung –

5. Wie errechnet sich die Oxidationszahl eines Elementes anhand der Molekülformel, z. B. Chrom im K_2CrO_4?

6. Welchen Namen hat diese Verbindung?

7. Was ist Oxidation und Reduktion? – Die Erklärung soll elektronenmäßig und allgemeingültig erfolgen –

8. Warum ist der Sauerstoff in Verbindungen bis auf wenige Ausnahmen stets negativ zweiwertig?

9. Welche Oxidationszahl hat der Sauerstoff im Wasserstoffperoxid?

10. In welchen Verbindungen ist der Wasserstoff negativ? – Name der Verbindung nennen –

7. Chemische Gesetze

7.1 Avogadro'sches Gesetz (als Gesetz für ideale Gase)

Avogadro war Professor der Physik in Turin (geb. 1776, gest. 1856), ist ein Mitbegründer der modernen Molekulartheorie und stellte bereits 1811 folgende Regelmäßigkeiten bei Gasen fest:

> Gleiche Gasvolumina enthalten bei gleichem Druck und bei gleicher Temperatur stets die gleiche Anzahl Gasmoleküle.

Die moderne Fassung des *Avogadro'schen Gesetzes* lautet:

> Die Molekülmasse eines idealen Gases in Gramm nimmt unter Normalbedingungen, d. h. bei 0 °C und 1013 mbar stets annähernd ein Volumen von 22,4 Liter ein.

Die *Avogadro'sche Regel* lautet kurzgefaßt:

> Das Molvolumen von Gasen ist 22,4 Liter.

Hinweis: Wenn bei Gasvolumen nur die Volumenangabe wie z. B. l oder m^3 ohne weitere Zustandsangaben wie Druck und Temperatur gemacht werden, so gilt diese Volumenangabe stets für Volumen unter Normalbedingungen (0 °C, 1013 mbar).

7.2 Chemisches Gasvolumengesetz
(Gay-Lussac 1808)

Somit kann als Auswertung der Avogadro'schen Regel (Axiom) allgemeingültig gesagt werden: Gase reagieren bei gleichem Druck und bei gleicher Temperatur stets im *einfachen, ganzzahligen Volumenverhältnis* miteinander.
Man setzt für *ein Mol* einer Substanz auch dann zweckmäßigerweise das *Molvolumen für Gase* = 22,4 l ein, wenn auch die Substanz, wie z. B. Wasser, unter Normbedingungen tatsächlich nicht gasförmig sein kann, aber bei der uns interessierenden höheren Temperatur dann gasförmig vorliegt.

Beispiel:

Reaktionsgleichung

$\quad H_2 + \frac{1}{2} O_2 \rightarrow H_2O$

$\quad$ Gas $\quad$ Gas $\quad\quad$ Gas

Avogadro'sche Regel

$\quad 22{,}4\,l + 11{,}2\,l \rightarrow 22{,}4\,l$

Volumenverhältnis

$\quad 2 : 1 : 2$

7. Chemische Gesetze

Da somit Wasserstoff : Sauerstoff : H_2O (Wasserdampf unter Normbedingungen) bei der Synthese von Wasser aus seinen Elementen Wasserstoff und Sauerstoff das vorstehende Volumenverhältnis bei gleichem Druck und gleicher Temperatur der beiden Elemente und der Verbindung stets einhalten, läßt sich jede Volumenkombination sehr leicht errechnen.

Beispiel:

Wieviel Sauerstoff (120 °C und 999,9 mbar) ist erforderlich und wieviel Wasserdampf (bei gleichem Druck und gleicher Temperatur) entsteht, wenn 180,76 l Wasserstoff (120 °C und 999,9 mbar) zur Reaktion gebracht werden?

Lösung: Da Wasserstoff : Sauerstoff : Wasser im Volumenverhältnis wie 2 : 1 : 2 stehen (alles hier bei 120 °C und 999,9 mbar), gilt:

$$180{,}76\ l\ H_2 + 90{,}38\ l\ O_2 \rightarrow 180{,}76\ l\ \text{Wasserdampf}$$

Ableitung der Berechnungsmöglichkeiten für neue Gasvolumina in Abhängigkeit von der Temperaturänderung bei gleichbleibendem Druck.

Es gilt allgemein:

Jedes Gas ändert sein Volumen bei einer Temperaturänderung um 1 K um $\frac{1}{273}$ seines Volumens von 0 °C.

Somit gilt:

$$V_1 = V_0 + \Delta V; \quad \Delta V = V_0 \cdot \tfrac{1}{273} \cdot °C$$
$$V_1 = V_0 + V_0 \cdot \tfrac{1}{273} \cdot °C$$
$$V_1 = V_0 \cdot (1 + \tfrac{1}{273} \cdot t)$$

Das Gay-Lussac'sche Gesetz gilt für isobare, d.h. druckgleiche Bedingungen. Das entsprechende gilt für p_1, wenn sich nur die Temperatur ändert, aber das Volumen konstant bleibt (isochore Bedingungen).

$$\boxed{V_1 = V_0 \cdot (1 + \tfrac{1}{273} \cdot t)} \quad \text{Isobare}$$

$$\boxed{p_1 = p_0 \cdot (1 + \tfrac{1}{273} \cdot t)} \quad \text{Isochore}$$

Beispiel:

1. Welches Volumen nehmen 135 l Wasserdampf (bei 0 °C), bei + 273 °C und konstantem Druck ein?

$$V_1 = V_0 \cdot (1 + \tfrac{1}{273} \cdot t)$$
$$V_1 = 135 \cdot (1 + \tfrac{1}{273} \cdot 273)$$
$$V_1 = 270\ l$$

Das Volumen hat sich also verdoppelt, da die Temperatursteigerung gegenüber 0 °C bei gleichbleibendem Druck 273 °C betrug.

2. Wie groß ist das Molvolumen eines Gases bei 20 °C und 1013 mbar?

$V_1 = 22{,}4 \cdot (1 + \frac{1}{273} \cdot 20)$

$V_2 = 24{,}04 \; l$

Die Molekülmassenbestimmung von Gasen ist deswegen so besonders einfach, weil die Ziffer der Masse in Gramm von 22,4 l eines Gases auf Grund des Avogadro'schen Gesetzes gleich der Ziffer der Molekülmasse des betreffenden Gases ist. Bei der Molekülmassenbestimmung nach *Viktor Meyer* geht man von dieser Tatsache aus. Man läßt eine ganz bestimmte Masse einer leicht vergasbaren Substanz verdampfen und bestimmt das Volumen dieser verdampften gasförmigen Masse. Anhand der allgemeinen Gasgleichung errechnet man V_0 und bezieht dann die Masse dieses Volumens auf die von 22,4 Liter des Gases.

Da alle Elemente bestrebt sind, elektronenmäßig auf der äußeren E-Schale den Edelgaszustand zu erreichen, verbinden sich alle elementaren Gase wegen ihrer leichten Beweglichkeit sofort miteinander zu zweiatomigen Molekülen, sofern es sich nicht um die Edelgase handelt. Letztere haben bereits zwei (He) bzw. acht Elektronen (alle anderen Edelgase) auf ihrer äußeren E-Schale. Dieses ist die Ursache dafür, daß – wie an Hand des *Avogadro*'schen Gesetzes bewiesen werden konnte – alle elementaren Gase, mit Ausnahme der Edelgase, stets molekular vorkommen.

Alle elementaren Gase – mit Ausnahme der Edelgase – kommen in der Natur stets molekular vor.

7.3 Allgemeine Gasgleichung

Unter Anwendung der Allgemeinen Gasgleichung hat man die Möglichkeit, die Molekülmasse für unzersetzt vergasbare oder bereits schon bei 0 °C und 1013 mbar gasförmig vorliegende Substanzen leicht zu bestimmen. Da die Ziffer der Masse eines Gases in Gramm für das Volumen von 22,4 l (also bei 0 °C und 1013 mbar) gleich der Molekülmasse ist, muß man andere Gasvolumina bei anderen Temperaturen und anderen Drucken auf diese 22,4 l bei 0 °C und 1013 mbar beziehen oder umgekehrt. Diese Umrechnung eines bestimmten Gasvolumens, das unter anderen Bedingungen als den Normbedingungen vorliegt, kann mit der Allgemeinen Gasgleichung erfolgen.

Die Allgemeine Gasgleichung:

$$\boxed{\frac{p_0 \cdot V_0}{T_0} = \frac{p_1 \cdot V_1}{T_1}}$$

Zeichenerklärung:

p_0 = Normdruck, d.h. Druck der Normbedingungen wie 1013 mbar = 760 Torr (alt) = 1 at (alt) oder ≈ 1 bar (neu) ≈ 1 at (alt) ≈ 1 atm (alt), denn 1 at (alt) = 0,980665 bar (neu) oder 1 atm (alt) = 1,1325 bar (neu)

V_0 = Volumen unter Normbedingungen, d.h. bei 0 °C = 273 K und 1013 mbar

T_0 = Normtemperatur in Kelvin, d.h. hier 273 K, da 0 °C = 273 K

p_1 = der gemessene Druck

V_1 = das gemessene Volumen
T_1 = die gemessene Temperatur in K (°C + 273 = K)

Zu bemerken ist, daß die Masse von 22,4 *l* eines Edelgases in Gramm ziffernmäßig gleich der Atommasse dieses Gases ist. Somit ist bewiesen, daß Edelgase stets atomar vorkommen und nicht wie alle anderen Gase molekular. Die Ziffer der Masse in Gramm von 22,4 *l* eines elementaren Gases, das kein Edelgas ist, entspricht stets der doppelten Atommasse dieser elementaren Gase (bei O_3 das Dreifache der Atommasse des Sauerstoffs in Gramm). Somit ist auch bewiesen, daß derartige elementare Gase stets molekular vorliegen und jedes Molekül aus zwei Atomen besteht.

7.4 Loschmidt- oder Avogadro-Konstante (Loschmidt'sche- oder Avogadro'sche Zahl)

In der Chemie arbeitet man nicht mit Gewichten, sondern wie bereits erwähnt, mit Massen. Man bestimmt also die Massen der einzelnen Stoffe (Atome oder Moleküle), die miteinander reagieren. Daher ist es falsch, wenn man heute, wo man streng unterscheidet zwischen Gewicht = Kraft einerseits und Masse andererseits, von den Atomgewichten spricht, wo es doch streng genommen Atommasse heißen muß. Das Gewicht ist vom Ort abhängig, also auf der Erde und im Universum verschieden, während die Masse überall im Universum gleich bleibt und ist. Dieses Arbeiten mit Massen bewirkt, daß in der Chemie nicht mit der Federwaage (Kräftevergleich = Gleichgewichtsbestimmungsgerät) gearbeitet wird, sondern nur mit der Balkenwaage. Moderne elektronische Waagen bestimmen zwar auch Kräfte, die aber auf elektromagnetischem Wege kompensiert werden, so daß eine proportionale Ausgangsanzeige z. B. eine Frequenzänderung erzeugt wird, die nach ihrer elektronischen Auswertung letztlich digital als Masse angezeigt wird. Da man aber die Masse von nur einem Atom oder nur einem Molekül auch mit der empfindlichsten Waage nicht bestimmen kann, sondern erst die Masse einer Vielzahl von Atomen oder Molekülen mit ausreichender Genauigkeit zu bestimmen vermag, führte man den Begriff des Grammatoms bzw. des Grammoleküls („Mol") ein (lt. Si-Einheiten ist nur noch das Mol zulässig). Die relative Masseneinheit eines Atoms oder Moleküls bezieht sich auf $\frac{1}{12}$ der Masse des ^{12}C-Nuclids. Somit muß selbstverständlich auch diese relative Atom- oder Molekülmassenzahl bei ihrer Angabe in Gramm, da zwischen beiden Masseneinheiten Proportionalität besteht, auch immer die gleiche Anzahl an Atomen bzw. Molekülen enthalten. Diese konstante Atom- oder Molekülanzahl wurde erstmals 1865 von Loschmidt für 1 cm³ ideales Gas bei 0 °C und 1013 mbar errechnet. Daher wurde sie auch früher die Loschmidt'sche Zahl (Kurzzeichen: N_L) genannt. Heute wird sie international mit Avogadro'sche Zahl (Kurzzeichen: N_A) oder auch Avogadro-Konstante bezeichnet. Die Größe der Loschmidt'schen oder Avogadro'schen Zahl bzw. Avogadro-Konstante, wie diese Atom- oder Molekülanzahl bezeichnet wird, beträgt lt. IUPAC (International Union of Pure and Applied Chemistry = Internationale Union für Reine und Angewandte Chemie):

$$\boxed{N_L = N_A = 6{,}022045 \cdot 10^{23} \text{ mol}^{-1} \pm 0{,}000031 \cdot 10^{23} \text{ mol}^{-1}}$$

1 Mol ist die Masse eines chemischen Elementes oder einer chemischen Verbindung in Gramm und entspricht ziffernmäßig der Masse von einem Atom bzw. einem Molekül, bezogen auf das Kohlenstoffisotop mit der Atommasse 12,000.

Beispiele:

Für Calcium, dessen Atommasse 40,08 ist, gilt also: 1 Mol Ca = 40,08 g oder für Sauerstoff, dessen Atommasse abgerundet 16 ist, gilt: 1 Mol O_2 = 2 · 16 g = 32 g = 22,4 l (lt. Avogadro'schem Gesetz).
Da Eisensulfid die Formel FeS hat, ist dessen Molekülmasse somit gleich 55,847 + 32,064 = 87,911. Demnach gilt: 1 Mol FeS = 55,847 + 32,064 = 87,911 g.

7.5 Massenwirkungsgesetz (MWG)

Das Massenwirkungsgesetz (MWG) wurde 1867 von *Guldberg* und *Waage* entdeckt und formuliert. Es besagt:

> Das mathematische Produkt der Konzentrationen der Endprodukte dividiert durch das mathematische Produkt der Konzentrationen der Ausgangsstoffe ist stets eine Konstante.

Beispiele:

chemische Gleichung	MWG-Gleichung
A + B $\longrightarrow$ AB	$\dfrac{[AB]}{[A] \cdot [B]} = K$
2 A + 3 B $\longrightarrow$ A_2B_3	$\dfrac{[A_2 B_3]}{[A]^2 \cdot [B]^3} = K$

[AB] = Konzentration des mathematischen Produktes

7.6 Das Gesetz von der Erhaltung der Masse und der Energie
(Lavoisier 1785)

> Bei einer chemischen Reaktion kann weder Masse noch Energie verloren gehen. Die Summe der Massen und Energien der Ausgangsstoffe ist gleich der Summe der Massen und Energien des Endprodukte.

48　7. Chemische Gesetze

7.7 Das Gesetz der festen Massenverhältnisse
(Proust 1797)

> Die Elemente vereinigen sich in ganz bestimmten, konstanten Massenverhältnissen zu Verbindungen. Die Zusammensetzung der Verbindungen ist immer konstant.

Beispiel:

$$Fe + S \rightarrow FeS + Energie$$
$$56\,g + 32\,g = 88\,g$$
$$7 \text{ Massen-T.} + 4 \text{ Massen-T.} = 11 \text{ Massen-T.}$$

7.8 Das Gesetz der vielfachen Gewichtsverhältnisse
(Dalton 1766–1844 u. Berzelius 1779–1848)

> Wenn zwei Elemente mehrere Verbindungen miteinander bilden, so stehen, auf die Atommassen bezogen, die Massen des einen Elementes, die sich, ebenfalls auf die Atommasse bezogen, mit der Masse des anderen Elementes verbinden, stets im Verhältnis einfacher ganzer Zahlen.

Beispiele:

1. PbO enthält 92,83 Massen-% Blei und 7,17 Massen-% Sauerstoff bezogen auf die Atommasse: 1 : 1
2. PbO_2 enthält 86,62 Massen-% Blei und 13,38 Massen-% Sauerstoff bezogen auf die Atommasse: 1 : 2
3. Pb_3O_4 enthält 90,66 Massen-% Blei und 9,34 Massen-% Sauerstoff bezogen auf die Atommasse: 3 : 4

Beweis für die Richtigkeit der vorstehenden Angaben:

Zu 7.6:

$$92,83 \text{ Massen-Teile Blei} : 7,17 \text{ Massen-Teile Sauerstoff}$$

$$\frac{92,83 \text{ Massen-Teile}}{207,19} : \frac{7,17 \text{ Massen-Teile Sauerstoff}}{15,9994}$$

$$0,448 : 0,448$$

Atomverhältnis Blei/Sauerstoff   1 : 1

Die Formel des Moleküls dieser Verbindung ist also PbO

Zu 7.7:

$$86{,}62 \text{ Massen-Teile Blei} : 13{,}38 \text{ Massen-Teile Sauerstoff}$$

$$\frac{86{,}62}{207{,}19} : \frac{13{,}38}{15{,}9994}$$

$$0{,}418 : 0{,}836$$

Atomverhältnis Blei/Sauerstoff   1 : 2

Die Formel des Moleküls dieser Verbindung ist also PbO_2

Zu 7.8:

$$90{,}66 \text{ Massen-Teile Blei} : 9{,}34 \text{ Massen-Teile Sauerstoff}$$

$$\frac{90{,}66}{207{,}19} : \frac{9{,}34}{15{,}9994}$$

$$0{,}437 : 0{,}584$$

Atomverhältnis Blei/Sauerstoff   3 : 4

Die Formel des Moleküls dieser Verbindung ist also Pb_3O_4.

7.9 Schwefel-Eisen-Versuch

1. Eisen und Schwefel miteinander vermischt, ergeben die chemische Verbindung Eisensulfid, wenn man das Gemenge erhitzt.
   Die Reaktionsgleichung lautet hierzu, da die Analyse von Eisensulfid *63,6 Massen-% Fe* und *36,4 Massen-% S* ergibt und somit unter Berücksichtigung der Atommasse von Eisen und der Atommasse von Schwefel auf ein Eisenatom ein Schwefelatom kommt:

   Fe + S → FeS + Wärme

   Anfangs ist es erforderlich, Wärme zuzuführen, um so die Reaktionstemperatur zu erreichen. Diese Wärme wird zusätzlich zu der in der Reaktionsgleichung angegebenen Wärme wieder abgeführt.

demnach:

   1 Atom + 1 Atom → 1 Molekül

somit:

   1 Mol + 1 Mol → 1 Mol

   56 g + 32 g → 88 g

   Hiermit steht jedem *Fe*-Atom ein *S*-Atom zur Verfügung. Das Massenverhältnis Eisen : Schwefel : Eisensulfid ist dann immer 7 : 4 : 11 (1. chem. Grundgesetz).

Diese Reaktion verläuft *exotherm*, da bei ihrem Ablauf Wärme frei wird. Auf Grund des ersten chemischen Grundgesetzes muß die Rückreaktion dann *endotherm* verlaufen, d. h. während der gesamten Rückreaktion (aus FeS *(Eisensulfid)* wird Fe *(Eisen)* und S *(Schwefel)* gewonnen) muß Wärme zugeführt werden, da bei dieser Reaktion keine Wärme frei wird.

Exotherm: es wird Wärme beim Reaktionsablauf frei.

Endotherm: es muß zum Ablauf der Reaktion dauernd Wärme zugeführt werden.

Hochendotherme Verbindungen sind nicht besonders stabil. Derartige Verbindungen können beabsichtigt oder unbeabsichtigt leicht zerfallen.

2. Aus Eisensulfid und Salzsäure wird Schwefelwasserstoff frei:

$$FeS + 2\,HCl \rightarrow FeCl_2 + H_2S$$

Eine stärkere oder höher siedende Säure (Base) verdrängt eine schwächere oder niedriger siedende Säure (Base) aus ihrer Verbindung. Somit wird z. B. aus *FeS (Eisensulfid)* durch *HCl*-Zugabe *(Salzsäure*-Zugabe) H_2S *(Schwefelwasserstoff)* frei, da dessen Siedepunkt bei $-60,33\,°C$ liegt. An einem anderen Beispiel soll dies auch noch erläutert werden: Wenn man zu *Soda (Na_2CO_3)*, *Salzsäure* oder eine andere höher siedende Säure gibt, so entwickelt sich Kohlendioxid CO_2, das gasförmig entweicht (aufbrausend) nach folgender Gleichung:

$$Na_2CO_3 + 2\,HCl \rightarrow H_2CO_3 + 2\,NaCl \rightarrow 2\,NaCl + H_2O + CO_2$$

Brause kann z. B. hergestellt werden, indem man demnach zu *Natron ($NaHCO_3$)* feste Zitronensäure und Zucker gibt. Da diese drei Stoffe feste, d. h. trockene Substanzen sind, können sie noch nicht miteinander reagieren. Erst wenn dieses Stoffgemenge in Wasser gelöst wird, tritt Kohlensäureentwicklung, d. h. Aufbrausen, in Erscheinung. Es war schon ein Wahlspruch der Alchemisten: „Corpora non agunt, nisi fluida" = Stoffe reagieren nicht miteinander, wenn sie nicht flüssig sind! Dieser Wahlspruch der Alchemisten gilt heute noch.

Fragen zu Abschnitt 7:

1. Wie lautet die Avogadro'sche Konstante?

2. Wie groß ist das Molvolumen eines Gases unter Normbedingungen?

3. Wie lautet das Gay-Lussac'sche Gesetz?

4. Wie lautet die allgemeine Gasgleichung?

5. Wie lautet das Massenwirkungsgesetz (MWG)?

6. Wie lautet das Gesetz von der Erhaltung der Energie und der Masse?

7. Wieviel Gramm Wasser entsprechen 24,04 l Wasserdampf bei 20 °C und 1013 mbar?

8. Was versteht man unter einer exothermen oder unter einer endothermen chemischen Reaktion?

9. Wie lautet das Gesetz der festen Gewichtsverhältnisse?

10. Wie lautet das Gesetz der vielfachen Gewichtsverhältnisse?

8. Dissoziationsgrad und pH-Wert
(lat.: dissociato = Trennung)

8.1 Die Dissoziation

Außer der *thermischen Dissoziation*, wie sie z. B. beim thermischen Cracken organischer Moleküle Anwendung findet, spielt die *photochemische* Dissoziation, bei der mittels Lichtquanten ($E = h \cdot v$) Moleküle aufgespalten werden, eine Rolle. Hier sei als Beispiel die Aufspaltung von AgBr in metallisches Silber und Brom (Photographie) erwähnt. Als dritte Dissoziation soll nachfolgend die *elektrolytische Dissoziation* umfassender behandelt werden, da sie in der Technik von besonderer Bedeutung ist. Bei ihr werden Moleküle mit *Ionenbindung* (*heteropolare* Bindung) in ihre Ionen aufgespalten.

8.2 Dissoziationsgrad der Elektrolyte

Säuren, Basen und Salze sind Leiter 2. Klasse (Ionenleiter), denn sie zerfallen, in Wasser, mehr oder weniger stark in Ionen. Diese Lösungen leiten den elektrischen Strom um so besser, je mehr Ionen in der Volumeneinheit der Lösung vorliegen, denn diese übernehmen hier die Leitung des elektrischen Stromes im Gegensatz zu den Leitern 1. Klasse (Elektronenleiter), wo die freien Elektronen (Elektronengas) die erheblich bessere Leitfähigkeit der Metalle bewirken. Dieser elektrischen Leitfähigkeit der *Leiter 2. Klasse* muß immer eine Zersetzung in Ionen vorausgehen, um einen Stromfluß zu ermöglichen, wobei die *Anionen* (negative Ionen) an der *Anode* (Pluspol) und *Kationen* (positive Ionen) an der *Kathode* (Minuspol) elektrisch entladen werden. Leitet man z.B. durch eine wäßrige Schwefelsäurelösung elektrischen Strom, so wandern die H^+-Ionen (bzw. H_3O^+-Ionen) zur Kathode und die SO_4^{2-}-Ionen (Sulfationen) als Anionen zur Anode.

| Kationen zur Kathode |
| Anionen zur Anode |

Diese Lösungen (Leiter 2. Klasse) nennt man auch „Elektrolyte". In einem Elektrolyten sind immer zwei Ionenarten – einerseits die *Kationen* (immer nur *positive Wasserstoff-* oder *Metall-Ionen*) anderseits die *Anionen* (immer *Säurerest-* oder OH^-*-Ionen*) – in genau äquivalenter Menge vorhanden.
Säuren und Basen spalten sich mit zunehmender Wassermenge wegen des Dipolcharakters der Wassermoleküle in ihre Ionen auf. Das heißt, daß wenig Wasser in einer Säure oder auch Base nur eine minimale Aufspaltung in Ionen bewirkt, während mehr Wasser eine entsprechend stärkere Aufspaltung in Ionen zur Folge hat, so daß dann auch in der gleichen Volumenmenge einerseits mehr H^+- oder *Metall-Ionen* (Metall-Ionen sind immer positive Ionen.) und anderseits mehr OH^-*-Ionen* oder *Säurerest-Ionen* vorliegen.
Sowohl Säuren, als auch Basen, die Ionenbindung (heterogene Bindung) im Molekül haben, nehmen durch Wasserzugabe zunächst in ihrer Aggressivität zu, da durch H_2O-Moleküle bis zum Erreichen eines Maximums die Säure- und Basenmoleküle auch zunehmend in ihre Ionen aufgespalten werden. In der Reinsubstanz, d.h. in der wasserfreien Säure oder Base liegt keine elektrische Leitfähigkeit vor, da erst der Dipolcharakter des

8. Dissoziationsgrad und pH-Wert

H_2O die Dissoziation, d.h. die Molekülaufspaltung in Ionen ermöglicht. Bei mehrbasigen Säuren (z.B. H_2SO_4 oder H_3PO_4 u.dgl.) erfolgt die Dissoziation stufenweise. Es werden vom Molekül nicht gleich sämtliche Wasserstoff-Ionen abgespalten, sondern erst bei stärkerer Verdünnung wird das zweite bzw. dritte H^+-Ion gebildet. Erst wenn ein Maximum erreicht ist, tritt durch weitere Wasserzugabe eine Abnahme der Ionen pro Volumeneinheit ein, d.h. die Säure oder Base nimmt in ihrer Aggressivität ab.

Salze dagegen spalten sich, soweit sie in Wasser gelöst sind, großenteils 100%ig in Ionen (Metall- und Säurerest-Ionen) auf, d.h. sie dissoziieren vielfach 100%ig, soweit sie in Wasser gelöst sind.

Der Dissoziationsgrad α:

$$\alpha = \frac{\text{Konzentration dissoziierter Substanz}}{\text{Kozentration gelöster Substanz vor der Dissoziation}}$$

Der Dissoziationsgrad ist ein Maß für die Stärke des Elektrolyten. α multipliziert mit 100 ergibt den Bruchteil dissoziierter Substanz in Prozent.

8.3 pH-Wert

Die Stärke einer Säure oder Base ist abhängig von der in der Volumeneinheit vorliegenden Anzahl H^+- bzw. OH^--Ionen, d.h. von der Konzentration der H^+- bzw. OH^--Ionen.

In 10 000 000 Liter Wasser ist bei Zimmertemperatur (22–24 °C) immer ein Mol Wasser = 18 g Wasser in 1 Mol H^+- und 1 Mol OH^--Ionen aufgespalten. Diese H^+-Ionen verbinden sich sofort (lt. Brönsted) mit H_2O zum H_3O^+-Ion (Oxonium- oder Hydronium-Ion). Demnach sind in einem Liter Wasser bei Zimmertemperatur immer

$$\frac{1}{10\,000\,000} \text{ mol } H_3O^+\text{-Ionen} = 1 \cdot 10^{-7} \text{ mol } H_3O^+\text{-Ionen vorhanden,}$$

was wiederum bewirkt, daß dann auch

$$\frac{1}{10\,000\,000} \text{ mol } OH^-\text{-Ionen in 1 Liter Wasser vorhanden sind.}$$

Eine Konzentration kann auch statt in Gramm pro Liter in Mol pro Liter o.ä. angegeben werden. Somit kann auch die Konzentration der H_3O^+-Ionen und der OH^--Ionen entsprechend angegeben werden. Die Konzentration ist demnach in reinem Wasser für beide Ionenarten immer gleich, d.h. = 10^{-7} mol/l. Auf Grund des MWG (Massenwirkungsgesetz) gilt:

$$\frac{c(H_3O^+) \cdot c(OH^-)}{c^2(H_2O)} = K$$

oder $c(H_3O^+) \cdot c(OH^-) = K \cdot c^2(H_2O)$

Die Konzentration von H_2O ist praktisch unverändert. Es gilt weiter:

$$c(H_3O^+) \cdot c(OH^-) = 10^{-7} \cdot 10^{-7} = 10^{-14} \text{ mol}^2/l^2$$

Der dänische Chemiker *Sörensen*, der sich sehr intensiv mit der Wasserstoffionen-Konzentration in wäßrigen Lösungen befaßt hat, vereinfachte dann 1909 die Angaben der Konzentration der H_3O^+-Ionen und der OH^--Ionen, indem er nur die Konzentration der H_3O^+-Ionen angab.
Beträgt diese z. B. 10^{-3} mol/l, muß die Konzentration der OH^--Ionen 10^{-11} mol/l sein. Da die Konzentration der H_3O^+-Ionen in diesem Beispiel größer ist als 10^{-7} mol/l, handelt es sich um eine Säure.
Bei einer Base ist es entsprechend umgekehrt.
Sörensen vereinfachte die Angaben noch weiter, da die Basiszahl und das Minuszeichen vor dem Exponenten immer gleich bleiben.
Er führte den Begriff des pH-Wertes (lat.: potentia hydrogenii = Stärke des Wasserstoffes oder pondus hydrogenii = Gewicht des Wasserstoffs) ein.

Der pH-Wert ist der negative Exponent zur Basis 10 der H_3O^+- Ionenkonzentration.

Beträgt die Wasserstoffionenkonzentration einer sauren Lösung 10^{-3} mol/l, dann hat die Lösung einen pH-Wert von 3.

Für die pH-Werte wäßriger Lösungen gilt:

(Grenzwert) pH 0 bis (Grenzwert) pH 7	sauer
pH 7	neutral
(Grenzwert) pH 7 bis (Grenzwert) pH 14	alkalisch

oder

	0–2	sehr stark sauer bis stark sauer
	2–4	sauer
	4–6,99 …	schwach sauer bis sehr schwach sauer
	7	neutral
etwa	7,01– 9	sehr schwach alkalisch bis schwach alkalisch
	9–11	alkalisch
	11–14	stark alkalisch bis sehr stark alkalisch

---

pH-Wert Bestimmung

Der pH-Wert kann ziemlich genau mit verschiedenen Indikatoren (lat.: indicare = anzeigen) gemessen werden. Indikatoren sind Farbstoffe und Farbstoffgemenge, die in Abhängigkeit vom pH-Wert ihre Farbe ändern.

8. Dissoziationsgrad und pH-Wert

Die Farbänderungsgebiete, d. h. die Umschlagsgebiete einiger wichtiger Indikatoren:

Indikator (Handelsname)	pH-Umschlags-bereich	Grenzfarbton Farbumschlag	Konzentration der Lösung
Thymolblau	1,2– 2,8	rot/gelb	0,04% in 20%igem Ethanol
Dimethylgelb	2,9– 4,0	rot/gelb	0,1% in 90%igem Ethanol
Bromphenolblau	3,0– 4,6	gelb/blau	0,1% in 20%igem Ethanol
Kongorot	3,0– 5,2	blau/rot	1% in Wasser
Methylorange	3,1– 4,4	rot/orangegelb	0,04% in Wasser
Bromkresolgrün	3,8– 5,4	gelb/blau	0,1% in 20%igem Ethanol
Methylrot	4,4– 6,2	rot/gelb	0,1% in 90%igem Ethanol
p-Nitrophenol	5,0– 7,0	farblos/gelb	0,1% in Wasser
Lackmus	5,0– 8,0	rot/blau	0,3% in 90%igem Ethanol
Bromkresolpurpur	5,2– 6,8	gelb/purpurrot	0,01% in 20%igem Ethanol
Bromthymolblau	6,0– 7,6	gelb/blau	0,1% in 20% igem Ethanol
Neutralrot	6,8– 8,0	rot/gelborange	0,1% in 70% igem Ethanol
Phenolrot	6,8– 8,4	gelb/rot	0,02% in 90%igem Ethanol
o-Kresolrot	7,2– 8,8	gelb/purpurrot	0,1% in 20%igem Ethanol
Phenolphthalein	8,0–10,0	farblos/rot	0,1% in 70%igem Ethanol
Thymolblau	8,0– 9,6	gelb/blau	0,1% in 20%igem Ethanol
Thymolphthalein	9,3–10,5	farblos/blau	0,04–0,1% in 50%igem Ethanol
Alizaringelb R	10,0–12,0	gelb/braunrot	0,1% in 50%igem Ethanol
Tropäolin O	11,0–13,0	gelb/orangerot	0,1% in Wasser
Epsilonblau	12,0–13,0	orange/violett	0,1% in Wasser

Es gibt noch eine Vielzahl anderer Farbstoffe, die ähnlich in bestimmten pH-Wert-Bereichen ihre Farbe ändern und insgesamt den pH-Wert-Bereich vollständig abdecken.
Am genauesten ist die pH-Wert-Bestimmung elektrisch mit der Potentialmessung zwischen einer Meßelektrode und einer Bezugselektrode möglich. Gemessen wird das Potential der Meßelektrode, die die H_3O^+-Ionenkonzentration zur Basis hat, gegen die Bezugselektrode. Dabei stellt sich ein Potential zwischen der Meßelektrode, d. h. der H_3O^+-Ionenkonzentration, gegenüber der Bezugselektrode ein. Das EMK-Meßgerät, d. h. das Potentialmeßgerät, ist in pH-Werten geeicht.

8.4 Verhalten von Gips gegenüber Metallen

8.4.1 Aggressivität von Gips gegenüber Stahl und anderen Metallen

Warum verhält sich Gips bei gleichzeitiger Anwesenheit von Wasser (z. B. Schwitzwasser) gegenüber Stahlrohren aggressiv und warum wirkt Gips gegenüber Bleirohren schützend?
Gips ($CaSO_4$) ist ein neutrales Salz, denn es enthält in seinem Molekül weder H^+-Ionen noch OH^--Ionen, aber es ist ein Salz einer starken Säure (H_2SO_4) und einer im Vergleich dazu relativ schwachen Base ($Ca(OH)_2$). Ein derartiges Salz muß daher in Anwesenheit von Wasser stets sauer reagieren (vgl. A4 „Salze").
Gips ist noch relativ gut in Wasser löslich (in 1 Liter Wasser lösen sich bei Zimmertemperatur 205 mg $CaSO_4$) und soweit er in Lösung gegangen ist, liegt er in Ionen aufgespalten im Wasser vor. Da Wasser ebenfalls, wenn auch nur minimal, in H^+- und OH^--Ionen aufgespalten ist (Autoprotolyse des Wassers), liegen nun nebeneinander in der wäßrigen

Lösung vor: Ca^{2+}-Ionen, OH^--Ionen, H_3O^+-Ionen, die sich sofort aus den H^+-Ionen (Protonen) und H_2O gebildet haben, sowie SO_4^{2-}-Ionen.

Reaktionsgleichung für die Auflösung von Gips in Wasser:

$$CaSO_4 + 2\,H_2O \xrightarrow{H_2O} Ca^{2+} + SO_4^{2-} + 2\,H^+ + 2\,OH^-$$
$$\longrightarrow Ca(OH)_2 + 2\,H^+ + SO_4^{2-}$$

Erläuterungen zu dieser Reaktionsgleichung

Wie aus der Angabe über dem ersten Pfeil hervorgeht, ist der dann folgende Reaktionsablauf nur möglich, wenn sich Gips in Wasser lösen kann. Dieses Lösungswasser bewirkt dann die 100%ige Dissoziation der gelösten Gipsmoleküle, die im Wasser vorliegen. Gleichzeitig liegen auch die Hydronium- (H_3O^+-Ionen) und Hydroxyl-Ionen (OH^--Ionen) des Wassers vor. Da nun aber $Ca(OH)_2$ im Vergleich zu H_2SO_4 eine schwache Base ist, die nicht so stark dissoziiert ist wie H_2SO_4, muß sich aus den Ca^{2+}-Ionen neben den OH^--Ionen, die sich immer neben H_3O^+-Ionen im Wasser befinden (vgl. pH-Wert), undissoziiertes $Ca(OH)_2$ bilden. Hierdurch wird die OH^--Ionenkonzentration erheblich verringert. Es liegen jetzt H_3O^+-Ionen im Überschuß neben SO_4^{2-}-Ionen vor, was also völlig dissoziierter H_2SO_4 entspricht. Stark dissoziierte Schwefelsäure wirkt sich auf Eisen und viele andere Metalle korrosiv, d. h. zerstörend aus.

8.4.2 Schützende Wirkung von Gips gegenüber Blei

Werden Bleirohre in Gips verlegt, so wird die Oberfläche des Rohres zunächst unter Bleisulfatbildung ($PbSO_4$) angegriffen. Da aber Bleisulfat, welches das Bleirohr dicht umgibt, eines der im Wasser am schwersten löslichen Salze ist, wird hierdurch das darunter liegende Blei vor jedem weiterem Angriff durch die vorliegende Schwefelsäure geschützt.
Eine Einbettung der Bleirohre in Kalk oder Zement ist wegen deren stark alkalischer Reaktion nicht empfehlenswert, da Blei relativ leicht in Laugen löslich ist. Am günstigsten ist daher für Bleirohre immer die Einbettung in Gips, da Gips das Bleirohr sofort mit einer dichten und sehr schwer löslichen Bleisulfatschicht umgibt.

Fragen zu Abschnitt 8:

1. Was sind Leiter 1. Klasse und was sind Leiter 2. Klasse?

2. Warum sind 100%-ige Säuren und Basen nicht dissoziiert?

3. Was versteht man unter dem Dissoziationsgrad?

4. Was ist der pH-Wert?

5. Welche Elektrode ist bei einer Elektrolyse der negative und welche der positive Pol?

6. Mit welchen Indikatoren kann mittels welchen Farbumschlägen einigermaßen genau der pH-Wert 8,0–10,0, der pH-Wert 3,1–4,1 und der pH-Wert 6,8–8,0 erkannt werden?

7. Wie können pH-Werte sehr exakt bestimmt werden?

8. Warum besitzt Gips gegenüber Blei eine dauerhaft schützende Wirkung?

9. Was ist H_3O^+ und wie bildet es sich?

9. Stickstoff und seine wichtigsten Verbindungen

Stickstoff ist sehr reaktionsträge.

Im N_2 werden die N-Atome durch Dreifachbindung zusammengehalten. Daher ist Stickstoffgas sehr reaktionsträge. Ist aber diese Dreifachbindung aufgespalten, so ist Stickstoff sehr reaktionsfreudig. N_2 dient zur Herstellung von Düngemitteln (z. B. Kalkstickstoff u. a.), Sprengstoffen (Nitroglycerin u. a.) und auch Kunststoffen (Celluloid, Nylon, Perlon u. a.).

Stickstoff: $N \equiv N$

Einige wichtige anorganische Verbindungen des Stickstoffs:

Salpetersäure:	HNO_3	
Chilesalpeter:	$NaNO_3$	(ist hygroskopisch)
Salpeter:	KNO_3	(ist nicht hygroskopisch)
Mauersalpeter:	$Ca(NO_3)_2$	(löst sich sehr leicht in Wasser)

9.1 Salpetersäure-Synthese nach dem Luftverbrennungsverfahren
(Birkeland-Eyde-Verfahren)

1908: Birkeland-Eyde-Luftverbrennungsverfahren führt zur Salpetersäure-Herstellung aus Luft-Stickstoff:

Bei sehr hoher Temperatur wird aus

$$N_2 + O_2 \xrightarrow[\text{ca. 4000 °C}]{\text{Flammbogen}} 2N + 2O \quad = \text{atomare Gase}$$

$$2N + 2O \longrightarrow 2NO \quad = \text{Stickstoffmonoxid (sehr farblos giftiges Gas)}$$

$$2NO + O_2 \longrightarrow 2NO_2 \quad = \text{Stickstoffdioxid (sehr braun giftiges Gas)}$$

$$3NO_2 + H_2O \longrightarrow 2HNO_3 + NO = \text{hier disproportioniert der Stickstoff, der im } NO_2 \text{ vierwertig im } HNO_3 \text{ fünfwertig und im NO zweiwertig ist.}$$

9.2 Verschiedene Oxide des Stickstoffs

N_2O = Distickoxid (ungiftiges Stickoxid, das wegen seiner narkotischen Wirkung in der Zahnmedizin als „Lachgas" Verwendung findet)

NO = Stickstoffmonoxid (farbloses, sehr giftiges Stickoxid, das sich bei Sauerstoffzutritt ohne äußere Hilfe zu NO_2, das braun ist, oxidiert)

N_2O_3 = Distickstofftrioxid (Anhydrid der Salpetrigsäure)

NO$_2$ = Stickstoffdioxid (sehr giftiges, braunes Gas, das man in Wasser einleitet, um so anhand einer Disproportion Salpetersäure und NO zu erhalten)

N$_2$O$_4$ = Distickstofftetroxid (wird seit der V2-Rakete noch heute als Raketentreibstoff – Oxidationsmittel – angewandt)

N$_2$O$_5$ = Distickstoffpentoxid (Anhydrid der Salpetersäure)

9.3 Ammoniaksynthese (Haber-Bosch-Verfahren)

Prinzip des kleinsten Zwanges: Jedes System, das einem Zwang ausgesetzt ist, hat das Verlangen, diesem Zwang auszuweichen *(Le Chatelier'sches Prinzip)*. Diese Reaktion erforderte erstmals in der Chemie den „Autoklaven" (= selbstschließender Hochdruckbehälter für chemische Reaktionen). Im Autoklaven befindet sich bei der Ammoniaksynthese nach dem *Haber-Bosch-Verfahren* poröses Eisen-Agglomerat + Promotor (Aktivator) in Form von wenigen Prozenten K-, Na- und Al-Oxiden als Katalysator.

$$N_2 + 3 H_2 \xrightarrow[200\,°C + \text{Katalysator}]{700\,\text{bar}} 2 NH_3$$

$$22,4\,l + 3 \cdot 22,4\,l \longrightarrow 2 \cdot 22,4\,l$$

Hier entstehen unter dem Zwang von ≈ 700 bar und ≈ 200 °C oder auch umgekehrt, d.h. ≈ 200 bar, ≈ 700 °C und Katalysator aus 4 · 22,4 Liter Gasgemenge (1 Teil N$_2$ + 3 Teile H$_2$) 2 · 22,4 Liter NH$_3$-Gas. Stickstoff und Wasserstoff reagieren im Volumenverhältnis 1 : 3 zu 2 Volumen Ammoniakgas.

Eine andere für die Technik interessante Stickstoff-Wasserstoff-Verbindung ist Hydrazin (NH$_2$–NH$_2$). Hydrazin ist ein sehr starkes, d.h. sehr aktives Reduktionsmittel, sehr giftig („toxisch"), krebserzeugend („cancerogen"), durch die unverletzte Haut vom Körper aufnehmbar („Hautresorption") und kann zu allergischen Erkrankungen („Sensibilisator") führen. Sein MAK-Wert liegt bei 0,1 ppm.

9.4 Salpetersäure-Synthese (n.d. Ammoniakverbrennungsverfahren)

Dieses Verfahren wird seit 1917 als Ostwald-Verfahren (allgemein als das Salpetersäure-Synthese-Verfahren) angewandt.

$$2 NH_3 + 2½ O_2 \xrightarrow[\substack{\text{Pt/Rh 10 Netz} \\ 1-10\,\text{bar}}]{820-950\,°C} 2 NO + 3 H_2O + \text{Wärme}$$
farblos

$$2 NO + O_2 \longrightarrow 2 NO_2$$
braun

$$\overset{IV}{3 NO_2} + H_2O \xrightarrow{\text{Disproportion}} 2 \overset{V}{HNO_3} + \overset{II}{NO}$$

Im vorstehenden Beispiel geht der IV-wertige Stickstoff des NO$_2$ in V-wertigen (im HNO$_3$) und II-wertigen Stickstoff (im NO) über.

> Bei einer Disproportionierung gehen Elemente bei einer chemischen Reaktion in eine höhere und entsprechend tiefere Wertigkeitsstufe (Oxidationspotential) über.
> Beim Einleiten von Chlorgas in Wasser disproportioniert das Chlor in HCl und HClO („Chlorwasser"). Hier gilt folgende Reaktionsgleichung:
>
> $$\overset{\pm 0}{Cl_2} + H_2O \longrightarrow \underset{\text{Chlorwasserstoffsäure}}{\overset{-I}{HCl}} + \underset{\text{Unterchlorige Säure}}{\overset{I}{HClO}}$$
>
> HClO hat sehr gute oxidierende Eigenschaften und findet daher Verwendung zum Bleichen und zur Entkeimung des Trinkwassers durch Einleiten von Chlorgas im Rahmen der Wasseraufbereitung im Wasserwerk.

9.5 Einige Katalyse-Verfahren mit Edelmetallen (Platinmetallen)

Edelmetall-Katalysatoren können Platin (Pt), Palladium (Pd), Rhodium (Rh), Iridium (Ir) und deren Legierungen sein. Folgende Geräte und Verfahren sind von Bedeutung:

1. Katalytischer Gasanzünder („Döbereiners Feuerzeug" – 1823 –)
2. Platforming-Verfahren Hier findet mittels Pt als Katalysator eine katalytische Dehydrierung und Umlagerung linearer Kohlenwasserstoffmoleküle der Benzinfraktion zu aromatischen Kohlenwasserstoffen statt, deren Oktanzahl (OZ) erheblich höher liegt als die der linearen Kohlenwasserstoffe. Diese aromatischen Kohlenwasserstoffe, wie Benzol u.ä. haben eine OZ > 100.
3. Katalytisch initiierte Nachverbrennung z.B beim Pkw-Benzinmotor
4. Katalytisch arbeitende Kleinöfen, mit Benzin als Brennstoff, der hier ohne Flamme verbrennt („Katalyt-Öfen").
5. Katalytische Befreiung eines wasserstoffhaltigen Schutzgases von Sauerstoff.

Erwähnt sei noch, daß Platin in der Häufigkeitsliste der Elemente an 76. Stelle steht.

Fragen zu Abschnitt 9:

1. Wie lautet das Le Chatelier'sche Gesetz und was bedeutet es?

2. Welche Stickstoffverbindung haben Haber und Bosch 1913 mittels dem nach ihnen benannten Verfahren hergestellt?

3. Wie ist die Wasserlöslichkeit von Nitraten?

4. Warum kann „Mauersalpeter" im Bauwesen sehr gefährlich sein?

5. Was wissen Sie über Hydrazin? – Formel, Einsatzgebiete, Toxizität –

6. Welche Stickstoffverbindungen sind NO_x, die Umweltgefahren in sich bergen?

7. Welches Stickoxid ist ungiftig?

8. Was bedeuten die Begriffe Hautresorption und Sensibilisierung?

9. Aus welchem Stickoxid wird heute weltweit Salpetersäure gewonnen?

10. Was bedeutet Disproportion?

10. Eigenschaften der Gase (Gastheorie)

10.1 Linde-Luftverflüssigungsverfahren

Fast der gesamte technisch benötigte Sauerstoff wird durch dieses Verfahren gewonnen. Auch Stickstoff, und zwar in solchen Mengen, daß er lange Zeit teilweise als Abfallprodukt galt. Die eigentliche Erfindung von Linde ist die Gegenstromkühlung. Wenn man unter Druck stehende Luft freiläßt, kühlt sie ab (Joule-Thomson-Effekt). Genutzt wird ein Druckabfall von $\approx$ 200 bar auf $\approx$ 20 bar. Wird die Luft dagegen verdichtet, wird Wärme frei (Verdichtungswärme). Bei $-183\,°C$ wird Sauerstoff flüssig, Stickstoff wird bei $-196\,°C$ flüssig. In flüssiger Luft, die in einem offenem Gefäß steht, reichert sich somit – relativ gesehen – der Sauerstoff an. Daher kann flüssige Luft unter diesen Bedingungen im Laufe der Zeit bei Anwesenheit von leichtbrennbaren Substanzen, Papier, Holz u.a., explosiv wirken. „Oxiliquid-Sprengung" = Sprengung, verursacht durch mit flüssigem Sauerstoff getränkter Cellulosewatte.

In der Technik trennt man den Sauerstoff vom Stickstoff durch fraktionierte Destillation der verflüssigten Luft. Der Joule-Thomson-Effekt: Entspannt man ein unter hohem Druck stehendes Gas (reales Gas) auf einen niedrigen Druck, so kühlt es sich dabei ab, sofern es sich unter seiner Inversionstemperatur (lat.: inversio = Umkehr) befindet. Die Inversionstemperatur ist die Temperatur, bei der sich der Joule-Thomson-Effekt beim Entspannen eines Gases umkehrt. Es tritt dann eine Erwärmung des sich entspannenden Gases statt einer Abkühlung ein. Die Inversionstemperatur der meisten Gase liegt über der Raumtemperatur, sie kühlen sich daher beim Entspannen ab. Die Inversionstemperatur des Wasserstoffs liegt bei 224 K = $-49\,°C$, daher erwärmt sich Wasserstoff beim Entspannen, wenn seine Temperatur höher ist. Wasserstoff ist daher ein überideales Gas. Die Inversionstemperatur des Heliums liegt bei 35 K = $-238\,°C$.

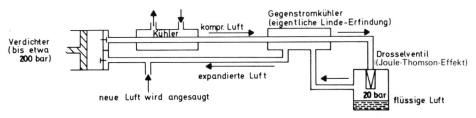

Abb. 10.1. Prinzip des Linde-Luftverflüssigungsverfahrens

10.2 Gase

Stoffe, die *keine feste Gestalt* und *kein festes Volumen* haben, deren *Moleküle sich frei im Raum bewegen können* und die bestrebt sind, jeden ihnen angebotenen Raum gleichmäßig auszufüllen, haben den Aggregatzustand, der mit Gaszustand bezeichnet wird. *Derartige Stoffe werden Gase genannt.*

Das Bestreben, jeden ihnen zur Verfügung gestellten Raum gleichmäßig auszufüllen, bewirkt, daß sich allseitig vom Gefäßinneren her Druck auf die Gefäßwände auswirkt.

Die zwischenmolekularen Kräfte treten hier nur verschwindend gering in Erscheinung. Bezüglich der Auslegung der Begriffe Gas und Dampf ist bislang noch keine exakte Abgrenzung gefunden worden. Der Unterschied zwischen Gasen und Dämpfen ist noch bezüglich einer brauchbaren Definition strittig. Man könnte Gase und Dämpfe wie folgt definieren: Gase sind im Gegensatz zu Dämpfen Stoffe, die unter den gegebenen Verhältnissen nicht kondensieren können, während Dämpfe unter den herrschenden Verhältnissen kondensieren können [8]. Letztlich steht eine definitive Terminologie für Gase und Dämpfe noch aus.

Unter Berücksichtigung der nachfolgend behandelten *kritischen Größen von Gasen* läßt sich ein Gas mehr oder weniger leicht durch Temperaturabsenkung in Verbindung mit Drucksteigerung verflüssigen. Ein so verflüssigtes Gas kann bei den heutigen Möglichkeiten in gut wärmegedämmten und druckbeständigen stählernen *Dewar-Gefäßen* meist billiger und auch explosionssicherer transportiert werden, als in Gasflaschen. Beispielsweise wird so flüssiger Sauerstoff unter geringem Überdruck (1,5 bis 3 bar) per Lkw zu den Stahlflaschen-Umfüllstationen transportiert.

In der physikalischen Chemie wird zwischen *realen* und *idealen* Gasen unterschieden.

10.2.1 Reale Gase

Bei *realen Gasen* bewirkt die Schwerkraft und die Massenanziehung der Teilchen, daß diese nicht jeden ihnen angebotenen Raum gleichmäßig ausfüllen können. Außerdem spielen die zwischenmolekularen Kräfte unter den Molekülen eine nicht unwesentliche Rolle. Diese Kräfte wirken sich um so stärker aus, je näher das reale Gas an seinen Kondensationspunkt gelangt. Jedes Molekül eines realen Gases hat ein eigenes Volumen, die realen Gase behindern sich damit gegenseitig in ihrer Beweglichkeit. Somit sind sämtliche existierenden Gase *reale Gase*.

10.2.2 Ideale Gase

1. Ideale Gase, die es tatsächlich nicht gibt, genügen den Zustandsgleichungen, d. h. der Vorstellung eines idealen Gases. Bei einem idealen Gas dürfen sämtliche vorstehend erwähnten Tatsachen nicht zutreffen. In einem idealen Gas darf das Molekül keine Masse, kein Volumen und keinen Kondensationspunkt haben. Auch dürfen zwischen den Gasmolekülen, die als punktförmig anzusehen sind, keine zwischenmolaren Kräfte wirksam werden.
2. Bei allen Gasgesetzen geht man von der Vorstellung der Existenz der idealen Gase aus und überträgt sie dann unter Verwendung von Korrekturfaktoren auf die realen Gase.
3. Je weiter die Temperatur eines realen Gases von seinem Kondensationspunkt entfernt ist, umso mehr ähnelt es in seinen Eigenschaften einem idealen Gas.
   Als Beispiele für reale Gase seien Wasserstoff und Helium genannt. Zwar beträgt die Masse des Heliums das Doppelte der Molmasse des Wasserstoffs (geringste Masse aller Elemente), jedoch kann es einen Kondensationspunkt von $-268,9\,°C$ aufweisen. Helium hat somit den niedrigsten Kondensationspunkt. Der Kondensationspunkt des Wasserstoffs liegt demgegenüber bei $-252,9\,°C$. Elektronengas könnte wegen praktisch völlig fehlender Masse und fehlenden Volumens sowie der gleichartigen negativen Ladung (Abstoßung) als einziges reales Gas gleich einem idealen Gas angesehen werden.

10.3 Kritische Größen von Gasen

Die kritische Temperatur, der kritische Druck und die kritische Dichte.
Oberhalb der kritischen Temperatur kann ein Gas selbst durch sehr hohen Druck nicht verflüssigt werden. Frühestens bei der *kritischen Temperatur* kann ein Gas beim *kritischen Druck* verflüssigt werden. Die dann vorliegende Dichte (hier ist die Dichte des verflüssigten „Gases" = Dichte des Gases) wird *kritische Dichte* genannt. Aus der *kritischen Dichte* ϱ_k und der Molmasse (bei Edelgasen Atommasse) läßt sich das *kritische Volumen* eines gasförmigen bzw. eines verflüssigten Stoffes berechnen (bei der *kritischen Temperatur* t_k unter dem *kritischen Druck* p_k stehend). Das *kritische Volumen* ist ein Volumen, das ein Mol eines Stoffes (gasförmig bzw. flüssig) bei der *kritischen Temperatur* und unter dem *kritischen Druck* einnimmt. Es wird gemessen in Liter pro Mol (l/mol).

Kritische Größen

Stoff	krit. Temp. t_k in °C	krit. Druck p_k in bar	krit. Dichte ϱ_k in g/cm^3	krit. Volumen V_k in l/mol
H_2	−239,9	12,8	0,031	0,0645
He	−267,896	2,26	0,0693	0,0577
O_2	−118,8	49,7	0,43	0,0744
N_2	−147,1	33,5	0,311	0,0901
C_3H_8	96,82	42,01	0,2260	0,1951
Cl_2	143,5	76,1	0,57	0,1244
SO_2	157,2	77,7	0,51	0,1256
CO_2	31,3	72,9	0,464	0,0948
NH_3	132,4	112,0	0,235	0,0725
H_2O	374,0	217,7	0,3183	0,0566

Da man vor der Erkenntnis dieser kritischen Größen z. B. Wasserstoff auch bei noch so hohem Druck nicht verflüssigen konnte, nannte man derartige Gase, deren t_k, wie wir heute wissen, sehr niedrig liegt, „permanente" Gase. Erst nach der Erfindung des *Luftverflüssigungsverfahrens* (1876) durch *Carl v. Linde* (1842–1934) erkannte man die *kritischen Größen* für Gase.

10.4 Kinetische Gastheorie

Um die allgemeine *thermische Zustandsgleichung* für ideale Gase

$$\boxed{p \cdot v = n \cdot R \cdot T}$$

die anhand von Versuchen (empirisch) gefunden wurde, mathematisch zu erfassen und zu formulieren, mußte man auf bereits bekannte Modellvorstellungen und Erfahrungen zurückgreifen. Diese allgemeine Zustandsgleichung für Gase stellt die Basis für die

Gasgesetze dar. Demnach befinden sich die Gasteilchen (Moleküle und, soweit es sich um Edelgase handelt, Atome) stets bis zum absoluten Temperatur-Nullpunkt, an dem bekanntlich alle Teilchen zur absoluten Ruhe kommen, in dauernder Bewegung (*Brown'sche Molekularbewegung*, 1827 formuliert). Diese Bewegung wird mit zunehmender Temperatur und abnehmender Teilchenmasse schneller. Dabei stoßen die Gasteilchen untereinander und mit der Behälterwand zusammen. Da diese häufigen *Zusammenstöße völlig elastisch* erfolgen, bleibt die gesamte kinetische Energie in der Gesamtheit der Gasteilchen erhalten. Sie kann nur von einem Gasteilchen auf ein anderes übertragen werden. Eine Umwandlung von kinetischer Energie in potentielle Energie, z. B. in Form einer Verformung eines Teilchens, kann niemals möglich sein. Somit ist die *Wärmeleitung in oder mittels Gasen* wie folgt zu erklären:

Wärmezufuhr bewirkt, daß die dadurch im Wärmezufuhrbereich erhöhte kinetische Energie der Gasteilchen mit der somit auch höheren Temperatur durch ihre erhöhte Zusammenstoß-Anzahl und -Intensität ihre höhere Energie auf die kälteren Gasteilchen mit geringerer kinetischer Energie anteilig übertragen. Die Gesamtzahl der Gasteilchen ist im gegebenen Volumen immer sehr groß, während das *Eigenvolumen* der Teilchen vernachlässigbar ist. *Anziehungskräfte* bestehen bei idealen Gasteilchen überhaupt nicht und können bei höheren Temperaturen und bei niedrigen Drucken ($p < 1$ bar) auch bei realen Gasen unbeachtet bleiben. Die Gesamtzahl der Teilchenstöße auf die Behälterwand ergibt den *Gesamtdruck* im Behälter. Hiebei wird keine Energie an die Wandung abgegeben, da alle Stöße völlig elastisch erfolgen. Der Impuls der Gasteilchen ändert sich, was bewirkt, daß die Kraft, die die Wand erfährt, gleich der Impulsänderung pro Zeiteinheit ist. Letztlich ergibt *diese Tatsache den Druck*. Wärmeeinwirkung bewirkt eine *Temperaturerhöhung*, also im Sinne der kinetischen Gastheorie nichts anderes als eine *Änderung (Zunahme) der Bewegungsenergie* der Moleküle. Nur am absoluten Temperatur-Nullpunkt ($-273{,}15\,°C = 0$ K) würde, wenn sich dieser Zustand realisieren ließe, auch in den Gasteilchen keine Bewegungsenergie (kinetische Energie $= \frac{1}{2} \cdot m \cdot v^2$) vorhanden sein. Somit bewirkt eine *Zu- oder Abfuhr von Wärme* eine *Zu- oder Abnahme der kinetischen Energie* und eine *Temperaturänderung* (steigende oder fallende Temperatur). Beispielsweise hat ein Wasserstoffmolekül bei 20 °C eine mittlere Geschwindigkeit von 1760 m/s (6336 km/h). Ein Sauerstoffmolekül, das eine 16-fach größere Masse besitzt als ein Wasserstoffmolekül hat dementsprechend eine mittlere Geschwindigkeit von nur 440 m/s (1584 km/h), da hier die Masse 16 mal größer ist und $\frac{1}{2} \cdot m \cdot v^2$ aber gleich bleiben muß. Der reziproke Wert von $\sqrt{16} = 4$ ist demnach ¼, was besagt, daß die mittlere Geschwindigkeit der Sauerstoffmoleküle nur ¼ der eines Wasserstoffmoleküls ist.

Zusammenfassung:

1. Die Gasteilchen stoßen häufig zusammen, wodurch die kinetische Energie verteilt wird → Wärmeleitung der Gase.
2. Die Gasteilchen stoßen gegen die Wand → Druck in einem Gasbehälter.
3. Die Gasteilchen besitzen eine mittlere kinetische Energie von $\frac{1}{2} \cdot m \cdot v^2$ → Temperatur eines Gases.

Die allgemeine thermische Zustandsgleichung für ideale Gase („*allgemeine Gasgleichung*"), die Basis der anderen Gasgesetze, lautet:

$$p \cdot V = n \cdot R \cdot T$$

Hier bedeutet:

p = Gasdruck
V = Gasvolumen
n = Gasmolanzahl
R = Proportionalitätsfaktor, er hat für alle Gase den gleichen Wert und wird universelle Gaskonstante genannt. R errechnet sich, wenn p in Pascal, V in m³, n in Mol und T in Kelvin gemessen wird, aus

$$\frac{p_0 \cdot V_0}{T_0} = \frac{101\,325\,\text{Pa} \cdot 2{,}2424 \cdot 10^{-2}\,\text{m}^3/\text{mol}}{273{,}15\,\text{K}} = 8{,}314\,\frac{\text{J}}{\text{K} \cdot \text{mol}}$$

T = absolute Temperatur des Gases, angegeben in Kelvin (273,15 + °C = K).

10.4.1 Die drei wichtigsten Gasgesetze

1. Das Gesetz von Boyle-Mariotte:

$$p \cdot V = konstant \quad \text{oder} \quad p_0 \cdot V_0 = p_1 \cdot V_1 = \ldots p_n \cdot V_n$$

Dieses Gesetz sagt aus, daß das Produkt aus dem Gasdruck und dem Gasvolumen bei gleichbleibender (gegebener) Temperatur und gleichbleibender Gasmenge stets einen konstanten (gleichbleibenden) Wert ergibt.

2. Das Gesetz von Gay-Lussac:

$$V = \frac{n \cdot R}{p}, \quad \text{wenn der Druck } p \text{ konstant ist } p$$

oder $\quad p = \dfrac{n \cdot R}{V}, \quad$ wenn das Volumen V konstant ist.

Dieses Gesetz sagt aus, daß das Volumen einer bestimmten Gasmenge bei konstantem Druck, und der Druck einer bestimmten Gasmenge bei konstantem Volumen, stets direkt proportional der Temperatur ist.

3. Das Gesetz von Avogadro:

$$n = \frac{p \cdot V}{R \cdot T}.$$

Dieses Gesetz sagt aus, daß gleiche Volumen idealer Gase bei gleichem Druck und gleicher Temperatur stets die gleiche Anzahl Moleküle enthalten.

Wie zu erkennen, ergeben sich diese drei Gasgesetze aus der vorstehend erwähnten allgemeinen thermischen Zustandsgleichung für ideale Gase.

10.5 Ozon

Sauerstoff kann außer in der üblichen zweiatomigen Molekülstruktur auch als dreiatomiges Molekül, das Ozon genannt wird, auftreten. Diese Erscheinungsform des Sauerstoffs ist nicht sehr stabil. Ozon zerfällt bei Zimmertemperatur langsamer als beim Erhitzen in O (atomarer Sauerstoff) und O_2 (normaler molekularer Sauerstoff).

$$O_3 \rightarrow O_2 + \tfrac{1}{2} O_2 + 284 \text{ kJ} \qquad \text{HWZ} = 3 \text{ Tage (bei 20 °C)}$$

Es kann in mehreren Resonanzstrukturen vorliegen:

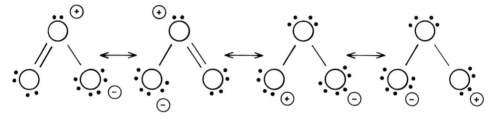

Abb. 10.5. Resonanzstrukturen des Ozons

Entstehung von O_3:
1. Bei intensiver Lichteinstrahlung (Höhensonne und andere Quecksilberdampflampen).
2. Beim elektrischen Funken, auch bei der sogenannten stillen Entladung.

Nachweis von Ozon:

O_3 ist neben Fluor das stärkste bekannte Oxidans. Zum Nachweis eignen sich Chemolumineszenz-Reaktionen, UV-Spektroskopie, Kalorimetrie und kolorimetrische Methoden.

$$2 \text{ KI} + O_3 + H_2O \rightarrow I_2 + 2 \text{ KOH} + O_2$$

Kaliumiodid (farblos) wird braun (I_2).

Für Schnelltest (z. B. Lecksuche) mit Kaliumiodidstärkepapier.

$$2 \text{ Ag} + 2 \text{ O} \rightarrow Ag_2O_2 \; (= \text{Silberperoxid})$$

Silberblech läuft an.

Wirkung des Ozons:

Entkeimung (z. B. Trinkwasser) und auch Desodorierung. MAK = 0,2 mg/m³. Die Toxizität wird zum Teil auf die Zersetzung ungesättigter Fettsäuren im Organismus zurückgeführt. Deshalb wird es für Desinfektionen eingesetzt (Viren, Bakterien, Pilze).

10.6 MAK-Werte

Der MAK-Wert gibt die maximal zulässige Arbeitsplatzkonzentration von Gasen, Dämpfen und flüchtigen Schwebstoffen während eines achtstündigen Arbeitstages und einer Wochenarbeitszeit bis zu 40 Stunden (in Vierschichtbetrieben 42 Stunden je Woche im Durchschnitt von vier aufeinander folgenden Wochen) an. Er wird angegeben in ppm (parts per million = Schadstoff-Teilchen pro 1 Million Luft-Teilchen). Nichtflüchtige Schwebstoffe (Staub, Rauch, Nebel) werden in mg/m^3 (Milligramm des Schadstoffes pro Kubikmeter Luft) angegeben. Nichtflüchtige Schwebstoffe sind solche, deren Dampfdruck so klein ist, daß bei gewöhnlicher Temperatur in der Gasphase keinen gefährlichen Konzentrationen auftreten können. Er gibt die auch bei langfristiger Einwirkung noch zulässige maximale Grenze der Konzentration eines Gases, Dampfes oder Staubes in der Luft an. Wird der MAK-Wert am Arbeitsplatz überschritten, so sind Gesundheitsschäden zu befürchten. Es ist entweder für bessere Ent- bzw. Belüftung zu sorgen oder die Arbeitszeit entsprechend zu verkürzen bzw. es sind Atemgeräte oder Gasmasken bei der Arbeitsausführung zu verwenden.

Häufig wird der relativ niedrige MAK-Wert aller chlorierten Kohlenwasserstoffe nicht beachtet. Chlorierte Kohlenwasserstoffe sind meist gute Kunststofflöser und immer sehr gute Fettlöser.

Besonders gilt dies für Tetrachlorkohlenstoff, dessen MAK-Wert = 10 ppm beträgt, während man Tetrachlorkohlenstoff (CCl_4) erst bei etwa 70 ppm durch Geruch feststellen kann („Geruchsschwellwert"). Trichlorethylendämpfe ($CHCl=CCl_2$), in der Technik kurz mit „Tri" bezeichnet, deren MAK-Wert = 10 ppm ist, sind nicht so gefährlich wie Tetrachlorkohlenstoff (Tetrachlormethan). Von derartigen chlorierten Kohlenwasserstoffverbindungen, die als gute Fett-, Teer- und Bitumen- sowie Kunststofflöser bei guter Belüftung in der Technik eingesetzt werden, ist Perchlorethylen ($CCl_2=CCl_2$), womit auch die chemischen Reinigungen arbeiten, in Gasform von allen chlorierten Kohlenwasserstoffe am wenigsten gefährlich. Dennoch muß damit umsichtig gearbeitet und für gute Entlüftung gesorgt werden. Sein MAK-Wert ist 50 ppm (MAK-Wert-Liste 1988). Der Geruchsschwellwert liegt schon eindeutig bei 50 ppm, während der Geruchsschwellwert von „Tri" erst bei 50–100 ppm liegt.

Der TRK-Wert (Technische Richtkonzentration) von Vinylchlorid (Monomeres des Polyvinylchlorids – PVC –) wurde 1988 von 100 ppm auf 3 ppm für bestehende Produktionsanlagen und auf 2 ppm für Verwender herabgesetzt, da man jetzt seine cancerogene Wirkung auf den menschlichen Organismus eindeutig festgestellt hat. Es sind daher extreme Vorsichtsmaßnahmen bei der PVC-Synthese erforderlich. Cancerogene (krebsverursachende) Stoffe stehen nicht in der MAK-Wert-Liste, da für diese Stoffe keine Konzentrationsgrenzen angegeben werden können. Für diese Stoffe stehen die Technischen Richtkonzentrations-Werte (TRK-Werte) zur Verfügung.

Auch Kohlenmonoxid (CO) ist, als geruchs- und geschmackloses Gas, besonders gefährlich, da es vom Blut noch leichter als Sauerstoff augenommen wird. 0,3 Vol.% CO in der Luft sind bereits tödlich. Normale Gasmasken schützen nicht vor Kohlenmonoxid. Erst ein Zusatzfilter oxidiert CO-Gas katalytisch schon bei Zimmertemperatur zu CO_2 und macht es unschädlich. Mit verschiedenen fest installierten und auch transportablen Gasspürgeräten läßt sich jeweils die vorhandene Konzentration genau bestimmen.

Die MAK-Wert-Tabelle erscheint in der Bundesrepublik Deutschland jedes Jahr revidiert, d.h. auf den neuesten Stand gebracht [60]. In ihr sind dann jeweils die Fälle berücksichtigt, in denen bereits bei einem niedrigerem MAK-Wert Berufserkrankungen und Vergiftungserscheinungen in dem zurückliegenden Jahr erkannt worden sind. Somit sind die in der jeweils gültigen MAK-WertTabelle enthaltenen Werte immer nur nach dem besten Wissen ermittelte niedrigste Extremwerte, die aber unbedingt eingehalten werden müssen. Ein höherer MAK-Wert hat nicht unbedingt für jeden Menschen eine Schädigung der Gesundheit zur Folge. Der MAK-Wert ist bei seiner Neufestsetzung jeweils so angegeben, daß er sich auf den Menschen bezieht, der unter diesen Arbeitsbedingungen am anfälligsten ist.

Die Beachtung der MEK-Werte (Maximale Emissionskonzentration) im Hinblick auf eine saubere Umwelt ist unbedingt erforderlich. Man versteht unter der Emissionskonzentration (lat.: emittere = herausschicken) z. B. die höchste noch zulässige Konzentration der luftverunreinigenden Stoffe wie Ruß, Säuren in Rauchgasen, die an die Umwelt abgegeben werden.

Ebenso wichtig ist die Beachtung des MIK-Wertes (Maximale Immissionskonzentration), der auch eine Folgeerscheinung des MEKWertes ist. Beim MIK-Wert (lat.: immitere = hereinschicken) handelt es sich um die höchste noch zulässige Konzentration luftverunreinigender Stoffe („luftfremder Stoffe") in der Luft bodennaher Schichten der Atmosphäre. Bei Staub, Ruß u.a. handelt es sich um diejenige Menge dieser Stoffe, die sich im Gelände ablagern. Der Immissionswert wird entweder in mg/m^3 Luft gemessen oder in cm^3/m^3 Luft (ppm); bei Staubniederschlag in g/m^2 je Zeiteinheit.

Fragen zu Abschnitt 10:

1. Wer hat das Verfahren der Luftverflüssigung erfunden?

2. Was sagt der Joule-Thomson-Effekt aus?

3. Was reichert sich in flüssiger Luft an, sofern sie in einem offenem Gefäß steht?

4. Was bedeutet der Begriff Inversionstemperatur?

5. Was zeichnet Gase gegenüber Flüssigkeiten und Festkörpern bezüglich Volumen und Form aus?

6. Wodurch unterscheiden sich ideale Gase von realen Gasen?

7. Was ist der MAK-Wert; welche Dimension haben die MAK-Werte?

8. Welche kritischen Größen gibt es bei Gasen und was bedeuten diese Größen im einzelnen?

9. Was sagt die kinetische Gastheorie aus?

10. Zeichnen sie die Resonanzstruktur des Ozonmoleküls.

11. Eingestellte Lösungen

Unter eingestellten Lösungen versteht man eine in einer Volumeneinheit (meist im Liter) gelöste, genau bekannte Substanz und deren Stoffmenge.
Für maßanalytische (volumetrische) Bestimmungen (quantitative Analysen) werden genau bekannte, beispielsweise äquivalente Stoffmengen (n) von Substanzen (Substanz eq) eingewogen und so gelöst, daß in einem Liter (1000 cm³) der fertigen Lösung bei 20 °C (Meßkolben ist erforderlich) diese bekannte Stoffmenge vorliegt.

Die Angabe der Konzentration von Lösungen kann erfolgen als:

1. Äquivalentstoffmenge $n_{(eq)}$, früher = Molzahl. Sie ist der Quotient aus der Masse einer Stoffportion und der molaren Masse des Äquivalents:

   $$n_{[eq]} = \frac{m}{M[(1/z^*)\, X]} \qquad \text{SI-Einheit: mol}$$

   z^* bedeutet Äquivalentzahl

2. Äquivalentkonzentration $c_{(eq)}$ Sie ist der Quotient aus der Äquivalentstoffmenge $n_{(eq)}$ und dem Volumen V einer Lösung:

   $$c_{(eq)} = \frac{n_{[eq]}}{V} \qquad \text{SI-Einheit: mol/m}^3$$

3. Stoffmenge $n_{(X)}$ des Stoffes X Sie ist der Quotient aus der Masse einer Stoffportion und der molaren Masse von X:

   $$n_{(X)} = \frac{m}{M_{[X]}} \qquad \text{SI-Einheit: mol}$$

4. Stoffmengenkonzentration $c_{(X)}$, früher Molarität Sie ist der Quotient aus einer Stoffmenge $n_{(X)}$ und dem Volumen V einer Lösung.

   $$c_{(X)} = \frac{n_{[x]}}{V} \qquad \text{SI-Einheit: mol/m}^3$$

5. Molalität b ist der Quotient aus der Stoffmenge $n_{(X)}$ und der Masse $m_{(Lm)}$ des Lösungsmittels:

   $$b_{(X)} = \frac{n_{[x]}}{m_{(Lm)}}$$

Die *Molalität* ist eine temperaturunabhängige Größe.

Für die molare Masse M in kg/mol oder g/mol für Phosphor-*Atome*, Phosphor-*Moleküle*, Phosphat-*Ionen*, Phosphorsäure-*Äquivalente* gilt:

$M(P)$ = 30,973 g/mol (molare Masse eines Elements)
$M(H_3PO_4)$ = 97,995 g/mol (molare Masse eines Moleküls)

$M(PO_4^{3-})$ = 94,971 g/mol (molare Masse eines Ions)
$M(\frac{1}{3}H_3PO_4)$ = 32,665 g/mol (molare Masse eines Äquivalentes)

oder

$M(\frac{1}{2}Mg^{2+})$ = 12,153 g/mol (molare Masse eines Ionen-Äquivalentes)

Unter der äquivalenten Masse versteht man also stets den molaren Massebruchteil z^* (= Äquivalentzahl) eines Atoms, eines Moleküls, eines Ions oder einer Atomgruppe, der pro H^+- oder OH^--Ionenaustausch (Säure-Base-Äquivalent bei der Neutralisation) oder pro Elektronenaustausch (Redox-Äquivalent) oder auch bei einem Ionen-Äquivalent den molaren Massebruchteil, der auf 1 positive oder negative Ladungszahl lt. Reaktionsgleichung bei einer bestimmten chemischen Reaktion entfällt (z. B. vorstehend bei $\frac{1}{3}H_3PO_4$, wo $\frac{1}{3}$ der molaren Masse = 1 Äquivalent ist) oder Mg^{2+}, wo das Ionen-Äquivalent = $\frac{1}{2}$ der molaren Masse von Mg ist.

Somit gilt für eine eingestellte Maßlösung der Phosphorsäure:

$c(\frac{1}{3}H_3PO_4)$ = 1 mol/l, wenn 32,665 g reine H_3PO_4 (bezogen auf 100%ige H_3PO_4) in 1 l eingestellter Lösung vorliegen (früher: 1N H_3PO_4-Lösung).

oder meistens in der Laborpraxis:

$c(\frac{1}{3}H_3PO_4)$ = 0,1 mol/l, wenn 3,2665 g reine H_3PO_4 (bezogen auf 100%ige H_3PO_4) in 1 l eingestellter Lösung vorliegen (früher: 0,1N H_3PO_4-Lösung).

Eingestellte Maßlösungen werden hauptsächlich für folgende maßanalytische Bestimmungen (quantitative – mengenmäßige – Analysen) eingesetzt:

1. Säure-Base-Reaktionen. Sie benötigen zur Bestimmung eine eingestellte Säure- oder Baseäquivalente Maßlösung.
2. Redox-Reaktionen. Sie benötigen zur oxidativen Bestimmung eine eingestellte äquivalente Maßlösung, die Elektronen aufnehmen oder abgeben kann.

Eine äquivalente Maßlösung enthält im Liter fertiger Lösung eine molare Masse, deren Äquivalentzahl z^* gleich der Differenz der Oxidationszahl vor und nach dem Redox-Prozeßablauf ist. So ist z. B. in der Manganometrie für eine Maßlösung mit 1 mol/l = $\frac{1}{5}$ $KMnO_4$ erforderlich. Hier erniedrigt sich im sauren Medium, was meistens zutrifft, die Oxidationszahl des Elementes Mangan im $KMnO_4$ durch die Aufnahme von 5 Elektronen von VII auf II. Somit enthält eine äquivalente Maßlösung für Redox-Reaktionen mittels $KMnO_4$ = $\frac{1}{5}$ mol Kaliumpermanganat (pro Liter fertiger Maßlösung 31,607 g $KMnO_4$).

Die Redox-Reaktion mit Kaliumpermanganat in saurer Lösung:

$$\overset{VII}{MnO_4^-} + 8\,H^+ + 5\text{ Elektronen }(5e^-) \rightarrow \overset{II}{Mn^{2+}} + 4\,H_2O$$

Im neutralen oder schwach sauren Gebiet erniedrigt sich die Oxidationszahl des Mangans im $KMnO_4$ (Kaliumpermanganat) von VII um 3 Oxidationsstufen bis auf IV im MnO_2 (Mangandioxid = „Braunstein").

Die Redox-Reaktionen mit Kaliumpermanganat in neutraler oder schwach saurer Lösung:

$$\overset{VII}{MnO_4^-} + 2\ H_2O + 3\ \text{Elektronen}\ (3\,e^-) \rightarrow \overset{IV}{MnO_2} + 4\ OH^-$$

Da eine derartige Maßlösung die Äquivalentzahl $z^* = 3$ hat, ist die Äquivalentkonzentration einer derartigen KMnO$_4$-Maßlösung $c(\frac{1}{3}\ KMnO_4) = 1\ mol/l$. Das bedeutet, daß eine solche Maßlösung $\frac{1}{3}$ mol KMnO$_4$ im Liter enthalten muß. Somit ist die molare Masse M in dieser KMnO$_4$-Maßlösung: $M(\frac{1}{3}\ KMnO_4) = 52{,}678$ g/mol.

Mit den Größenangaben m (Masse), n (Stoffmenge) und V (Volumen), die ausführlich behandelt wurden, ist eine Lösung in ihrer quantitativen Zusammensetzung darstellbar. Die Gesamtmassen der in einer Masse eines Lösungsmittels gelösten Stoffmengen ergeben sich immer aus der Summe der Einzelmassen. Mit solcher Sicherheit kann aber bei Volumenaddition nur sehr selten – wegen der dabei sehr häufig eintretenden Volumenkontraktion σ (Sigma) – gesprochen werden.

11.1 Maßlösungen

Maßlösungen werden zur maßanalytischen Bestimmung von in Lösung befindlichen Substanzen verwendet. Eine derartige maßanalytische Bestimmung *(Titration)* wird anhand des Maßlösungsvolumens errechnet, das bis zum Erreichen des theoretischen oder stöchiometrischen Endpunktes aus einer *Bürette* zur Analysenlösung (Untersuchungslösung) zugeflossen ist.

Wichtig ist:

1. Der Endpunkt der Maßlösungszugabe muß möglichst genau durch Farbänderung oder Meßgerät erkannt werden können.
2. Die chemische Reaktion muß schnell und genau der Reaktionsgleichung entsprechend ablaufen.
3. Die eingesetzte Maßlösung muß in ihrer Konzentration exakt herstellbar und bekannt sein, sowie eine möglichst gute Konzentrationsstabilität während ihrer Verwendung und bei der ordnungsgemäßen Ab- und Umfüllung aus dem Meßkolben in die Vorratsflasche besitzen.
4. Zur Erzielung einer möglichst großen Bestimmungsgenauigkeit muß in der Maßlösung mit einer recht kleinen *Stoffmengenkonzentration* $c_{(X)}$ in mol/l (früher: *Normalität*) in der Maßlösung titriert werden. Es wird meistens mit $c_{(X)} = 0{,}1$ mol/l (früher: normale Konzentration oder Normalität 0,1 N) titriert.

11.2 Ansetzen einer Maßlösung

Zunächst wird auf einer Analysenwaage ($\pm$ 0,0001 g genau) die berechnete Stoffmenge $n_{(X)}$, die sich als Bruchteil $1/z^*$ aus der *molaren Masse* $M_{(X)}$ ergibt, eingewogen, um so in der fertigen Maßlösung die erforderliche *Äquivalentkonzentration* $c_{(eq)}$ in mol/l von dem Teilchen X zu erhalten; z^* ist die *Äquivalentzahl* des Teilchens X (Atom, Molekül, Ion oder Atomgruppe).

Als Beispiel sei zunächst das *Säure-Base-Äquivalent* an einer Maßlösung der Schwefelsäure (H_2SO_4) behandelt, das bei der Neutralisation von 1 Liter einer Base oder Säure $6,022 \cdot 10^{23}$ (Avogadro-Konstante) Protonen (H^+-Ionen) aufnehmen (Base) oder abgeben (Säure) kann. Die *Äquivalentkonzentration* ist hier $c(\frac{1}{2} H_2SO_4) = 1\ mol/l$ (früher: 1N). In diesem *Neutralisationsäquivalent* ist die *Äquivalentzahl* z^* gleich der Indexziffer 2 der H_2SO_4, da ein Mol H_2SO_4, das bekanntlich aus $6,022 \cdot 10^{23}$ H_2SO_4-Molekülen besteht, in der Lage ist, bei vollständiger Umsetzung $2 \cdot 6,022 \cdot 10^{23}$ Protonen zur Neutralisation an eine Base abzugeben. Die übliche Äquivalentkonzentrations-Einheit eines (Äquivalent-) Teilchens x von $c_{(X)}$ ist mol/l. Für ein Säure-Base-Äquivalent lautet die allgemeine *Äquivalentkonzentrationsangabe* $c(1/z^* \cdot X) = 1\ mol/l$. Wenn $z^* = 1$, wie z. B. bei HCl, wird statt $\frac{1}{1}$ HCl einfach HCl in den vorstehenden Klammerausdruck gesetzt. Die *Äquivalentkonzentrationsangabe* für HCl lautet somit $c(HCl) = 1\ mol/l$. Analog gilt z. B. für Phosphorsäure (H_3PO_4) die Äquivalentzahl $z^* = 3$ und für Basen ist ebenfalls z^* entsprechend ihrer OH^--Ionen-Abgabemöglichkeit bei völliger Umsetzung einzusetzen. Beispielsweise ist somit bei LiOH bzw. NaOH $z^* = 1$ und bei $Ca(OH)_2$ oder $Ba(OH)_2$ $z^* = 2$.

Für die *molare Masse* $M_{(X)}$ ist die *Einheit g/mol*. Demnach gilt für die *molare Masse der Schwefelsäure* $M(H_2SO_4) = 98,07\ g/mol$ und für die auf *Äquivalente (eq) bezogene molare Masse M(eq)* (frühere Bezeichnung = Äquivalentmasse) der Schwefelsäure $M(\frac{1}{2} H_2SO_4) = 49,04\ g/mol$. Die mit dieser Einwaage von 49,04 g/l hergestellte Maßlösung hat die Äquivalentkonzentration $c(\frac{1}{2} H_2SO_4) = 1\ mol/l$ (früher als 1N bezeichnet). Soll aber die Konzentration einer Schwefelsäure-Maßlösung nur $\frac{1}{10}$ der vorstehenden sein, so gilt für die Herstellung einer derartigen Schwefelsäure selbstverständlich die Einwaage des zehnten Teiles der Schwefelsäure. Mithin sind dann für die Herstellung von 1 Liter einer $c(\frac{1}{2} H_2SO_4)$ ($= 0,1\ mol/l$) 4,904 g H_2SO_4 einzuwiegen (früher wurde diese Maßlösung mit 0,1 N H_2SO_4 bezeichnet).

Wichtiger Hinweis: Alle Einwaagen beziehen sich selbstverständlich auf eine 100 %ige Substanz (Reinsubstanz), was unter Umständen z. B. bei der Einwaage von konzentrierter Schwefelsäure, die etwa 96 %ig ist, eine entsprechende Umrechnung erforderlich macht!

Die Herstellung einer NaOH-Maßlösung mit $c(NaOH) = 1\ mol/l$ macht die Einwaage von 39,997 g NaOH pro Liter Maßlösung notwendig. Diese 39,997 g NaOH werden zunächst in etwa 100 bis 200 ml Wasser im Meßkolben mit 1000 ml Nennvolumen gelöst, dann wird mit weiterer Wasserzugabe bei 20 °C bis zur Meßkolben-Ringmarke aufgefüllt. In einer NaOH-Äquivalent-Maßlösung mit $c(NaOH) = 0,1\ mol/l$ (früher: 0,1 N NaOH) müssen 1000 ml dieser Lösung 3,9997 g NaOH enthalten.

11.3 Das Einstellen einer angesetzten Maßlösung

Die so durch Lösen der jeweiligen Einwaage in einem Meßkolben mit 1000 ml Nennvolumen und der anschließenden Auffüllung bis zur Ringmarke angesetzte Maßlösung ist bei 20 °C noch nicht für maßanalytische Bestimmungen (*Titrationen*) verwendungsfähig. Trotz großer Einwaagegenauigkeit kann eine zunächst so hergestellte Maßlösung nicht absolut fehlerfrei sein. Eine so hergestellte Lösung benötigt vor ihrer Verwendung als Maßlösung noch die exakte *Einstellung* einer *Urtitersubstanz*. Mit derartigen Substanzen lassen sich nach der genauen Einwaage exakte Maßlösungen herstellen. Diese eingewogene und dann in etwa 100 ml Wasser (die Wassermenge muß nicht genau ausgemessen werden) gelöste Urtitersubstanz wird dann mit der noch einzustellenden zuvor im Meßkolben hergestellten Maßlösung titriert. Auf Grund der in Lösung befindlichen Urtitersubstanz-Einwaage läßt sich zunächst das theoretisch erforderliche Volumen V_{soll} der angesetzten Maßlösung errechnen. Falls sie exakt wäre und somit den Titer $t = 1{,}000$ als Korrekturfaktor hätte, müßte $V_{ist} = V_{soll}$ der Maßlösung sein. Ist das Volumen V_{ist} der bei der Titration bis zum farblichen Umschlag- oder Äquivalenzpunkt verbrauchten, noch nicht eingestellten, Maßlösung kleiner oder größer als das theoretische Volumen V_{soll}, so muß der Quotient aus dem theoretisch zur Titration benötigten Volumen V_{soll} (Zähler) und dem praktisch zur Titration erforderlichen Volumen V_{ist} (Nenner) größer oder kleiner als 1,000 sein. Dieser Quotient, der bei eingestellten Maßlösungen mit t bezeichnet und Titer genannt wird, sollte möglichst wenig nach oben oder unten von $t = 1{,}000$ abweichen. Die Volumenablesung sollte bei Zehntelmilliliter-Skalenstrichen an der Bürette grundsätzlich bei einer Maßanalyse auf ein hundertstel ml genau erfolgen, wobei die letzte Dezimalstelle auf ± 0,01 ml geschätzt wird.

Beispiel: Die Einstellung einer NaOH-Maßlösung mit Oxalsäure- Dihydrat-Einwaage als Urtitersubstanz.

Summenformel der Oxalsäure:

$C_2H_2O_4 \cdot 2\,H_2O$

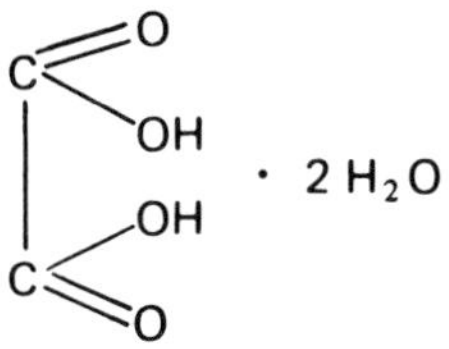

Abb. 11.3. Strukturformel der Oxalsäure

a) Als Urtitersubstanz wird die Oxalsäure möglichst genau eingewogen und in etwa 100 ml Wasser in einem 300 ml-Weithals-Erlenmeyer-Kolben gelöst. So werden z. B. genau m = 0,12345 g Oxalsäure eingewogen und im Wasser gelöst. Wieviel ml $c(NaOH) = 0{,}1$ mol/l werden theoretisch zur Neutralisation dieser Urtitersubstanzmenge benötigt?

b) Die Molekülmasse der Oxalsäure

Formel der weitgehend stabilen Oxalsäure mit zwei Molekülen Kristallwasser:

COOH
| $\cdot 2\,H_2O$
COOH

Die Molekülmasse beträgt 126,066

Urtitersubstanzmasse	zur Neutralisation erforderliches Volumen
12,6006 g $C_2H_2O_4 \cdot 2\,H_2O$	2000 ml $c(NaOH) = 0{,}1$ mol/l
6,3033 g $C_2H_2O_4 \cdot 2\,H_2O$	1000 ml $c(NaOH) = 0{,}1$ mol/l
0,12345 g $C_2H_2O_4 \cdot 2\,H_2O$	V_{soll} ml $c(NaOH) = 0{,}1$ mol/l

somit gilt:

$$V_{soll} = \frac{1000 \text{ ml} \cdot 0{,}12345 \text{ g}}{6{,}3033 \text{ g}} = 19{,}585 \text{ ml } c(NaOH) = 0{,}1 \text{ mol}/l$$

Die Bestimmung der Volumenmenge eingestellter NaOH in ml, die zur Neutralisation dieser eingewogenen Oxalsäuremenge (hier 0,12345 g) benötigt wird.
Die Berechnung der theoretisch erforderlichen Volumenmenge der eingestellten NaOH muß übrigens wegen der genauen und schnellen Bestimmungsmöglichkeit, die eine Maßanalyse, d.h. Titration (franz: le titre = der Gehalt) gestattet, mit einem Taschenrechner durchgeführt werden.
Es sind also theoretisch zur Neutralisation der vorgelegten Urtitersubstanz V_{soll} = 19,58 ml einer mit $c(NaOH)$ = 0,1 mol/l und t = 1,000 NaOH erforderlich. Diese 19,58 ml $c(NaOH)$ = 0,1 mol/l sind die theoretische Volumenmenge, die zur exakten Neutralisation von 0,12345 g Oxalsäure · 2 H$_2$O notwendig sind, wenn die NaOH-Lösung g e n a u $c(NaOH)$ = 0,1 mol/l wäre, d.h. den Titer t = 1,000 hätte.
Zur Einstellung dieser vorliegenden Base mögen beispielsweise nur 19,000 ml der etwa $c(NaOH)$ = 0,1 mol/l Maßlösung gebraucht werden, um den Umschlagspunkt zu erreichen. Der Titer würde sich dann folgendermaßen errechnen lassen:

$$t = \frac{19{,}58 \text{ ml}}{19{,}00 \text{ ml}} = 1{,}0308$$

Dieser Wert muß sehr genau errechnet werden, da er für alle nachfolgenden Bestimmungen von sehr großer Bedeutung ist.
Mit diesem Titer ist nun jede bei einer Titration verbrauchte Volumenmenge V_{ist} dieser Lösung zu multiplizieren, um so die Volumenmenge V_{soll} zu errechnen, die bei Verwendung einer genauen NaOH-Maßlösung mit $c(NaOH)$ = 0,1 mol/l und t = 1,000 zu einer Neutralisation benötigt worden wäre.
Auch andere als Urtitersubstanzen einsetzbare chemische Verbindungen können als p.a.-Substanzen (lat.: pro analysii = zur Analyse) zur Herstellung exakter Maßlösungen Verwendung finden: Natriumcarbonat (Na$_2$CO$_3$), Natriumoxalat (Na$_2$C$_2$O$_4$), Natriumchlorid (NaCl), Kaliumbromat (KBrO$_3$), Kaliumiodat (KIO$_3$), Kaliumdichromat (K$_2$Cr$_2$O$_7$), Calciumcarbonat (CaCO$_3$) und andere.
Soll der Titer nicht mit einer Urtitersubstanz ermittelt werden, so besteht auch die Möglichkeit, ihn mit einer anderen, bereits eingestellten, Maßlösung festzustellen.
Beispielsweise sollen 10 ml einer zur Einstellungstitration vorgelegten, noch nicht eingestellten KOH-Maßlösung von etwa $c(KOH)$ = 0,1 mol/l mit einer bereits eingestellten H$_2$SO$_4$-Maßlösung mit $c(\frac{1}{2}$ H$_2$SO$_4$) = 0,1 mol/l und t = 1,059 neutralisiert werden, um so den Titer t festzustellen. Das zur Neutralisation benötigte H$_2$SO$_4$-Maßlösungsvolumen V_{ist} möge in diesem Falle 10,13 ml betragen. Das Sollvolumen V_{soll} beträgt dann $V_{soll} = V_{ist} \cdot t$, d.h. wenn die Werte eingesetzt werden: V_{soll} = 10,13 ml · 1,059 = 10,73 ml Schwefelsäure, die der genauen Äquivalentkonzentration $c(\frac{1}{2}$ H$_2$SO$_4$) = 0,1 mol/l mit t = 1,000 entsprechen. Demnach liegt in den 10 ml der einzustellenden KOH-Maßlösung mit $c(KOH)$ = 0,1 mol/l soviel KOH vor, wie in 10,73 ml einer KOH-Lösung mit genau $c(KOH)$ = 0,1 mol/l und t = 1,000 vorliegen müßten. Der Titer dieser so einzustellenden KOH-Maßlösung ergibt sich aus dem Quotienten

$$\frac{V_{soll}}{V_{ist}} \text{ und ist somit } = \frac{10{,}73 \text{ ml}}{10{,}00 \text{ ml}} = 1{,}073$$

Eine derartige Titereinstellung ist zwar schneller ausführbar, birgt aber die Gefahr in sich, daß sich der bereits in der eingesellten Maßlösung vorhandene Fehler auf die einzustellende Maßlösung überträgt und unter Umständen noch vergrößert (Fehlerakkumulation), so daß nun beide eingestellte Maßlösungen nicht stimmen. Eine Titereinstellung sollte stets mit der größtmöglichen Sorgfalt vorgenommen und von Zeit zu Zeit überprüft werden, da von der Qualität des festgestellten Titers dieses Maßlösungs-Vorrates auch die Qualität jeder anderen maßanalytischen Bestimmung mit dieser Maßlösung abhängt.

Um in nicht ausgesprochenen Chemielaboratorien in chemischen Fabriken u. ä. Zeit und Arbeit bezüglich der Einwaage und Titereinstellung zu ersparen, werden auf dem Chemikalienmarkt Glas- oder Kunststoffampullen angeboten, die je nach der gewünschten Substanz und Konzentration der eingestellten Maßlösung eine für die jeweilige Maßlösung erforderliche Substanz in Form konzentrierter Lösungen oder auch in fester, gut in Wasser löslicher Form angeboten. Diese Ampullen werden auf den Meßkolbenhals gestellt, mit einem Glasstab durchstoßen und ihr Inhalt mit demineralisiertem oder destilliertem Wasser in den Meßkolben überführt. Die so erhaltenen Maßlösungen sind schnell sowie genau herstellbar und haben den Titer $t = 1,000$.

11.4 Maßanalytische Bestimmung gelöster Substanz

Aus dem verbrauchten Istvolumen V_{ist} der eingestellten Maßlösung wird durch die Multiplikation dieses auf $\pm 0,01$ ml geschätzten (50 ml Hahnbürette in Zehntelmilliliter unterteilt) Istvolumens V_{ist} mit dem Titer t der Maßlösung das Sollvolumen V_{soll} erhalten. Dann wird dieses Sollvolumen mit einem für die zu bestimmende Substanz charakteristischen Faktor F multipliziert und so die in der vorgelegten Lösung (Probelösung) enthaltene Bestimmungssubstanz in mg erhalten, wenn das Volumen in ml abgelesen wurde.

Dieser Faktor F (maßanalytisches Äquivalent) ist aus entsprechenden Tabellenwerken [61] zu entnehmen oder auch stöchiometrisch an Hand der entsprechenden Rektionsgleichung zu errechnen. Die Gesamtberechnung der Masse m des in der vorgelegten Probelösung vorhandenen Stoffes entspricht

$$m_{Pr} = M(eq)_{Pr} \cdot c(eq)_{Ml} \cdot t \cdot V_{ist}$$
$$F = M(eq)_{Pr} \cdot c(eq)_{Ml}$$

oder vereinfacht durch F aus Tabellenwerk oder nach vorstehender Gleichung für F errechnet

$$m_{Pr} = F \cdot t \cdot V_{ist}$$

Entsprechend ist die Massenkonzentration

$$\beta = \frac{F \cdot t \cdot V_{ist}}{V_{Pr}} \text{ in g/}l$$

oder die Stoffmasse/Lösungsmasse

$$w_{Pr} = \frac{F \cdot V_{soll}}{V_{Pr}} \text{ in g/g}$$

Erklärungen:

Ml = Maßlösung
Pr = Probelösung
β = Massenkonzentration in g/l
w = Stoffmasse pro Lösungsmasse in g/g (früher Massenbruch oder Gewichts-%)
Hier ist die Dichte (ϱ = m/v) der Lösung erforderlich.
V_{ist} = reales Maßlösungsvolumen ohne Titer-Berücksichtigung
$V_{soll} = t \cdot V_{ist}$ = Maßlösungsvolumen mit Titer-Berücksichtigung

Beispiel:

In einer Schwefelsäure-Lösung soll maßanalytisch bestimmt werden, wieviel Gramm H_2SO_4 in 1 l dieser Lösung vorliegen. Von dieser Lösung wurden zur Bestimmung V_{Pr} = 5 ml entnommen und in einem 300 ml Nennvolumen fassenden Erlenmeyer-Weithalskolben gegeben und mit etwa 100 ml demineralisiertem Wasser verdünnt. Als Indikator werden der im Erlenmeyerkolben vorliegenden Schwefelsäure-Lösung etwa 3 Tropfen einer Methylrot-Lösung (pH-Umschlagsbereich: 4.4–6,2 rot/gelb) zugegeben. Die Titration mit einer Natronlauge $c(NaOH)$ = 0,1 mol/l, die einen Titer von t = 0,989 hat, mag bis zum Erreichen des Äquivalentpunktes (Farbumschlagspunkt) einen NaOH-Maßlösungsverbrauch V_{ist} von 25,53 ml betragen. Das zu der Reaktion gehörende Reaktionsschema lautet:

$$2\,NaOH + H_2SO_4 \rightarrow Na_2SO_4 + 2\,H_2O$$

Demnach entspricht der molaren Äquivalentmasse $M(NaOH)$ die halbe molare Masse von H_2SO_4 also $M(\tfrac{1}{2}H_2SO_4)$ = 49,04 g. Soweit gilt für die Berechnung der in der Probelösung vorliegenden Schwefelsäuremasse:

$$\beta(H_2SO_4) = \frac{m(\tfrac{1}{2}H_2SO_4)_{Pr}}{V_{Pr}} = \frac{M(\tfrac{1}{2}H_2SO_4) \cdot c_{M1}(NaOH) \cdot t \cdot V_{ist}(NaOH)}{V_{Pr}(H_2SO_4)}$$

Das Einsetzen der entsprechenden Werte ergibt:

$$\beta(H_2SO_4) = \frac{m(\tfrac{1}{2}H_2SO_4)_{Pr}}{V_{Pr}} = \frac{49,04\,mg/mmol \cdot 0,1\,mmol/ml \cdot 0,989 \cdot 25,53\,ml}{5\,ml}$$

$\beta(H_2SO_4)$ = 24,76 mg/ml oder 24,76 g/l (Massenkonzentration)

Die Dichte der zu untersuchenden Probelösung beträgt 1,02 kg/l. Dieser Wert wird zur Berechnung der Stoffmasse pro Lösungsmasse (= w) in g/g benötigt;

$$w_{Pr} = \frac{F \cdot V_{soll}}{V_{Pr} \cdot V_{Pr}} = \frac{49,04\,mg/mmol \cdot 0,1\,mmol/ml \cdot 0,989 \cdot 25,53\,ml}{5\,ml \cdot 1,02\,kg/l}$$

w_{Pr} = 24,28 g H_2SO_4 (100 %ig) pro 1000 g Probelösung.

Somit sind in 100g zu untersuchender Lösung 2,428g wasserfreie Schwefelsäure (früher 2,428 Gew.-%) enthalten.

Fragen zu Abschnitt 11:

1. Was wird unter einer eingestellten Lösung verstanden?

2. Welche 5 verschiedenen den SI-Einheiten entsprechenden Konzentrationsangaben von Lösungen sind Ihnen bekannt?

3. Was ist die Molalität $b_{(x)}$?

4. Was versteht man lt. SI-Einheiten unter der früheren Molarität $c_{(x)}$?

5. Was ist die Äquivalentzahl z^*?

6. Wie groß ist z^* von $KMnO_4$ jeweils in saurer, in schwachsaurer und in neutraler Lösung?

7. Was ist eine Urtitersubstanz?

8. Was ist der Titer t einer eingestellten Lösung?

9. Wie groß ist die molare Masse $M(\frac{1}{2} H_2SO_4)$ von Schwefelsäure?

10. In welchem pH-Bereich liegt beim Methylrot der Farbumschlag rot/gelb?

Teil 2 Organische Chemie

12. Einführung in die organische Chemie

Die organische Chemie stellte früher die Chemie dar, zu der die „Lebenskraft" erforderlich war, bis es 1828 dem deutschen Chemiker *Friedrich Wöhler* (1800–1882) gelang, durch Umlagerung der Atome in der anorganischen Verbindung Ammoniumcyanat die typisch organische Verbindung Harnstoff herzustellen:

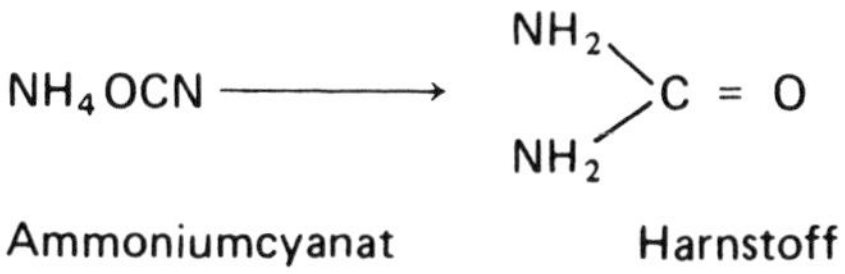

$$NH_4OCN \longrightarrow \underset{NH_2}{\overset{NH_2}{>}}C = O$$

Ammoniumcyanat   Harnstoff

Abb. 12a. Ammoniumcyanat → Harnstoff

Mit dieser *Wöhler*'schen Synthese war aber der Beweis erbracht, daß die sogenannte „Lebenskraft" nicht erforderlich ist. Dennoch behielt man den Begriff „organische Chemie" für alle Kohlenstoffverbindungen mit Ausnahme der Salze des CO_2 (z. B. Calciumcarbonat u. a.) bei.

Kekulé (1829–1896) definierte Mitte des neunzehnten Jahrhunderts die organische Chemie neu: „Alle Kohlenstoffverbindungen sind organische Verbindungen." Diese Art Verbindungen stellt schon in ihrer Vielzahl (ca. 6–7 Millionen verschiedene organische Verbindungen, deren Anzahl jährlich lt. Schätzungen der IUPAC um etwa 100 000 steigt, gegenüber den nur etwa 70 000 bis 80 000 insgesamt bekanten verschiedenen anorganischen Verbindungen) eine besondere Gruppe von Stoffen dar.

Kohlenstoff ist das einzige Element, das sowohl bei der Aufnahme von 4 Elektronen, als auch bei der Abgabe von 4 Elektronen gleich leicht immer die von allen Elementen erstrebenswertesten Zustände der Elektronenschalen-Sättigung in Verbindung mit dem Edelgaszustand (He- oder Ne-Zustand) erreicht. Dadurch ist er auch in der Lage, sich praktisch in beliebiger Vielzahl mit sich selbst zu verbinden (Diamant, Graphit, Kunststoffe und z. B. die Kohlenwasserstoffe mit ihren Derivaten). Kohlenstoff kann sich in Ring- und auch langer gerader oder verzweigter Kettenform mit sich selbst verbinden. Die in der organischen Chemie am häufigsten anzutreffenden Elemente sind der Häufigkeit nach geordnet die Elemente C, H, O und N, während die Halogene sowie auch S und P seltener in organischen Verbindungen anzutreffen sind. Natürlich können auch alle anderen Elemente in organischen Verbindungen vorkommen. Die organischen Verbindungen, die nur aus Kohlenstoff- und Wasserstoffatomen aufgebaut sind, bilden die sehr umfangreiche und wichtige Gruppe der Kohlenwasserstoffe.

Modellmäßig gesehen (Strukturmodell) sind die 4 Valenzen des Kohlenstoff, der fast immer, gemäß seiner Stellung im Periodensystem, vierwertig ist, zu den Spitzen eines regelmäßigen Tetraeders (Vierflächners), in dessen Zentrum das C-Atom steht, gerichtet.

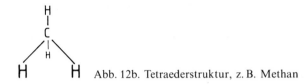

Abb. 12b. Tetraederstruktur, z. B. Methan

Organische Reaktionen sind häufig Zeitreaktionen. Sie laufen nicht wie die anorganischen Reaktionen, die meist Reaktionen zwischen Ionen sind (Ionen-Reaktionen), augenblicklich ab, da in organischen Verbindungen meist Atombindungen und kaum Ionenbindungen vorliegen.

13. Kohlenwasserstoffe

Die wichtigsten Verbindungen in der organischen Chemie sind die Kohlenwasserstoffe. Man unterteilt sie in gesättigte (Paraffine) und ungesättigte (Olefine) Kohlenwasserstoffe sowie in aliphatische (Ketten mit Seitenketten und entspr. Ringen = cyclische Kohlenwasserstoffe) und aromatische Kohlenwasserstoffe (Benzol und seine Derivate = Abkömmlinge).

13.1 Einige gesättigte Kohlenwasserstoffe

Summen-formel	Strukturformel	Bezeich-nunf	bei 20 °C	Siedepunkte in °C
CH_4	H | H–C–H | H	Methan	gasförmig	–161
C_2H_6	H H | | H–C–C–H | | H H	Ethan	gasförmig	–88
C_3H_8	H H H | | | H–C–C–C–H | | | H H H	Propan	gasförmig	–42
C_4H_{10}	H H H H | | | | H–C–C–C–C–H | | | | H H H H	Butan	gasförmig	0,5
C_5H_{12}	H H H H H | | | | | H–C–C–C–C–C–H | | | | | H H H H H	Pentan	= leichtsie-dende Benzine („Petrolether")	36
C_6H_{14}	H H H H H H | | | | | | H–C–C–C–C–C–C–H | | | | | | H H H H H H	Hexan		68,7
C_7H_{16}	H H H H H H H | | | | | | | H–C–C–C–C–C–C–C–H | | | | | | | H H H H H H H	Heptan	Benzinanteil	98,4
C_8H_{18}	H H H H H H H H | | | | | | | | H–C–C–C–C–C–C–C–C–H | | | | | | | | H H H H H H H H	Octan	Benzinanteil	126

Benzine (Fahrbenzin einschließlich Superkraftstoff) sind ein Kohlenwasserstoffgemisch von C_5H_{12} bis etwa $C_{10}H_{22}$ und dem Siedebereich zwischen 30 und 200 °C.

Kerosin ist ein Kohlenwasserstoffgemisch von etwa $C_{12}H_{26}$ bis etwa $C_{18}H_{38}$ und dem Siedebereich zwischen 150 und 300 °C.

Schmieröl ist bei der fraktionierten Erdöldestillation der weitgehendst gesättigte Kohlenwasserstoffbereich von etwa $C_{20}H_{42}$ bis $C_{24}H_{50}$, ihr Siedebereich liegt zwischen 300 °C und 500 °C.

Dieselkraftstoff umfaßt den Kohlenwasserstoffbereich zwischen $C_{10}H_{22}$ und $C_{16}H_{34}$ und reicht bei der fraktionierten Destillation über den Siedebereich zwischen 180 und 350 °C.

Sämtliche Siedetemperaturangaben sind zutreffend für Normaldruck-Destillationen (Top-Destillationen = über Kopf-Destillationen).

Allgemeine Bezeichnung derartiger C-Verbindungen:

Diese gesättigten Kohlenwasserstoffe bezeichnet man als *Alkane* oder auch *Paraffine* (lat.: parum affinis = wenig verwandt). Sie sind sehr reaktionsträge. Es gibt *kettenförmige* und *ringförmige (cyclische) Paraffine = Alkane*.
Die allgemeine Formel für diese Gruppe der gesättigten, kettenförmigen Kohlenwasserstoffe:

C_nH_{2n+2}

13.2 Sonderstellung des Kohlenstoffs im Periodensystem

Nur C kann sich 100 000mal und mehr mit sich selbst verbinden. Sowohl bei Aufnahme von 4 Elektronen als auch bei der Abgabe von 4 Elektronen erreicht ein Kohlenstoffatom stets den Edelgaszustand und eine volle E-Schale, was bei keinem anderen Element möglich ist (vgl. Periodensystem).
Beim Verbrennen von Kohlenwasserstoff läuft z.B. für C_2H_6 die Verbrennung nach folgender Reaktionsgleichung ab:

$C_2H_6 + 3\frac{1}{2} O_2 \rightarrow 2 CO_2 + 3 H_2O$

13.3 Alkane, Alkene und Alkine

Alkane sind Kohlenwasserstoffe, in denen die Kohlenstoffatome durch Einfachbindung miteinander verbunden sind (gesättigte Kohlenwasserstoffe = Paraffine).

C_nH_{2n+2} (Kettenförmige Alkane)

oder C_nH_{2n} (Cyclische Alkane ohne Seitenketten)

Alkene sind Kohlenwasserstoffe, in denen die Kohlenstoffatome durch Doppelbindung miteinander verbunden sind (ungesättigte Kohlenwasserstoffe = Olefine). Alkene sind reaktionsfreudiger als Alkane.

C_nH_{2n} (Kettenförmige Alkene mit einer Doppelbindung)

Jede weitere Doppelbindung in einem Alkenmolekül bewirkt eine Reduzierung der Wasserstoffatome in der allgemeinen Molekülformel um zwei H-Atome.

C_nH_{2n-2} (Kettenförmige Alkene mit zwei Doppelbindungen)

Alkine sind Kohlenwasserstoffe, in denen Kohlenstoffatome durch Dreifachbindung miteinander verbunden sind. Alkine sind sehr reaktionsfreudig. Erhöhte Drücke können ohne Berücksichtigung von Vorsichtsmaßnahmen bereits zur Explosion führen.

C_nH_{2n-2} (Kettenförmige Alkine mit einer Dreifachbindung)

13.3.1 Die Spannungstheorie

Diese Theorie wurde wegen der unterschiedlichen Reaktionsfähigkeit der cyclischen Verbindungen von *A. v. Baeyer* 1885 aufgestellt.
Die vier Valenzen eines Kohlenstoffatomes sind zu den Spitzen eines Tetraeders (Vierflächners) gerichtet. In der Mitte dieses Tetraeders kann man sich das C-Atom vorstellen. Die Valenzen stehen alle jeweils im Winkel von 109,5° zueinander, wenn die Kohlenstoffatome im kettenförmigen Molekül durch Einfachbindungen (Paraffine) verbunden sind (s. Abb. 12b). Ein gesättigter Kohlenwasserstoff kann sich auch völlig spannungsfrei ab C_6H_6 und mehr Kohlenstoffatomen zu einem Ring schließen. Der Ring des Cyclohexans ist dann völlig spannungsfrei und so stabil wie jedes andere kettenförmige Paraffinmolekül. Cyclopentan ist fast so stabil wie Cyclohexan, denn die Valenzen weichen im Cyclopentan mit etwa 108° nur minimal von 109,5° ab.
Sind im Molekül aber 2 oder mehrere Kohlenstoffatome durch Doppel- oder sogar Dreifachbindung miteinander verbunden (Zweifachbindung = Alkene = Olefine = „Ölbildner" bzw. Dreifachbindung = Alkine), so sind die Valenzen aus ihrer Grundrichtung (109,5°) abgebogen worden, d.h. sie befinden sich in einer Zwangslage und stehen somit unter Spannung („Spannungstheorie"). Alkene und Alkine sind deshalb sehr raktionsfreudig. Geringfügige von außen zugeführte Energie kann schon leicht zum Aufbrechen dieser Doppelbindung führen. Da so jede Doppelbindung zu einer Einfachbindung und zwei freien ungepaarten Elektronen, d.h. nicht abgesättigten Valenzen umgebildet wird, können sich derartige „Radikale" miteinander verbinden. Die Molekülgrößen und auch die Molekülmasse steigen.
Dadurch kann z.B. aus einem gasförmigen Stoff mit kurzen Molekülen leicht eine bei gleicher Temperatur ölige Substanz mit größeren Molekülen, d.h. mit höheren Molekülmassen werden. Man bezeichnet daher ungesättigte Kohlenwasserstoffe, d.h. Kohlenwasserstoffe, in denen Kohlenstoffatome im Molekül z.B. durch Zweifachbindung verbunden sind, als Olefine, was soviel wie Ölbildner heißt.

13.3.2 Alkene (Olefine)

Alkene sind Kohlenwasserstoffe mit einer oder mehreren Doppelbindungen zwischen zwei Kohlenstoffatomen. Diese Verbindungen sind sehr reaktionsfreudig. Ein für die Technik sehr wichtiges Alken ist z. B. das Ethen (Ethylen)

$$\begin{array}{c} H \\ \diagdown \\ \diagup \\ H \end{array} C = C \begin{array}{c} H \\ \diagup \\ \diagdown \\ H \end{array}$$

Dieses niedermolekulare Gas ist der Ausgangsstoff für den Kunststoff Polyethylen oder Polyethen (Kurzzeichen PE), der durch Polymerisation von Ethylenmolekülen synthetisiert wird. Allgemein ist für die Polymerisation immer das Vorliegen von Doppelbindungen im niedermolekularen Ausgangsstoff, d. h. im „Monomeren" Voraussetzung.
Schmieröle sollen daher möglichst keine Doppelbindungen enthalten, da das Vorliegen von Doppelbindungen die erwünschte Unveränderlichkeit eines Schmieröles durch Verharzen erheblich beeinträchtigt. Lebensmittel, z. B. Margarine, sollen dagegen möglichst viele Doppelbindungen enthalten, um so die Verdauung, d. h. den Abbau dieser Lebensmittel überhaupt zu ermöglichen bzw. zu verbessern.
Eine andere Deutung des Begriffs „Olefine": Kohlenwasserstoffe oder deren Abkömmlinge, die im gesättigten Zustand feste Stoffe sind, haben im ungesättigten Zustand einen niedrigeren Schmelzpunkt. Derartige Substanzen können dann ölig sein. Durch Hydrierung (Einbau von Wasserstoff), d. h. durch Aufbrechen der Doppelbindungen z. B. in Speiseölen (Palmkernöl) werden dann aus derartigen Ölen vollkommen gesättigte feste Speisefette (*Normann*'sche Fetthärtung – 1902 –). Dieses Verfahren wird bei der sogenannten Fetthärtung angewandt.
Hier werden bei etwa 220 °C und ca. 30 bar durch den im Speiseöl vorhandenen kolloidalen Nickelkatalysator („Raney-Nickel") die Moleküle des eingeleiteten Wasserstoffs zu jeweils 2 Wasserstoffatomen umgeformt. Dieser nun in unmittelbarer Nähe der ungesättigten Ölmoleküle vorliegende atomare Wasserstoff (sehr reaktionsfreudig) bricht dessen Doppelbindungen auf. Die Wasserstoffmoleküle können jetzt von den nun aufgebrochenen Doppelbindungen chemisch gebunden werden. Zur Vermeidung von Katalysatorgiften wird für diese Hydrierung nur aus Wasser elektrolytisch gewonnener Wasserstoff wegen dessen absoluter Reinheit eingesetzt.

Reaktionsgleichung:

$$\begin{array}{c} R_1 \\ \diagdown \\ \diagup \\ H \end{array} C = C \begin{array}{c} R_2 \\ \diagup \\ \diagdown \\ H \end{array} \xrightarrow[\text{220 °C, 30 bar}]{\text{Ni (kolloidal)}} R_1 - \underset{\underset{H}{|}}{\overset{\overset{H}{|}}{C}} - \underset{\underset{H}{|}}{\overset{\overset{H}{|}}{C}} - R_2$$

13.3.3 Alkine und Acetylen

Alkine sind Kohlenwasserstoffe mit Dreifachbindung zwischen zwei Kohlenstoffatomen. Ein für die Technik wichtiges und bekanntes Alkin ist das „Acetylen" (Ethin):

$$H - C \equiv C - H$$

Acetylen wird hauptsächlich aus Calciumcarbid (CaC_2) gewonnen. Strukturformel des Calciumcarbids:

$$\begin{array}{c} C \equiv C \\ \diagdown \diagup \\ Ca \end{array}$$

Calciumcarbid wiederum wird im elektrischen Lichtbogen aus gebranntem Kalk und Koks hergestellt:

$$CaO + 3\,C \xrightarrow{\approx 2500\,°C} CaC_2 + CO$$

Durch Hydrolyse gewinnt man dann aus Calciumcarbid das Acetylen:

$$CaC_2 + 2\,H_2O \rightarrow Ca(OH)_2 + C_2H_2$$
$$\text{(Karbidkalk) (Acetylen)}$$

Eine höher siedende Säure (hier: Wasser als Brönsted-Säure) verdrängt eine niedriger siedende Säure (hier: Acetylen ebenfalls als Brönsted-Säure) aus ihrer Verbindung. Carbide, wie z. B. das Calciumcarbid selbst, können als ein Brückenglied zwischen der Anorganischen und Organischen Chemie angesehen werden, denn die Acetylenide (Salze des Acetylens) sind metallorganische Verbindungen. – Die Natur macht also keine Sprünge! – Man könnte sogar sagen, daß Carbide ein Brückenglied zwischen Legierungen und chemischen Verbindungen sind. Bei den Carbiden sind häufig die allgemein für chemische Verbindungen üblichen stöchiometrischen Verhältnisse nicht immer mit den Valenzen der Metalle und den Valenzen der Kohlenstoffatome in Übereinstimmung zu bringen. Dies muß aber exakterweise bei chemischen Verbindungen auch immer zutreffen. Beim Calciumcarbid (salzartiges Cabrid) trifft aber beides zu. Somit ist man in der Lage, für Calciumcarbid eine Strukturformel anzugeben:

$$\begin{array}{c} C \equiv C \\ \diagdown \diagup \\ Ca \end{array}$$

Für viele andere Carbide, z. B. für Fe_3C (Eisencarbid), das eine metallische Bindung besitzt, kann man nicht einmal eine Strukturformel aufstellen, wenn auch Eisen im Fe_3C zum Kohlenstoff wie in einer chemischen Verbindung in einem stöchiometrischen Verhältnis steht.

Man unterscheidet die Carbide nach den drei chemischen Bindungsarten in:

1. salzartige Carbide (Ionenbindung)
2. kovalente Carbide (Atombindung)
3. metallische Carbide (metallische Bindung)

Anmerkung:

Acetylen (Ethin) wird heute hauptsächlich aus dem Methan des Erdgases und des bei der Erdölraffination anfallenden Methananteils im Flammbogen gewonnen:

$$2\,CH_4 \xrightarrow{1400\,°C} C_2H_2 + 3\,H_2$$

Acetylen ist mit geringen bis hohen Luftanteilen gemischt (3–7% Luft neben Acetylen) sehr explosiv. Acetylen ist eine hoch endotherme Verbindung und somit sehr reaktionsfreudig (metastabil). Daher sind auch die *Acetylenide* (Metall-Acetylen-Verbindungen) häufig sehr instabil und können oft unerwartet explosiv zerfallen. Daher darf Acetylen nur in Spezialstahlflaschen abgefüllt werden. Derartige Stahlflaschen sind zunächst mit *Kieselgur* (Kieselsäureskelette von Kieselalgen der Urzeit) gefüllt worden. – Eine der Hauptfundstätten in der Bundesrepublik liegt bei Unterlüß in der Lüneburger Heide. – Dann wird das Kieselgur mit Aceton getränkt und anschließend in die Flasche das Acetylengas bis zum Maximaldruck von 15 bar eingefüllt. Acetylen löst sich sehr gut in Aceton, denn 2000 cm^3 Acetylengas lösen sich schon bei 18 °C und normalem Luftdruck (1013 mbar) in 100 ml Aceton auf. Die Acetylen-Chemie von Professor *Reppe* (BASF) hat in den dreißiger und vierziger Jahren erstaunliche Synthesen (Kunststoffe und niedermolekulare Substanzen) mit Acetylen fertiggebracht und damals großtechnische Produktionen auf dem Sektor der Acetylen-Chemie verwirklicht. *Reppe* hat beispielsweise auch aus Acetylen Benzol synthetisiert *(,,Reppe-Chemie")*.

3 Moleküle Acetylen → 1 Molekül Benzol

$$3 \ C_2H_2 \rightarrow C_6H_6$$

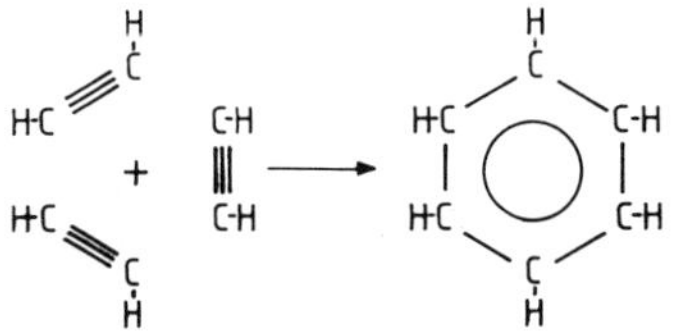

Abb. 13.3.3. Trimerisierung von Acetylen zu Benzol

13.4 Acyclische und cyclische Kohlenwasserstoffe

Derartige kettenförmige oder acyclische (nicht ringförmige) Kohlenwasserstoffe gehören sämtlich zur Gruppe der Aliphate. Diese Bezeichnung leitet sich aus dem Griechischen für Fette her. Im Gegensatz dazu spricht man auch noch von einer anderen Gruppe der Kohlenwasserstoffe, die man cyclische (ringförmige) Kohlenwasserstoffe nennt. Cyclische Kohlenwasserstoffe sind allgemein ringförmig gebaute Kohlenwasserstoffe, d. h. sie können sowohl Aliphate als auch Aromate sein.
Unter den Aromaten versteht man Benzol und dessen Derivate (Abkömmlinge).
Benzol verhält sich unter Berücksichtigung der *Kekulé*'schen Valenzstrichformel (1865) trotz der im Benzolring vorliegenden drei Doppelbindungen chemisch wie ein nicht reaktionsfreudiges Paraffin, d. h. Benzol ist ebenso reaktionsträge wie ein gesättigter Kohlenwasserstoff.
Bekanntlich sind Doppelbindungen zwischen zwei Kohlenstoffatomen in organischen Verbindungen nicht besonders stabil, d. h. diese Doppelbindungen brechen leicht auf.

13.4.1 Beispiele acyclischer Kohlenwasserstoffe

Aliphate (Paraffine) (Aliphate = Verbindungen mit kettenförmigem C-Gerüst):

n-Hexan

Fp = − 94,3 °C   (Fp = Festpunkt = Fließpunkt = Schmelzpunkt)

Kp = 68,7 °C   (Kp = Kondensationspunkt = Kochpunkt = Siedepunkt)

$\varrho = 0{,}6603$ g/cm^3

Summenformel: Strukturformel: (n-Hexan)

C_6H_{14}

```
H  H  H  H  H  H
|  |  |  |  |  |
H-C--C--C--C--C--C-H
|  |  |  |  |  |
H  H  H  H  H  H
```

2,3–Dimethylbutan

Fp = − 134,9 °C

Kp − 58,1 °C

$\varrho = 0{,}6795$ g/cm^3

Summenformel C_6H_{14}

Strukturformel: (Isohexan oder i-Hexan)   (2,3-Dimethylbutan)

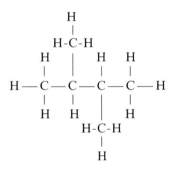

13.4.2 Beispiele cyclischer Kohlenwasserstoffe

a) Cyclische Paraffine (Naphthene)

Cycloalkane (Cycloparaffine)

Cyclopropan

Fp = −128 °C

Kp = −33 °C

$\varrho = 0{,}720$ g/cm^3

Summenformel:

C_3H_3

Strukturformel:

```
      H   H
      |   |
  H — C — C — H
       \ /
        C
       / \
      H   H
```

Cyclobutan

Fp = −80 °C
Kp = 13 °C
$\varrho = 0{,}703 \text{ g/cm}^3$

Summenformel:

C_4H_8

Strukturformel:

```
      H   H
      |   |
  H — C — C — H
      |   |
  H — C — C — H
      |   |
      H   H
```

Cyclopentan

Fp = −94 °C
Kp = 49 °C
$\varrho = 0{,}7543 \text{ g/cm}^3$

Summenformel:

C_5H_{10}

Strukturformel:

```
           CH_2
          /    \
      H_2C    CH_2
       |       |
      H_2C — CH_2
```

Cyclohexan:

Fp = 6,5 °C
Kp = 81,0 °C
$\varrho = 0{,}7791 \text{ g/cm}^3$

Summenformel:

C_6H_{12}

Strukturformel:

```
           CH_2
          /    \
      H_2C     CH_2
       |         |
      H_2C     CH_2
          \    /
           CH_2
```

13.4.3 Beispiele aromatischer Kohlenwasserstoffe

Benzol

$$\text{Fp} = 5{,}5\,°\text{C}$$
$$\text{Kp} = 80{,}15\,°\text{C}$$
$$\varrho = 0{,}8786\ \text{g/cm}^3$$

Kekulé, ein deutscher Chemiker, stellte 1865 die Benzolformel auf, in der ringförmig 6 Kohlenstoffatome, die untereinander abwechselnd durch einfache und doppelte Bindung den Ring bilden.

Summenformel:

$$C_6H_6$$

Kekulé'sche Benzolformel mit den beiden oszillierenden Strukturen (Mesomerie):

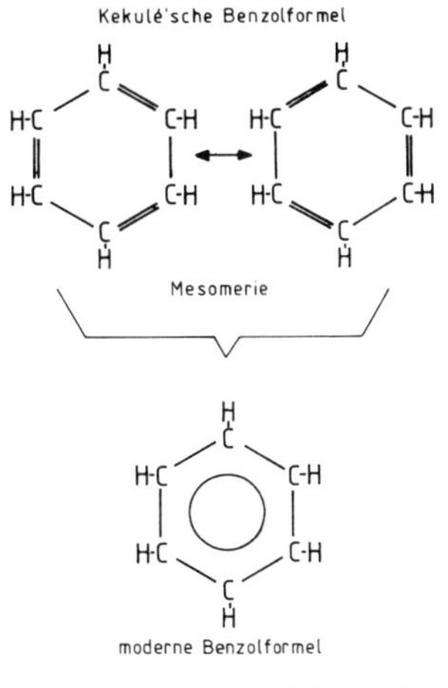

Abb. 13.4.3 a. *Kekulé*'sche Benzolformel mit den beiden oszillierenden Strukturen

Ableitung der *Kekulé*'schen Strukturformel des Benzols (1865) von der Elektronenformel des Benzols ausgehend bis zu den beiden mesomeren (oszillierenden) *Kekulé*-Strukturen (rechts und links) und der modernen Benzol-Strukturformel in der die 6 π-Elektronen, die die Mesomerie bewirken, kreisförmig angeordnet sind:

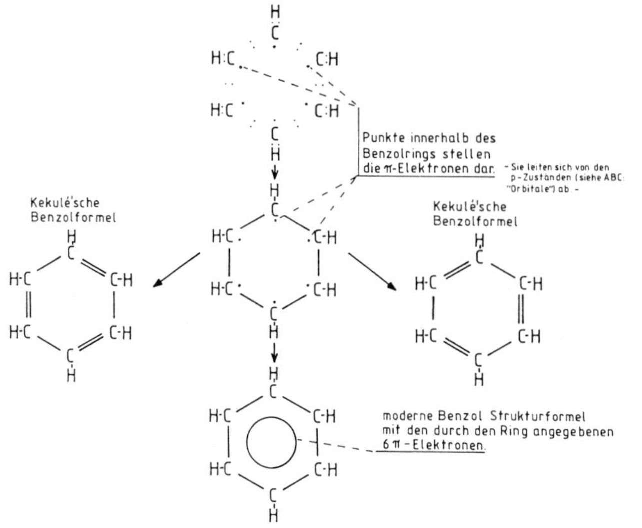

94   13. Kohlenwasserstoffe

Abb. 13.4.3 b.

Einige wichtige Aromate:

Benzol

$Fp = 5{,}5\,°C$

$Kp = 80{,}15\,°C$

$\varrho = 0{,}8786 \text{ g/cm}^3$

Summenformel: Strukturformel:

C_6H_6

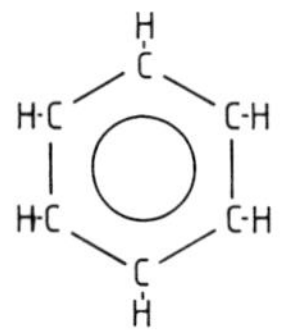

Naphthalin

$Fp = 80\,°C$

$Kp = 218\,°C$

$\varrho = 1{,}168 \text{ g/cm}^3$

Summenformel: Strukturformel:

$C_{10}H_8$

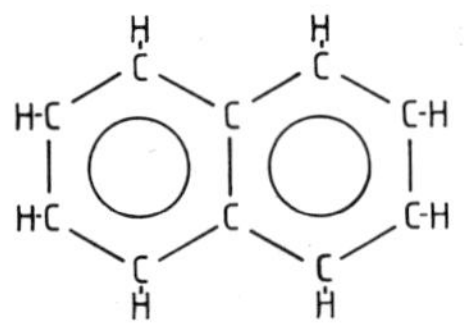

Anthracen

Fp = 216 °C
Kp = 354 °C
$\varrho = 1{,}242 \text{ g/cm}^3$

Summenformel:

$C_{14}H_{10}$

Strukturformel:

13.4.4 Beispiele aliphatisch-aromatischer und ähnlicher Kohlenwasserstoffe (technisch von Bedeutung)

Toluol

Fp = −95 °C
Kp = 111 °C
$\varrho = 0{,}8716 \text{ g/cm}^3$

Summenformel:

$C_6H_5-CH_3$

Strukturformel:

o-Xylol (ortho-Xylol)

Fp = −25 °C
Kp = 144 °C
$\varrho = 0{,}8812 \text{ g/cm}^3$

Summenformel:

$1{,}2\text{-}C_6H_4-(CH_3)_2$

Strukturformel:

(moderne Bezeichnung: 1.2-Dimethylphenyl oder 1.2-Dimethylbenzol)

m-Xylol (meta-Xylol)

$Fp = -48\,°C$

$Kp = 139\,°C$

$\varrho = 0{,}8642\,g/cm^3$

Summenformel:

1,3-C_6H_4–$(CH_3)_2$

(s. Kap. 13.5.2)

Strukturformel:

p-Xylol (para-Xylol)

$Fp = 13\,°C$

$Kp = 138\,°C$

$\varrho = 0{,}8611\,g/cm^3$

Summenformel:

1,4-C_6H_4–$(CH_3)_2$

(s. Kap. 13.5.2)

Strukturformel:

Phenylradikal:

Benzolkern mit einer oder mehreren freien Valenzen.
Das Radikal $C_6H_5^{\bullet}$

Strukturformel:

Bemerkung:

Die Ziffern geben stets die Zählweise an; man beginnt jeweils beim ersten Substituenten. DDT (Dichlordiphenyl-Trichlorethan) oder der systematische Name 1.1.1-Trichlor-2.2-bis-(4-Chlorphenyl)-ethan. Dieser Stoff war bis zu seinem Einsatzverbot (ab 1.1.1972) in der Bundesrepublik ein sehr wirksames aber für den Menschen nicht völlig ungefährliches Insektenbekämpfungsmittel, Kontaktgift, MAK-Wert: 1 mg/m³.

Strukturformel:

Strukturformel von DDT

Melamin:

Fp = 354 °C
Kp = sublimiert
Dichte: 1,573 g/cm³

Summenformel:

$C_3N_3(NH_2)_3$

Strukturformel:

Einige wichtige Formeln der Dihydroxybenzole:

Summenformel $C_6H_4(OH)_2$

Strukturformeln

	Brenzcatechin (o-Dihydroxybenzol)	Resorcin (m-Dihydroxybenzol)	Hydrochinon (p-Dihydroxybenzol)
Färbung mit $FeCl_3$	grün	rosa	blau
Dichte (g/cm³)	1,344	1,272	1,33
Fp in °C	105	110,7	170,3
Kp in °C	240	280,8	285 (bei 1004 mbar)

Diese 3 *isomeren Verbindungen* (s. Kap. 13.5) sind sämtlich gute Reduktionsmittel. Sie färben sich charakteristisch (wie vorstehend angegeben) im Kontakt mit Eisen-III-Chlorid ($FeCl_3$).

Die Verbindungen *Brenzcatechin*, *Resorcin* und *Hydrochinon* sind zueinander isomer. Entsprechendes gilt auch für die Kresole.

Einige wichtige Formeln der Kresole:

Strukturformeln:

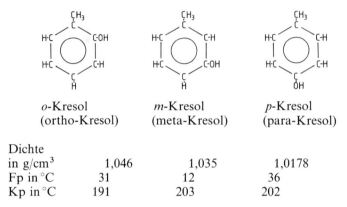

	o-Kresol (ortho-Kresol)	m-Kresol (meta-Kresol)	p-Kresol (para-Kresol)
Dichte in g/cm³	1,046	1,035	1,0178
Fp in °C	31	12	36
Kp in °C	191	203	202

13.5 Isomerie

Produkte mit zwar gleicher Brutto- oder Summenformel, aber verschiedener Strukturformel, sind isomer; es herrscht also Isomerie.

z. B. C_4H_{10} kann sein:

```
             H
             |
           H-C-H
      H    |    H                          H   H   H   H
      |    |    |                          |   |   |   |
   H—C—C—C—H         oder            H–C–C–C–C–H
      |    |    |                          |   |   |   |
      H    H    H                          H   H   H   H
       i-Butan                              n-Butan
      (Iso-Butan)                         (Normal-Butan)
     Kp = –11,7 °C                         Kp = –0,5 °C
     ϱ = 2,6726 g/l                        ϱ = 2,7032 g/l
```

z. B. C$_5$H$_{12}$ kann sein:

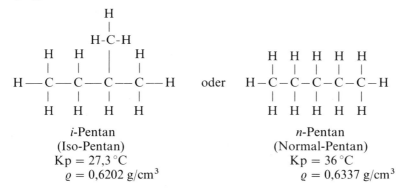

i-Pentan	*n*-Pentan
(Iso-Pentan)	(Normal-Pentan)
Kp = 27,3 °C	Kp = 36 °C
ϱ = 0,6202 g/cm³	ϱ = 0,6337 g/cm³

z. B. C$_8$H$_{18}$ kann sein:

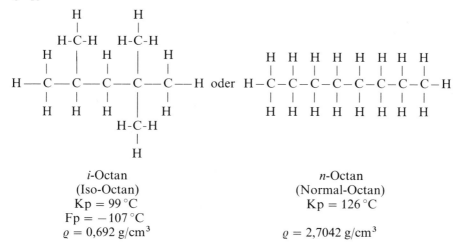

i-Octan	*n*-Octan
(Iso-Octan)	(Normal-Octan)
Kp = 99 °C	Kp = 126 °C
Fp = −107 °C	
ϱ = 0,692 g/cm³	ϱ = 2,7042 g/cm³

Isooctan (2.2.4-Trimethylpentan) ist der Basiskohlenwasserstoff bei der Bestimmung der Kraftstoff-Klopffestigkeit.

13.5.1 Spiegelbild-Isomerie (optische Isomerie)

Erklärendes Beispiel für *Bild- und Spiegelbildisomerie* eines Moleküls einer organischen Verbindung mit einem asymmetrischen Kohlenstoffatom.
Bezeichnung der Verbindung: sekundäres Butanol oder *sekundäres Isobutanol* oder *2-Oxibutan* bzw. (alte Bezeichnung) sekundärer Butylalkohol.

Summenformel des hier als Beispiel dargestellten Butylalkohols (Isobutylalkohol):

C$_4$H$_9$OH

Strukturformel:

```
       H
      /
   H  O  H
   |  |  |
H– C– C– C –H
   |  |  |
   H  H  H
```

Bemerkung: Diese Strukturformel läßt in dieser allgemein üblichen Darstellung nicht die Existenz zweier isomerer Moleküle dieses 2-Oxibutan-Moleküls mit unterschiedlichen Eigenschaften erkennen.

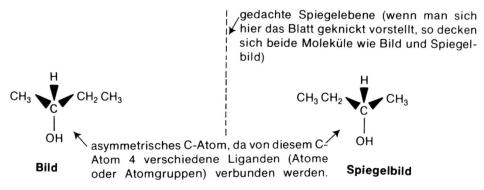

Abb. 13.5.1. Räumliche Strukturformeln des 2–Oxibutan-Moleküls (Bild- und Spiegelbild, d- und l-Struktur)

Zentrales Element ist das asymmetrische C-Atom, da von diesem C-Atom 4 verschiedene Liganden (Atome oder Atomgruppen) verbunden werden.

Erklärung der Valenzstriche:

1. keilartig gezeichnete Valenzstriche: Eine so dargestellte Valenz weist mit ihrer Pfeilspitze vom Beschauer weg, während das andere Ende zum Beschauer hinweist (perspektivisch)
2. als Strich gezeichnete Valenzstriche: – Eine derartige Valenz muß man sich wie das asymmetrische C in der Papierebene vorstellen.

13.5.2 Substitutions-Isomerie

Die Substitutionsisomerie tritt hauptsächlich bei Abkömmlingen (Derivaten) des Benzols in Erscheinung. Man unterscheidet dabei in Ortho-, Meta- und Para-Stellung. Wenn 2 Substituenten direkt benachbart sich an einem Benzolkern befinden, sagt man, daß sie in Ortho-Stellung zueinander stehen. Befindet sich zwischen den beiden Substituenten noch eine C–H-Gruppe des Benzols, so stehen sie zueinander in Meta-Stellung. Stehen sich die beiden Substituenten im Benzolring gegenüber, d. h. befinden sich zwischen den beiden Substituenten 2 C–H-Gruppen, so stehen sie zueinander in Para-Stellung; z. B. ortho-Kresol (*o*-Kresol), meta-Kresol (*m*-Kresol) und para-Kresol (*p*-Kresol).

Fragen zu Abschnitt 12 und 13:

1. Was konnte *Friedrich Wöhler* mit der ihm erstmals gelungenen Harnstoffsynthese aus Ammoniumcyanat beweisen?

2. Wieso nimmt der Kohlenstoff als einziges Element eine Sonderstellung unter allen chemischen Elementen ein?

3. Wieso kennen wir z. Z. etwa 6–7 Mio. verschiedene organische Verbindungen, aber nur etwa 70 000 bis 80 000 verschiedene anorganische Verbindungen?

4. Welche vier Elemente sind hauptsächlich in organischen Verbindungen enthalten? – Wie lautet die Reihenfolge dieser Elemente nach ihrer Reihenfolge geordnet? –

5. Welche Reaktionsart (Zeit- oder Spontanreaktion) trifft zur Hauptsache für organische Verbindungen zu – warum?

6. Erklären Sie spannungstheoretisch die Stabilität bzw. die Instabilität der Paraffine und der Olefine.

7. Wie sieht das Strukturmodell des Methans aus (räumliche Darstellung)?

8. In welchem C-Bereich der gesättigten Kohlenwasserstoffe liegt Benzin?

9. Was sagt die Oktanzahl eines Benzins, was die Cetan-Zahl eines Dieselkraftstoffs aus?

10. Wodurch unterscheiden sich Alkane von Alkenen und Alkinen?

11. Was sind isomere Verbindungen?

12. Was sind Aromate?

13. Was bedeutet es, wenn zwei spiegelbildisomere Strukturmöglichkeiten für ein C einer Verbindung vorliegen?

14. Wichtige Verbindungen und Begriffe der organischen Chemie

14.1 Paraffine

(lt. parum affinis = wenig verwandt oder nicht sehr reaktionsfähig) gesättigte Kohlenwasserstoffe (abgekürzt KW) der allgemeinen Formel:

C_nH_{2n+2}

Paraffine sind meist kettenförmig aufgebaut. Es kommen gerade und verzweigte Ketten vor. Außerdem gibt es ringförmige gesättigte KW, z. B. Cyclohexan. Derartige – praktisch spannungsfreie – Ringe können aber erst ab 5 C-Atomen im gesättigten KW gebildet werden. Ab 6 C-Atomen im Molekül sind solche Ringe gesättigter KW besonders stabil. Dies ist auf die ausgerichteten Valenzen zurückzuführen (Spannungstheorie). Allgemeine Formel der ringförmigen gesättigten Kohlenwasserstoffe:

C_nH_{2n}

14.2 Olefine
(Alkene, Ölbildner)

Ungesättigte organische Verbindungen, d. h. es kommen zwei C-Atome doppelt gebunden vor. Allgemeine Formel:

C_nH_{2n}

z. B. Ethylen C_2H_4 oder (Ethen)

$$\begin{array}{c}H \\ \diagdown \\ H\end{array}C=C\begin{array}{c}H \\ \diagup \\ H\end{array}$$

Fp = −169 °C
Kp = −104 °C
ϱ = 17 604 g/l

14.3 Derivate und Halogenderivate

Abkömmlinge einer Stammverbindung nennt man Derivate. Sie entstehen durch Ersatz eines oder mehrerer H-Atome durch andere Atome oder Atomgruppen.

14. Wichtige Verbindungen und Begriffe der organischen Chemie

So ist z. B. Chloroform ein Derivat des Methans:

Chloroform: CHCl$_3$ Methan: CH$_4$

Einige für die Technik wichtige Halogenderivate:

1. Methylchlorid (MAK-Wert 50 ppm):

   (Chlormethan)   CH$_3$Cl

   ```
       H
       |
   H - C - Cl
       |
       H
   ```

   Fp = −93 °C ϱ = 2,3073 g/l
   Kp = −24 °C $\varrho_{-24°C}$ = 0,9979 g/cm^3

2. Methylenchlorid (MAK-Wert 100 ppm):

   (Dichlormethan)   CH$_2$Cl$_2$

   ```
       Cl
       |
   H - C - Cl
       |
       H
   ```

   Fp = −95 °C
   Kp = 40 °C
   ϱ = 1,325 g/cm^3

3. Trichlormethan, „Chloroform" (MAK-Wert 10 ppm):

   CHCl$_3$

   ```
       Cl
       |
   H - C - Cl
       |
       Cl
   ```

   Fp = −63,5 °C
   Kp = 61,7 °C
   ϱ = 1,483 g/cm^3

4. Tetrachlormethan, „Tetrachlorkohlenstoff" (MAK-Wert 10 ppm):

$$CCl_4$$

$$\begin{array}{c} Cl \\ | \\ Cl-C-Cl \\ | \\ Cl \end{array}$$

Fp = −23 °C
Kp = 76,7 °C
ϱ = 1,5948 g/cm³

5. 1,1−Dichlorethan (MAK-Wert: 100 ppm):

$$\begin{array}{cc} Cl & H \\ | & | \\ H-C-C-H \\ | & | \\ Cl & H \end{array}$$

Fp = −97 °C
Kp = 57 °C
ϱ = 1,175 g/cm³

6. 1,2−Dichlorethan, (MAK-Wert 20 ppm):

$$\begin{array}{cc} H & H \\ | & | \\ H-C-C-H \\ | & | \\ Cl & Cl \end{array}$$

Fp = 36 °C
Kp = 86 °C
ϱ = 1,26 g/cm³

7. 1,1,1-Trichlorethan (MAK-Wert 200 ppm)

$$\begin{array}{cc} Cl & H \\ | & | \\ Cl-C-C-H \\ | & | \\ Cl & H \end{array}$$

Fp = −32 °C
Kp = 74 °C
ϱ = 1,349 g/cm³

8. Trichlorethen, „Trichlorethylen" (MAK-Wert 50 ppm):

$$\begin{array}{c} H \\ \diagdown \\ Cl \end{array} C = C \begin{array}{c} Cl \\ \diagdown \\ Cl \end{array}$$

Fp = −73 °C
Kp = 87 °C
ϱ = 1,4649 g/cm³

9. Tetrachlorethen, „Tetrachlorethylen" oder „Perchlorethylen" Kurzbezeichnung: „Per" (MAK-Wert 50 ppm):

$$\begin{array}{c} Cl \\ \diagdown \\ Cl \end{array} C = C \begin{array}{c} Cl \\ \diagdown \\ Cl \end{array}$$

Fp = −22,4 °C
Kp = 120,8 °C
ϱ = 1,6239 g/cm³

14.4 Homologe Reihe

Eine homologe Reihe ist eine Serie von Verbindungen, deren einzelne Glieder von den vorhergehenden eine Differenz von CH_2 in der Formel aufweisen (Bezeichnung 1848 geprägt).
Alle Paraffinkohlenwasserstoffe der allgemeinen Formel C_nH_{2n+2} bilden z. B. eine homologe Reihe: C_5H_{12}, C_6H_{14}, C_7H_{16} usw..

a) Die Endung „an" bei gesättigten Kohlenwasserstoffen (homologe Reihe der Paraffine).

Gase (Normalzustand bei Normaldruck und Zimmertemperatur):

Methan: mit der Summenformel CH_4 oder der Strukturformel

$$\begin{array}{c} H \\ | \\ H-C-H \\ | \\ H \end{array}$$

Ethan: mit der Summenformel C_2H_6 oder der Strukturformel

$$\begin{array}{c} H \quad H \\ | \quad | \\ H-C-C-H \\ | \quad | \\ H \quad H \end{array}$$

Propan: mit der Summenformel C_3H_8 oder der Strukturformel

```
    H   H   H
    |   |   |
H – C – C – C – H
    |   |   |
    H   H   H
```

n-Butan: mit der Summenformel C_4H_{10} oder der Strukturformel

```
    H   H   H   H
    |   |   |   |
H – C – C – C – C – H
    |   |   |   |
    H   H   H   H
```

Flüssigkeit (Normalzustand bei Normaldruck und Zimmertemperatur):

n-Pentan: mit der Summenformel C_5H_{12} oder der Strukturformel

```
    H   H   H   H   H
    |   |   |   |   |
H – C – C – C – C – C – H
    |   |   |   |   |
    H   H   H   H   H
```

Jetzt läuft die Bezeichnung so weiter, daß die Zahl der C-Atome mit der griechischen Ziffernbezeichnung angegeben wird: n-Hexan, n-Heptan, n-Oktan, n-Nonan, n-Decan, n-Undecan, n-Dodecan, n-Tridecan, n-Tetradecan, n-Pantadecan, n-Hexadecan usw. Allgemeine Sammelbezeichnung: „Alkane".

Feststoffe:

(Normalzustand bei Zimmertemperatur) Ab n-Heptadecan mit der Summenformel $C_{17}H_{36}$ oder der Formel $H_3C-(CH_2)_{15}-CH_3$ sind alle n-Paraffine bei Zimmertemperatur (Paraffine ohne Seitenketten) fest.

b) Die Endung „en" bei Kohlenwasserstoffen:
Im Molekül ist eine C,C-Doppelbindung vorhanden; bei zwei Doppelbindungen sagt man „dien".

Beispiel Butadien:

```
  H       H
   \     /
    C = C          H
   /     \        /
  H       C = C
         /     \
        H       H
```

Bei drei Doppelbindungen im Molekül sagt man „trien". Allgemein wird von Polyenen gesprochen, wenn mehrere C,C-Doppelbindungen in einer organischen Verbindung vorkommen.
Allgemeine Sammelbezeichnung dieser Verbindungen: „Alkene".

108   14. Wichtige Verbindungen und Begriffe der organischen Chemie

c) Die Endung „in" bei Kohlenwasserstoffen:

Im Molekül ist eine Dreifachbindung vorhanden, z. B. Ethin = Acetylen (wichtigste Verbindung der Alkinreihe)

$$H-C\equiv C-H$$

Allgemeine Sammelbezeichnung dieser Verbindungen: „Alkine".

14.5 Jodzahl

Sie gibt an, wieviel g Jod von 100 g der zu untersuchenden organischen Verbindung chemisch gebunden werden. Hieraus läßt sich die Zahl der Doppelbindungen bestimmen. Eine Doppelbindung reagiert bei ihrer Aufspaltung mit einem Molekül Jod.

14.6 Radikale

z. B. Methyl-, Ethyl-, Propyl-, Butyl-, Amyl- oder Pentyl-, Hexyl- usw. -Gruppen. Diese Gruppenbezeichnung deutet stets auf ein Radikal (allgemein mit R• bezeichnet) hin. Ein Radikal hat noch eine oder mehrere Bindungen offen und ist somit sehr reaktionsfähig und von sehr kurzer Lebensdauer (etwa 0,001 sec).

einwertiges Methyl-Radikal H−C•

$$\begin{array}{c} H \\ | \\ H-C\bullet \\ | \\ H \end{array}$$

einwertiges Ethyl-Radikal

$$\begin{array}{cc} H & H \\ | & | \\ H-C-C\bullet \\ | & | \\ H & H \end{array}$$

z. B. $CH_3^\bullet + CH_3-CH_2^\bullet \rightarrow CH_3-CH_2-CH_3$

14.7 Alkohole

Endung „ol": Alkohol des betreffenden Grundstoffes.

z. B. Methanol = „Methylalkohol"

$$\begin{array}{c} H \\ | \\ H-C-OH \\ | \\ H \end{array}$$

Ethanol = „Ethylalkohol"

$$\begin{array}{cc} H & H \\ | & | \\ H-C-C-OH \\ | & | \\ H & H \end{array}$$

14.7.1 Alkoholische Gruppe (OH-Gruppe)

Die OH-Gruppe ist durch Atombindung gebunden und bedeutet in der organischen Chemie, daß es sich um eine alkoholische Gruppe handelt. An einem C-Atom kann stets nur eine OH-Gruppe stehen.
Die OH-Gruppe in folgender Gruppe scheidet aber für die Alkoholbildung aus, da hier am gleichen Kohlenstoffatom die benachbarte Doppelbindung des Sauerstoffs die Abspaltung des Wasserstoffs bewirkt

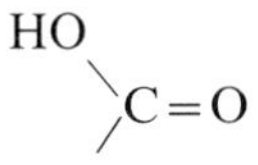

$$\begin{array}{c} HO \\ \diagdown \\ C=O \\ \diagup \end{array}$$

(vgl. auch unter COOH-Gruppe).
Daher reagiert auch der Alkohol mit der Formel

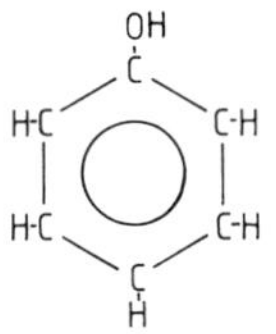

Abb. 14.7.1. Strukturformel von Phenol

sauer. Phenol ist also auch eine Säure, da der Wasserstoff der OH-Gruppe als H^+-Ion abspaltbar ist.
Alkohole sind also gekennzeichnet durch OH-Gruppen.
C_2H_5OH = Ethylalkohol (trinkfähiger Alkohol in alkoholischen Getränken).
Alkohol bewirkt das Ausflocken von Eiweiß.
Jeder Alkohol ist mehr oder weniger giftig. Der Alkohol, der die niedrigste Toxizität (Giftigkeit) besitzt, ist das Ethanol („Ethylalkohol").

110   *14. Wichtige Verbindungen und Begriffe der organischen Chemie*

$$\text{Methylalkohol} = \text{Methanol} = \begin{array}{c} H \\ | \\ H-C-OH \\ | \\ H \end{array} = CH_3OH$$

$$\text{Ethylalkohol} = \text{Ethanol} = \begin{array}{c} H\ H \\ |\ \ | \\ H-C-C-OH \\ |\ \ | \\ H\ H \end{array} = C_2H_5OH$$

$$\text{Propylalkohol} = \text{Propanol} = \begin{array}{c} H\ H\ H \\ |\ \ |\ \ | \\ H-C-C-C-OH \\ |\ \ |\ \ | \\ H\ H\ H \end{array} = C_3H_7OH$$

Von jedem C kann immer nur eine alkoholische Gruppe (OH-Gruppe) gebunden werden.

14.7.2 Mehrwertige Alkohole

Das sind Alkohole, die 2 oder mehr OH-Gruppen im Molekül haben.

$$\begin{array}{c} H\ H \\ |\ \ | \\ H-C-C-H \\ |\ \ | \\ OH\ OH \end{array}$$ Glycol, ein 2-wertiger Alkohol

$$\begin{array}{c} H\ H\ H \\ |\ \ |\ \ | \\ H-C-C-C-H \\ |\ \ |\ \ | \\ OH\ OH\ OH \end{array}$$ Glycerin, ein 3-wertiger Alkohol (gr.: glykys = süß)

Je mehr OH-Gruppen im Molekül sind, um so süßer ist die Verbindung. So weist zum Beispiel Zucker 5 OH-Gruppen im Molekül auf:

$$\begin{array}{c} H\ H\ H\ H\ H\ H \\ |\ \ |\ \ |\ \ |\ \ |\ \ | \\ H-C-C-C-C-C-C=O \\ |\ \ |\ \ |\ \ |\ \ | \\ OH\ OH\ OH\ OH\ OH \end{array}$$ Traubenzucker

14.7.3 Primäre, sekundäre und tertiäre Alkohole

a) Primäre Alkohole sind Alkohole in deren Molekül die OH-Gruppe von einem Kohlenstoffatom gebunden wird, das direkt nur ein oder kein weiteres Kohlenstoffatom bindet.

Beispiel: Ethanol CH_3-CH_2-OH (Summen-Strukturformel)

$$\begin{array}{c} H \ H \\ | \ | \\ H-C-C-OH \\ | \ | \\ H \ H \end{array}$$ (Strukturformel)

b) Sekundäre Alkohole sind Alkohole in deren Molekül die OH-Gruppe von einem Kohlenstoffatom gebunden wird, das direkt 2 weitere Kohlenstoffatome bindet.

Beispiel: Isopropanol $CH_3-CHOH-CH_3$ (Summen-Strukturformel)

$$\begin{array}{c} H \ OH \ H \\ | \ \ | \ \ | \\ H-C-C-C-H \\ | \ \ | \ \ | \\ H \ \ H \ \ H \end{array}$$ (Strukturformel)

c) Tertiäre Alkohole sind Alkohole, in deren Molekül die OH-Gruppe von einem Kohlenstoffatom gebunden wird, das direkt 3 weitere Kohlenstoffatome bindet.

Beispiel: Isobutanol $(CH_3)_3-C-OH$ (Summen-Strukturformel)

$$\begin{array}{c} H \\ | \\ H-C-H \\ H \ \ \ | \ \ \ H \\ | \ \ \ | \ \ \ | \\ H-C-C-C-H \\ | \ \ \ | \ \ \ | \\ H \ OH \ H \end{array}$$ (Strukturformel)

14.7.4 Erkennungsmöglichkeiten der verschiedenen Alkohole (primär, sekundär, tertiär)

Diese verschiedenen Alkohole können an Hand ihres unterschiedlichen Verhaltens bei ihrer Oxidation unterschieden und erkannt werden.

a) Primäre Alkohole ergeben bei der Oxydation über die *Aldehydstufe* eine Säure (Exakte Namensgebung für Aldehyde: Stammform mit angehängter Endsilbe -al).

Beispiel:

$$\begin{array}{c} H \\ | \\ H-C-OH \\ | \\ H \end{array} + \tfrac{1}{2} O_2 \rightarrow \begin{array}{c} H \\ \diagdown \\ \ \ \ C=O \\ \diagup \\ H \end{array} + H_2O$$

Formaldehyd
(Methanal)

112 14. Wichtige Verbindungen und Begriffe der organischen Chemie

$$\begin{array}{c}H\\H\end{array}\!\!>\!C=O + \tfrac{1}{2}O_2 \rightarrow \begin{array}{c}HO\\H\end{array}\!\!>\!C=O$$

Ameisensäure = Methansäure
(Acidum formicicum)

b) Sekundäre Alkohole ergeben bei der Oxidation ein *Keton*.

Beispiel:

$$\begin{array}{c}H\;H\;H\\|\;\;|\;\;|\\H-C-C-C-H\\|\;\;|\;\;|\\H\;OH\;H\end{array} + \tfrac{1}{2}O_2 \rightarrow \begin{array}{c}H\\|\\H-C-H\\\\H-C-H\\|\\H\end{array}\!\!\!>\!Cl=O + H_2O$$

Isopropylalkohol
oder Isopropanol
(2–Oxypropan)

Aceton
(2–Propanon)

c) Tertiäre Alkohole lassen sich ohne völlige Zersetzung nicht oxydieren.

14.7.5 Vergällungsmittel (Denaturierungsmittel) für Ethanol

1. Zur unvollständigen Vergällung verwendet man u.a.: Phenol, Methanol, Pyridin, Petrolether (leicht siedender KW) sind die Hauptvergällungsmittel für Ethylalkohol, da sie sehr schwer zu entfernen sind, weil sie ein konstant siedendes Gemisch mit dem Ethylalkohol bilden. Damit wird der Ethylalkohol zum Trinken unbrauchbar (Zollfreiheit). 2. Bei der vollständigen Vergällung von Brennspiritus: Mischung aus Aceton, Methanol und 2-Butanon

Fragen zu Abschnitt 14:

1. Was sind Derivate?

2. Wann liegt eine homologe Reihe organischer Verbindungen vor?

3. Was ist ein Radikal?

4. Was gibt die Jodzahl an und worauf läßt sie Rückschlüsse zu?

5. Wann liegen primäre, sekundäre und tertiäre Alkohole vor?

6. Wieviel OH-Gruppen kann ein Kohlenstoffatom in einem Alkohol binden?

7. Welche Gruppe macht eine organische Säure aus?

8. Durch welche chemischen Reaktionen kann das Vorliegen eines primären, sekundären und tertiären Alkohols nachgewiesen werden?

9. Welche Strukturformel hat Dimethylketon?

10. Welche ungefähre Existenzdauer haben Radikale?

15. Kohlenhydrate (Saccharide)

Unter Kohlenhydraten versteht man die Hauptverbindungsklasse der auf der Erde vorkommenden organischen Stoffe. Wie der Name schon andeutet, bestehen fast alle Verbindungen dieser Klasse aus den gleichen Anteilen Kohlenstoff und Wasser.
Die Grundformen dieser Verbindungsklasse sind die Monosaccharide, die sich hydrolytisch nicht weiter aufspalten lassen. Diese Monosaccharide haben die allgemeine Bruttoformel $C_nH_{2n}O_n$ (oder $C_n(H_2O)_n$). Also kommt auf jedes C-Atom auch ein H_2O-Molekül, was bereits 1844 zu dem Namen dieser Verbindungsklasse (Kohlenhydrate) führte. Heute sind auch noch andere ähnlich aufgebaute Kohlenhydrate bekannt, die Stickstoff (z. B. Aminozucker) oder Schwefel enthalten und eine etwas andere Bruttoformel haben.
Die Kohlenhydrate werden unterschieden in Mono-, Oligo- und Polysaccharide.
Die Monosaccharide werden nach der Anzahl der im Molekül vorhandenen C-Atome (lt. IUPAC-Nomenklatur) in Biosen, Triosen, Tetrosen, Pentosen, Hexosen, Heptosen unterteilt.
In der Natur und Technik spielen eigentlich nur die Pentosen ($C_5H_{10}O_6$) und Hexosen ($C_6H_{12}O_6$) eine Rolle. Von den Hexosen sind die wichtigsten die Glucosen (Traubenzucker; siehe nachfolgend die Formel der Glucose in der Schreibweise nach Fischer und nach Haworth) und die Fructosen (Fruchtzucker).
Wenn sich unter Wasserabspaltung 2 bis 7 Monosaccharide zu einem Molekül verbinden, so spricht man von Oligosacchariden. Zu der Verbindungsbildung spaltet sich jeweils von dem einen Molekül ein H-Atom und von dem anderen Molekül eine OH-Gruppe unter Wasserbildung ab. Die einfachsten Oligosaccharide sind die Disaccharide. Der bekannte Rohr- oder Rübenzucker ist zum Beispiel ein Disaccharid, die Moleküle dieses Zuckers (Saccharose) sind unter Wasserabspaltung aus jeweils einem Glucose- und einem Fructosemolekül aufgebaut. Andere wichtige Disaccharide sind noch z. B. der Milchzucker (Lactose) und der Malzzucker (Maltose).
Die Polysaccharide werden in zwei Gruppen untergliedert: Stärke und Cellulose. Hier haben sich bei Stärke 200–1000 Glucosemoleküle und bei der Cellulose 1000–5000 Glucosemoleküle unter Wasserabspaltung miteinander zu einem Polysaccharidmolekül verbunden.
Aus diesen Stoffen (Stärke und Cellulose) läßt sich durch Hydrolyse (Wassereinbau) wieder Glucose (Traubenzucker) zurückgewinnen. Diese hydrolytische Rückgewinnung von Glucose (Traubenzucker) wird bzw. wurde großtechnisch bei der Stärke und Cellulose (Holzverzuckerungs-Verfahren) genutzt. Der heute noch großtechnisch gewonnene Stärkezucker wird aus Kartoffel-, Mais- oder Milostärke hergestellt und findet reiche Verwendung bei der Herstellung von Kunsthonig, Zuckerwaren, Bonbonsirup, Likör, Marmelade und Konditoreiwaren.

Zucker: Summenformel $C_6H_{12}O_6$

Allgemeine Strukturformel für Zucker (Hexosen):

$$\begin{array}{c} \quad\;\; H \;\;\; H \;\;\; H \;\;\; H \;\;\; H \;\;\; H \\ \quad\;\; | \;\;\;\; | \;\;\;\; | \;\;\;\; | \;\;\;\; | \;\;\;\; | \\ H-C-C-C-C-C-C-O \\ \quad\;\; | \;\;\;\; | \;\;\;\; | \;\;\;\; | \;\;\;\; | \;\;\;\; | \\ \quad\; OH\;OH\;OH\;OH\;OH\;OH \end{array}$$

15. Kohlenhydrate (Saccharide)

Exakte Strukturformel für Traubenzucker:

```
        HO – C – H  ┐
             |
        H – C – OH
             |
        HO – C – H       O
             |
        H – C – OH
             |
        H – C ──────────┘
             |
        H – C – H
             |
            OH
```

nach Fischer

Abb. 15. Strukturformel für Traubenzucker nach Haworth

16. Verbindungen mit funktionellen Gruppen

16.1 Ether

$$R_1-O-R_2$$

Ist $R_1 = R_2$, werden derartige Ether symmetrische Ether genannt.

Ethanol + Ethanol → Ether + Wasser
Kp = 78 °C   Kp = 78 °C   Kp = 35 °C

$$CH_3-CH_2-OH + CH_3-CH_2-OH \rightarrow H_3C-CH_2-O-CH_2-CH_3 + H_2O$$

Die Siedepunkte sämtlicher Ether liegen erheblich tiefer als die der entsprechenden Alkohole.

16.2 Substitution

Ersatz eines H-Atomes durch ein anderes Atom oder durch eine andere Atomgruppe, die im betreffenden Molekül an seine Stelle tritt.
Chloroform ($CHCl_3$) ist somit ein dreifach chlorsubstituiertes Methan.

16.3 Amine und Amide

Die Amine (z. B. CH_3-NH_2): Organische Verbindungen, die NH_2-Gruppen als Substituenten (durch Substitution) enthalten.

Die Amide:

z. B. $O=C\diagup^{NH_2}_{\diagdown R}$

Organische Säurederivate, die in der – COOH-Gruppe die OH-Gruppe durch die NH_2-Gruppe ersetzt haben. Das gilt auch für die OH-Gruppe einer organischen Oxisäure, die durch eine NH_2-Gruppe ersetzt ist. Harnstoff ist somit ein Diamid der Kohlensäure.

$\begin{matrix} HO \\ \end{matrix}\!\!\diagdown\!\!\begin{matrix} \\ C=O \\ \end{matrix}\!\!\diagup\!\!\begin{matrix} \\ HO \end{matrix}$ Kohlensäure

Die heutige Harnstoffherstellung:

$$CO_2 + 2\,NH_3 \rightarrow \begin{array}{c} H\\|\\H-N\\H-N\\|\\H \end{array}\!\!\!\!\!>\!\!C=O + H_2O$$

16.4 Aldehyde

$$\begin{array}{c} H\\ \diagdown\\ R \diagup \end{array}\!\!C=O$$

Die Aldehydgruppe, in einer organischen Verbindung stehend, gibt der Verbindung die Eigenschaften eines Aldehyds (alkohol dehydrogenatus). Sie entsteht durch Entzug von H aus einem Alkohol.

$$H_3C-CH_2-OH + \tfrac{1}{2}O_2 \rightarrow \begin{array}{c} H\\ \diagdown\\ H_3C\diagup \end{array}\!\!C=O + H_2O$$

Ethylalkohol + Sauerstoff → Acetaldehyd + Wasser
  (Ethanol)   (Ethanal)

16.5 Ketone

$$O=C\!\!\begin{array}{c} \diagup R_1\\ \diagdown R_2 \end{array}$$

Entsprechend wie bei der Aldehydgruppe entsteht eine solche Gruppe in einem organischen Molekül durch Entzug von H aus einem Alkohol, jedoch nicht an einem endständigen (primären) C-Atom, sondern durch Oxidation eines sekundären Alkohols.

Beispiel:

$$\begin{array}{c} H\ H\ H\\ |\ \ |\ \ |\\ H-C-C-C-H\\ |\ \ |\ \ |\\ H\ OH\ H \end{array} + \tfrac{1}{2}O_2 \rightarrow \begin{array}{c} H\\|\\H-C-H\\ \diagdown\\ \diagup\\ H-C-H\\|\\H \end{array}\!\!C=O + H_2O$$

Isopropylalkohol + Sauerstoff →   Aceton
  oder Isopropanol   (2-Propanon oder
   (2-Oxypropan)   Dimethylketon)

16.6 Carbonsäure

$$\underset{R}{}\overset{OH}{\underset{}{\underset{}{C}}=O}$$

Durch verstärkte Oxidation (Entzug von H und Einbau von O) einer endständigen alkoholischen OH-Gruppe (primäre OH-Gruppe) bildet sich aus einem derartigen Alkohol die Carboxyl-Gruppe, die der organischen Verbindung den Charakter einer Säure gibt, da im Molekül nur der in dieser Gruppe vorkommende Wasserstoff wegen der am gleichen C-Atom vorliegenden Doppelbindung in Wasser als H^+-Ion abgespalten werden kann.

Beispiel:

$$H_3C-\underset{H}{\overset{H}{\underset{|}{\overset{|}{C}}}}-OH + O_2 \rightarrow \underset{H_3C}{}\overset{OH}{\underset{}{\underset{}{C}}=O} + H_2O$$

Ethanol + Sauerstoff → Essigsäure + Wasser
(Ethansäure)

Die einfachsten Carbonsäuren (Fettsäuren):

Ameisensäure (Methansäure) $\quad H-\overset{OH}{\underset{}{\underset{}{C}}}=O$

Essigsäure (Ethansäure) $\quad H-\underset{H}{\overset{H}{\underset{|}{\overset{|}{C}}}}-\overset{OH}{\underset{}{\underset{}{C}}}=O$

Propionsäure (Propansäure) $\quad H-\underset{H}{\overset{H}{\underset{|}{\overset{|}{C}}}}-\underset{H}{\overset{H}{\underset{|}{\overset{|}{C}}}}-\overset{OH}{\underset{}{\underset{}{C}}}=O$

Buttersäure (Butansäure) $\quad H-\underset{H}{\overset{H}{\underset{|}{\overset{|}{C}}}}-\underset{H}{\overset{H}{\underset{|}{\overset{|}{C}}}}-\underset{H}{\overset{H}{\underset{|}{\overset{|}{C}}}}-\overset{OH}{\underset{}{\underset{}{C}}}=O$

andere langkettige Fettsäuren:

Palmitinsäure $\quad C_{15}H_{31}COOH$
Ölsäure (Olein) $\quad C_{17}H_{33}COOH$
Stearinsäure (Stearin) $\quad C_{17}H_{35}COOH$

16.7 Mehrbasige organische Säuren

Sie enthalten zwei oder mehr −COOH-Gruppen im Molekül.

16.8 Ester

$$\text{H}_3\text{C}-\underset{\underset{\text{OH}}{|}}{\text{C}}=\text{O}$$

Essigsäure

Sie bilden sich durch gemeinsame Reaktion von Säuren mit Alkoholen unter Wasserabspaltung und Entzug des gebildeten Wassers (MWG). Es kann sich hierbei um organische und anorganische Säuren handeln.

$$\text{H}_3\text{C}-\underset{\underset{\text{O}-\text{H}}{|}}{\text{C}}=\text{O} \quad + \quad \text{HO}-\text{CH}_2-\text{CH}_3 \quad \longrightarrow \quad \text{H}_3\text{C}-\underset{\underset{\text{O}-\text{CH}_2-\text{CH}_3}{|}}{\text{C}}=\text{O} \quad + \quad \text{H}_2\text{O}$$

Essigsäure + Ethanol ⟶ Essigsäureethylester + Wasser
                                              oder Ethylacetat
                                              (Ethylethanat)

oder:

$$\text{H}-\text{O}-\text{NO}_2 + \text{R}-\text{OH} \xrightarrow{\text{H}_2\text{SO}_{4\,\text{konz}}} \text{R}-\text{O}-\text{NO}_2 + \text{H}_2\text{O}$$

Salpetersäure + Alkohol ⟶ Salpetersäureester + Wasser

In diesen beiden Fällen diente die auf den Pfeil geschriebene konzentrierte H_2SO_4 zum H_2O-Entzug! Bei höhersiedenden Reaktionskomponenten (über 100 °C) kann man den Wasserentzug durch einfaches Erhitzen (mehrere Stunden) auf über 100 °C erreichen. Der Ester des Glycerins und der Salpetersäure wird „Nitroglycerin" genannt.

$$\begin{array}{c}\text{H}\;\text{H}\;\text{H}\\|\;\;|\;\;|\\\text{H}-\text{C}-\text{C}-\text{C}-\text{H}\\|\;\;|\;\;|\\\text{O}\;\text{O}\;\text{O}\\|\;\;|\;\;|\\\text{H}\;\text{H}\;\text{H}\end{array} \;+\; 3\,\text{H}-\text{O}-\text{N}\!\!\begin{array}{c}\nearrow\text{O}\\\searrow\!\!\!=\!\text{O}\end{array} \longrightarrow \begin{array}{c}\text{H}\;\text{H}\;\text{H}\\|\;\;|\;\;|\\\text{H}-\text{C}-\text{C}-\text{C}-\text{H}\\|\;\;|\;\;|\\\text{O}\;\text{O}\;\text{O}\\|\;\;|\;\;|\\\text{NO}_2\;\text{NO}_2\;\text{NO}_2\end{array}$$

         Glycerin   „Nitroglycerin"

Die exakte und richtige Bezeichnung wäre „Glycerintrinitrat" oder „Salpetersäureglycerintriester".

Ester kurzkettiger Fettsäuren und kurzkettiger Alkohole haben fruchtartigen Geruch und Geschmack (Fruchtaroma in süßsauren Bonbons). Die Natur bildet diese Ester in Früchten an Zucker gebunden (glucosidische Bindung).

Fruchtaromen:

Kurzkettige Alkohole und kurzkettige Säuren ergeben Fruchtaromen (Ester), z. B.

Ananas: Buttersäure (Butansäure) + Ethylalkohol (Ethanol)
Aprikosen: Buttersäure (Butansäure) + Amylalkohol (Pentanol)
Äpfel: Valeriansäure (Pentansäure) + Isoamylalkohol (Isopentanol)
Pfefferminz: Benzoesäure (C_6H_5-COOH) + Ethylalkohol (Ethanol)
Rum: Ameisensäure (Methansäure) + Ethylalkohol (Ethanol)
Birnen: Essigsäure (Ethansäure) + Amylalkohol (Pentanol)

Diese Ester sind häufig die Aromen in süßsauren Fruchtbonbons. Außerdem sind die Ester häufig gute Kunststofflöser (z. B. Essigsäureethylester bzw. Ethylethanat im „UHU").
Speisefette sind Ester des Glycerins und langkettiger Fettsäuren.
Wachse sind Ester langkettiger Alkohole und langkettiger Fettsäuren. Derartige langkettige Fettsäuren sind z. B.:
Stearin = Starinsäure ($C_{17}H_{35}COOH$) und auch
Olein = Ölsäure ($C_{17}H_{33}COOH$) sind beispielsweise langkettige Fettsäuren. Stearinsäure enthält keine Doppelbindung, Ölsäure enthält eine Doppelbindung und ist daher bei Zimmertemperatur flüssig, während Stearin bei gleicher Temperatur fest ist. Durch Hydrierung mit Raney-Nickel als Katalysator wird aus Olein Stearin hergestellt (Normann'sche Fetthärtung).

Alkohole

Homologe Reihe aliphatischer Alkohole: $C_nH_{2n+2}O_m$

z. B. $C_2H_5OH = C_2H_6O$ oder $H_3C-CH_2-CH_2-OH = C_3H_8O$

Aldehyde

Homologe Reihe aliphatischer Aldehyde: $C_nH_{2n}O$

z. B. $C_2H_4O = H-\overset{\overset{\displaystyle H}{|}}{\underset{\underset{\displaystyle H}{|}}{C}}-C=O$
      $\overset{\displaystyle H}{\underset{\displaystyle }{|}}$

Fettsäuren

Homologe Reihe der Fettsäuren: $C_nH_{2n}O_2$

z.B.
$$H-\underset{\underset{H}{|}}{\overset{\overset{H}{|}}{C}}-\overset{\overset{OH}{|}}{C}=O$$

Bezeichnung der Salze der „Fettsäure":

Natrium–Formiat H–COONa = Natriumsalz der Ameisensäure (Methansäure)
Natrium–Acetat H_3C–COONa = Natriumsalz der Essigsäure
(Ethansäure = Methancarbonsäure)
Natrium–Propionat H_3C–CH_2–COONa = Natriumsalz der Propionsäure
(Propansäure = Ethancarbonsäure)

Fragen zu Abschnitt 15 und 16:

1. Was sind Kohlenhydrate?

2. Was sind Oligo- und Polysaccharide?

3. Wodurch unterscheidet sich ein Stärkemolekül von einem Cellulosemolekül im Aufbau?

4. Was versteht man unter der Holzverzuckerung?

5. Zeichnen sie die Strukturformeln nach Fischer und Haworth.

6. Was ist eine Substitution?

7. Wodurch unterscheiden sich im Molekülaufbau Amine von Amiden?

8. Zeichnen sie die Strukturformel des Diamids der Kohlensäure; welchen Trivialnamen hat diese Verbindung?

9. Aus welchen Substanzen werden Ester gebildet, welche Verbindung wird bei der Esterbildung abgetrennt?

10. Welche Ester sind Speisefette und welche Wachse?

17. Seifen und Waschmittel (Fette und Tenside)

17.1 Seifen (Waschseife)

Seifen sind allgemein alle Salze langkettiger Fettsäuren.
Waschseifen sind Na-Salze oder K-Salze langkettiger Fettsäuren. Toilettenseifen sind Na-Salze; Schmierseifen sind K-Salze. Auch nichtlösliche Salze langkettiger Fettsäuren sind Seifen, obwohl sie nicht zum Waschen gebraucht werden können (z.B. Kalkseife).

Natriumsalze → feste Waschseife (Kernseife)
Calciumsalze → keine Waschseife, sie bildet sich z. B. mit Natrium- oder Kaliumseife in kalkhaltigem Wasser.

Technische Verwendung:
1. Schalungsfette im Bauwesen.
2. Staufferfett hat diese Kalkseife – Calciumstearat $(C_{17}H_{35}COO)_2Ca$ – neben Natriumseifen und Mineralölen.

Ein Waschseifenmolekül besteht aus einem hydrophoben (wasserfeindlichen) und einem hydrophilen (wasserfreundlichen) Ende.

Das Modell eines Seifenmoleküls:

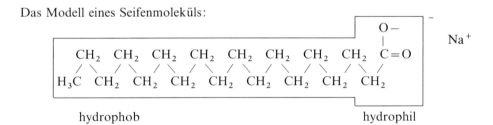

Vereinfachte Darstellung:

Das Schäumen von Wasser mittels Waschseife oder anderen Tensiden.
Wegen des Dipolcharakters der H_2O-Moleküle und der Nichtabsättigung des Dipolcharakters der an der Wasseroberfläche liegenden H_2O-Moleküle hat reines Wasser das Bestreben, stets nur die kleinstmögliche Oberfläche (Kugel) zu besitzen. Dies führt zur Tropfenbildung (große Oberflächenspannung). Die Seifenmoleküle der Na- oder K-Seifen erniedrigen die Oberflächenspannung des Wassers, da durch sie die Oberfläche im Wasserbehälter praktisch eine Ölschicht ist. Da Öl eine erheblich geringere Oberflächenspannung besitzt als Wasser, ist die Schaumbläschenbildung möglich, wobei eine erhebliche Vergrößerung der Wasseroberfläche eintritt.

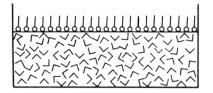

Zeichenerklärung:

\> = Wassermolekül (Dipol)
—O = Seifenmolekül bzw. Tensidmolekül

Abb. 17.1. Ausrichtung von Seifenmolekülen auf einer Wasseroberfläche

17.2 Synthetische Waschmittel

Derartige Tenside sind erheblich oberflächenaktiver als Seife, daher führen u. U. kleine Tensidmengen synthetischer Waschmittel bereits zu erheblicher Schaumbildung (z. B. Schaumbäder).

Fettalkoholsulfonat als Beispiel für eine waschaktive Substanz:

I.
$$R_1-\underset{\underset{O-H}{|}}{\overset{\overset{H}{|}}{C}}-R_2 + HO-SO_3H \longrightarrow R_1-\underset{\underset{O-SO_3H}{|}}{\overset{\overset{H}{|}}{C}}-R_2 + H_2O$$

Fettalkohol + Schwefelsäure $\longrightarrow$ Fettalkoholsulfonsäure (Ester) + Wasser

II.
$$R_1-\underset{\underset{O-SO_3H}{|}}{\overset{\overset{H}{|}}{C}}-R_2 + NaOH \xrightarrow{\text{Neutralisation}} R_1-\underset{\underset{O-SO_3Na}{|}}{\overset{\overset{H}{|}}{C}}-R_2 + H_2O$$

Fettalkoholsulfonat

Fettalkoholsulfonsäure ist ein Tensid, aber eine fast so starke Säure wie Schwefelsäure. Das hier angegebene Fettalkoholsulfonat als Salz der Fettalkoholsulfonsäure und der Natronlauge ist ein Tensid, das neutral reagiert, da es das Salz einer starken Säure und einer starken Base ist. Ein derartiges Tensid ist z. B. ein gutes Haarwaschmittel.
Ein Fettalkoholsulfonat einer schwachen Base ergibt ein Tensid, das sauer reagiert. Ein derartiges Fettalkoholsulfonat ist dann ein gutes Wollwaschmittel da Wollfasern zum schonenden Waschen zweckmäßigerweise ein sauerreagierendes Waschmittel benötigen.
Außer Fettalkoholsulfonaten – es sind mit die ältesten Nichtseifentenside – gibt es heute noch eine Vielzahl von verschiedenen Tensiden, die sich auch in ihrem Aufbau oft sehr stark voneinander unterscheiden. So sind z. B. gewisse Celluloseether, wie methoxilierte Cellulose („Metylan") gute, neutrale, waschaktive Substanzen.

Seifen und andere Tenside werden in folgende Tensidgruppen eingeteilt:

1. Anionaktive Tenside: Sie stellen mit etwa knapp 75 % den größten Anteil des Tensidverbrauchs dar.

2. **Kationaktive Tenside:** Ihr Anteil ist bei den waschaktiven Substanzen (WAS) gering und beschränkt sich hauptsächlich auf spezielle Verwendung als Textilhilfsmittel, bei der Kosmetik- und Arzneimittelherstellung sowie als Invertseife.
3. **Nichtionogene Tenside:** Sie stellen mit etwa 22 % die zweitgößte Gruppe des Tensidverbrauchs dar.
4. **Ampholytische Tenside:** Sie stellen nur einen verschwindend geringen Anteil des Tensidverbrauchs dar. Je nach Bedingung können sie anionogenen oder kationogenen Charakter haben und tragen daher die Bezeichnung Amphotenside oder Amphoseifen bzw. Ampholytseifen (amphoteros = beiderseitig). Verwendung finden diese Amphotenside als Derivate polymerer Aminosäuren wegen ihrer desinfizierenden Wirkung.

17.3 Schwimmaufbereitung von Erzen (Flotation)

Spezielle Tenside u. ä. werden auch bei der Erzaufbereitung und Kaligewinnung durch *Flotation* (Schwimmaufbereitung) verwandt. Man nennt sie *Flotationsmittel*. Die Erzflotation wurde 1917 in den USA erfunden, die Kaliflotation 1944 ebenfalls in den USA. Die Flotation macht noch sehr metallarme Erze voll verarbeitungswürdig.

Das Erz bzw. das kalihaltige Rohsalz muß zunächst so fein gemahlen werden, daß die reinen Erz- oder Kalikörnchen neben dem tauben Gestein bzw. den anderen Salzen (Kochsalz, Gips u. a.) vorliegen. Die Körnung des gemahlenen Minerals oder Kalirohsalzes liegt dann erfahrungsgemäß bei etwa 0,1–0,3 mm. Diesem feinkörnigen Material werden, nachdem man das Erz im Wasser bzw. das ebenso fein gemahlene Kalirohsalz in einer kalirohsalzgesättigten wäßrigen Lösung aufgeschlämmt hat („*Trübe*"), Flotationsmittel (z. B. Spezialtenside auf anion- oder kationaktiver Basis sowie andere sowohl spezielle hydrophile wie spezielle hydrophobe Gruppen enthaltende Stoffe) zugesetzt. Diese bewirken dann ein Aufschwimmen des Erzes, zu dem das Flotationsmittel durch seine Nebenvalenzen eine besondere Affinität besitzt. Das gilt auch für Kali im Kalirohsalz. Nachdem so die eine Erzkomponente vollständig aus der Trübe aufgeschwommen ist und sich im Schaum gesammelt hat, wird in der nächsten Zelle durch Zugabe eines anderen Flotationsmittels ein anderes Erz aus dem Mineral flotiert usw. bis schließlich im Bodensatz („*Rückstand*") nur noch erzfreies taubes Gestein vorliegt. Das aus dem Schaum gewonnene „Konzentrat" ist sehr hochprozentig an dem jeweiligen Metall bzw. dem Kali.

Dieses hochprozentige, feinkörnige Erz- bzw. Kalikonzentrat wird anschließend getrocknet und dann verhüttet bzw. der Weiterverwendung zugeführt. So ist es heute möglich, z. B. Kupfererze mit nur ca. 0,5 Massen-% Kupfer durch den Flotationsprozeß noch voll abbauwürdig zu machen, während ohne Flotation ein Kupfererz unter 5 % Kupfer nicht mehr abbauwürdig war.

Fragen zu Abschnitt 17:

1. Was sind Seifen, allgemein definiert?

2. Wodurch unterscheiden sich Waschseifen von synthetischen Waschmitteln und was haben sie im Aufbau gemeinsam?

3. Wieso führen Waschseifen zur Schaumbildung?

4. Welche Formel hat eine Fettalkoholsulfonsäure?

5. Welcher anorganischen Säure ähnelt die Fettalkoholsulfonsäure in ihrer Aggressivität?

6. Was sind Amphotenside und welche Verwendung finden sie?

7. Was wird unter Schwimmaufbereitung verstanden?

8. Wozu dient die Flotation in der modernen Aufbereitungstechnik?

9. Bis zu welchem Erzanteil sind Kupfererze durch das Flotationsverfahren abbauwürdig geworden?

10. Bis zu welcher Korngröße müssen Mineralien aufgemahlen werden, wenn sie durch Flotation Verwendung finden sollen?

18. Kraftstoffe

18.1 Benzin (Oktanzahl, Verbleiung)

Benzin (VK = Vergaserkraftstoff) ist kein einheitlicher chemischer Stoff wie Ether, Alkohol oder Benzol, sondern ein Gemenge von gesättigten aliphatischen und aromatischen Kohlenwasserstoffen von 5C bis 12C und einem Siedebereich von etwa 35 °C bis 200 °C. 1 kg Benzin setzt beim Verbrennen ca. 42000 kJ frei. Es entstehen dabei ca. 1,2 kg Wasser, die dampfförmig entweichen.

a) Die Oktanzahl (ROZ = Research-Oktan-Zahl, die mit dem BASF-Prüfmotor oder dem *CFR-Motor* bestimmt wird). Außerdem gibt es noch die MOZ (Motoroktanzahl) und *SOZ (Straßenoktanzahl)*.
Laut DIN 51607 gilt für die Klopffestigkeit eines Ottomotor-Kraftstoffes (gültig seit 1.1.1988):

Normalbenzin (bleifrei)	– ROZ 91 (wenn nur eine OZ-Angabe) und MOZ 82,5
	Der Bleigehalt darf $\leq 0,013$ g/l sein.
Superbenzin (bleifrei) (Euro-Super)	– ROZ 95 (wenn nur eine OZ-Angabe) und MOZ 85,0
Super-plus (bleifrei)	– ROZ 98 (wenn nur eine OZ-Angabe) und MOZ 88
Superbenzin (verbleit)	– ROZ 98 (wenn nur eine Angabe) und MOZ 88
	Der Bleigehalt darf $\leq 0,15$ g/l sein.

Seit Dezember 1988 gibt es den bleifreien Kraftstoff „Super-plus" für Ottomotore (OK = Ottomotoren-Kraftstoff entspricht VK = Vergaserkraftstoff) der die ROZ 98 und die MOZ 88 aufweist.
Dieser Kraftstoff wird ab August 1989 in die schon bestehende DIN 51607 für bleifreies Euro-Super mit aufgenommen.
Diese Oktanzahlerhöhung wird hauptsächlich durch Zumischung des umweltfreundlichen und hochklopffesten *Methy-Tertiär-Butyl-Ethers* (MTBE) und/oder der toxische (giftig) wirkenden Stoffe Benzol und Derivate des Benzols (Toluol, Xylol u.a.) sowie bis zu 3 Vol.-% Methanol erreicht. Die Klopffestigkeit dieses MTBE ist mit einer ROZ von 113 bis 120 und einer MOZ von 95 bis 101 hervorragend.
Als weitere Maßnahme zur Oktanzahlerhöhung hat das inzwischen weiterentwickelte Raffinerieverfahren beigetragen. Verbesserte Katalysatoren und schärfere Raffinerie-Fahrweisen erlauben jetzt die Erzeugung höher oktaniger Reformat- und Crack-Komponenten sowie die verringerte Produktion von niederoktanigen Crackanteilen.

Dichte ϱ von Benzin: 0,720 bis max. 0,770 kg/l (bei 15 °C)

Dichte ϱ von Super: 0,735 bis max. 0,785 kg/l (bei 15 °C)

Gefrierpunkt von Benzin: < -75 °C Gefrierpunkt von Benzol: $+5,5$ °C (Daher in reiner Form nicht als Motorkraftstoff zu verwenden, obwohl Oktanzahl > 100, darf aber bis 5,0 Vol.% im Normal- und Super-Ottokraftstoff eingemischt werden.)
Diese Europäische Norm wurde von der Kommission der Europäischen Gemeinschaft CEN auf Grund der Annahme durch die Mitglieder Belgien, Deutschland, Finnland, Frankreich, Griechenland, Italien, Niederlande, Österreich, Portugal und Schweiz genehmigt.

18. Kraftstoffe

Kenndaten verschiedener Kohlenwasserstoffe (ca.-Werte)

	Molekül-größe	Molekular-gewicht	Siede-bereich °C	Flamm-punkt °C	Dichte g/l
Benzine	C_5-C_{12}	72–170	30–200	bis -50	715–790
Diesel Heizöl EL	$C_{10}-C_{22}$	142–310	180–360	58–65	820–860
Schmieröle	$C_{20}-C_{35}$	280–455	210–600	100–260	840–910

Die *Oktanzahl* ist die prozentuale Volumenverhältniszahl von Isooktan zu *n*-Heptan eines Vergleichskraftstoffes für den zu prüfenden Kraftstoff.

Isooktan (2,2,4–Trimethylpentan) = *Oktanzahl 100*

$$\begin{array}{c} CH_3 \\ | \\ H_3C-C-CH_2-CH-CH_3 \\ | \quad\quad\quad | \\ CH_3 \quad\quad CH_3 \end{array}$$

n-Heptan = Oktanzahl 0

$$H_3C-CH_2-CH_2-CH_2-CH_2-CH_2-CH_3$$

b) Die Verbleiung von Kraftstoffen:

Die erforderliche Oktanzahl wird nur noch im verbleiten Super-Kraftstoff durch Zusatz von Bleitetraethyl (TEL = engl. tetraethyllead) erhalten.

$$\begin{array}{cc} H_5C_2 & C_2H_5 \\ \diagdown & \diagup \\ & Pb \\ \diagup & \diagdown \\ H_5C_2 & C_2H_5 \end{array}$$

Zur „Verbleiung" des Benzins kann man auch Bleitetramethyl (TML) verwenden, oder auch Gemische von TEL und TML.

Seit 1.1.1988 darf in der EG im Normalbenzin kein Blei sein, nur Super verbleit darf noch $\leq 0{,}15$ g/l Blei enthalten.

Für TML und TEL besteht Hautresorption, d.h. diese Stoffe dringen durch die Haut in den Körper ein und können so zur Bleivergiftung führen. Der MAK-Wert liegt bei TEL und TML bei 0,01 ppm (als Blei berechnet), was für beide jeweils 0,075 mg Blei pro m³ Luft ist.

Die rechnerische Ermittlung der Oktanzahl eines Kraftstoffes mit OZ > 100 wird folgendermaßen durchgeführt:

$$\frac{x + \text{Meßkraftstoff}}{2} = \text{gemessene Oktanzahl}$$

Hierbei ist x die Oktanzahl des zu untersuchenden Kraftstoffes und der Meßkraftstoff der prozentuale Anteil an Isooktan in einem Vergleichskraftstoff Isooktan/n-Heptan (sprich: Normalheptan).
Somit gilt beispielsweise für einen zu untersuchenden Kraftstoff, der eine OZ > 100 hat, folgendes.
Der Meßkraftstoff besteht z. B. aus 60 Vol.-% Isooktan, die gemischt sind mit 40 Vol.-% n-Heptan. Er besitzt also eine Oktanzahl von 60. Der Prüfmotor ergab für das Gemenge Prüfkraftstoff (= zu untersuchender Kraftstoff) + Meßkraftstoff eine OZ 90:

$$\frac{x + 60}{2} = 90$$

$$x + 60 = 90 \cdot 2$$

$$x = 180 - 60$$

$$\underline{\underline{x = 120}}$$

Die Oktanzahl des geprüften Kraftstoffes beträgt somit OZ = 120.

18.2 Dieselkraftstoff (Cetanzahl)

Dieselkraftstoff ist ein Gemenge von Paraffinen, Olefinen, Naphthenen und Aromaten mit einem Siedebereich von 200 bis 350 °C. Bis 250 °C sollen höchstens 65 Vol.-% verdampft sein, bis 300 °C sollen mindestens 85 Vol.-% verdampft sein. Die Prüfung des Siedeverlaufs erfolgt nach DIN 51751. Die mittlere Dichte liegt zwischen 0,82 bis 0,86 g/ml bei 15 °C. Günstig sind hohe Paraffingehalte. Das Verdichtungsverhältnis beträgt 15 : 1 bis 23 : 1. Dabei entstehen im Zylinder Lufttemperaturen von 550 bis 800 °C, die zur Zündung des eingespritzten Dieselkraftstoffs ausreichen. Der Flammpunkt des Dieselkraftstoffs soll im geschlossenen Tiegel nach *Abel-Pensky* mindestens bei 55 °C liegen (Prüfung nach DIN 51755).
Die Cetanzahl (CZ oder auch CaZ) gibt die Zündwilligkeit eines Dieselmotorkraftstoffes an. Heutiger CZ-Wert liegt in der Praxis bei Dieselkraftstoffen für kleine und Schnelläufermotore (Automotore u. ä.) zwischen 48 und 52, während er für große und Langsamläufermotore (Schiffsdiesel o. ä.) schon zwischen 20 und 40 liegen kann. Die Zündwilligkeit eines Dieselkraftstoffes ist um so größer, je kürzer die Zeit zwischen Einspritzen und Entzünden ist.
Die Zündwilligkeit fällt mit steigendem spezifischen Gewicht (Anhaltspunkt für Zündwilligkeit: Messung mit dem Aräometer).
In England, Holland und Schweden verwendet man als Maß für die Zündwilligkeit den „Dieselindex" D.
D steigt mit wachsender Zündwilligkeit.

$$D = \frac{A \cdot B}{100}$$

Erklärung: A = Anilinpunkt (= die Temperatur bei der sich eine Mischung aus gleichen Volumenanteilen Dieselöl und Anilin entmischt.) B = Dichte in *API-Graden*.
(API = Abkürzung für „American Petroleum Institut")

18. Kraftstoffe

Die *Cetanzahl* (CZ) ist die prozentuale Volumenverhältniszahl von *Cetan* (Hexadecan) zu α-*Methylnaphthalin* eines Vergleichskraftstoffes für den zu prüfenden Dieselkraftstoff.

Cetan: $CH_3-(CH_2)_{14}-CH_3$ = Cetan 100. Fp = +18 °C, Kp = 287 °C.
Die Bestimmung der Cetanzahl wird mit einem Einzylinder-Viertakt-Dieselmotor (*BASF-Prüfdieselmotor* oder einem *CFR-Prüfdieselmotor*) durchgeführt.

α-Methylnaphtalin: $C_{11}H_{10}$ = Cetanzahl 0, Fp = −36 °C, Kp = 243 °C.

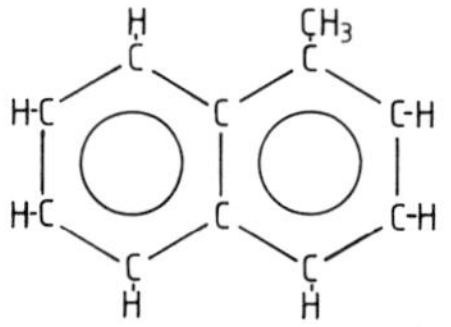

Abb. 18.1. Strukturformel von α-Methylnaphthalin

Heute wird zur CZ-Bestimmung statt α-Methylnaphthalin (= 1-Methylnaphthalin) auch 2,2,4,4,6,8,8-Heptamethylnonan (HMN), ein zündträger Kraftstoff mit CZ = 15, eingesetzt.

$$H_3C-\underset{\underset{CH_3}{|}}{\overset{\overset{CH_3}{|}}{C}}-CH_2-\underset{\underset{CH_3}{|}}{\overset{\overset{CH_3}{|}}{C}}-CH_2-\underset{\underset{H}{|}}{\overset{\overset{CH_3}{|}}{C}}-CH_2-\underset{\underset{CH_3}{|}}{\overset{\overset{CH_3}{|}}{C}}-CH_3$$

2,2,4,4,6,8,8−Heptamethylnonan

Beispiel: Ein DK *(Dieselkraftstoff)* mit 42 Vol.% Cetan und 58 Vol.% HMN hat demnach eine CZ von 51, denn:

CZ = 42 Vol.% Cetan + 0,15 · 58 Vol.% HMN = 42 + 9 = 51

Zwischen der Cetanzahl und der Oktanzahl besteht auch noch folgende empirische Beziehung:

OZ ≈ 120 − 2 · CZ

Nach W.Wolf gilt für hochklopffeste Kraftstoffe, deren ROZ über 80 liegt, die folgende Umrechnung von ROZ in CZ:

CZ = 100 − ROZ

19. Teer und Bitumen

19.1 Herkunft von Teer und Bitumen

a) Teer wird gewonnen bei der trockenen Destillation von Steinkohle, Braunkohle, Torf und Holz in der Kokerei oder Schwelerei. Bei der Kohle (Hochtemperaturverkokung bei $\approx 1200\,°C$) nennt man dies Verkokung. Bei Braunkohle, Torf oder Holz nennt man dies Schwelung (Tieftemperaturverkokung bei $\approx 500\,°C$). Teer enthält etwa 15% flüchtige Substanzen mit keimtötender Wirkung (Phenol, Kresol u.a.).
b) Bitumen wird gewonnen bei der schonenden fraktionierten Destillation des Erdöls (Erdöldestillation in der Raffinerie). Bitumen enthält keine bei normalen Temperaturen flüchtige Substanzen. Bitumen besitzt auch keine keimtötende Wirkung. Daher ist die Beständigkeit nur bis ca. 30 Jahre garantiert. Bitumen versprödet aber nicht. Bitumen besitzt thermoplastische Eigenschaften, da es einen kolloidalen Aufbau vorweist.

19.2 Definition von Teer und Bitumen

a) Lt. DIN 55946 sind: „Teere durch zersetzende thermische Behandlung organischer Naturstoffe gewonnene flüssige bis halbfeste Erzeugnisse, die nach ihrem Ursprung unterschieden werden".
b) Lt. DIN 55946 sind: „Bitumen die bei der schonenden Aufbereitung von Erdölen gewonnenen dunkelfarbigen, halbfesten bis springharten hochmolekularen Kohlenwasserstoffgemische und die in Schwefelkohlenstoff löslichen Anteile der Naturasphalte".

Bitumen sind kolloidale Systeme, die aus in einer öligen Grundmasse befindlichen Teilchen bestehen. Das Molekulargewicht der Teilchen liegt zwischen 300–3000.

19.3 Einfache Unterscheidungsmerkmale zwischen Teer und Bitumen

a) Teer ist schon am Geruch als Kokereiprodukt zu erkennen, da er schon bei Zimmertemperatur unangenehm nach Phenol, Naphthalin u.ä. riecht. Der Schwadengeruch ist sehr unangenehm und stechend. Die Schwadenfarbe ist gelbbräunlich.
b) Bitumen ist bei Zimmertemperatur oder auch bei erhöhter Temperatur (etwa 40 bis 50 °C) fast geruchlos. Die Schwaden haben keinen ausgesprochen unangenehmen Geruch. Die Schwadenfarbe ist weiß-gräulich (Bitumen: lat. Bitumen = Pech; andere Erklärung: pix tumens = „Gräberpech" der alten Ägypter, die mit diesem Produkt, das sie vom Schwarzen Meer holten, Leichen einbalsamierten).

Fragen zu Abschnitt 18 und 19:

1. Was bedeutet für welche Kraftstoffe die Oktanzahl (OZ)?

2. Was gibt die Oktanzahl eines Kraftstoffs an?

3. Welche zwei Kohlenwasserstoffe spielen als Vergleichskohlenwasserstoffe bei der Oktanzahlbestimmung eine Rolle?

4. Geben Sie die Strukturformel von 2.2.4.-Trimethylpentan (Isooktan) an.

5. Welche drei Oktanzahlangaben sind Ihnen bekannt?

6. Welche dieser drei Oktanzahlangaben liegen einer allgemeinen Oktanzahlangabe zugrunde?

7. Ist ein Benzin (VK = Vergaserkraftstoff oder OK = Ottokraftstoff) ein Gemenge verschiedener Kohlenwasserstoffe oder eindeutige chemische Verbindung?

8. Bei welchem Kraftstoff spielt die Cetanzahl (CZ) eine Rolle?

9. Bei welcher Kraftstoffart spielt die Zündwilligkeit eine Rolle?

10. Welche empirische Beziehung spielt zwischen der CZ und der OZ eine Rolle?

11. Welche Rolle spielen 1-Methylnaphthalin (α-Methylnaphthalin) mit CZ = 0 und Cetan (Hexadecan) mit CZ = 100 bei der Cetanzahlbestimmung?

12. Welche Aufgabe erfüllt das zündträge Heptamethylnonan (HMN) in den USA bei der CZ-Bestimmung?

13. Zeichnen sie die Strukturformel von 2,2,4,4,6,8,8-Methylnonan (= HMN).

14. Welche CZ hat reines HMN?

15. Wie berechnet sich CZ bei der Verwendung von HMN statt 1-Methylnaphthalin?

16. Welche CZ hat ein DK (Dieselkraftstoff), der einem Vergleichskraftstoff von 48 Vol.-% Cetan und 52 Vol.-% HMN entspricht?

17. Welche Herkunft hat Teer und welche Bitumen?

18. Wodurch unterscheiden sich aufbaumäßig Teer und Bitumen?

19. Wie kann am Geruch reines Teer oder reines Bitumen erkannt werden?

20. Welche Schwaden, die des Teers oder des Bitumens, haben einen unangenehmen charakteristischen Geruch nach Phenol, Kresol, Naphthalin u.ä. sowie eine gelbbräunliche Farbe?

Teil 3 Elektrochemie

20. Einführung in die Elektrochemie

Die Forschung der letzten Jahre hat immer engere Wechselbeziehungen zwischen Elektrizität und Materie aufgedeckt. Heute wissen wir, daß letztlich die Elektrizität zur gesamten, uns umgebenden Materie gehört. Entfernt man aus irgendwelchen Stoffen Elektronen und häuft diese in der Nachbarschaft mit ungewöhnlicher Konzentration an, so herrscht zwischen beiden eine Spannung, die zum Blitz oder zur Glimmentladung führen kann. Löst man Elektrolyte (Säuren, Basen, Salze) in Wasser, so spalten sie sich mehr oder weniger in Ionen auf. Alle Salze, soweit sie sich in Wasser gelöst haben, spalten sich vollständig in elektrisch geladene Teilchen (Anionen und Kationen) auf, die durch Eintauchen von Elektroden (Anode und Kathode) voneinander getrennt werden können, sobald diese Elektroden an ein Gleichstromnetz angeschlossen werden.
Svante Arrhenius (schwedischer Physikochemiker, geb. 19.2.1859, gest. 2.10.1927): „Theorie der elektrolytischen Dissoziation" 1887. Diese Erkenntnis wird heute in der Technik in großem Maßstab angewendet. (E-Kupfer, elektrolytische Verzinnung, Aluminiumgewinnung, Elektrolyse von NaCl u.ä.). Auch die Galvanotechnik ist ein wirtschaftlich bedeutendes Einsatzgebiet. Wichtige Anwendungen elektrochemischer Erkenntnisse liegen weiterhin in Akkumulatoren, galvanischen Elementen und Trockenbatterien vor. Die wichtigsten elektrochemischen Grundsätze wurden bereits von Volta (1745 bis 1827) und Faraday (1791–1867) entdeckt und aufgestellt.

21. Elektrolytische Zersetzung

Bei Zusatz von Wasser zu Säuren, Basen und Salzen und in den Schmelzen von Salzen lockern sich die elektrischen Bindungen zwischen den negativen und positiven „Atomen" bzw. „Atomgruppen" ganz oder nur teilweise, man spricht dann vom Dissoziieren (Ionenlehre und Theorie der elektrolytischen Dissoziation von *Svante Arrhenius*) dieser Substanzen. Salze dissoziieren, soweit sie sich im Wasser lösen, vollständig, d.h. sie lockern dann die elektrische Bindung zwischen den negativen und positiven „Atomen" bzw. „Atomgruppen" (= Ionen) ganz. Säuren und Basen dissoziieren, wenn sie sich im Wasser lösen, weniger als zu 100%, d.h. ihr Dissoziationsgrad ist meist kleiner als 1 und sie erreichen oft erst bei stärkerer Verdünnung 100%ige Dissoziation.
Aus der Flüssigkeit wird durch die Dissoziation ein „Leiter 2. Klasse", bei dem die negativen und positiven Ionen (griech.: Ionos = Wanderer) den Elektrizitätstransport übernehmen (Trägerleitung).

Der Dissoziationsgrad α: Konzentration dissoziierter Substanz

$$\alpha = \frac{\text{Konzentration dissoziierter Substanz}}{\text{Konzentration gelöster Substanz vor der Dissoziation}}$$

Der Dissoziationsgrad ist ein Maß für die Stärke des Elektrolyten. $\alpha \cdot 100$ ergibt den Bruchteil dissoziierter Substanz in Prozenten.

Die Ionen folgen dem elektrischen Feld zwischen der positiven und der negativen Elektrode. Die Kationen (positive Ionen von Metallen, Wasserstoff) wandern zur Kathode (negative Elektrode), die Anionen (negative Ionen: Säurereste, Hydroxylgruppen) wandern zur Anode (positive Elektrode). An den Elektroden kommt es zur Ausscheidung; es bilden sich entweder Niederschläge, Gase, die aufsteigen, oder es laufen an der Elektrode chemische Reaktionen ab.
„Kalium zur Kathode." – Die Kathode ist also die negative Elektrode, da Metallionen (hier Kalium) stets positiv geladen sind! Somit ist die Anode die positive Elektrode.

21.1 Elektrolytische Zersetzung von Kupfersulfat und E-Kupfergewinnung

Die Anode wird mit dem positiven Pol, die Kathode mit dem negativen Pol einer äußeren Stromquelle verbunden. Im Zersetzungsgefäß wandern in der Lösung Cu^{2+} als Metallionen zur Kathode und scheiden sich dort als Metallatome ab. Zur Anode wandern die SO_4^{2-}-Ionen und werden dort durch Elektronenentzug ($SO_4^{2-} \rightarrow SO_4 + 2$ Elektronen) zu SO_4-Radikalen entladen. An der Anode reagiert dieses SO_4 mit dem Elektrolyten H_2O, sofern die Anode aus sogenanntem unlöslichen Anodenmaterial besteht, zu H_2SO_4 nach der Reaktionsgleichung:

$$SO_4 + H_2O \rightarrow H_2SO_4 + O.$$

Dieser atomare Sauerstoff verbindet sich sofort mit einem anderen Sauerstoffatom zu molekularem Sauerstoff, der dann entweichen kann. Handelt es sich aber bei dem Anodenmaterial um eine sogenannte lösliche, d. h. in der Schwefelsäure lösliche Anode, so verbindet sich das gerade gebildete SO_4-Radikal direkt mit dem löslichen Anteil der Anode. Beispielsweise löst sich in der elektrolytischen Metallraffination bei 0,3 V nur der Cu-Anteil aus der Rohkupferanode, die meist noch edlere Metalle enthält heraus, während sich die edleren Anteile (Gold, Silber u. a.) als „Anodenschlamm" sammeln. Das so aus der Rohkupferanode herausgelöste Kupfer scheidet sich dann als E-Kupfer (Elektrolytkupfer) an der Kathode ab. Die SO_4^{2-}-Ionen wandern wieder zur Anode zurück und wiederholen dort fortlaufend den gleichen Prozeß.

21.3 Faraday'sche Gesetze

Das 1. Faraday'sche Gesetz

Die an den Elektroden ausgeschiedenen Massen m sind der befördernden Elektrizitätsmenge Q in $A \cdot s$ (früher in Coulomb mit dem Zeichen C oder in der Chemie auch Cb, $1 A \cdot s = 1$ C) direkt proportional.

$$\boxed{m = c \cdot Q = c \cdot I \cdot t}$$

Oder anders ausgedrückt: Die bei der Elektrolyse ausgeschiedenen Massen m sind der bewegten Elektrizitätsmenge (Ampere · Sekunden) direkt proportional.
(c = Proportionalitätskonstante, sie ist von Stoff zu Stoff verschieden, hängt von der Wertigkeit ab und ist die Masse m in g, die von 1 As zur Abscheidung gebracht wird.)

Das 2. Faraday'sche Gesetz

Gleiche Stromstärken I in Ampere scheiden in der gleichen Zeit t in Sekunden (= gleiche Strommengen in As) stets aus Elektrolyten verschiedener Stoffe X (chemische Verbindungen mit Ionenbindungen) mit der Äquivalenzzahl z^* die gleichen äquivalenten molaren Massen M(eq) in g/mol an der Anode (Pluspol) und an der Kathode (Minuspol) ab. Die zur Abscheidung von 1 Äquivalent einer molaren Masse erforderliche Strommenge ist gleich der Faraday-Konstanten F und hat die Größe von 96490 As/mol die auch der elektrischen Ladung von $6,022 \cdot 10^{23}$ Elektronen entspricht.

$$\boxed{M(\text{eq}) = \frac{1}{z^*} \text{ MX g/mol}}$$

Das ist der molare Massenanteil eines Stoffes X in g/mol pro negativer oder positiver stöchiometrischer Wertigkeit des betreffenden Stoffes. Die Teilchen dieses Stoffes X können durch Ionenbindung gebundene Moleküle sein, die in wäßriger Lösung (z. B. $CuSO_4$ bei der E-Kupfergewinnung) oder im geschmolzenen Zustand (z. B. Al_2O_3 bei der Schmelzflußelektrolyse der Aluminiumgewinnung) Ionenleitfähigkeit (Leiter 2. Klasse) besitzen.
Die stöchiometrische Wertigkeit der dann vorliegenden Ionen ist gleich der Äquivalentzahl z^*.

21. Elektrolytische Zersetzung

Beispiel 1:

In wieviel Stunden sind 3 kg wasserfreies Magnesiumchlorid bei der Schmelzflußelektrolyse mit einem konstanten Strom von 200 Ampere zersetzt worden und haben sich an der Anode (Cl_2) und an der Kathode (Mg) abgeschieden?

Berechnung: Nach den Faraday'schen Gesetzen gilt:

$$m = c \cdot I \cdot t$$

also $\quad I = \dfrac{m}{c \cdot t}$

c ist von $MgCl_2$ die molare Masse eines Äquivalentes, die von 1 As zersetzt wird bzw. sich an den Elektroden abscheidet. Somit gilt für c:

$$c = \frac{1}{z^*} \cdot \frac{M(MgCl_2)}{F}$$

Die Äquivalentzahl z^* ist, da Mg hier als Mg^{2+} vorliegt 2.

Demnach ergibt sich für die Zeit t in Stunden:

$$t = \frac{m \cdot z^* \cdot F}{M(MgCl_2) \cdot I \cdot 3600} = \frac{3000 \text{ g} \cdot 2 \cdot 96\,490 \text{ As/mol}}{95{,}210 \text{ g/mol} \cdot 200 \text{ A} \cdot 3600}$$

$$t = 8{,}45 \text{ h}$$

Die Elementarladung:

1 Elektron hat das „elektrische Elementarladungsquantum", die *Elementarladung* von

$$e = \frac{9{,}649 \cdot 10^4 \text{ As/mol}}{6{,}022 \cdot 10^{23} \text{ mol}^{-1}} = 1{,}60 \cdot 10^{-19} \text{ As}$$

Das von 1 Ampere in einer Sekunde ausgeschiedene oder zersetzte Gewicht eines Stoffes ist:

$$c = \frac{1}{z^*} \cdot \frac{M(X)}{96\,490} \text{ g/As}$$

1 Ampere ist nach der älteren Definition, d.h. bis zu den SI-Einheiten, diejenige Stromstärke, die erforderlich ist, um in 1 Sekunde 1,118 mg Silber aus einer Silbernitratlösung ($AgNO_3$-Lösung) elektrolytisch zur Abscheidung zu bringen.
Diese Definition entspricht nicht den SI-Einheiten. Die heutige Größe des Wertes von 1 A weicht lt. Definition erst in der 7. Dezimalstelle von der früheren Größe ab.

Somit ist c von Silber: $\quad c_{Ag} = 1{,}118$ mg/As

Beispiel 2:

Die Berechnung der molaren Masse eines Äquivalentes Aluminiumoxid (Al_2O_3):

$$M(eq) = M(\tfrac{1}{6} Al_2O_3) = \tfrac{102}{6} \text{ g/mol} = 17 \text{ g/mol } Al_2O_3$$

Hier liegen insgesamt 6 positive und 6 negative Ionenwertigkeiten im Al_2O_3-Molekül vor, somit ist $n = 6$ und es muß durch 6 geteilt werden.

Fragen zu Abschnitt 20 und 21:

1. Für welche Wirtschaftsgebiete hat heute die Elektrochemie große Bedeutung?

2. Was wird unter der elektrolytischen Zersetzung verstanden?

3. Was ist die Vorraussetzung für die elektrolytische Zersetzung einer chemischen Verbindung?

4. Können reine Atombindungen elektrolytisch zersetzt werden?

5. Wie lautet das erste Faraday'sche Gesetz?

6. Wieviele As sind zur Zersetzung bzw. Abscheidung von 1 Äquivalent einer molaren Masse $M_{(eq)}$ erforderlich?

7. Was drückt die nachfolgende Gleichung aus?

$$M_{(eq)} = \frac{1}{z^*} \cdot M_{(X)} \text{ g/mol}$$

8. Wie groß ist die Elementarladung in As?

9. Wieviel kg Aluminium können maximal durch $96490 \cdot 10^3$ As aus 102 kg reinem Aluminiumoxid schmelzflußelektrolytisch gewonnen werden?

10. In welcher Mindestzeit (Stunden) sind bei einer Stromstärke von 100 000 A aus reinem Aluminiumoxid 27 kg Aluminium zu gewinnen?

22. Elektrochemische Spannungsreihe

Der Versuch, Zink in eine Bleisalzlösung zu legen zeigt, daß sich das in dieser Lösung als Kation vorliegende Blei durch das elementare Zink reduzieren läßt. Das unedlere Zink gibt Elektronen an das edlere Blei, das hier als Blei-Ion vorliegt, ab und geht dabei selbst als Zink-Ion in Lösung. Das Blei-Ion scheidet sich bei der Elektronenaufnahme als elementares, d.h. metallisches Blei direkt auf dem Zink ab (Versuch: „Bleibaum"). Zink steht in der Volta'schen Spannungsreihe links vom Blei, ist also unedler als Blei. Metallisches Zink muß demnach, wenn es neben Blei-Ionen vorliegt, als Zink-Ion in Lösung gehen und Blei muß sich in äquivalenter Menge abscheiden. Man sieht also, daß die Metalle verschiedene Bereitschaft zeigen Elektronen abzugeben oder aufzunehmen. Sehr viele weitere Versuche haben ergeben, daß man die Metalle nach dem Grad ihrer „Edelkeit" in einer Reihe anordnen kann, die links mit den unedelsten (Kalium, Calcium, ...) beginnt, dann zu den immer edleren Metallen (Eisen, ..., Blei, Wasserstoff, ...) fortschreitet. Rechts vom Wasserstoff folgen dem Halbedelmetall Kupfer die Edelmetalle Silber, Gold und Platin.

Man bezeichnet diese Reihe als Spannungsreihe. Je weiter man in der Spannungsreihe nach links rückt, um so leichter werden Elektronen abgegeben, d.h. um so elektropositiver ist also der Charakter dieser Metalle. Von den in der Spannungsreihe jeweils weiter links stehenden, also elektropositiveren Metallen ist zu sagen, daß sie zunehmend leichter elektrisch positive Ionen bilden. – Vgl. auch als Gegenstück die Ordnung der Elemente nach ihrer „Elektronegativität", d.h. nach ihrem Bestreben, Elektronen aufzunehmen (lt. Linus Pauling).

Diese Ordnung der Metalle nach ihrer „Elektropositivität" nennt man „elektrochemische Spannungsreihe der Metalle". Diese so erhaltene elektrochemische Spannungsreihe, oder auch „Volta'sche Spannungsreihe" genannt, zeigt auszugsweise folgende Aufstellung (vgl. Kap. 22.1.1):

K, Ca, Na, Mg, Al, Ti, Mn, Zn, Cr, Fe, Cd, Co, Ni, Sn, Pb, H, Cu, Hg, Ag, Pt, Au.

Interessanterweise steht hier in der Reihe der Metalle, sogar als Bezugselektrode, Wasserstoff, obwohl Wasserstoff ein Gas ist. Der Wasserstoff ist aber, wie schon mehrfach erwähnt, ein Gas mit metallischem Charakter. Wasserstoff bildet sehr instabile Kristalle (Fp = $-159,8\,°C$; $\varrho_H = 0,09$ g/cm^3). Z.B. tritt Wasserstoff als Legierungsbildner mit dem größten Teil der Übergangsmetalle (s. Periodensystem) auf und bildet auch, wie alle Metalle fast nur positive Ionen. Wasserstoff verhält sich also ähnlich wie ein Metall oberhalb seines Siedepunktes. Daher tritt der Wasserstoff auch sehr gern in Salzen an die Stelle von Metallen und bildet dann Säuren. Andererseits läßt sich Wasserstoff leicht durch elektropositivere Metalle, d.h. durch Metalle, die in der Spannungsreihe weiter links stehen, in Verbindungen ersetzen. Für die Salzbildung ist z.B. bekannt:

Metall + Säure → Salz + Wasserstoff

Diese Reaktionsgleichung gilt selbstverständlich nur dann, wenn das Metall elektropositiver, d.h. unedler ist als Wasserstoff. Wenn man also das Element Wasserstoff trotz seines gasförmigen Aggregatzustandes zu den Metallen rechnet und auch hier in die Spannungsreihe der Metalle eingliedert, so ist demnach eigentlich schon der Metallcharakter des Wasserstoffs ausreichend begründet. Man kann sogar diese Metalle durch Einpressen von Wasserstoff aus ihren Salzen ausscheiden, sofern diese Metalle edler sind als Wasserstoff, d. h. sofern sie rechts vom Wasserstoff in der Spannungsreihe stehen. Die Auflösung von Metallen, die links vom Wasserstoff stehen, kann u. U. scheinbare Unregelmäßigkeiten zur Folge haben, wenn sich z. B. aus dem Metall und der Säure an der Metalloberfläche ein dichtschließender Belag eines unlöslichen oder sehr schwer löslichen Salzes bildet. Das das darunterliegende Metall wird dann vor weiteren Säureangriffen geschützt. In einem solchen Falle unterbleibt die Auflösung des Metalles in einer Säure. So z. B. Blei in verdünnter Schwefelsäure: hier bildet sich zunächst ein dichter Bleisulfatfilm, der in verdünnter Schwefelsäure unlöslich ist und so das darunterliegende Blei vor weiteren Angriffen durch verdünnte Schwefelsäure schützt.

In den Hydriden kann der Wasserstoff auch salzartig wie ein Nichtmetall als H^--Ion (z. B. Calciumhydrid CaH_2) besonders von den stark elektropositiven Metallen der 1. und 2. Hauptgruppe gebunden werden. Diese Verbindungen kristallisieren wie Salze mit Ionengitter. Von Wasser werden diese Hydride zu Wasserstoff und Metallhydroxiden zersetzt:

$$CaH_2 + 2\,H_2O \rightarrow 2\,H_2 + Ca(OH)_2$$

In neuerer Zeit ist auch eine elektrochemische Spannungsreihe der Nichtmetalle aufgestellt worden (vgl. Abschnitt 22.1.2):

Te (Te^{2-}/Te), Se (Se^{2-}/Se), S (S^{2-}/S), $H_2/2\,H^+$, I ($2\,I^-/I_2$), Br ($2\,Br^-/Br_2$), Cl ($2\,Cl^-/Cl_2$), F ($2\,F^-/F_2$).

Außerdem gibt es auch eine Spannungsreihe der Ionen (vgl. Abschnitt 22.1.3):

Fe^{2+}/Fe^{3+}, Cu^+/Cu^{2+}, Pb^{2+}/Pb^{4+}.

22.1 Normalpotentiale

Man hat versucht, dieses Bestreben der einzelnen Metalle, in den Ionenzustand überzugehen, mit exakten Zahlen anzugeben. Als Maßeinheit wurde das Volt gewählt, als Größe die Spannung, die man messen kann. Die Elektronen müssen gezwungen werden, sich nicht direkt den Weg durch Lösung zu dem anderen Element oder Ion zu suchen, sondern durch einen Draht, der dann eine Spannungsmessung ermöglicht. Die einfachste Art ist z. B. im Daniell-Element, dem Zink-Kupfer-Element gegeben. Dieses Element ist ein sogenanntes galvanisches Element (Primärelement). Ein Behälter wird mit einer Zinksulfatlösung der Konzentration $c(ZnSO_4) = 1,0$ mol/l gefüllt. Diese Lösung ist durch eine Tonwand von einer Kupfersulfatlösung getrennt, die ebenfalls eine Konzentration von $c(CuSO_4) = 1,0$ mol/l hat. Jetzt gibt man in die erste Lösung eine Zinkplatte und in die zweite Lösung eine Kupferplatte und legt an beide Platten einen Spannungsmesser. Die Spannung von 1,10 Volt wird abgelesen.

Die Erklärung dazu ist folgende: Ein Zinkatom gibt seine beiden äußeren Valenzelektronen ab (Oxidation) und geht dabei als Ion in Lösung, während die beiden Elektronen durch den Draht zum Abnehmer, dem Cu^{2+}-Ion gelangen. Der Abnehmer für diese Elektronen ist leitend mit dem Zinkatom, das die Elektronen abgibt, verbunden. Die Elektronenabnehmer sind die Kupferionen in der Kupfersulfatlösung. Diese Kupferionen (Cu^{2+}) nehmen nun jeweils die durch den Draht gelieferten 2 Elektronen der Reaktion $Zn \rightarrow Zn^{2+} + 2\,e^-$ (e^- bedeutet 1 Elektron) auf und werden zu metallischem Kupfer reduziert, d. h. entladen. Das Sulfat-Ion (SO_4^{2-}-Ion) muß nun durch das Diaphragma (Diaphragma: poröse Scheidewand zwischen zwei Elektrolyten, die den erforderlich werdenden Ionendurchgang, hier SO_4^{2-}-Ionen, gestattet) hindurchgehen, da an der anderen Seite ein Zink-Ion gebildet wurde und das SO_4^{2-}-Ion somit dort dringend zur Salzbildung benötigt wird. Da sich dieser Vorgang nicht nur an einem Zinkatom oder einem Kupfer-Ion vollzieht, sondern mehrfach vor sich geht, liegt die Spannung in meßbaren Bereichen. Wird Zink durch Silber in einer Silbernitratlösung ersetzt, scheidet sich Silber ab und Kupfer geht in Lösung. Das Voltmeter zeigt dabei 0,46 Volt an, der Elektronenstrom fließt jetzt vom Kupfer (unedler) zum Silber (edler). Werden Zink und Silber kombiniert, so wird die Spannung 1,10 Volt (Zn/Zn^{2+} und Cu/Cu^{2+} als Redoxpaare gekoppelt) + 0,46 Volt (Cu/Cu^{2+} und Ag/Ag^+ als Redoxpaare gekoppelt) = 1,56 Volt (Zn/Zn^{2+} und Ag/Ag^+ als Redoxpaare gekoppelt) gemessen. Es wurde festgesetzt, das Potential einer normalen Wasserstoffelektrode willkürlich als Nullpunkt anzusehen. Eine solche Elektrode wird als Normalelektrode bezeichnet, wenn ein Platinblech, das an der Oberfläche mit Platinmohr versehen ist (Platinmohr: allerfeinst verteiltes Platin, das wegen der extrem feinen Verteilung schwarz erscheint), vom Wasserstoffgas umperlt wird und bei 18 °C in einer H_2SO_4-Lösung mit der Konzentration $c(H_2SO_4) = 1{,}0$ mol/l steht. Sämtliche gegen diese Elektrode gemessenen Spannungen (Potentiale) anderer Metalle nennt man Normalpotentiale. Die Normalpotentiale der Metalle bis zum Wasserstoff sind mit einem Minuszeichen versehen. Z. B. ist das Potential des Magnesiums gegenüber Wasserstoff $-2{,}4$ Volt, d. h. das Normalpotential ε_0 des Magnesiums ist $2{,}4 \pm 0{,}00$ Volt. Ist das Potential von einem Metall gegenüber einer Wasserstoffelektrode aber $+0{,}34$ Volt, so liegt das Normalpotential des Halbedelmetalls Kupfer und bei $+0{,}80$ Volt das Normalpotential des Edelmetalls Silber gegenüber einer Wasserstoffelektrode vor, da diese Metalle wie Gold und Platin in der Spannungsreihe rechts vom Wasserstoff stehen. Solche Normalpotentiale hat man nun aber nicht nur zwischen Metallen in ihrer $c(X) = 1{,}0$ mol/l Ionenlösung gegenüber einer Wasserstoffelektrode (s. Tab. 22.1.1), sondern auch zwischen Nichtmetallen in ihrer $c(X) = 1{,}0$ mol/l Ionenlösung gegenüber einer Normal-Wasserstoffelektrode bestimmt (vgl. 22.1.2.).

22.1.1 Elektrochemische Spannungsreihe der Metalle (in saurer Lösung)

Metall	Elektrode	Normalpotential ε_0 (Volt)
Kalium	K/K^+	$-2{,}924$
Calcium	Ca/Ca^{2+}	$-2{,}87$
Natrium	Na/Na^+	$-2{,}714$
Magnesium	Mg/Mg^{2+}	$-2{,}37$
Aluminium	Al/Al^{3+}	$-1{,}67$
Titan	Ti/Ti^{2+}	$-1{,}63$
Mangan	Mn/Mn^{2+}	$-1{,}18$
Zink	Zn/Zn^{2+}	$-0{,}763$
Chrom	Cr/Cr^{3+}	$-0{,}744$
Eisen	Fe/Fe^{2+}	$-0{,}41$
Cadmium	Cd/Cd^{2+}	$-0{,}403$
Cobalt	Co/Co^{2+}	$-0{,}277$

Metall	Elektrode	Normalpotential ε_0 (Volt)
Nickel	Ni/Ni^{2+}	−0,25
Zinn	Sn/Sn^{2+}	−0,14
Blei	Pb/Pb^{2+}	−0,126
Wasserstoff	$H_2/2\,H^+$	±0,0
Kupfer	Cu/Cu^{2+}	+0,337
Kupfer	Cu/Cu^+	+0,51
Eisen	Fe^{2+}/Fe^{3+}	+0,77
Quecksilber	Hg/Hg^+	+0,789
Silber	Ag/Ag^+	+0,80
Platin	Pt/Pt^{2+}	+1,20
Gold	Au/Au^{3+}	+1,498

ε_0 = Normalpotential
 = Potential des Metalles in einer $c_{(X)} = 1$ mol/l (1molare Lösung) seines Salzes gegenüber einer Normal- Wasserstoffelektrode.

Das Potential ändert sich mit der Verdünnung, indem es mit abnehmender Konzentration positiver wird. Die „Nernst'sche Potentialgleichung" ermöglicht die jeweilige Berechnung des Potentials.

Nernst'sche Potentialgleichung:

$$\varepsilon = \varepsilon_0 + \frac{0{,}05916}{n} \cdot \log \frac{c_{ox}}{c_{red}}$$

Erklärung:

n = Elektronenzahl, die an der jeweiligen Reaktion beteiligt ist
c_{ox} = Konzentration des oxidierten Stoffes in mol/l
c_{red} = Konzentration des reduzierten Stoffes in mol/l

22.1.2 Elektrochemische Spannungsreihe der Nichtmetalle

Nichtmetall	Elektrode	Normalpotential ε_0 (Volt)
Tellur	Te^{2-}/Te	−0,91
Selen	Se^{2-}/Se	−0,77
Schwefel	S^{2-}/S	−0,48
Jod	$2\,I^-/I_2$	+0,58
Brom	$2\,Br^-/Br_2$	+1,07
Chlor	$2\,Cl^-/Cl_2$	+1,36
Fluor	$2\,F^-/F_2$	+2,85

22.1.3 Elektrochemische Spannungsreihe der Ionenumladungen

Metall	Elektrode	Normalpotential ε_0 (Volt)
Chrom	Cr2+/Cr3+	−0,41
Vanadium	V2+/V3+	−0,20
Zinn	Sn2+/Sn4+	+0,15
Kupfer	Cu+/Cu2+	+0,17
Eisen	Fe2+/Fe3+	+0,772
Quecksilber	Hg22+/2 Hg2+	+0,91
Blei	Pb2+/Pb4+	+1,47
Cobalt	Co2+/Co3+	+1,84

Grundsätzlich gilt:
1. Bei den Metallen ist das Bestreben in den Ionenzustand überzugehen um so größer, je niedriger, d.h. je negativer ihr Normalpotential ist.
2. Bei den Nichtmetallen ist das Bestreben in den Ionenzustand überzugehen um so größer, je höher, d.h. je positiver ihr Normalpotential ist.

22.1.4 Thermoelektrische Spannungsreihe
Seebeck-Effekt (1821)

Die thermoelektrische Spannungsreihe wird erhalten, indem man die Metalle und andere Thermoelektrika (Halbleitermaterialien) gegen ein Bezugsmetall (meist Kupfer) einordnet. Die Kombination von Metallen unterschiedlicher elektrischer Leitfähigkeit ist erforderlich für die Spannung an den beiden Leiterenden bei Erwärmung der Verbindungsstelle.
Die Temperatur einer Lötstelle wird konstant auf 0 °C gehalten, während die andere auf 1 °C gebracht wird. Die Spannung wird in µVolt (µV) gemessen bei einer Temperaturdifferenz von 1 °C.
Wird durch eine thermoelektrische Metallkombination (Metalle A und B) in Umkehrung ein elektrischer Strom geschickt, so erwärmt sich die eine Kombinationsstelle, während sich die andere abkühlt (Peltier-Effekt – 1834 –).

Die thermoelektrische Spannungsreihe der Metalle bei 1 °C Temperaturdifferenz gegen Kupfer

Metall	thermoelektrische Spannung (µV)
Sb	+32
Fe	+13,4
Sn	+ 0,3
Au	+ 0,1
Cu	± 0,0
Ag	− 0,2

Metall	thermoelektrische Spannung (µV)
Pt	− 0,6
Pb	− 2,8
Al	− 5,9
Ni	−20,4
Bi	−72,8

Die Kombination Nickel oder Eisen/Konstantan eignet sich sehr gut für Temperaturmessungen unter 800 °C. Konstantan ist eine Legierung aus etwa 60% Cu und 40% Ni und geringen Beimengungen von Mangan und Eisen. Die thermoelektrische Spannung des Konstantans liegt bei $-42\ \mu V$.

22.2 Polarisation

Bei dem Versuch, Zink in Säure zu lösen, stellt man fest, daß reines Zink nur im ersten Augenblick Wasserstoff entwickelt, dann tritt keine weitere Wasserstoffentwicklung mehr ein. Man erkennt, daß sich dieses Zinkstück an der Oberfläche mit Wasserstoff überzogen hat. Jetzt wirkt dieses Stück Zink auf die Lösung nicht mehr wie Zink auf Wasserstoff-Ionen, sondern wie Wasserstoff auf Wasserstoff-Ionen. Das Normalpotential ist somit jetzt auf ± 0 Volt gefallen.
Einen derartigen Vorgang nennt man Polarisation.
Das Stück Zink war also jetzt polarisiert und konnte von der Säure nicht weiter angegriffen werden, solange die Polarisation bestand. Der Kontakt dieses unedlen Metalles Zink, das polarisiert vorliegt, mit einem Edelmetall (z. B. Platin) bewirkt, daß sich nun, wo das von Säuren nicht angreifbare Platin als Kathode wirkt, der Wasserstoff an diesem Platin abscheidet, während sich Zink als unedles Metall jetzt weiter auflösen kann.
Bei der Polarisation muß das Potential nicht unbedingt auf 0 Volt fallen, sondern es wird nur durch die Abscheidung eines Elementes an der Oberfläche des eigentlichen Elektrodenmaterials geändert.
Zur Entfernung dieser polarisierenden Wirkung des Wasserstoffs auf dem Zink, die sich auch beim Messen der Spannung eines Zink-Kupfer-Elementes in Form eines langsamen Spannungsabfalls zeigt (es handelt sich hier um ein vereinfachtes Zink-Kupfer-Element, d. h. ohne Diaphragma in der Säure) wird ein „Depolarisator" eingebaut. Meist findet ein Stoff als Depolarisator Verwendung, der in der Lage ist, den die Polarisation bewirkenden Stoff chemisch zu binden, d. h. als Polarisator unwirksam zu machen. Man bindet daher den Wasserstoff, der meist als Polarisator auftritt, mittels Sauerstoff chemisch zu Wasser ab und entfernt ihn so von der Metalloberfläche. In der Trockenbatterie wird als Depolarisator z. B. Braunstein (MnO_2) zur Entfernung des Wasserstoffs, der sich andernfalls auf dem Graphitstab abscheiden würde, angewandt. Die chemische Reaktionsgleichung lautet beim Einsatz von MnO_2 als Depolarisator:

$$2\ H^+ + 2\ MnO_2 \rightarrow H_2O + Mn_2O_3$$

Das sich dabei bildende Mn_2O_3 ist in der Lage, sich selbstständig mit Luftsauerstoff wieder zu $2\ MnO_2$ zu regenerieren. Da MnO_2 sowohl vor wie nach der Reaktion unverändert wieder vorliegt, gleicht seine Anwesenheit der eines Katalysators.
Eine ähnliche Wirkung wie MnO_2 hat auch aktiver Kohlenstoff, d. h. Aktivkohle mit Braunstein gemischt in einem Luftsauerstoff-Trockenelement. Diese Luftsauerstoff-Elemente sind aber wegen der nur geringfügigen Aktivierung des Luftsauerstoffs durch den hier eingesetzten Kohlenstoff nicht für höhere Belastungen brauchbar. Sie werden also in erster Linie nur als Spannungsquelle (EMK $\approx 1{,}2$ V), nicht aber als Stromquelle dienen (z. B. Batterie für den Betrieb eines Elektro-Weidezaunes). Eine derartige Batterie stellt ihre Funktion praktisch ganz ein, wenn die Luftzufuhr unterbunden wird, d. h. wenn das Belüftungsröhrchen, das an derartigen Batterien stets vorhanden sein muß, mit einem Stöpsel u. ä. verschlossen wird (z. B. Weidezaunbatterie im Winter). Man kann

somit Haltbarkeit und Verwendbarkeit einer Luftsauerstoff-Batterie über Jahre hinaus ziehen.

Wenn sich eine Polarisation bildet, entsteht eine Polarisationsspannung E_p, die der angelegten Spannung entgegenwirkt und sich nach deren Abschalten meßtechnisch nachweisen läßt. Diese Polarisationsspannung findet z. B. technische Anwendung im Akkumulator. Hier wünscht man gerade die Polarisation, um mit ihr die elektrische Energie (bei der Ladung) als Polarisationsspannung speichern zu können (vgl. unter „Akkumulatoren").

22.3 Lokalelemente

Wenn Zink in stark verdünnter Salzsäure liegt, so entwickelt sich zunächst Wasserstoff, dessen Entstehung aber dann bald beendet ist. Erst bei der Berührung des Zink mit einem Kupfer- oder anderem Edelmetallstab tritt wieder eine starke Wasserstoffentwicklung ein, und zwar diesmal nicht am Zink, sondern am Kupfer bzw. am Platin o. ä. Wichtig ist, daß dieses andere Metall edler als Zink ist! Dieses edlere Metall dient nur zur Abfuhr der vom Zink bei seinem Übergang in den Ionenzustand abgegebenen Elektronen, so daß erst bei diesem edleren Metall die Übergabe der Elektronen an die in der Lösung vorliegenden Wasserstoff-Ionen eintreten kann. Bei einer derartigen Metallkombination (unedles und edleres Metall mit einer Teilchengröße von etwa 0,01 mm in direktem Kontakt miteinander) spricht man von einem Lokalelement. Diese Lokalelemente spielen eine große Rolle bei vielen Korrosionsschäden. Daher dürfen und können sehr unedle Metalle, wie Aluminium (Normalpotential von Al = − 1.67 V) und Zink, nur in sehr reinem Zustand als Gebrauchsmetalle verwandt werden. Duraluminium (Aluminiumlegierung mit ca. 4−5% Kupfer (Normalpotential Cu = + 0,337 V) und ca. 0,5 % Magnesium) ist somit nicht zur Herstellung von Kochtöpfen o. ä. zu gebrauchen. Großflugzeuge, deren Baumaterial in der Außenhaut hauptsächlich Duraluminium („Dural") ist, müssen daher wirksam vor Wasserzutritt (Wasser, das Elektrolyte gelöst enthält, z. B. CO_2 u. ä.) geschützt werden. Hier kann z. B. als Schutz ein sehr gut dicht schließender Zweikomponenten-Kunststoffanstrich eingesetzt werden, der gleichzeitig durch seine relativ große Abriebfestigkeit guten Schutz vor Kratzbeschädigungen bietet.

Verzinkte Eisengefäße sind gegen kleine Verletzungen der Zinkschicht, auch wenn sie durchgehen bis zum Eisen, dauerhaft geschützt. Es entsteht dann zwar ein kurzgeschlossenes galvanisches Element, Zink wird dabei aber als unedleres Metall (Normalpotential Zn = − 0,763 V) angegriffen und schlägt sich sofort als Zinkoxid schützend auf dem darunter liegenden Eisen (Normalpotential Fe = − 0,41 V) an der verletzten Stelle nieder.

Verzinnte Eisengefäße oder -geräte „rosten" dagegen schon bei kleinen und kleinsten Beschädigungen, wenn diese durch die Verzinnung (Normalpotential Sn = − 0,14 V) bis auf das Eisen reichen. Hierbei geht Eisen (Normalpotential Fe = − 0,41 V) als unedleres Metall durch die Lokalelementbildung und -auswirkung in den Ionenzustand (Salzbildung = Korrosion) über und am Zinn tritt die Wasserstoffabscheidung ein.

22.4 Passivität

Eigentümlicherweise wird eine Reihe an sich unedler Metalle (Al, Cr, Fe, Ni, Co, Zn) von konzentrierter Salpetersäure (ca. 60%ig) nicht angegriffen. Eine derartige Erscheinung nennt man Passivität. Die Überführung eines solchen unedlen Metalles aus dem Normalzustand heißt Passivierung. Das Normalpotential eines solchen passivierten Metalls erreicht dabei das Normalpotential von Edelmetallen. Z.B. ist ε_0 (Normalpotential) von passiviertem Chrom = + 1,3 V, d.h. es ist passiviert fast so edel wie Gold, während das reguläre Normalpotential lt. elektrochemischer Spannungsreihe − 0,744 V ist.

Durch die Passivität eines Metalles kann es also auch möglich sein, daß ein solches Metall durch Säuren nicht oder nicht so leicht angegriffen wird, wie man eigentlich wegen seiner Stellung in der elektrochemischen Spannungsreihe der Metalle erwarten sollte (vgl. z. B. Chrom unter 22.1.1).

Die Passivität ist bis heute noch nicht vollständig geklärt.

Es gibt drei verschiedene Erklärungsversuche:

1. Die Elektronenanordnung von einem Teil der passivierten Metallatome bzw. -ionen an der Oberfläche ähnelt der Edelmetall-Konfiguration. Eine ähnliche Theorie gilt übrigens auch heute für die chemische Widerstandskraft des sog. Nirostastahls (z. B. 18/8 Chrom-Nickel-Stahl).
2. Auf der Oberfläche bildet sich eine nicht sichtbare zehn- bis fünfzehnmolekular dicke Oxidschicht, die die Passivität bewirkt. Gegen diese Ansicht spricht aber, daß Chrom und andere Metalle nicht passiv werden, wenn man sie nur an der Luft erhitzt.
3. Die passivierten Metalle werden von einer evt. einmolekularen Schicht Sauerstoff in molekularer Form abgedeckt. Diese sättigt die freien, an der Oberfläche liegenden Atomrümpfe ab und schützt so vor dem Angriff durch Säuren.

22.5 Elektropolieren („Elysieren")

Das zu polierende Metall hängt man als Anode in einer Säure oder Säurekombination auf. Hohe Stromdichten an den Spitzen des zu polierenden Metalls bewirken hier ein besonders gutes Auflösen dieser Spitzen. In den Vertiefungen gibt es dagegen konzentrierte Salzlösungen und aus diesem Grunde findet hier eine Auflösung des Metalls nicht statt. Dieses Elektropolieren kann nicht bei allen sondern nur bei bestimmten Metallen angewandt werden.

Bei rostfreien Stählen, Kohlenstoffstählen, Nickel, Monel, Gold und Aluminium dient als Elektrolyt eine H_3PO_4/H_2SO_4/Katalysator- oder H_3PO_4/Chromsäure/Perchlorsäure/Essigsäure-Mischung usw.

Beispiel: Das Elektropolieren von 18/8–Stahl nach Evans:

37 Vol.% H_3PO_4 + 56 Vol.% Glycerin + 7 Vol.% Wasser
(Temp. 100 – 200 °C) bei 0,5 A/dm² während 5 – 10 Minuten.

Fragen zu Abschnitt 22:

1. Welches Element trennt in der elektrochemischen Spannungsreihe der Metalle das Halbedelmetall Kupfer sowie die Edelmetalle von den unedlen Metallen?

2. Wie ist eine Wasserstoffelektrode gebaut und welche Aufgabe kommt ihr bei der Bestimmung der Normalpotentiale der Metalle zu?

3. Was versteht man unter Platinmohr?

4. Wie lautet die Nernst'sche Potentialgleichung?

5. Was ist die thermoelektrische Spannungsreihe, wo findet sie Anwendung?

6. Welche Aufgabe kommt einem Depolarisator zu?

7. Wodurch unterscheidet sich bezüglich der Korrosionsstabilität des Eisens eine Verzinkung von einer Verzinnung dieses Metalls, wenn Kratzer die jeweilige Eisenbeschichtung bis zum Eisen zerstören? – Die elektrochemische Spannungsreihe beachten –

8. Welche Vorteile hat das Elysieren gegenüber einer mechanischen Metallpolierung?

9. Wie könnte man die Passivität von bestimmten unedlen Metallen erklären?

10. Wie arbeitet ein Luftsauerstoffelement?

23. Korrosion

(lat.: corrodere = zernagen)

Als Grundlage wird im Corrosion Education Manual der „Europäischen Föderation Korrosion" eine eindeutige Definition der Korrosion gegeben:
„Angriff an einen Werkstoff durch Reaktion mit der Umgebung und daraus erfolgender Minderung der Werkstoffeigenschaften. Wenn nicht besondere Angaben gemacht werden, so sind üblicherweise metallische Werkstoffe gemeint, wobei dann eine Oxidation durch Valenzerhöhung (d. h. Bildung von Kationen) erfolgt; eine Ausnahme wäre die Lösung eines Metalls in schmelzflüssigen Metallen oder in Salzschmelzen. Der Begriff Korrosion bezieht sich sowohl auf den Vorgang wie auch auf den dadurch hervorgerufenen Schaden. Dabei ist für den Korrosinsvorgang die Korrosionsgeschwindigkeit pro Flächeneinheit von Bedeutung: bedeutungsvoll für die Beurteilung des Korrosionsschadens ist die Art und das Ausmaß der Zerstörung in Bezug auf die Funkton des betroffenen Bauteils."

23.1 Allgemeine Bedeutung

Allein in der Bundesrepublik Deutschland verursacht die Korrosion jedes Jahr eine Verringerung des Volksvermögens um Milliardenbeträge. Daher kann sich besonders der Ingenieur und Techniker nicht ausführlich und eingehend genug mit den Korrosionsursachen und dem Korrosionsschutz befassen. Der nachfolgende Abschnitt soll dazu beitragen, das dringend erforderliche Grundwissen kurzgefaßt zu vermitteln.
Korrosion ist in der Metallurgie nach DIN 50900 die „Zerstörung von Metall durch chemische oder elektrochemische Reaktionen mit seiner Umgebung".
Eine chemische Korrosion liegt vor, wenn die Angriffsmittel keine Ionen enthalten, sondern gasförmige Medien, Metallschmelzen oder andere Stoffe ohne Ionenleitfähigkeit sind.
Die elektrochemischen Korrosionsformen sind sehr verschieden. Ein grundsätzlicher Unterschied zwischen chemischer und elektrochemischer Korrosion besteht nicht, da in jedem Falle eine Elektronenabgabe von dem korrodierten Metall und eine Elektronenaufnahme von dem Korrosionsmittel erfolgt. Bei der elektrochemischen Korrosion spielt praktisch der Vorgang eines galvanischen Elementes eine Rolle. Demnach gibt es dabei so etwas wie anodisch und kathodisch wirkende Stellen, wenn sie mit einem Elektrolyten in Verbindung stehen und als Korrosionselemente aktiv werden.
Korrosion kann sowohl in nur einer Form als auch gleichzeitig in verschiedenen Formen auftreten. Man unterscheidet zwischen den wichtigsten Korrosionsformen die ebenmäßige, die interkristalline, die transkristalline (intrakristalline), den Lochfraß und die Spannungskorrosion.
Eine ebenmäßige Korrosion (Abb. 23.1) liegt gleichmäßig auf der gesamten Oberfläche vor. Sie ist meist verhältnismäßig ungefährlich. So tritt z. B. Rosten, eine der gefährlichsten ebenmäßigen elektrochemischen Korrosion, in Form der lockeren und schuppigen Struktur (Abb. 23.2) dieser Eisenoxide und voluminösen Eisenoxidhydrate, wodurch stets die *Unterrostung* und somit das Abdrücken der darüberliegenden Rostschichten bedingt ist, auf der gesamten korrodierten Fläche auf. Eine ebenmäßige Korrosion auf Kupfer ist z. B. die Patina, die wegen ihrer Unlöslichkeit in reinem Wasser und wegen ihrer ausreichenden Dichtigkeit ein Fortschreiten der Weiterkorrosion erheblich verzögert und somit korrosionsschützend wirkt. Bildet aber eine ebene Korrosion auf dem

Metall eine sehr dünne, nicht lösliche aber dicht schließende Oberfläche, die aus dem Korrosionsprodukt besteht, so ist das darunterliegende Metall dadurch geschützt (Abb. 23.1). Dies trifft z. B. beim Aluminium in Form seiner dichten Aluminiumoxidschicht (Al_2O_3) oder bei Blei auf Grund der sich in verdünnter Schwefelsäure bildenden sehr schwerlöslichen und dichten Bleisulfatschicht und bei der Passivität von Chrom und Nirostastahl zu (vgl. 22.4).

Die interkristalline (lat.: inter = zwischen) Korrosion (Kornzerfall) tritt längs der Korngrenzen in Erscheinung (Abb. 23.3). Sie fällt zunächst nicht stark ins Auge, da sie sich bevorzugt nur auf die Korngrenzen beschränkt und, in die Tiefen des Metalls vordringend, das Metallgefüge lockert und so schließlich die Festigkeit des Metalls – oft unerwartet – völlig zerstört. Dabei entstehen meist keine auffallenden Mengen an Korrosionsprodukten. Ein sehr typisches Beispiel ist die Entzinkung des Messings, das nachfolgend unter Ziff. 23.7.1 *(selektive Korrosion)* behandelt wird. Die interkristalline Korrosion führt zum Kornzerfall.

Ist die Korrosion intensiv nur auf eine Stelle begrenzt, so spricht man von Lochfraß. Lochfraß ist eine besondere Art der elektrochemischen Korrosion. Hier liegen kraterförmige, oft nadelstichähnliche Vertiefungen, häufig auch in unterhöhlender Form vor, und führen meist zu einer nadelstichfeinen Durchlöcherung des Metalls. Winzige Korrosionselemente (Abb. 23.4) (galvanische Elemente) sind die Ursache für diese Korrosion.

Bei der transkristallinen (lat.: trans = jenseits) Korrosionsform die man auch intrakristalline (lat.: intra = innerhalb) Form nennt, erfolgt die Korrosion vom Kristallinneren her (Abb. 23.5).

Die Spannungskorrosion ist meist eine intra- oder auch interkristalline Korrosion in Verbindung mit Spannungen, unter denen das Werkstück steht. Spannungskorrosion

Abb. 23.1. Die ebenmäßige Korrosion in Form einer dichtschließenden Oberflächenschicht.

Abb. 23.4. Die Lochfraß-Korrosion

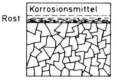

Abb. 23.2. Die ebenmäßige Korrosion in Form von Rost

Abb. 23.5. Die trans-(intra-)kristalline Korrosion

Abb. 23.3. Die interkristalline Korrosion

Abb. 23.6. Die Spannungskorrosion

auch Spannungsrißkorrosion genannt, verläuft meist schneller als eine sonstige intra- oder interkristalline Korrosion, die ohne zusätzliche Spannungen in Erscheinung tritt (Abb. 23.6).

23.2 Theorie der elektrochemischen Korrosion

Die elektrochemische Korrosion setzt die Anwesenheit eines Angriffsmittels in Ionenform voraus. Dazu ist mindestens ein Elektrolyt-Flüssigkeitsfilm notwendig, der die Metalloberfläche benetzt.
Auf Grund der Stellung sowohl des angegriffenen Metalls als auch des Angriffsmittels in der elektrochemischen Spannungsreihe verläuft die elektrochemische Korrosion eines Metalles so, daß dieses oxidiert wird, während dabei das Angriffsmittel reduziert wird. Enthält der Elektrolyt beispielsweise eine Säure, dann liegen in ihrer wäßrigen Lösung Wasserstoff-Ionen vor. Diese Wasserstoff-Ionen werden bei der Korrosion von Metallen (Nichtmetallen) zu Wasserstoffgas reduziert. Wasserstoff steht bekanntlich in der elektrochemischen Spannungsreihe immer rechts von diesen Metallen. Es erfolgt daher für die Wasserstoff-Ionen eine Elektronenaufnahme (Elektronenaufnahme = Reduktion), während sich das Metall zu Metall-Ionen oxidiert und sich dabei auflöst, da dieses Metall auf Grund seiner Stellung (links vom Wasserstoff) die Elektronen für die Reduktion des Wasserstoff-Ions liefern muß.
Korrosionsvorgang beim Zink mit wäßriger Schwefelsäure als Elektrolyt:

$$Zn + 2\,H^+ + SO_4^{2-} \rightarrow Zn^{2+} + SO_4^{2-} + H_2$$

Entsteht die Korrosion durch zwei sich berührende Metalle, die auf Grund ihrer Stellung im Periodensystem ein edleres und ein unedleres Metall darstellen, so spricht man bei größeren Berührungsflächen von einer Kontaktkorrosion oder bei sehr kleinen Berührungsflächen ($\leq 0{,}01$ mm^2) von einem Lokalelement bzw. Lochfraß (Abb. 23.4).

23.3 Kontaktkorrosion

Die Kontaktkorrosion sollte der Konstrukteur schon in der Planung vermeiden. Ansonsten muß zwischen beiden Metallen die Bildung eines galvanischen Elementes unmöglich gemacht werden. Dazu kann eine elektrische Isolierschicht eingebaut werden (z. B. Kunststoff) oder diese Stelle muß durch eine elektrisch nicht leitende, hermetisch abschließende Oberflächenbeschichtung mit Kunstharzen u. ä. (bei Rohren selbstverständlich auch die Innenwand beschichten) oder durch den Einbau eines Kunststoffrohrabschnittes isoliert werden, falls die Möglichkeit besteht, daß diese Stelle irgendwann einmal mit einer ionenenthaltenden wäßrigen Lösung (Elektrolyt z. B. in Form von immer CO_2-haltigem Regenwasser) in Berührung kommt.

23.3.1 Korrosion verzinkter Stahlrohre (Wasserleitungen)

Normalerweise wird ein wasserführendes Rohr durch Verzinkung vor Korrosion geschützt. Zu beobachten ist aber, daß die schützende Zinkschicht in diesen Rohren durch einen Teil der im Wasser vorhandene freie Kohlensäure (freie Kohlensäure = stabilisierende + aggressive Kohlensäure) aufgelöst wird. Dies ist jedoch nur möglich, solange sich auf der Rohrinnenwand noch keine schützende Kalkablagerung („Kesselstein") gebildet hat, was besonders für Warmwasserleitungen aus verzinktem Stahlrohr gilt.

23.4 Das „Umkehren" des Zink- und Eisenpotentials

Besonders wichtig ist es, daß Warmwasserleitungen aus verzinktem Stahlrohr möglichst nie Temperaturen über 65 °C durch das hindurchfließende Wasser erreichen, um so ein Umkehren des Potentials des Zinks und des Eisens zu verhindern.
Zink, das normalerweise auf Grund seiner Stellung in der elektrochemischen Spannungsreihe unedler ist als Eisen, wirkt sich so diesem gegenüber bis etwa 65 °C schützend aus. Wird aber diese Temperatur erreicht oder überschritten, so kippt das Potential um, d. h. Zink ist oberhalb 70 °C edler als Eisen und kann nicht mehr seine schützende Aufgabe dem Eisen gegenüber ausüben. Statt dessen tritt jetzt an freiliegendem Eisen relativ starke Korrosion in Form von „Lochfraß" ein. Diese Stellen wurden bei niedrigeren Temperaturen durch die sich hier gebildete Zinkhydroxidschicht vor Korrosion geschützt.
Die Ursache für dieses Phänomen, das erst in den Jahren nach 1960 entdeckt wurde, ist noch nicht geklärt. Nicht auszuschließen ist die Tatsache, daß sich bei Temperaturen oberhalb 70 °C $Zn(OH)_2$ durch Wasserabspaltung in ZnO umwandelt. Spuren von Kupfer-Ionen im Wasser (z. B. Mischbau in der Installation) bewirken, daß diese Potentialumkehr von Zink und Eisen bereits bei 50 °C in Erscheinung tritt. Außerdem sei noch erwähnt, daß dieser Effekt der Potentialumkehr nur bei verzinkten Eisenrohren in Erscheinung tritt, d. h. bei reinen Zink- oder reinen Eisenrohren stellt man diese abnorme Potentialänderung nicht fest. Interessanterweise tritt nach längerer Dauer der höheren (≥ 70 °C) Temperatureinwirkung keine Potentialrückumstellung mehr ein, was eigentlich zu erwarten sein sollte (s. DIN 50930, Ziffer 7.1).

23.5 Lochfraß

Der Lochfraß ist eine besonders ungünstige und aktive Form der interkristallinen Korrosion (Abb. 23.4). Er macht sich z. B. bei den heute in der Haus-Installation verstärkt eingesetzten Kupferrohren oft unangenehm bemerkbar, falls auf den Einbau eines Filters mit einer Porenweite ≤ 100 μm im Rohrnetz gleich hinter der Wasseruhr verzichtet worden ist.
So besteht die Möglichkeit, daß mit dem praktisch stets Elektrolyte enthaltenden Wasser aus dem äußeren Wasserleitungsnetz *Rost* in das Netz der *Kupfer-Haus-Installation* gelangt und sich dort absetzt. Da Kupfer aber auf Grund seiner Stellung im Periodensystem nicht so edel ist wie Rost (ε_0 von $Fe^{2+}/Fe^{3+} = +0{,}772$ Volt) muß Kupfer in Anwesenheit von Kohlensäure (Elektrolyt) an den Stellen, an denen es mit den Rostteilchen in elektrisch leitender Verbindung steht, in Lösung gehen. Die Folge ist dann *Lochfraß im Kupferrohr*.

23.6 Lokalelementbildung

Die Lokalelementbildung ist besonders leicht bei Legierungen mit heterogenem Gefüge möglich. Man spricht von einem Lokalelement, wenn eine Kontaktkorrosion vorliegt und das die Korrosion verursachende Metall eine Teilchengröße von etwa 0,01 mm^2 besitzt und in direkter Verbindung mit dem korrodierenden Metall in Anwesenheit eines Elektrolyten steht. Das so gebildete galvanische Element liegt in einer Legierung eines Metalles mit einem edleren und einem unedleren Legierungspartner sehr häufig vor und kann zur schnellen Zerstörung dieses Werkstückes führen. Falls derartige Legierungen wegen ihrer hervorragenden Eigenschaften im Einsatz unumgänglich sind, muß für eine einwandfrei dicht schließende Oberflächenbeschichtung gesorgt werden (z. B. Duraluminium enthält etwa 4–5% Kupfer).

23.7 Reibkorrosion und Reibverschleiß

Diese Korrosionsart tritt auf, wenn Verschleiß und Korrosion gleichzeitig zur Wirkung kommen.
Diskontinuierliche wie oszillierende Oberflächenbewegungen – nicht kontinuierliche Drehbewegungen – lösen den Verschleiß aus. Durch *hochfrequente Schwingungen* werden aus den *Reiboberflächen* winzige Partikel herausgerissen, die sofort durch die Einwirkung des Luftsauerstoffs oxidieren und damit ihr Volumen vergrößern. Diese Teilchenvergrößerung bewirkt, daß an diesen Stellen Furchenbildung und Fressen eintritt, was letztlich zum *Ermüdungsbruch* führen kann.
Zur Vermeidung derartiger Korrosionsschäden muß darauf geachtet werden, daß schwingungsdämpfende Gummi- oder Kunststoffzwischenlager zur Verhinderung des Übertragens der Maschinenschwingungen auf derartige gleitende Lagerreibflächen eingebaut werden. Außerdem sollten *niedrig viskose Schmiermittel* mit guten Netzeigenschaften eingesetzt werden. Die Oberflächen der aufeinander reibenden Flächen sollten aus weichen Materialien wie beispielsweise Blei oder bleihaltigen Legierungen bestehen und gut phosphatiert werden, damit die Schmiermittel diese porösen Metallphosphatschichten ausreichend gut tränken können.

23.7.1 Die selektive Korrosion

Einige aus einem unedlen und edleren Metall hergestellte Legierungen können z. B. unter bestimmten Bedingungen den unedleren Legierungspartner herausgelöst bekommen. Was zurückbleibt ist dann der skelettartige, poröse edlere Legierungsanteil.
Eine typische *selektive Korrosion* ist die *Entzinkung des Messings*. Hierbei bleibt die Form des Werkstückes zwar weitgehend erhalten, da aber Kupfer ohne seinen zum Messing gehörenden Zinkanteil ein relativ weiches nur geringe Festigkeit aufweisendes Metall ist, verliert das Messingwerkstück durch die Entzinkung ganz erheblich an Festigkeit. Somit kann die Entzinkung des Messings zu größeren Schäden führen.
Die beiden wichtigsten Entzinkungsarten sind die Pfropf- und Lagenentzinkung.
Die *Pfropfentzinkung*, die besonders gefährlich ist, weil sie relativ rasch fortschreitet, liegt meist auf relativ kleinen Flächen begrenzt, kraterähnlich auf dem Werkstück vor. Diese Entzinkung führt bald zu Wanddurchbrüchen.

Bei der *Lagenentzinkung* wirkt sich die selektive Korrosion einigermaßen gleichmäßig über die gesamte Oberfläche des Messingteiles aus, daher ist diese Art der Entzinkung nicht so gefährlich wie die der Pfropfenentzinkung.

Gefördert und beschleunigt wird die Entzinkung durch einen relativ niedrigen pH-Wert, durch das Vorliegen von Cl^--Ionen, durch hohe Temperaturen und durch eine große Wasserhärte. Außerdem läuft die Entzinkung im *β-Messing* (45–49% Zn) bevorzugt ab. Geringe Arsen- oder Zinnzusätze (letztere sind aber nicht so wirksam) können die Entzinkung verhindern bzw. unterdrücken.

Der Entzinkungsvorgang ist aber noch nicht sicher geklärt, so vertreten einige Korrosionsfachleute die Ansicht, daß Ablagerungen (Kalkkrusten, Schmutz und lockere Korrosionsprodukte) die Entzinkung fördern, da die Entzinkungen praktisch stets unter Ablagerungen auftreten. Andere sind der Ansicht, daß zunächst die ganzen Cu/Zn-Mischkristalle in Lösung gehen und sich dann anschließend das Kupfer wieder durch *Zementation* (Cu^{2+}-Ionen scheiden sich bei einer Zementation an unedleren Atomen durch Elektronenaustausch ab, z. B. $Cu^{2+} + Fe \rightarrow Cu + Fe^{2+}$) abscheiden. Auch höhere Strömungsgeschwindigkeiten können die Entzinkung mindern.

Selektive Korrosion ist auch bei einer Reihe anderer Legierungen bekannt.

23.7.2 Spongiose (Schwammkorrosion)
(lat., griech.: spongia = Schwamm)

Diese Korrosionsform, die man auch Schwammkorrosion nennt, ist darauf zurückzuführen, daß sich z. B. das Eisen (Ferrit oder Perlit) aus dem grauen Gußeisen durch die Einwirkung eines aggressiven Mediums herauslöst und ein schwammig-weiches in der Form weitgehend unverändertes Formstück mit skelettartiger, poröser Struktur zurückläßt.

Die Spongiose kann an Grauguß-Werkstücken besonders leicht in *sauerstoffarmen Gewässern* ablaufen, da sich das korrosionsbehindernde Fe(III)-Ion praktisch nicht bilden kann, sondern nur das relativ leicht wasserlösliche Eisen(II)-Ion. Hierdurch kann der Auflösungsprozeß ständig ungehindert weiter ablaufen. Höherer Sauerstoffgehalt würde diese Korrosion verlangsamen.

Auch die Entzinkung des Messings oder die Entaluminierung einer Aluminiumlegierung können hier eingeordnet werden.

23.8 Erosions- und Kavitationskorrosion

Beide Arten werden überwiegend mechanisch und kaum chemisch verursacht. Ihre Entstehungsursachen und Vermeidungsmöglichkeiten werden hier gestrafft behandelt.

1. *Erosionskorrosion:* Diese Korrosionsform tritt bei strömenden Flüssigkeiten meist in Rohrkrümmern mit engen Bögen auf, an Turbinenschaufeln und allgemein in Bereichen, in denen Flüssigkeiten höheren Turbulenzen ausgesetzt sind. Außerdem spielen kleine Feststoffpartikel eine nicht zu unterschätzende Rolle, da durch sie erosiv die schützende Deckschicht an der Oberfläche abgetragen wird, wodurch diese dann als chemisch aktiver Bereich vorliegt. Eine derartige Korrosionsart kann weitgehend verhindert werden durch:
   – sehr gute Filterung (Filterporenweite sollte maximal 50 μm betragen).

- Vergrößerung der Bogenradien erosionsgefährdeten Oberflächen
- durch geeignete Materialwahl oder Beschichtung
2. *Kavitationskorrosion:* Druckdifferenzen in strömenden Flüssigkeiten (oft in Verbindung mit Feststoffpartikelchen) verursachen die Kavitationskorrosion. Hier sind ganz besonders sehr kleine Gas- bzw. Dampfblasen (z. B. Luft in strömendem Wasser) als *Kavitationskeime* (oft in Verbindung mit festen Kleinpartikeln) die Hauptursache. Daher ist eine sehr gute Filterung – zusätzlich in Verbindung mit bester Entgasung der strömenden Flüssigkeit – eine Möglichkeit der Kavitationskeimbildung entgegenzuwirken. Beim Bau von Schiffspropellern und Turbinenschaufeln stellt die Kavitationskorrosion ein erhebliches Problem dar. Kathodischer Rostschutz und/oder Inhibitorzusätze zur strömenden Flüssigkeit sowie Filtern und Zentrifugieren (Gasblasen- und Feststoffabtrennung) sind die naheliegendsten Empfehlungen, um an diesen Bauteilen eine Kavitationskorrosion weitgehend zu verhindern. Auch hier ist das Plattieren mit Metallen oder eine Kunststoffbeschichtung gefährdeter Oberflächen ein empfehlenswerter Vorschlag zur Verhinderung von Kavitationsschäden. Auch ein plötzliches Aufreißen der strömenden Flüssigkeit unter Bildung eines Hohlraumes mit hohem Vakuum und somit der verstärkten Bildung bzw. Vergrößerung von Gasblasen sowie die Entstehung von Ultraschallschwingungen sollte möglichst verhindert werden.

24. Korrosionsschutz

24.1 Korrosionsschutz durch Oberflächenbeschichtung

24.1.1 Natürlicher Korrosionsschutz

Ein Korrosionsschutz kann bereits das bei der Korrosion gebildete Korrosionsprodukt sein, indem das Werkstück durch dieses feinstkörnige, die Oberfläche dicht umhüllende und wasserunlösliche Korrosionsprodukt vor jedem weiterem Angriff geschützt wird. Beispielsweise müssen deshalb Bleirohre in Gips eingebettet werden, da feuchter Gips hydrolytisch in Kalk und Schwefelsäure gespalten wird und diese Schwefelsäure mit dem Blei feinstkörniges, wasserunlösliches, die Oberfläche dicht umhüllendes Bleisulfat bildet. Jede weitere Korrosion des Bleirohres ist somit ausgeschlossen. Bei Stahl kann ein Korrosionsschutz durch Gips deswegen nicht erfolgen, weil das sich dabei bildende Eisensulfat in Wasser löslich ist. Somit kann dieses Korrosionsprodukt keine dichte Umhüllung der Oberfläche bilden. Jeder weitere Wasserzutritt führt dann auch zur erneuten Korrosion. Die Passivität von Chrom, Nickel, Cobalt, nicht rostendem Stahl u. a., oder die annähernde Passivierung von Aluminium, Zink kann ebenfalls eine Erklärung für die korrosionsschützende Wirkung des entstandenen Korrosionsproduktes finden. Diese Metalle überziehen sich relativ leicht mit einer unsichtbaren, oft nur einmolekularen und dicht schließenden Oxidschicht des betreffenden Metalls (vgl. auch Abschnitt 22.4).

24.1.2 Künstlicher Korrosionsschutz

Die Korrosionsschutzschicht kann auch künstlich aufgebracht werden:

1. Durch künstliche Verstärkung der vorstehend angegebenen Oxidschicht durch Anodische Oxidation (z. B. Eloxal = elektrisch oxidiertes Aluminium).
2. Durch Eintauchen in geeignete Lösungen zur Erzielung von Chromat- und Phosphatschichten.
3. Durch Nitrierung (Verstickung) der Stahloberfläche bei der Stahloberflächenhärtung (Nitrierhärtung).
4. Durch galvanisches Aufbringen von Metallüberzügen, z. B. Verkupfern, Vernickeln, Verchromen.
5. Durch Aufdampfen von Metallschichten.
6. Durch Flammspritzen, z. B. Verbleien von Stahloberflächen.
7. Durch Plattieren, d. h. durch Aufwalzen von schützend wirkenden Metallschichten auf ein durch Korrosion gefährdetes Metall (z. B. Plattieren von Aluminiumblechen mit 18/8er Chrom-Nickel-Blechen oder Folien).
8. Durch Eintauchen in Metallschmelzen (z. B. Verzinkung von Stahl).
9. Durch Anstrich mit anorganischen oder organischen Deckfarben.
10. Durch Emaillieren.
11. Durch Kunststoffüberzüge (z. B. Wirbelsinterverfahren, Kunststoffschläuche u. ä.).

24.2 Kathodischer Korrosionsschutz

Der kathodische Korrosionsschutz ist eine Art des Korrosionsschutzes, der sich für Stahl im Erdreich oder Seewasser bewährt. Er setzt das Vorliegen von gut elektrisch leitenden Einbettungsmedien (Erdreich oder Seewasser) voraus. Die Korrosion wirkt sich dann auf eine sogenannte Opferanode (Magnesium- oder Zinktafeln), die leitend mit dem zu schützenden Stahl (Stahltank, Stahlrohr oder Schiffsrumpf aus Stahl) verbunden ist, aus. Hier liegt wiederum ein galvanisches Element vor, in dem sich die unedlere Opferanode (elektrochemische Spannungsreihe) auflösen muß. Die bei der Oxidation dieser Opferanode frei werdenden Elektronen wandern über die leitende Verbindung zum Stahl und wirken sich dort schützend aus. Der Stahlbehälter wird nur so lange kathodisch wirkend geschützt, wie noch die Opferanode vorhanden und leitend mit dem zu schützenden Stahl verbunden ist. Der kathodische Rostschutz wirkt an der Außenfläche, wenn sich die Opferanode im Inneren befindet.

Dieser kathodische Rostschutz kann auch durch den Einbau einer nichtangreifbaren Gegenelektrode erzielt werden, wenn beides von außerhalb entsprechend durch Fremdstrom belastet wird. Diese Art findet besonders bei den Pipelines oder Ferngasleitungen Anwendung.

Fragen zu Abschnitt 23 und 24:

1. Was wird lt. DIN 50900 unter einer chemischen und was unter einer elektrochemischen Korrosion verstanden? Wie müssen die Angriffsmittel im einen und wie im anderen Fall vorliegen?

2. Was wird unter einer Kontaktkorrosion verstanden?

3. Wann kann eine Lokalelementbildung eintreten?

4. Was ist eine Reibkorrosion?

5. Wieso ist eine Entzinkung des Messings eine typisch selektive Korrosion?

6. Was wird unter Spondoiose (Schwammkorrosion) verstanden?

7. Wieso sind Bleisulfat, Aluminiumoxid u.a. ein natürlicher Korrosionsschutz?

8. Kennen sie einige von 11 künstlichen Korrosionsschutzschichten, die aufzubringen sind, um auf einer Metalloberfläche Korrosionsstabilität zu erreichen?

9. Was ist kathodischer Rostschutz?

10. Was ist eine Opferanode?

25. Elektrischer Leitungsmechanismus

Stoffe können auf Grund ihrer elektrischen Leitfähigkeit in Leiter, Nichtleiter (Isolatoren und Dielektrika) und Halbleiter eingeteilt werden.

25.1 Elektrische Leiter

Elektrische Leiter (Leiter 1. Klasse und Leiter 2. Klasse) sind Stoffe, in denen elektrische Ladungsträger beim Anlegen einer Spannung frei verschiebbar sind. Der Widerstand eines 1 cm^3-Würfels beträgt dann bei Zimmertemperatur etwa $5 \cdot 10^{-6}$ Ohm. Derartige elektrische Leiter müssen also entweder freibewegliche Elektronen enthalten (z. B. alle Metalle sind Leiter 1. Klasse), die bekanntlich die kleinsten elektrisch geladenen Teilchen (Elementarladung) der Materie darstellen, oder sie müssen Ionen (z. B. wäßrige Elektrolytlösungen mit positiv und negativ geladenen Ionen; sie sind Leiter 2. Klasse) enthalten, die sich dann beim Anlegen einer elektrischen Spannung zum jeweils entgegengesetzten Pol der Spannungsquelle bewegen können.

Metalle, sämtlich Leiter 1. Klasse, sind aus Atomrümpfen (die die Metall-Kristallbausteine darstellen) und freien Elektronen (quasi als „Kitt"), d. h. Leitfähigkeitselektronen, aufgebaut. Diese Tatsachen sind auf die metallische Bindung zurückzuführen (s. Kap. 6.1). Freie Elektronen sind die von den Metallatomen ganz oder teilweise abgespaltenen Valenzelektronen, die Elektronengas oder auch als Elektronenwolken bezeichnet werden. Zurück bleiben in dem Metallkristall – an festen Punkten verankert – die Atomrümpfe, die aufbaumäßig den Metallionen gleichen und im Kristall – nur um ihre Ruhelage schwingend – die Bausteine eines Metallkristalls sind.

> Die Bausteine der Metallkristalle sind Atomrümpfe, die im Elektronengas schweben und in Abhängigkeit von der Temperatur um ihre Ruhelage im Kristallgitter schwingen.

Da ein solcher Metallbaustein, der aufbaumäßig einem Metallion gleicht, aber beim Anlegen einer Spannung nicht wandern kann, wie es den Ionen möglich ist, bezeichnet man ihn als Atomrumpf. Im Metall (Leiter 1. Klasse) wird die elektrische Leitfähigkeit beim Anlegen einer Spannung durch die freibeweglichen, praktisch masse- und volumenlosen Elektronen (daher bilden alle Leitfähigkeitselektronen das Elektronengas) bewirkt, während sie in einem Elektrolyten – beispielsweise einer wäßrigen NaCl-Lösung ($Na^+ + Cl^-$) – durch die erheblich größeren Ionen (Leiter 2. Klasse) erfolgt.

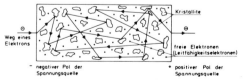

Abb. 25.1. Schematische Darstellung der elektrischen Leitfähigkeit von Metallen (Raumgitter mit Leitfähigkeitselektronen)

25. Elektrischer Leitungsmechanismus

Die elektrische Leitfähigkeit der Metalle nimmt mit zunehmender Temperatur ab. Ursache ist eine Vergrößerung der Schwingungsamplitude der Atomrümpfe. Der Weg der Elektronen vom Minuspol zum Pluspol wird zunehmend verbaut (Abb. 25.1). Dadurch nimmt der Widerstand eines Metalls mit steigender Temperatur zu.

Die elektrische Leitfähigkeit des Graphits (Leiter 1. Klasse) nimmt dagegen mit steigender Temperatur zu, d. h. mit steigender Temperatur fällt der elektrische Widerstand des Graphits (Abb. 25.2). Da Kohlenstoff in der Modifikation des Graphits wie die Metalle ein Leiter 1. Klasse ist und bei ihm die Temperaturzunahme aber im Gegensatz zu den Metallen eine Zunahme der Leitfähigkeit bewirkt, soll dieses Phänomen hier besprochen werden.

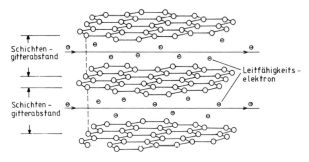

Erklärung: o—o Hauptvalenzbindung
(Atombindung) zwischen 2 C-Atomen.

o nur schwache van der Waals'sche Bindungskräfte
o zwischen den Schichtengittern.

Abb. 25.2. Schematische Darstellung der elektrischen Leitfähigkeit von Graphit (Schichtengitter mit Leitfähigkeitselektronen)

Der Kohlenstoff hat als Graphit im Gegensatz zu seiner Modifikation als Diamant (Abb. 25.3) im Aufbau schichtenförmige Kristalle, in denen nur 3 der insgesamt 4 Valenzelektronen zur Kristallbindung herangezogen sind. Das 4. Elektron befindet sich als Leitfähigkeitselektron (Elektronengas) freibeweglich zwischen den Schichten.

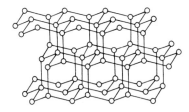

Erklärung: o—o Hauptvalenzbindung
(Atombindung) zwischen 2 C-Atomen.

Abb. 25.3. Modell der Modifikation des Kohlenstoffs als Diamant

Modell der Modifikation des Kohlenstoffs als Diamant. Das Raumgitter hat beim Diamant keine Leitfähigkeitselektronen. Diamant ist daher ein Isolator. Freie Elektronen können hier nur auf der Außenhaut vorliegen.

Bei Temperatursteigerung wird durch die Zunahme der Schwingungsamplitude der Schichtenabstand als Ganzes größer und kleiner, wodurch jeweils bei der Vergrößerung des Abstandes der Schichten die Elektronen in größerer Zahl diese passieren können. Bei weiterer Temperaturzunahme kann auch eine noch größere Elektronenzahl jeweils diese Schicht durchströmen. Der elektrische Widerstand des Graphits muß sich also umgekehrt wie die Temperatur verhalten. Diese Tatsache war auch mitbestimmend für die Ablösung der von Edison erfundenen Kohlefaden-Glühlampe durch die Metallfaden-Glühlampe. Bemerkt sei jedoch, daß der Diamant ein Isolator ist, denn in ihm werden sämtliche 4 Valenzelektronen zum Binden von vier weiteren Kohlenstoffatomen durch Elektronenpaarbindung benötigt. Da in einem Kohlenstoffatom die Valenzen tetraedrisch gerichtet sind, sind im Diamanten die Kohlenstoffatome auch jeweils tetraedrisch um ein Kohlenstoffatom angeordnet. Im Diamanten sind demnach keine freien Elektronen vorhanden. Er ist deshalb ein ausgezeichneter Isolator.

25.2 Elektrische Nichtleiter (Isolatoren)

Elektrische Nichtleiter (Isolatoren und Dielektrika) sind Stoffe, in denen keine frei beweglichen Ladungsträger vorhanden sind. Vollständige Isolatoren, d. h. Stoffe, deren elektrische Leitfähigkeit absolut null ist, gibt es oberhalb des absoluten Temperatur-Nullpunktes (0 Kelvin) nicht. Demnach kann es außer dem Vakuum keine absoluten elektrischen Nichtleiter geben. Der Widerstand in Isolatoren beträgt bis zu 10^{17} Ohm. Die elektrische Leitfähigkeit von Isolatoren ist demnach bei normalen Temperaturen schon so schlecht, daß man sie als elektrische Nichtleiter ansehen kann.
Geprüft wird elektrische Isolierfähigkeit eines Stoffes in Bezug auf Kriechstromfestigkeit, Durchschlagfestigkeit, elektrischen Widerstand (Durchgangswiderstand, Oberflächenwiderstand, Lichtbogenfestigkeit) nach VDE-Vorschrift 0303.
Typische Isolatoren sind u. a. Quarz, Glimmer, Glas, Paraffin, Bernstein, Gummi, Kunststoffe u. v. a.

Ein absoluter Nichtleiter ist nur das absolute Vakuum.

25.3 Elektrische Halbleiter

25.3.1 Theoretische Grundlagen

Halbleiter (engl.: semiconductors) sind Stoffe, die in Bezug auf ihre elektrische Leitfähigkeit zwischen den Leitern und Nichtleitern liegen. Der Widerstand eines Halbleiterwürfels von 1 cm^3 ist bei Zimmertemperatur etwa 50 Ohm. Die Leitfähigkeit steigt mit zunehmender Temperatur. Halbleiter sind bevorzugt im Periodensystem auch unter den amphoteren Elementen, wie Ge, Si, Se, zu finden. Ebenso sind die Verbindungen SiC, PbS, Cu_2O gebräuchliche Halbleiter. Sie finden Anwendung als Transistoren in der Rundfunktechnik an Stelle von Röhren, Erzeuger elektrischer Energie durch Bestrahlung (Licht o. ä.) oder Erwärmung, so z. B. im Belichtungsmesser, Temperaturmesser. Bei Halbleitern ist die Elektronenbindung nicht so stark wie bei den Nichtleitern (Nichtmetallen). Die amphoteren Elemente sind, wie bekannt, weder ausgeprägte Metalle noch ausgeprägte Nichtmetalle. In Halbleitern können die Elektronen schon durch geringfügiges Erwärmen oder Bestrahlen aus der Bindung (Abb. 25.4) gelockert und so über kleine Strecken verschiebbar gemacht werden.

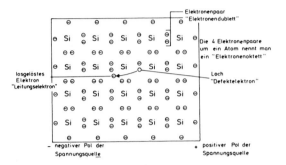

Abb. 25.4. Siliciumkristallgitter mit Loch- und Leitungselektron

Durch das so erfolgte Herausspringen durch die Zufuhr von ΔE (Energiezufuhr) aus der Elektronenpaarbindung (Valenzband) über die verbotene Zone in das Leitungsband bleiben Leerstellen im Valenzband zurück (vgl. Abb. 25.5). Diese Leerstellen bezeichnet man als „Löcher" („Defektelektronen"). Durch Anlegen einer Spannung werden die auf dem Leitungsband befindlichen Elektronen (Leitungselektronen) nun zum positiven Pol der Spannungsquelle hin verschoben.

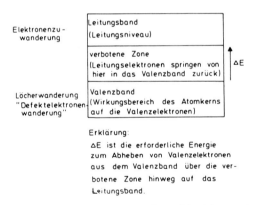

Abb. 25.5. Das Bändermodell (Defektelektronen)

Die „Löcher" („Defektelektronen") wandern zum negativen Pol, indem benachbarte Valenzelektronen (Elektronen auf dem Valenzband), aus der Richtung des negativen Pols der Spannungsquelle kommend, in diese Löcher springen und somit eine Wanderung der „Defektelektronen" („Löcher", die wegen des fehlenden Elektrons immer positiv sind) zum negativen Pol ermöglichen.

Zum Leitungsmechanismus der Halbleiter kann festgestellt werden:

1. Durch Energiezufuhr (ΔE) werden Elektronen aus den Bindungsgebieten (Elektronenpaarbindung) herausgerissen und vom Valenzband (Wirkungsbereich des Atomkerns auf die Elektronen) über die verbotene Zone zum Leitungsband (außerhalb des Wirkungsbereichs des Atomkerns auf die Valenzelektronen) getragen.
2. Wird an den Halbleiter eine Gleichspannung gelegt, so wandern die Elektronen des Leitungsbandes zum positiven Pol der Spannungsquelle, während die auf dem Valenzband hinterlassenen positiven „Löcher" („Defektelektronen") zum negativen Pol der Spannungsquelle wandern (Abb. 25.5). Modellmäßig ist eine Spannungsquelle mit einer Elektronenpumpe zu vergleichen. Der Minuspol entspricht dann der „Druckseite" (Elektronenüberschuß = Elektronenangebot), der Pluspol entspricht der „Saugseite" (Elektronenmangel).

25.3.2 Störstellenleitung in Halbleitern

Für die technische Verwertbarkeit dieses vorstehend erklärten Phänomens der Halbleiter müssen einige Manipulationen an einem reinem Halbleiterkristall vorgenommen werden. Man setzt dem Halbleiter äußerst geringe Spuren von Fremdmetallen zu (Dotierung). Auf etwa 10^5 Halbleitcratome kommt dabei etwa 1 Fremdatom. Hierdurch werden die elektrischen Eigenschaften des Halbleiters vollständig geändert und damit die „Elektronenleitung" und „Löcherleitung" („Defektelektronenleitung") auf ein brauchbares Maß gebracht.
Es besteht die Möglichkeit, entweder Fremdatome („Störatome") mit „Elektronenüberschuß" (z. B. Arsen oder Antimon mit 5 Elektronen) zur Störung des Gitteraufbaues in ein Siliciumhalbleiterkristall einzubauen, oder man kann Fremdatome („Störatome") mit „Elektronenmangel" (z. B. Bor oder Indium mit 3 Valenzelektronen) einbauen. Die Leitfähigkeit eines beispielsweise mit Bor als Fremdatom im Verhältnis $1 : 10^5$ dotierten Siliciumhalbleiters ist bei Zimmertemperatur etwa 1000mal größer als die eines Siliciumkristalls ohne „Störstellenleitung". Im nichtdotierten Siliciumkristall ist stets die Zahl der Leitungselektronen gleich der Zahl der Löcher, während im dotierten Kristall sehr viel mehr Leitungselektronen als Löcher oder umgekehrt vorliegen können. Das Mehr an Leitungselektronen wird durch Donatoren (lat.: donare = geben), beispielsweise Antimon als Fremdatom, erzielt. Ein Antimonatom hat auf der äußeren Schale 5 Elektronen, d. h. es hat 5 Valenzelektronen. Dieses 5. Valenzelektron ist „überschüssig", denn das Siliciumkristall benötigt an sich nur Atome mit 4 Valenzelektronen, wie jedes Siliciumatom sie besitzt. Man nennt dieses eine überschüssige Elektron ein freies Elektron oder Leitungselektron, da es zur Elektronenleitung benutzt wird. Der Silicium-Metallkristallverband mit dem Antimonatom wird zu einem „n-Leiter" (n = negativ).
n-Leiter haben also immer als Stör- oder Fremdatome Donatoren, d. h. Atome mit mehr Elektronen als das eigentliche Halbleiteratom.
Hat aber beispielsweise ein Siliciumkristall als Störatome Bor, d. h. 1 Atom mit nur 3 Valenzelektronen, so nennt man Bor einen Akzeptor (lat.: accipere = aufnehmen). Diese Akzeptoren stellen einen Elektronenmangel (Elektronenunterschuß) im Vergleich zum Siliciumatom dar. Durch diese Fremdatome (Bor) wird die Zahl der Löcher erheblich vergrößert, indem von den Siliciumatomen Valenzelektronen in diese Störstellen einspringen müssen und somit im Siliciumkristall Löcher hinterlassen. Man hat damit einen „p-Leiter" (p = positiv) vorliegen.

1. *n*-Leiter werden so bezeichnet, weil hier überschüssige negative Ladung (Leitungselektronen) die Leitung ermöglicht. *n*-Leiterenthalten Donatoren und sind daher Elektronenleiter.
2. *p*-Leiter werden so bezeichnet, weil hier positive Löcher die Leitungsverbesserung ermöglichen. *p*-Leiter enthalten Akzeptoren und haben Elektronenlöcher die man auch ,,Defektelektronen" nennt. Sie sind also ,,Löcherleiter".

Meist sind beide Störstellenarten (Donatoren und Akzeptoren) im gleichen Kristall vorhanden.

Fragen zu Abschnitt 25:

1. Welche Elektronen bewirken in einem Elektrischen Leiter 1. Klasse die elektrische Leitfähigkeit?

2. Wie wird die Summe aller Leitfähigkeitselektronen bezeichnet?

3. Welche Bezeichnung haben in jedem Metall die Metall-Kristallitbausteine?

4. Was muß vorliegen, um von einem elektrischen Leiter 2. Klasse sprechen zu können?

5. In welcher Modifikation ist Kohlenstoff ein Leiter 1. Klasse?

6. In welcher Kohlenstoffmodifikation liegt ein Schichtengitter vor?

7. Wie verhält sich die elektrische Leitfähigkeit eines Metalls bei steigender Temperatur und wie beim Graphit?

8. Was sind Halbleiter?

9. Was sind bei den Halbleitern *n*-Leiter und was sind *p*-Leiter?

10. Was sind Defektelektronen?

26. Akkumulatoren (Sekundärelemente) und Brennstoffzellen

Akkumulatoren (lat.: accumulare = anhäufen) sind Sammler oder Speicher elektrischer Energie. Sie beruhen auf einem umkehrbaren elektrischen Vorgang. Bei der Ladung wird hier elektrische Energie zugeführt und nicht in Form von Ladung, sondern in Form von chemischer Energie gespeichert. Bei der Entladung wird die gespeicherte chemische Energie wieder in elektrische Energie umgewandelt. Man nennt sie daher auch umkehrbare oder Sekundärelemente im Gegensatz zu nicht umkehrbaren galvanischen Elementen, wie z. B. Taschenlampenbatterien.

26.1 Bleiakkumulator

Die ersten Versuche wurden 1854 von Josef *Sinstege* durchgeführt. Er tauchte zwei Bleiplatten in verdünnte Schwefelsäure (H_2SO_4) und schloß sie an Gleichstrom an. Es zeigte sich, daß nach Abtrennen der Gleichstromquelle diese beiden Bleiplatten eine Spannung aufwiesen, die von einer Speicherung elektrischer Energie herrühren mußte, denn vor dem Anschluß der Gleichstromquelle wiesen die beiden Platten keine Spannung auf. Gaston *Planté* befaßte sich 1859 dann mit den chemischen Vorgängen dieser Art der Stromspeicherung und stellte fest, daß es ein reiner Oxidations- und Reduktionsvorgang war (Redox-Prozeß), der sich im Bleiakku beim Laden und Entladen abspielte. Er konnte die Speicherungsfähigkeit dadurch wesentlich erhöhen, daß er mehrfach den Ladestrom umpolte, d.h. einmal war beim Laden die eine Platte Kathode und die andere Anode, beim nächsten Ladevorgang wurde aus der Kathode durch Umpolen eine Anode und aus der Anode dann eine Kathode.

26.1.1 Aufbau des Bleiakkumulators

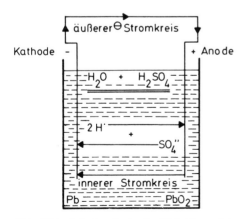

Abb. 26.1. Arbeitsprinzip des Bleiakkumulators

Gittergerüst aus Hartblei (Pb/Sb-Legierung).

Akku-Kästen aus Kunststoff (PP) oder auch Glas.

Scheider oder *Separatoren* aus Fichtenholz oder feinperforiertem Wellkunststoff (PVC).

Aktives Material: Bleistaub + verdünnte H_2SO_4 vermischen bis teigige Masse, die in das Gittergerüst gestrichen wird, dann Formation.

Formation: Unter Formieren versteht man mehrfaches Umpolen des Ladestromes. Man erreicht so eine erhebliche Kapazitätssteigerung bei den Bleiplatten (Planté-Formieren).

Bleibedarf: Bis zu 80 % wird der Bedarf aus altem Akkublei gedeckt.

Plattenzahl: Die negativen Platten bestehen aus reinem Blei und liegen stets um eine Platte mehr im Akkumulator vor als die positiven Platten.
Die positive Platte (braune PbO_2-Platte) soll jeweils von beiden Seiten von einer negativen Platte umgeben sein, um so eine bessere Arbeitsmöglichkeit oder gleichseitige Belastung jeder positiven Platte zu ermöglichen.

Volumenänderung der Platten: Während des Entladens nimmt das Volumen der aktiven Massen zu. Die positiven Platten erfahren dabei jeweils eine Volumenzunahme um 91,7 % und die negativen Platten nehmen sogar im Volumen um 167,8 % zu. Bei der Ladung nimmt das Volumen der jeweiligen Platten entsprechend ab. Daher nicht mit zu hoher Stromstärke entladen. Die aktive Masse fällt sonst aus dem Gitter heraus und bildet verstärkt Akkuschlamm, der letztlich zum Plattenkurzschluß führt.

Säurekonzentration: 37,5 %ig = 32 Baumé = spezifisches Gewicht von 1,28 g/cm³. Ein neuer Bleiakku als Starterbatterie wird also mit einer Schwefelsäure des spez. Gew. von 1,28 aufgefüllt. Ein Bleiakku dieser Art ist dann, durch die Formation im Herstellerbetrieb hervorgerufen, bereits zu ca. 80 % geladen, wenn er nach der Schwefelsäureauffüllung eine Ruhepause von etwa einer Stunde hat. Eine längere Autofahrt über mehrere Stunden bewirkt die völlige Ladung.

26.1.2 Elektrochemischer Arbeitsprozeß

a) Ladevorgang

Kathode: (−)

$$\overset{II}{PbSO_4} + 2\,H^+ + 2\,e^- \xrightarrow{\text{nur möglich, da Pb eine Überspannung gegenüber } H_2 \text{ hat}} Pb + H_2SO_4 \quad \text{(Reduktion)}$$

Anode: (+)

$$\overset{II}{PbSO_4} + SO_4^{2-} + 2\,H_2O \longrightarrow \overset{IV}{Pb(SO_4)_2} + 2\,H_2O + 2\,e^-$$

$$\xrightarrow{\text{Hydrolyse}} PbO_2 + 2\,H_2SO_4 \quad \text{(Oxidation)}$$

Summe der chemischen Reaktionsgleichung an Anode und Kathode:

$$2\,PbSO_4 + 2\,H_2O + H_2SO_4 \underset{\text{Entladen}}{\overset{\text{Laden}}{\rightleftarrows}} Pb + PbO_2 + 3\,H_2SO_4$$

b) Entladevorgang

Kathode im äußeren Stromkreis (= Anode im inneren Stromkreis)

$$\overset{\text{II}}{\text{Pb}} + \text{SO}_4^{2-} \rightarrow \text{PbSO}_4 + 2\,\text{e}^- \quad \text{(Oxidation)}$$

Anode im äußeren Stromkreis (= Kathode im inneren Stromkreis)

$$\overset{\text{IV}}{\text{PbO}_2} + 4\,\text{H}^+ + \text{SO}_4^{2-} + 2\,\text{e}^- \rightarrow \overset{\text{II}}{\text{PbSO}_4} + 2\,\text{H}_2\text{O} \quad \text{(Reduktion)}$$

Summe der chemischen Reaktionsgleichungen an Anode und Kathode:

$$\text{Pb} + \text{PbO}_2 + 2\,\text{H}_2\text{SO}_4 \; \underset{\text{Laden}}{\overset{\text{Entladen}}{\rightleftarrows}} \; 2\,\text{PbSO}_4 + 2\,\text{H}_2\text{O}$$

Hin- und Rückreaktion, d.h. Lade- und Entladevorgang muß 100%ig umkehrbar sein, da es sich um einen Akkumulator handelt.
Beim Laden (Plus des Ladestromes an Plus des Akkus und Minus des Ladestromes an Minus des Akkus) bildet sich also an der Anode PbO_2, an der Kathode Pb. Gleichzeitig verschwindet aus der Lösung H_2O und es bildet sich H_2SO_4. Die Säurekonzentration nimmt zu. Unterbricht man nach einiger Zeit den Strom, so liefern die jetzt chemisch veränderten Elektroden eine elektromotorische Kraft (EMK) von 2,040 Volt. Die Zelle ist also „geladen". Man kann sie jetzt wie ein Element zur Stromlieferung verwenden.
Bei der Entladung, bei der der Strom in entgegengesetzter Richtung wie bei der Ladung fließt, wandern aus der Lösung negative SO_4^{2-}-Ionen zur Anode des inneren Stromkreises, d.h. an die Bleielektrode (= Kathode im äußeren Stromkreis), die sich jetzt im Elektrolyten wie eine Anode verhält. Die positiven H^+-Ionen wandern an die PbO_2-Elektrode (= Anode im äußeren Stromkreis), die sich jetzt im Elektrolyten wie eine Kathode verhält, da sie Elektronen abgibt. Für Ladungs- und Entladungsvorgänge kann eine gemeinsame Gleichung geschrieben werden:

$$2\,\text{PbSO}_4 + 2\,\text{H}_2\text{O} \; \underset{\text{Entladen}}{\overset{\text{Laden}}{\rightleftarrows}} \; \text{Pb} + \text{PbO}_2 + 2\,\text{H}_2\text{SO}_4$$

Nach Beendigung der Ladung tritt H_2-Abscheidung an der Kathode und O_2-Abscheidung an der Anode ein.
(Achtung: Explosionsgefahr! Auch beim Nachgasen!)
Die Spannung (Ladespannung!) steigt, woran man das Ende der Ladung erkennt!
Die gespeicherte Elektrizitätsmenge (Ladekapazität) wird angegeben mit $I \cdot t$ in Amperestunden (Ah).
Je größer die Oberfläche ist, desto größer ist die Ladekapazität. Daher gitterförmige Elektroden, in denen Pb bzw. PbO_2 als aktive, feinstkörnige Massen vorliegen.
Der Akku ist geladen bei einer Säuredichte von 1,28 kg/dm^3 und er ist völlig entladen bei einer Säuredichte von 1,08 kg/dm^3.

26.1.3 Herstellung der Akkumulatorplatten

Feingepulvertes Blei (Bleistaub in pastenartiger Form) wird in ein Bleigitter hineingepreßt. Dieses Plattenmaterial wird, da es zuvor mit Schwefelsäure angemischt worden ist, an der Kornoberfläche $PbSO_4$ sein. Diese $PbSO_4$-Platten werden in dazu vorgesehene Behälter gehängt. In diesen Behältern ist verdünnte Schwefelsäure. Man schließt sie als positive und negative Platten an ein Gleichstromnetz an und formiert die Platten. Hierbei bilden sich die anfangs gleichartigen Platten (beide $PbSO_4$) so um, daß am negativen Pol (Minuszeichen an dem Pol auf dem Akku) reine Pb-Platten vorliegen, am positiven Pol (Pluszeichen an dem Pol auf dem Akku) $Pb-O_2$-Platten, die braun gefärbt sind. Während des Formierens wird häufig umgepolt. Diesen Vorgang nennt man Planté-Formieren.

26.1.4 Technische Daten

a) Die Mindestspannung
Die Mindestspannung die zum vollständigen Aufladen eines Akkus erforderlich ist, beträgt 2,6 Volt. Der Akku hat nach der Ladung eine EMK von 2,040 Volt.

b) Der Stromwirkungsgrad
Der Stromwirkungsgrad, d.h. das Verhältnis der bei der Entladung und Ladung durch den Bleiakku abgegebenen bzw. aufgenommenen Elektrizitätsmenge beträgt (gemessen in Ah) $\approx 95\%$.

$$\text{Stromwirkungsgrad} = \frac{\text{Entladung in Ah}}{\text{Aufladung in Ah}} \cdot 100$$

c) Der Energieverlust
Der Energieverlust, d.h. das Verhältnis der bei der Entladung abgegebenen zu der bei der Aufladung aufgewandten elektrischen Energie (gemessen in VAh).

$$\text{Energiewirkungsgrad} = \frac{\text{Entladung in Ah}}{\text{Aufladung in Ah}} \cdot 100$$

Der Energieverlust, gemessen in Wattstunden oder kWh, beträgt mindestens 15%. Also ist der energetische Nutzeffekt höchstens etwa 85%. Da aber sowohl der Stromwirkungsgrad wie auch der Energiewirkungsgrad eines Bleiakkus als noch recht günstig anzusehen ist, hat der Bleiakkumulator bis heute seine Vorrangstellung im Rahmen sämtlicher Akkumulatoren trotz verschiedener, teilweise erheblicher Nachteile behalten können.

Zusammensetzung der Energieverluste: Innerer Widerstand und Wärmeentwicklung beim Laden und Entladen.

In einem geladenen Akku ist keine Ladung gespeichert, sondern nur elektrische Energie in Form von chemischer Energie (Nach Laden: Pb- und PbO_2-Platten, nach Entladen: beide Platten $PbSO_4$).

26.1.5 Vor- und Nachteile des Bleiakkumulators

a) Vorteile des Bleiakku:

1. Große und konstante Energiespeicherung auf relativ kleinem Raum (etwa 4 Ah/dm^3).
2. Lieferant einer relativ hohen Spannung, die längere Zeit ziemlich konstant bleibt (etwa 2,0 Volt pro Zelle).
3. Die Wirtschaftlichkeit kleinerer E-Anlagen kann durch Einschalten eines Bleiakkus erheblich vergrößert werden.
4. Die Stromausbeute (Stromwirkungsgrad) ist mit etwa 95% hoch.
5. Auch der energetische Nutzeffekt (Energiewirkungsgrad) kann mit höchstens 85% als noch günstig angesehen werden.
6. Auch der Temperaturkoeffizient ist mit nur ca. 0,0003 Volt/Grad bei einem Bleiakku relativ klein.

b) Nachteile des Bleiakkumulators:

1. Hohes Gewicht.
2. Große Wartung ist erforderlich.
2.1 Der Akku sollte alle 4 Wochen, ob gebraucht oder nicht, nachgeladen werden.
2.2 Die Säurekonzentration muß exakt überprüft werden.
2.3 Die Akkusäure ($H_2SO_{4\,verdünnt}$) muß frei von Schwermetallen sein, am zweckmäßigsten ist reine Schwefelsäure als p.a. (pro analysi = für die Analyse).
2.4 Nur bestes demineralisiertes oder destilliertes Wasser darf verwandt werden.
2.5 Der Akku muß spätestens beim Erreichen einer Zellenspannung von 1,8 Volt wieder geladen werden. Er soll möglichst dauernd geladen sein.
2.6 Die Platten müssen stets mit Akkusäure bedeckt sein, weil sie anderenfalls sulfatisieren.
3. Zu hohe Entladeströme schaden einem Akku, daher darf ein Akku nicht häufig mit zu hohen Strömen entladen werden, wenn zwischen den Entladungen keine längere Ruhepause liegt.
4. Ein Bleiakku verträgt keine zu lange Überladung schadlos.
5. Ein Bleiakku ist stoßempfindlich.
6. Die Temperatur des Bleiakkus soll möglichst 40–50 °C nicht überschreiten, da sich die Platten sonst verkrümmen, was unterschiedliche Belastung in der Plattenfläche mit sich bringt.

Zusammenfassung:

1. Im Bleiakku läuft, wie in jedem Akku, sowohl beim Laden, wie beim Entladen ein völlig umkehrbarer *Redox-Prozeß* ab.
2. Beim Laden wird in einem Bleiakku, wie in jedem anderen Akkumulator, elektrische Energie direkt in chemische Energie umgewandelt.
3. Der Bleiakku arbeitet mit einem hohen *Stromwirkungsgrad*

$$\text{Stromwirkungsgrad} = \frac{\text{abgegebene Strommenge in Ah}}{\text{aufgenommene Strommenge in Ah}} \cdot 100 \approx 95\%$$

und einem noch verhältnismäßig günstigen *Energiewirkungsgrad*

$$\text{Energiewirkungsgrad} = \frac{\text{abgeg. Energiemenge in VAh}}{\text{aufgen. Energiemenge in VAh}} \cdot 100 \approx 70-85\%$$

Diese beiden Tatsachen bewirken, daß der Bleiakku unter den Akkumulatoren trotz nicht unwesentlicher Nachteile noch immer die größte Bedeutung besitzt.
4. Die Stromdichte eines Bleiakku liegt bei 8,5 mA/cm².

26.2 Nickel-Eisen- und Nickel-Cadmium-Akkumulator

26.2.1 Arbeitsprinzip

Der Stahlsammler, der auch Nife-Akkumulator, Nickel-Eisen-Akkumulator oder *Edison*-Akkumulator genannt wird, hat eine Spannung von etwa 1,35 Volt je Zelle. Die positive Platte besteht im geladenen Zustand aus Nickelhydroxid (Formel von Nickelhydroxid = $Ni(OH)_3$), während die negative Platte aus Eisen (Fe) besteht. Im Nickel-Cadmium-Akkumulator, der auch Ni/Cd-Akkumulator oder nach seinem Erfinder *Jungner*-Akkumulator genannt wird, besteht die negative Platte im geladenen Zustand aus Cadmium (Cd), während die positive Platte dann ebenfalls aus Nickelhydroxid ($Ni(OH)_3$) besteht. Seine Spannung beträgt etwa 1,30 Volt. Die Ladespannung beträgt 1,6–1,8 Volt.

Als Elektrolyt wird sowohl im *Edison*-Akkumulator als auch im *Jungner*-Akkumulator 20%ige Kalilauge höchster Reinheit mit einem Zusatz von Lithiumhydroxid verwendet.
Der *Jungner*-Akkumulator (Ni–Cd- oder auch NC-Akku) ist eine Fortentwicklung des *Edison*-Akkumulators (Ni–Fe- oder auch Nife-Akku) und findet heute statt dessen fast ausschließlich Anwendung, wenn ein Akkumulator gewünscht wird, der keine so großen Wartungsansprüche stellt wie der Bleiakkumulator.

Nachteile gegenüber dem Bleiakkumulator:

Der Energiewirkungsgrad dieser beiden Sammler (Nife-Akku oder NC-Akku) liegt bei nur 50–55% gegenüber etwa 70 bis max. 85% beim Bleiakkumulator. Der Stromwirkungsgrad besitzt ebenfalls nur eine Größe von 70 bis 75% gegenüber 90 bis 95% beim Bleiakkumulator. Das Speichervermögen dieser Sammler beträgt bis über 30 VAh/kg, ist also etwa gleich dem des Bleiakkumulators, der ein Speichervermögen von etwa 25–30 VAh/kg besitzt.

Vorteile gegenüber dem Bleiakkumulator:

Geringe Empfindlichkeit gegen Verunreinigung, stoßunempfindlich, benötigt geringe Wartung (kann lange ungeladen bleiben), hat längere Lebensdauer.
Stahlsammler bzw. Nickel-Cadmium-Akkumulatoren sind leichter, aber auch teurer als Bleisammler. Sie vertragen im Gegensatz zu Bleisammlern starke Überlastung und längeres Lagern im entladenen Zustand, auch wenn der Elektrolyt entfernt ist. Als Kleinstakkus sind heute fast ausschließlich Nickel-Cadmium-Akkumulatoren oder auch noch Stahlakkumulatoren in Benutzung. Sie stellen daher eine starke Konkurrenz für das Trockenelement (Primärelement) dar. Auch auf dem Gebiet der gasdichten Akkus hat sich der Stahlsammler, ebenso wie der Nickel-Cadmium-Akkumulator, eine Sonderstellung erobert. Sie werden viel in tragbaren Leuchten, z.B. Grubenleuchten oder in Hörgeräten (Kleinstakkus im Knopfzellenformat) oder in Elektronenblitzgeräten sowie Elektrorasierapparaten und wiederaufladbaren Taschenlampen oder Transistorgeräten verwendet.

26.2.2 Gasdichte Akkumulatoren:

Gasdichte Akkumulatoren sind dadurch gekennzeichnet, daß sie hermetisch verschlossen sind und praktisch beliebig lange überladen werden können, ohne daß der Gasdruck letztlich bei zu starker Überladung zur Zerstörung des Akkumulatorgehäuses führen würde, obwohl die erzeugte Gasmenge bei der überladung eines jeden Akkumulators immer direkt proportional der Dauer der Größe des Ladestromes ist.

Nachfolgend wird der elektrochemische Prozeß in einem in der Technik sehr häufig anzutreffenden gasdichten Nickel-Cadmium-Akkumulator besprochen.

Der Nickel-Cadmium-Akkumulator wird nach seinem Erfinder auch *Jungner*-Akkumulator genannt und ist eine Verbesserung des Nickel-Eisen-Akkumulators, der ebenfalls nach seinem Erfinder auch *Edison*-Akkumulator genannt wird. In beiden Akkumulatoren stehen die Elektroden sowohl im offenen, als auch im gasdichten Akkumulator in etwa 20%iger Kalilauge. Die Elektroden sind entweder Sinter- oder Preßelektroden. Letztere befinden sich in einem korrosionsbeständigen Nickelgewebe. Es handelt sich hier jeweils um die gleichen Elektroden wie bereits angegeben.

Das Prinzip eines gasdichten Nickel-Cadmium-Akkumulators ist dadurch gekennzeichnet, daß nach dem Erreichen des Zustandes der Volladung bzw. der Überladung die dann einsetzende elektrochemische Elektrolytzersetzung stets kontinuierlich durch elektrochemische Reaktionen innerhalb des Akkumulators wieder rückgängig gemacht wird, nachdem ein gewisser Überdruck an Wasserstoff und Sauerstoff erreicht worden ist. Eine weitere Drucksteigerung ist somit in einem gasdichten Akkumulator nicht mehr möglich.

26.2.3 Entwicklung und Aufbau

Dieser interessante Effekt ist erreichbar, wenn die hochporösen Elektroden (*Sinter-* oder *Preßelektroden*) nur noch soviel Elektrolytflüssigkeit enthalten, wie sie auf Grund ihres kapillaren Saugvermögens noch festzuhalten vermögen. Hierdurch bleibt die für die Ladung und Entladung erforderliche elektrolytische Leitfähigkeit aber immer noch erhalten. Die äußere Elektrodenoberfläche ist dann noch mit einem dünnen Elektrolytfilm überzogen, der für die bei der Überladung einsetzende chemische *Rückreaktion* erforderlich ist. Die völlige Dichtheit eines derartigen Akkumulators verhindert über dies hinaus ein Eintrocknen dieser minimalen Elektrolyt-Flüssigkeitsmengen in den *Separatoren* (Kunststoffgewebe als Trennschicht zwischen den Platten) und den Elektroden. Bei der Ladung eines derartigen Akkumulators setzt, wenn die Überladung erreicht worden ist, zunächst an der negativen Elektrode eine intensive Entwicklung von Wasserstoff und an der positiven Elektrode eine Entwicklung von Sauerstoff ein. Die Zellenspannung beträgt dann 1,7 Volt. Nachdem nun durch die weitergeführte Überladung der Druck in dem gasdichten Akkumulator eine gewisse Höhe erreicht hat, geht die Gasentwicklung an der negativen Elektrode (Kathode) so weit zurück, bis schließlich der Gasdruck im Akkumulator nict mehr steigt, obwohl sich an der positiven Elektrode (Anode) weiterhin Sauerstoff entwickelt.

Bei der Überladung läuft, vereinfacht gesehen, folgende Reaktion ab:

$$2\,H_2O \rightarrow 2\,H_2 + O_2$$
$$\text{Kathode Anode}$$

Dieser Zustand der ausschließlichen Sauerstoffentwicklung an der Anode bleibt beliebig lange erhalten, ohne daß dabei der Gasdruck im Akkumulator weiter ansteigt, wenn der

Akkumulator-Überladestrom nicht geändert wird. Während dieser Überladung fällt aber die Zellenspannung um etwa 0,2 Volt auf 1,5 Volt. Während der Überladung muß demnach also der dabei entwickelte Sauerstoff durch eine chemische Rückreaktion kontinuierlich gebunden werden.

Wird schließlich die Überladung abgebrochen, so geht auch der im Akkumulator während der Überladung vorhandene Überdruck langsam bis auf $\frac{2}{3}$ des Wertes, der bei der Überladung vorlag, zurück. Die Zellenspannung bleibt aber bei 1,5 Volt (vgl. Bild 26.2, Kurve 2b). Dieser nach einiger Zeit im Akkumulator noch vorhandene Gasdruck wird dann nur noch durch reinen Wasserstoff hervorgerufen. Nach dem Abschalten der Überladung wird nämlich der neben dem Wasserstoff entwickelte Sauerstoff restlos durch den Ablauf eines chemischen Prozesses zwischen Sauerstoff und Wasser des Elektrolyten unter Elektronenzufuhr folgendermaßen gebunden:

$$\tfrac{1}{2} O_2 + 2\,e^- + H_2O \rightarrow 2\,OH^-$$

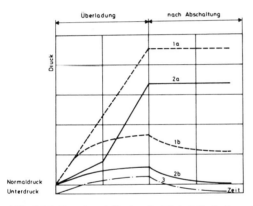

Abb. 26.2. Druckverhältnisse in Nickel-Cadmium-Akkumulatoren beim Abschalten nach erfolgter Überladung

1a) *normaler NC-Akku*, gasdicht verschlossen mit viel Elektrolytmenge (KOH), mit konstantem Ladestrom geladen.
1b) *normaler NC-Akku*, gasdicht verschlossen mit nur soviel Elektrolytmenge (KOH), daß Platten und Separatoren nur getränkt sind, Ladestrom wie bei 1a.
2a) *gasdichter NC-Akku* mit viel Elektrolytmenge (KOH), aber mit Ladereserve, Ladestrom wie bei 1a.
2b) *gasdichter NC-Akku* der Praxis mit ebensowenig Elektrolytmenge (KOH) wie bei 1b, mit Ladereserve wie bei 2a und Ladestrom wie bei 1a.
3) *gasdichter NC-Akku* der Praxis, aber vor dem Verschließen Unterdruck in der Zelle, Elektrolytmenge (KOH) und Ladereserve wie bei 2b, Ladestrom wie bei 1a.

Beim Entladen dieses so aufgeladenen Akkumulators sinkt auch der Überdruck im gasdichten Akkumulator und er steigt wieder beim erneuten Laden bzw. Überladen mit gleichem Ladestrom auf seinen vorher gemessenen Wert. Bei dieser Überladung findet aber keine erneute Wasserstoffentwicklung statt.

Diese charakteristischen Merkmale wurden 1947/48 in den Patentansprüchen von *Neumann* in einem französischen Patent festgelegt (Franz. Pat. 1 004 176 und 1 006 583 bureau technique Gautrat; Erfinder *Neumann*).

Durch den Einbau einer sogenannten Ladungsreserve an der negativen Elektrode, d. h. an der Cadmiumelektrode, kann man die Wasserstoffentwicklung völlig unterbinden. Unter der Ladungsreserve an der negativen Elektrode versteht man einen höheren Cadmiumhydroxid-Anteil ($Cd(OH)_2$) an der negativen Elektrode im Vergleich zum Nickelhydroxid-Anteil an der positiven Elektrode (die negative Elektrode ist also größer als die positive), so daß an der negativen Elektrode immer noch elektrochemisch reduzierbares Cadmiumhydroxid vorhanden ist, wenn an der positiven Elektrode bereits die Oxidation des zweiwertigen Nickelhydroxids ($Ni(OH)_2$) zum dreiwertigen Nickelhydroxid ($Ni(OH)_3$) erreicht worden ist.

Das heißt: an der negativen Elektrode entwickelt sich noch kein Wasserstoff, während sich an der positiven Elektrode bereits Sauerstoff entwickelt.

So ist es möglich, daß der Gesamtdruck in dem gasdichten NCAkkumulator bei der Überladung nur $\frac{1}{3}$ des Wertes erreicht, da nur Sauerstoff bei der Überladung entsteht. Ohne Ladungsreserve an der negativen Elektrode würde der Gasdruck im gasdichten NC-Akkumulator um den Druck des Wasserstoffanteils, d. h. um $\frac{2}{3}$ höher sein, denn die Partialdrucke von Wasserstoff und Sauerstoff addieren sich und stehen immer bei der elektrolytischen Wasserzersetzung im Volumen und somit Druckverhältnis von 2 : 1.

Formelgleichung zum elektrochemischen Prozeß bei der Überladung:

$$2\,H_2O \rightarrow 2\,H_2 + O_2$$

Nach dem Abschalten des Überladungsstromes sinkt der Zelleninnendruck und es stellt sich schließlich der normale Luftdruck im Akkumulator ein, wenn zu Beginn der Ladung im Akkumulator Normaldruck vorlag. Evakuiert man aber den Akkumulator bei seiner Herstellung vor seinem gasdichten Verschließen, so wird das Akkumulatorgehäuse am geringsten durch Drucke beansprucht, da sich beim Laden nur ein unwesentlich über dem Normaldruck liegender Innengasdruck im Akkumulator einstellt. Im Ruhe- oder Entladungszustand liegt dann der Innendruck eines so hergestellten gasdichten NC-Akkumulators knapp unter dem Normaldruck (Bild 26.2).

26.2.4 Lade- und Entladevorgang

a) Elektrochemischer Prozeß beim Laden und Entladen eines NC- Akkumulators (Jungner-Akkumulator)

Laden

negative Elektrode:
($-$ Pol = Kathode)

$$\overset{II}{Cd(OH)_2} + 2\,K^+ + 2\,e^- \longrightarrow \overset{\pm 0}{Cd} + 2\,KOH \qquad (1)$$

positive Elektrode:
($+$ Pol = Anode)

$$\overset{II}{2\,Ni(OH)_2} + 2\,OH^- \longrightarrow \overset{III}{2\,Ni(OH)_3} + 2\,e^- \qquad (2)$$

Summengleichung
für die Ladung:

$$Cd(OH)_2 + 2\,Ni(OH)_2 \xrightarrow{\text{Laden}} Cd + 2\,Ni(OH)_3 \qquad (1+2)$$

Entladen

negative Elektrode: $\quad\quad\quad\quad\pm 0 \quad\quad\quad\quad\quad\quad\quad\quad$ II
(−Pol = Kathode) $\quad\quad\quad$ Cd + 2 OH⁻ $\longrightarrow$ Cd(OH)$_2$ + 2 e⁻ $\quad\quad$ (3)

positive Elektrode: $\quad\quad$ III $\quad\quad\quad\quad\quad\quad\quad\quad\quad\quad$ II
(+Pol = Anode) $\quad$ 2 Ni(OH)$_3$ + 2 K⁺ + 2 e⁻ $\longrightarrow$ 2 Ni(OH)$_2$ + 2 KOH $\quad$ (4)

Summengleichung
für die Entladung: $\quad\quad\quad\quad$ Cd + 2 Ni(OH)$_3$ $\xrightarrow{\text{Entladen}}$ Cd(OH)$_2$ + 2 Ni(OH)$_2$ (3+4)

Da es sich hier um einen Akkumulator handelt, muß der elektrochemische Ladevorgang durch den Entladevorgang 100%ig umkehrbar sein, d.h. die Summengleichung der Entladung muß die Rückreaktion der Ladung sein.
Die Gesamtgleichung sowohl für Laden wie Entladen ist somit:

$$\text{Cd(OH)}_2 + 2\,\text{Ni(OH)}_2 \xrightleftharpoons[\text{Entladen}]{\text{Laden}} \text{Cd} + 2\,\text{Ni(OH)}_3 \quad\quad \begin{matrix}(1+2)\\(3+4)\end{matrix}$$

b) Elektrochemischer Prozeß beim Überladen eines gasdichten NC-Akkumulators mit Ladereserve

Nach Erreichen eines gewissen Sauerstoffpartialdruckes in der Akkumulatorzelle gelangt der während der Überladung an der positiven Elektrode laut vorstehender Reaktionsgleichung gebildete Sauerstoff bei dem in einem gasdichten Akkumulator sehr geringen Elektrolytanteil durch Diffusion an die Kathode. Hier werden ihm pro Atom zwei Elektronen zugeführt. In Anwesenheit von Wasser wird der Sauerstoff zu Hydroxyl-Ionen reduziert.

positive Elektrode: $\quad\quad\quad\quad\quad\quad$ 2 OH⁻ $\longrightarrow \frac{1}{2}$ O$_2$ + H$_2$O $\quad\quad\quad$ (5)

negative Elektrode: $\quad\quad\quad$ 2 Cd(OH)$_2$ + 2 e⁻ $\longrightarrow$ 2 Cd + 2 OH⁻ $\quad\quad\quad$ (6)

Summengleichung: $\quad\quad\quad$ 2 Cd(OH)$_2$ $\xrightarrow{\text{Überladen}}$ 2 Cd + $\frac{1}{2}$ O$_2$ + H$_2$O $\quad$ (5+6)

Folgende Reaktionsgleichung gibt diesen Reduktionsvorgang formelmäßig wieder:

Rückreaktion des bei der Überladung gebildeten Sauerstoffs:

$$\tfrac{1}{2}\,\text{O}_2 + 2\,\text{e}^- + \text{H}_2\text{O} \longrightarrow 2\,\text{OH}^- \quad\quad (7)$$

Beim Erreichen eines bestimmten Sauerstoffpartialdruckes werden sämtliche an der Kathode dem gasdichten Akkumulator während der Überladung von außen zugeführten Elektronen für die unter (7) angegebene Rückreaktion verwandt. Eine weitere Reduktion des als Ladungsreserve an der Kathode befindlichen Cadmiumhydroxids nach (6) ist somit nicht mehr möglich. Der Innendruck im gasdichten NC-Akkumulator kann dann nicht mehr weiter steigen.
Die Feststellung der Abnahme des Gasdrucks in der Akkumulatorzelle nach dem Abschalten der Überladung ist darauf zurückzuführen, daß nun an der Kathode ein Teil des dort in der aktiven Masse vorliegenden Cadmiums zum Cadmiumhydroxid oxidiert wird, was der umgekehrten Reaktionsgleichung (6) entspricht:

$$2\,\text{Cd} + 2\,\text{OH}^- \longrightarrow \text{Cd(OH)}_2 + 2\,\text{e}^- \quad\quad (8)$$

Diese so freiwerdenden 2 Elektronen werden zur Abnahme des Sauerstoffpartialdruckes laut Formelgleichung (7) benötigt.
Der gasdichte Akkumulator und da besonders der NC-Akkumulator findet heute in Form kleiner und kleinster Zellen vielfältigste Verwendung in Transistor-Rundfunkgeräten, Hörgeräten, Trockenrasierern, Taschenlampen sowie auch vielfach zum Austausch üblicher, nur einmal verwendbarer Trockenbatterien. Größere gasdichte NC-Akkumulatoren finden Anwendung in der Raumfahrttechnik, besonders wenn sie mit selbsttätig arbeitenden sog. „Sonnenbatterien" („Solarzellengeneratoren") verbunden arbeiten. Die Stromspeicherfähigkeit (Kapazität) dieser Zellen reicht heute von Kapazitäten in der Größenordnung einiger mAh bis 30 und mehr Ah.

26.3 Silber-Zink-Akkumulator (oder auch Silber-Cadmium-Akkumulator)

Die Silber-Zink-Sammler (Erfinder: *André* 1939) haben eine Spannung von etwa 1,5 Volt bei Ag_2O als positiver Platte oder etwa 1,88 Volt bei Ag_2O_2 als positiver Platte je Zelle. Die positive Platte besteht aus Silberoxid Ag_2O oder Ag_2O_2, die negative Platte besteht in beiden Fällen aus Zink (Zn). Als Elektrolyt dient verdünnte Kalilauge.
Summenformelgleichung der elektrochemischen Reaktion für Ladung und Entladung eines Silber-Zink-Akkus mit positiver Ag_2O-Elektrode im geladenen Zustand:

$$\overset{\pm 0}{2\ Ag} + \overset{II}{Zn(OH)_2} \underset{\text{Entladen}}{\overset{\text{Laden}}{\rightleftarrows}} \overset{I}{Ag_2O} + H_2O + \overset{\pm 0}{Zn}$$

Summenformelgleichung der elektrochemischen Reaktion für Ladung und Entladung eines Silber-Zink-Akkus mit positiver Ag_2O_2-Elektrode im geladenen Zustand:

$$\overset{\pm 0}{2\ Ag} + \overset{II}{Zn(OH)_2} + \overset{II}{ZnO} \underset{\text{Entladen}}{\overset{\text{Laden}}{\rightleftarrows}} \overset{II}{Ag_2O_2} + H_2O + \overset{\pm 0}{2\ Zn}$$

Die Reaktionsgleichungen des Silber-Cadmium-Akkumulators sind entsprechend, nur wird dann jeweils statt Zn Cadmium, also Cd, eingesetzt. Cd ist wie Zn auch in Verbindungen zweiwertig.
Die Silber-Zink-Akkumulatoren sind etwa achtmal so teuer wie Bleiakkumulatoren oder doppelt so teuer wie Stahlakkus bei gleichem Energiespeichervermögen in VAh. Silber-Zink-Akkumulatoren sind Leichtakkus, da ihr Gewicht bei gleicher Kapazität nur $\frac{1}{3}$ eines Bleiakkumulators und $\frac{1}{5}$ eines Nife-Akkumulators (*Edison*-Akkumulator) ist.
Der Energiewirkungsgrad eines Silber-Zink-Akkus beträgt ca. 85%, was etwa dem eines Bleiakkus entspricht.
Das Speichervermögen eines Silber-Zink-Akkus beträgt aber 80 VAh/kg, während das Speichervermögen bei Bleiakkus, Nife- oder NC-Akkus nur etwa 25–30 VAh/kg erreicht. Also geringes Gewicht und hohe Leistungsfähigkeit. In ihrer Unempfindlichkeit sind Silber-Zink-Akkus den Stahlakkus gleich.
Einsatzaussichten könnten eventuell für den Silber-Zink-Sammler als Energiequelle in dem zu erwartenden Elektroauto bestehen. Sie verlangen aber eine noch pfleglichere Behandlung als Bleiakkumulatoren.

26.4 Anwendung der Akkumulatoren

26.4.1 Schaltung von Akkumulatoren

Mit Rücksicht auf die schwankende Zellenspannung müssen bei Akkumulatoren für höhere Spannung etwa $\frac{1}{3}$ der Zellen, die „Schaltzellen", von den „Stammzellen" abschaltbar sein. So kommen z. B. auf je 110 Volt 40 Stamm- und 20 Schaltzellen.

26.4.2 Zukunftsaussichten der Akkumulatoren

Die Zukunftsaussichten der Akkus sind generell gut.
Verbesserung der Speichermöglichkeit
Heute wird nach wie vor sehr intensiv an der Weiterentwicklung der Akkumulatoren gearbeitet und nach neuen Möglichkeiten der Stromspeicherung gesucht. Erwähnt seien nur noch die Akkumulatoren, die die *Elektrizität in Gasen oder in Flüssigkeiten speichern.* Eine derartige Stromspeicherung wäre besonders interessant, weil in Gasen oder Flüssigkeiten weit größere Energiemengen gespeichert werden können als in den z. Z. gebräuchlichen Feststoffen.
Derartige Akkumulatoren sind aber heute noch nicht betriebsreif. Sie würden z. B. eine Variante zu den bereits in Betrieb befindlichen *Brennstoffzellen* (in der Raumfahrt, erstmals bei *Gemini* und *Apollo*) darstellen können.

26.4.3 Akkumulatoren im Elektroauto (Elektrotraktion)

Was heute noch den Akkumulatoreinsatz zum Antrieb eines Kraftfahrzeuges besonders erschwert, ist das relativ hohe Gewicht eines Bleiakkus. Dieser Akku ist z. Z. nahezu als einziger von den heute allgemein benutzten Stromsammlern wegen seiner kurzzeitig hohen Belastbarkeit für diesen Zweck einsetzbar. Besonders beim Anfahren und Beschleunigen eines Kraftfahrzeuges ist eine kurzzeitige, hohe Belastbarkeit des eingebauten Akkus dringend erforderlich. Das relativ hohe Gewicht eines derartigen „Stromsammlers" wäre wiederum einigermaßen durch den Austausch des Werkstoffs im Karosserie- und Chassisbau eines Kraftfahrzeuges ($\varrho = 7{,}8$ kg/dm^3) durch Kunststoffe ($\varrho \approx 1{,}8$ kg/dm^3) auszugleichen. Außerdem würde so bei tiefem Einbau des Akkumulators die Fahreigenschaft in Bezug auf die Straßenlage erheblich verbessert.

26.5 Brennstoffzellen

Der Wirkungsgrad von kohlenstoffhaltigen Brennstoffen (Kohlenwasserstoffe: Gase, Benzin, Kerosin, Dieselkraftstoffe) liegt allgemein bei derartigen Kraftstoffen für Verbrennungskraftmaschinen bei maximal 35%. Bei Elektrokraftwerken, in denen die Gewinnung der elektrischen Energie über Dampf durch Turbinen betrieben wird, kann ein Wirkungsgrad von nur etwa 25 bis 30% erreicht werden. Der Rest wird praktisch nutzlos als Verlustwärme an die Umwelt abgegeben, sofern er nicht noch zu Heizzwecken (Fernwärme z. B. in Blockheizkraftwerken o. ä.) Verwendung findet.

Bei Brennstoffzellen erzielt man dagegen durch die hier im Rahmen eines Redox-Prozesses stattfindende direkte elektrische Energiegewinnung Wirkungsgrade von über 70%. Diese direkte Umwandlung chemischer Energie in elektrische Energie läuft bei den Brennstoffzellen (mit Kalilauge oder H_2SO_4 bzw. $PbSO_4$) meistens zwischen 20 und 90 °C (mit H_3PO_4 bei 70 bis 175 °C) ab. Es gibt aber auch Brennstoffzellen, die bei erheblich höheren Temperaturen (600 bis 800 °C und auch 1000 °C) arbeiten. Brennstoffzellen wurden von den Amerikanern bereits in den *Gemini-* und *Apollo-*Raumfähren zur elektrischen Energieversorgung eingesetzt. Bei den dort verwandten Knallgas-Brennstoffzellen, die formal eine Umkehrung der elektrolytischen Wasserzersetzung (Hofmann'scher Wasserzersetzungsapparat) sind, entsteht Wasser.

Nach der Abtrennung wurde dieses Wasser in der Raumfähre zur Speisenzubereitung verwandt. Je Kilowattstunde wurden dabei etwa 0,5 *l* reines Wasser aufgefangen. Die Einzelzelle hat höchstens 1 cm Dicke. Die Brennstoffzellen wogen noch 74 kg während die NASA heute beabsichtigt, in der Leistung vergleichbare Brennstoffzellen mit einem Gewicht von 4,5–13 kg einzusetzen.

Die erste Brennstoffzelle wurde 1912 mit Kohlenstoff als Brennstoff betrieben. Sie arbeitete bei etwa 700 °C mit geschmolzenem NaOH oder auch Soda als Elektrolyt. Derartige Brennstoffzellen konnten wegen der Unbeständigkeit jeglichen Gefäßmaterials keine Verwendung finden. Heute sind die Brennstoffzellen mit ihrer sogenannten elektrochemischen Verbrennung schon so weit entwickelt, daß sie allen anderen elektrolytischen Stromquellen (Akkumulatoren und galvanische Elemente) aber auch den Generatoren einschließlich Antrieb konkurrenzlos gegenüberstehen.

Im Vergleich zu Verbrennungskraftmaschinen als Antriebsaggregate für Generatoren arbeiten Brennstoffzellen völlig geräuschlos und ohne giftige Abgase. Im Vergleich zum Akku arbeiten die Brennstoffzellen kontinuierlich. Als Kfz-Antriebsmotor arbeitet ein Elektromotor ebenfalls praktisch geräuschlos und ist außerdem als Rotationsmotor weniger störanfällig als der übliche Kolbenmotor. Daher wäre eine Hybrid-Schaltung (Akku, der kontinuierlich von einer Brennstoffzelle mit elektrischer Energie versorgt wird) für das Elektroauto gewiß empfehlenswert.

Arten der Niedertemperatur-Brennstoffzellen

1. In Knallgaszellen (20–80 °C), die bei alkalischem Elektrolyten (KOH) mit gasförmigen Brennstoffen wie H_2 oder anderen wasserstoffreichen Verbindungen wie NH_3, N_2H_4 (Hydrazin) oder Kohlenwasserstoffen aus denen kontinuierlich Wasserstoff freigesetzt wird, betrieben werden. An der Kathode wird elementarer Sauerstoff (O_2) durch eine poröse Platinmetall-Silber-Elektrode (kolloidales Platinmetall mit Silberzusatz auf porösem Elektrodenmaterial) in den atomaren Zustand überführt. Anstelle von reinem Sauerstoff kann auch Luft mit dem darin enthaltenen Sauerstoff eingesetzt werden. Die katalytische Aufspaltung des Sauerstoffs gibt diese Reaktionsgleichung wieder:

$$O_2 \xrightarrow{\text{poröse Platinmetall-Silber-Elektrode}} 2\,O$$

Diese zwei Sauerstoffatome reagieren dann bei einem alkalischen Elektrolyten sofort mit zwei H_2O-Molekülen unter Aufnahme von 4 e^-, die von der Anode über den äußeren Stromkreis zugeführt werden zu 4 OH^--Ionen. Diese OH^--Ionen wandern zur Anode und reagieren dort mit dem durch Raney-Nickel oder kolloidale Platinmetalle auf einem porösen Trägerkörper aktivierten Wasserstoff unter Freigabe von 4 e^-.

Brennstoffzellen
es gibt Nieder-, Mittel- oder Hochtemperaturzellen
(bis 150°C) (150-300°C) (500-1100°C)
Das Prinzip der anodischen Oxydation
(alkalischer Elektrolyt)
H_2/O_2 Zelle

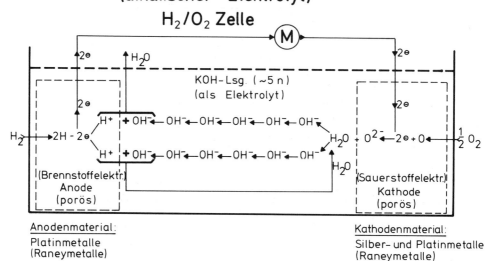

Abb. 26.5a.

Erklärung der katalytischen Wirkung des Anodenmaterials:

Als poröses Anodenmaterial wird Platin, Nickel oder Graphit (auch kombiniert) in kolloidaler Form (z. B. „Platinmohr") auf einem porösen Trägerkörper eingesetzt. An der Anode bildet sich zunächst ein sehr unbeständiges legierungsartiges Hydrid, das unverzüglich mit den Hydroxyl-Ionen (OH^--Ionen) unter Wasserbildung und Freisetzung von einem Elektron je H^+-Ion bildet.
Reaktionsgleichung ab dem gebildeten Nickelhydrid (NiH):

$$NiH + OH^- \rightarrow Ni + H_2O + e^-$$

Diese vorstehende Erklärung gilt für eine mit Kalilauge als Elektrolyt gefüllte Brennstoffzelle, während die Reaktion an der Anode bei einer mit Schwefelsäure gefüllten Brennstoffzelle wie folgt für den atomaren Wasserstoff abläuft:

$$\tfrac{1}{2}H_2 + H_2O \rightarrow H_3O^+ + e^-$$

Prinzip der kathodischen Reduktion
(saurer Elektrolyt) H_2/O_2-Zelle

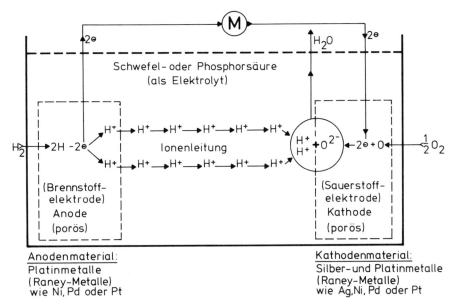

Abb. 26.5 b.

Die Spannung einer Brennstoffzelle (mit KOH als Elektrolyt) liegt bei etwa 0,8 Volt die Stromdichte bei maximal 700 mA/cm² (Bleiakku nur 8,5 mA/cm²).

2. Brennstoffzellen, die mit einem einfacher zu lagernden, flüssigen Brennstoff betrieben werden, sind wie die beschriebenen „Knallgaszellen" aufgebaut, nur arbeiten sie nicht unbedingt nur mit Kalilauge als Elektrolyt, sondern auch mit Schwefelsäure als Elektrolyt.

Als flüssige Brennstoffe kommen hier hauptsächlich in Frage: wasserlöslicher Alkohol (ROH) oder Hydrazin (H_2N-NH_2). Diesen Verbindungen wird an der Ni- oder Platin-Elektrode (-Pol) der Wasserstoff entzogen, der dabei aktiviert (atomar) wird und an dieser Elektrode mit dem an der Kathode ebenfalls aktivierten Sauerstoff unter Wasserbildung reagiert. Hierbei wird ebenfalls je Wasserstoff-Atom, das zur Reaktion gebracht wird, 1 e⁻ freigesetzt und wandert über den Außenleiter (Draht) zur Anode, wo dieses Elektron zur Aktivierung des Sauerstoffs erforderlich ist.

$$1\, e^- + \tfrac{1}{2} O_2 + H_2O \rightarrow 2\, OH^-$$

Die Stromdichte liegt bei dieser elektrolytischen Verbrennung flüssiger Brennstoffe bei etwa 800 mA/cm² und die Spannung bei etwa 0,8 Volt.

3. Brennstoffzellen mit saurem Elektrolyt (H_2SO_4 oder H_3PO_4) ermöglichen den Einsatz von Kohlenwasserstoffen. Die Reaktionsgleichungen zur elektrochemischen Verbrennung mit alkalischem (s. Abb. 26.5a) und saurem Elektrolyt:

alkalischer Elektrolyt (Kalilauge)

Anode: $$2\,H_2 + 4\,OH^- \xrightarrow{\text{Raney Nickel} \atop \text{Platinmohr}} 4\,H_2O + 4\,e^-$$

Kathode: $$4\,e^- + O_2 + 2\,H_2O \xrightarrow{\text{kolloidales Silber}} 4\,OH^-$$

Summe: $$2\,H_2 + O_2 \longrightarrow 2\,H_2O$$

saurer Elektrolyt (H_2SO_4 oder H_3PO_4)

Anode: $$2\,H_2 + 4\,H_2O \xrightarrow{\text{Raney-Nickel}} 4\,H_3O^+ + 4\,e^-$$

Kathode: $$4\,e^- + O_2 + 4\,H_3O^+ \xrightarrow{\text{kolloidales Silber}} 6\,H_2O$$

Summe: $$2\,H_2 + O_2 \longrightarrow 2\,H_2O$$

Bei elektrisch angetriebenen Kraftfahrzeugen wäre es wegen des niedrigen Leistungsgewichtes einer Brennstoffzellen-Batterie empfehlenswert, neben dem Stromsammler in Form eines Bleiakkus auch zur Dauerladung zusätzlich eine Brennstoffzellen-Batterie einzusetzen, um so anhand dieser Hybridschaltung die für das Anfahren oder Beschleunigen bzw. bei Steigungen für kürzere Zeiten größere Strommenge zur Verfügung zu haben. So könnte die Akkumulatorenanlage im Kraftfahrzeug erheblich kleiner sein, ohne die Fahrstreckenleistung zu vermindern, da der Akku bei einer Hybridschaltung für hohe Stromentnahmen nur eine Pufferaufgabe zu erfüllen hat.

Fragen zu Abschnitt 26:

1. Welche Grundvoraussetzung muß ein Sekundärelement erfüllen?

2. Wodurch unterscheidet sich ein Akkumulator von einem galvanischen Element?

3. Welcher Akkumulator hat z. Zt. die größte Bedeutung für die Speicherung von elektrischer Energie?

4. In welcher Form wird in jedem Akkumulator elektrische Energie gespeichert?

5. Wieso läuft in einem Akkumulator stets sowohl beim Laden wie beim Entladen eine Redox-Reaktion ab? – Erklärung am Bleiakkumulator –

6. Wieso hat der bereits 1854 erfundene Bleiakkumulator bis heute trotz seiner verschiedenen Nachteile seine Vorrangstellung unter allen Akkumulatoren behaupten können?

7. Was versteht man unter dem Stromwirkungsgrad eines Akkumulators, was unter dem Energiewirkungsgrad? Wo liegen diese beiden Wirkungsgrade beim Bleiakkumulator?

8. Was ist ein NC-Akkumulator?

9. Welche Vorteile hat ein NC-Akkumulator gegenüber einem Bleiakkumulator?

10. Was sind Brennstoffzellen?

Teil 4   Kunststoffe

27. Einführung in die Kunststoffkunde

Unter Kunststoffen versteht man eine Werkstoffklasse aus makromolekularen organischen Verbindungen (Makromoleküle = Riesenmoleküle) mit einer Molekülmasse ≥ 10000. Der Molekülmasse sind nach oben keine Grenzen gesetzt. Z. B. sind zur Zeit in der Technik *Polypropylentypen* mit einer Molekülmasse von etwa 6 Millionen im Einsatz.
Im Jahre 1922 wurde von Professor *Hermann Staudinger* (23. 3. 1881 – 8. 9. 1965) in einer Veröffentlichung *(Helv. Chim. Acta 1922, S. 788)* erstmals die Bezeichnung „*Makromoleküle*" für Moleküle dieser Stoffklasse vorgeschlagen. Er und seine Schüler konnten in den darauffolgenden Jahren bis etwa 1935 (Ber. chem. Ges. 69 (1936) S. 545 und S. 1168 bis 1185) die tatsächliche Existenz der Makromoleküle anhand verschiedenster Verfahren beweisen. Damit war er in der Lage, die Ansichten von *E. Fischer, K. Freudenberg, H. Wieland, P. Pummerer, K. Hess, K. H. Meyer,* sowie *H. Mark* u. v. a. zu widerlegen. Diese Forscher nahmen zum Teil noch bis in die zweite Hälfte der dreißiger Jahre für *Cellulose, Kautschuk* und andere ähnliche makromolekular aufgebaute Natur- und Kunststoffe einen *niedermolekularen, kristallinen Aufbau (micellarer Aufbau)* an. Die bahnbrechenden Ansichten und Forschungsarbeiten von Professor Dr. *Hermann Staudinger*, die den Beweis für den makromolekularen Aufbau derartiger Stoffe brachten, wurden 1953 mit der Verleihung des Nobelpreises gewürdigt. Heute bilden diese makromolekularen Auffassungen von *Staudinger* die Grundlage für die gesamte Weiterentwicklung der Kunststoffe.
Diese makromolekularen, organischen Verbindungen wurden anfangs nur aus bereits makromolekular vorliegenden Produkten der Tier- und Pflanzenwelt (z. B. Cellulose, Eiweiß, Kautschuk u. a.) gewonnen, indem man diese Produkte chemisch umwandelte. Die ältesten Kunststoffe dieser Art sind *Vulkanfiber* (Kurzzeichen: Vf) ab 1859 und *Celluloid* (Kurzzeichen: CN) ab 1869.
Ein *Stärkemolekül* ist beispielsweise aus etwa 500 Traubenzuckermolekülen $(C_6H_{10}O_5)_{500}$ aufgebaut, die durch „Polykondensation", d. h. unter Wasserabspaltung, chemisch miteinander verbunden sind. Ein Cellulosemolekül ist ebenfalls aus Traubenzuckermolekülen aufgebaut, wobei aber das einzelne Makromolekül aus $\approx 1000-5000$ Traubenzuckermolekülen $(C_6H_{10}O_5)_n$ (mit $n = 1000-5000$) ebenfalls durch „Polykondensation" entstanden ist (Abb. 27a und 27b). *H. Staudinger* und *O. Schweitzer*, Ber. dtsch. chem. Ges. 1930, S. 3132 bis 3154 „Über die Molekülgröße der Cellulose", und H.St. „Arbeitserinnerungen" S. 283 und 323.

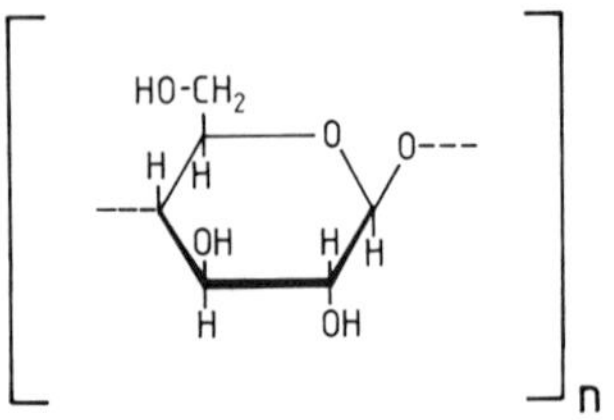

n = Polymerisationsgrad
bei Stärke   *n* ≈ 500
bei Cellulose *n* ≈ 1000–5000 [2]

Abb. 27a. Die Polysaccharide Stärke und Zucker

Strukturbild der Cellulose

Zuckermoleküle ergeben durch die Polykondensation der Makromoleküle Cellulose

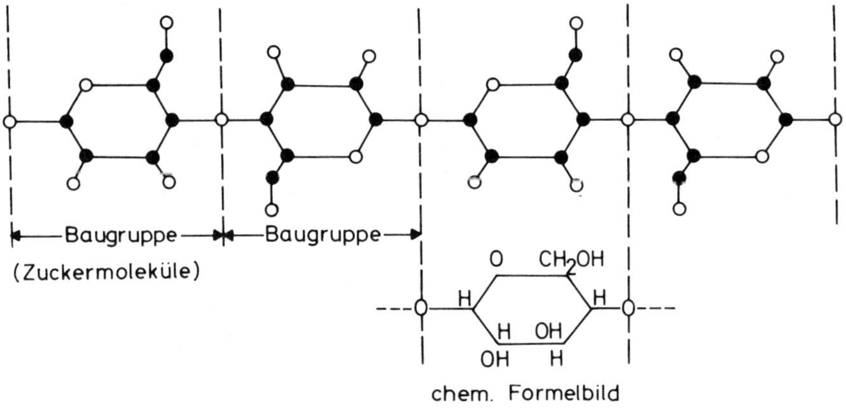

Abb. 27b. Das schematische Strukturbild der Cellulose

27.1 Entwicklung der Kunststoffproduktion

Die Kunststoffproduktion und die Anwendbarkeit der Kunststoffe hat seit den dreißiger Jahren besonders in Deutschland, dann aber auch seit den vierziger Jahren und besonders ab 1945 in den USA und in der übrigen Welt einen großen Aufwärtstrend erfahren. Die gesamte Kunststofferzeugung betrug 1933 nur ca. 100 000 t. 1945 wurden weltweit im Jahr etwa 400 000 t Kunststoffe erzeugt, 1950 wurden bereits 1,5 Mio. t.
1987 betrug die Weltproduktion an Kunststoffen 70 Mio. t wovon in der Bundesrepublik Deutschland 8,392 Mio. t im Wert von 25,4 Mrd. DM produziert wurden (lt. Verband kunststofferzeugende Industrie e.V. von August 1988).
Der Kunststoff erobert sich immer größere Anwendungsbereiche.

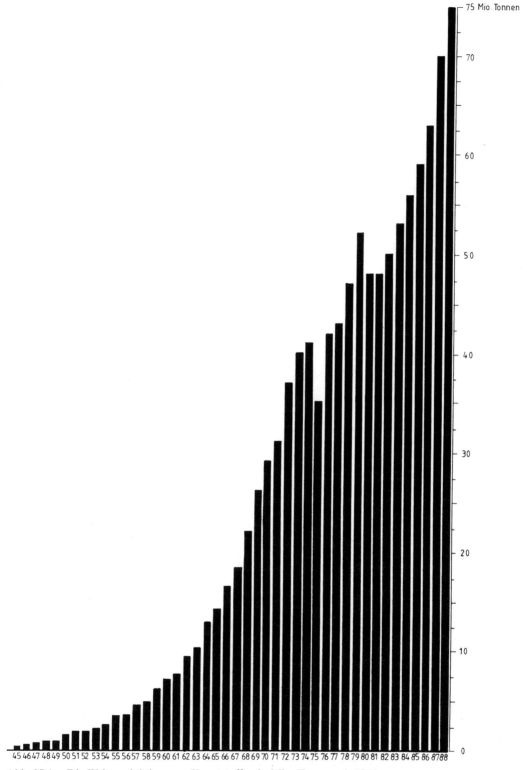

Abb. 27.1a. Die Weltproduktion von Kunststoffen in Mio. Tonnen ab 1945

Einsatzgebiete von Kunststoffen 1987

(lt. Verband kunststofferzeugende Industrie e.V. von 8/88)

25,0% Baugewerbe
15,0% Elektrotechnische Industrie
21,0% Verpackungssektor
10,0% Farben, Klebstoffe, Lacke u.ä.
 7,0% Fahrzeugindustrie
 5,0% Möbel, Einrichtungen
 4,0% Landwirtschaft
 2,5% Haushaltswaren
10,5% Übrige Prozente

100,0% Kunststoff-Einsatzgebiete

Energiebedarf (je Liter und kg) für Aufbereitung, Gewinnung und Fertigteilherstellung

Material	kJ/l	kJ/kg
Cu	$50{,}3 \cdot 10^4$	$4{,}5 \cdot 10^4$
Al	$46{,}0 \cdot 10^4$	$17{,}2 \cdot 10^4$
Stahl	$25{,}0 \cdot 10^4$	$2{,}9 \cdot 10^4$
Glas	$4{,}2 \cdot 10^4$	$1{,}7 \cdot 10^4$
HDPE (Niederdruck-PE)	$4{,}2 \cdot 10^4$	$4{,}4 \cdot 10^4$
LDPE (Hochdruck-PE)	$2{,}5 \cdot 10^4$	$2{,}7 \cdot 10^4$
PS	$2{,}1 \cdot 10^4$	$2{,}1 \cdot 10^4$

In Westeuropa sind ca. 75% der etwa 50 Kunststoffarten Thermoplaste, d.h. sie sind mehrfach warmverformbar. Etwa 20% aller Kunststoffe sind Duroplaste, d.h. sie sind nur höchstens einmal warmverformbar. 65% der Thermoplaste sind PE, PVC, PP und PS. 90% der Duroplaste entfallen auf PF, MF, PUR und UP (Kurzzeichen siehe Kap. 31).
In den USA und in der Bundesrepublik Deutschland betrug 1988 der Kunststoffanteil eines Pkw ca. 10 Gewichts-% während dieser Kunststoffanteil 1980 ca. 6 Gew.-% betrug. Spektakuläre Kunststoff-Neuentwicklungen sind in den nächsten Jahren aber wohl nicht zu erwarten.

Zusammenfassung:

1. „Kunststoffe" oder Plaste sind Werkstoffe, die in ihren wesentlichen Bestandteilen organischer Natur sind. Abb. 27.1 b stellt das Skelett eines allgemeinen C-Kunststoffes dar (lt. *Staudinger*: „Organische Makromoleküle"). Abb. 27.1 c ist das Skelett eines Silikon-Kunststoffes (lt. Staudinger: „Anorganische Makromoleküle").
2. Kunststoffe sind aus Makromolekülen aufgebaut. Ein Makromolekül ist aus mindestens 10^3 Atomen, die sämtlich durch chemische Hauptvalenzen verbunden sind, aufgebaut.

3. Kunststoffe lassen sich bilden durch Umwandlung von Naturprodukten (die ältesten: Vulkanfiber ab 1859, Celluloid ab 1869, Kunsthorn z.B. „Galalith" ab 1897 aus Casein) oder durch Synthesen aus einfachen niedermolekularen Grundverbindungen, die man „Monomere" nennt. Die ältesten vollsynthetischen Kunststoffe sind die Phenoplaste als Polykondensate (Polykondensation) ab 1908, dann folgte 1913 die Patenterteilung an *Fritz Klatt* für die Erfindung der PVC-Synthese (1912). Die Produktion lief in den USA 1928 und in Deutschland 1931 an. 1937 erfand *O. Bayer* mit der Synthese der Polyurethane die Polyaddukte (Polyaddition).
4. Makromoleküle haben im Gegensatz zu den niedermolekularen Verbindungen immer eine relat. Molekülmasse von mehr als 15000. Nach *Staudinger* ist ein Makromolekül stets aus mehr als 1500 Atomen aufgebaut.

Die Grundstruktur von typischen organischen Kunststoffen und den Silikonen:

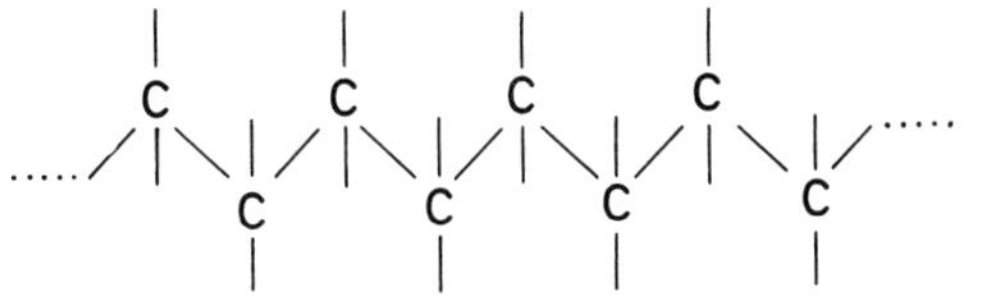

Abb. 27.1 b. Skelett eines C-Makromoleküls

Erklärung: Durch die hier gezeichneten freien Valenzen sind Wasserstoffatome oder organische Radikale gebunden.

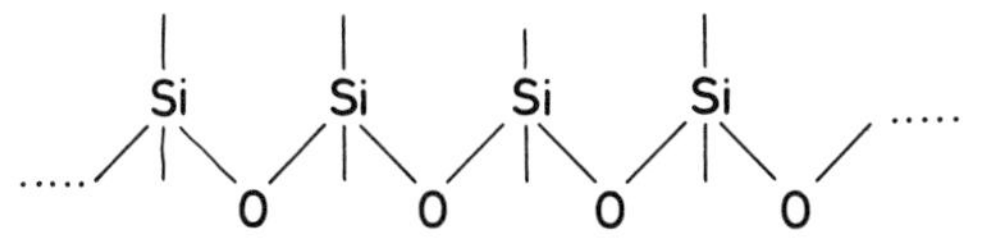

Abb. 27.1 c. Skelett eines Silikon-Makromoleküls

Erklärung: Durch die hier gezeichneten freien Valenzen sind hauptsächlich organische Radikale gebunden.

Silikone nehmen eine Art Zwischenstellung zwischen organischen und anorganischen Verbindungen ein.

Fragen zu Abschnitt 27:

1. Welche drei Hauptgliederungsmöglichkeiten gibt es für Kunststoffe?

2. Wer hat den Begriff Makromolekül erstmalig bereits 1922 benutzt?

3. Welche Bindung zwischen zwei Kohlenstoffatomen muß in den monomeren Molekülen bei einer Kunststoffsynthese durch Polymerisation vorliegen?

4. Wann läuft eine Kunststoffsynthese als Polykondensation und wann als Polyaddition ab?

5. Wann spricht man, unter Berücksichtigung des physikalischen Verhaltens, von Thermoplasten, von Duroplasten und wann von Elastomeren?

6. Was kennzeichnet den Molekülbau der Silikone im Gegensatz zu den C-Kunststoffen?

7. Welche Kunststoffe, die schon 1859, 1869 und 1897 erfunden wurden, sind typische abgewandelte Naturstoffe? Welcher Kunststoff, der 1908 erfunden wurde, ist ein vollsynthetischer Kunststoff?

8. Welche Werkstoffe, Metalle oder Kunststoffe benötigen für die Aufbereitung, Gewinnung und Fertigstellung insgesamt die geringsten Energiemenge?

9. Wieviel Prozent der technisch verwerteten Kunststoffe in Westeuropa sind Thermoplaste?

10. Welchen prozentualen Anteil bei den thermoplastischen Kunststoffen nehmen PE, PVC, PP und PS ein?

28. Gliederungsmöglichkeiten der Kunstoffe

28.1 Einteilung der Kunststoffe nach ihrer Herkunft

1. Chemisch abgewandelte organische Naturstoffe, wie beispielsweise mit Salpetersäure oder Essigsäure veresterte Cellulose (Cellulosenitrat-Kurzzeichen: CN- oder Celluloseacetat-Kurzzeichen: CA- u. a.) sind z. T. schon sehr alte Kunststoffe (CN seit 1859).
2. Etwa 50 Jahre jünger sind die ersten vollsynthetischen Kunststoffe wie beispielsweise die Phenoplaste (Kurzzeichen: PF seit 1908) oder Polyvinylchlorid (Kurzzeichen: PVC seit 1912).

Bei der Synthese von Kunststoffen geht man meist von einfach gebauten niedermolekularen Grundbausteinen („Monomeren") aus.

Zum Beispiel

$$\begin{array}{c}H\\ \end{array}\!\!\!\!\!\!C=C\!\!\!\!\!\!\begin{array}{c}H\\ \end{array}$$
$$\begin{array}{c}H\\ \end{array}\begin{array}{c}H\\ \end{array}$$

Ethylen als monomerer Grundbaustein des Polyethylens (Polyethen) (Kurzzeichen: PE)

und

$$\begin{array}{c}H\\ \end{array}\!\!\!\!\!\!C=C\!\!\!\!\!\!\begin{array}{c}H\\ \end{array}$$
$$\begin{array}{c}H\\ \end{array}\begin{array}{c}Cl\\ \end{array}$$

Vinylchlorid als monomerer Grundbaustein des Polyvinylchlorids (Kurzzeichen: PVC)

oder v. a. mehr.

Kunststoffe können durch Polymerisation, Polykondensation oder durch Polyaddition synthetisiert werden.

1. Polymerisate benötigen zur Synthese ungesättigte, organische, niedermolekulare Grundmoleküle oder auch den durch Zweifachbindung gebundenen Sauerstoff der Aldehydgruppe (z. B. POM) als monomere Grundbausteine. Diese in den Monomeren enthaltenen Doppelbindungen werden durch Einsatz von Katalysatoren zum Aufbrechen, d. h. zur Bildung von Radikalen veranlaßt.
Die Anzahl der in einem Makromolekül enthaltenen Monomeren wird mit $n =$ Polymerisationsgrad bezeichnet.

Zum Beispiel:

1.1. Die Synthese von Polyethylen (Kurzzeichen: PE) aus dem Monomeren Ethylen (Ethen):
Die Startreaktion erfolgt durch Radikale $R^\bullet$, die durch thermischen Zerfall von Initiatoren, wie Dibenzoylperoxid, Kaliumperoxodisulfat u.a., entstehen:

$$R-O-O-R \rightarrow R-O^\bullet + {}^\bullet O-R$$

$$R-O^\bullet + \begin{array}{c}H\\ \end{array}\!\!\!\!\!\!C=C\!\!\!\!\!\!\begin{array}{c}H\\ \end{array} \rightarrow R-O-CH_2-\overset{\overset{\displaystyle H}{|}}{\underset{\underset{\displaystyle H}{|}}{C}}{}^\bullet$$

200 28. Gliederungsmöglichkeiten der Kunststoffe

Eine Kettenreaktion mit weiteren Monomeren führt zum Aufbau von Polyethylen:

$$R-O-CH_2\overset{H}{\underset{H}{C}}\bullet + \overset{H}{\underset{H}{C}}=\overset{H}{\underset{H}{C}} \rightarrow R-O-CH_2-CH_2-CH_2-\overset{H}{\underset{H}{C}}\bullet$$

$$R-O-CH_2-CH_2-CH_2-\overset{H}{\underset{H}{C}}\bullet + n\ \overset{H}{\underset{H}{C}}=\overset{H}{\underset{H}{C}}$$

$$\rightarrow R-O\text{-}\!\!\left[CH_2-CH_2\right]_n\!\!\text{-}CH_2-\overset{H}{\underset{H}{C}}\bullet$$

$$n \approx 100-1000$$

Das wachsende Kettenradikal kann auch mit einem anderem Kettenradikal oder einem Initiatorradikal reagieren. Durch Kombination zweier Radikale kommt es zur Kettenabbruchreaktion:

$$2\ R-O\text{-}\!\!\left[CH_2-CH_2\right]_n\!\!\text{-}CH_2-\overset{H}{\underset{H}{C}}\bullet \rightarrow R-O\text{-}\!\!\left[CH_2-CH_2\right]_{2n+2}\!\!\text{-}O-R$$

oder

$$R-O\text{-}\!\!\left[CH_2-CH_2\right]_n\!\!\text{-}CH_2-\overset{H}{\underset{H}{C}}\bullet + \bullet O-R \rightarrow R-O\text{-}\!\!\left[CH_2-CH_2\right]_{n+1}\!\!\text{-}O-R$$

Eine Disproportionierung führt ebenfalls zum Kettenabbruch:

$$2\ R-O\text{-}\!\!\left[CH_2-CH_2\right]_n\!\!\text{-}CH_2-\overset{H}{\underset{H}{C}}\bullet$$

$$\rightarrow R-O\text{-}\!\!\left[CH_2-CH_2\right]_n\!\!\text{-}CH_2-CH_3 + R-O\text{-}\!\!\left[CH_2-CH_2\right]_n\!\!\text{-}CH=CH_2$$

1.2. Die entsprechende Synthese von Polyvinylchlorid (Kurzzeichen: PVC) aus Vinylchlorid (Chlorethen):

$$n\ \overset{H}{\underset{H}{C}}=\overset{H}{\underset{Cl}{C}} \rightarrow \left[\begin{array}{c} H\ \ H \\ |\ \ | \\ -C-C- \\ |\ \ | \\ H\ \ Cl \end{array}\right]_n$$

n etwa 1000 bis 2100

„Vinylradikal" $\overset{H}{\underset{H}{C}}=\overset{H}{\underset{}{C}}\diagdown$

1.3. Synthese von Polyoximethylen (= Polyformaldehyd) Kurzzeichen: POM)

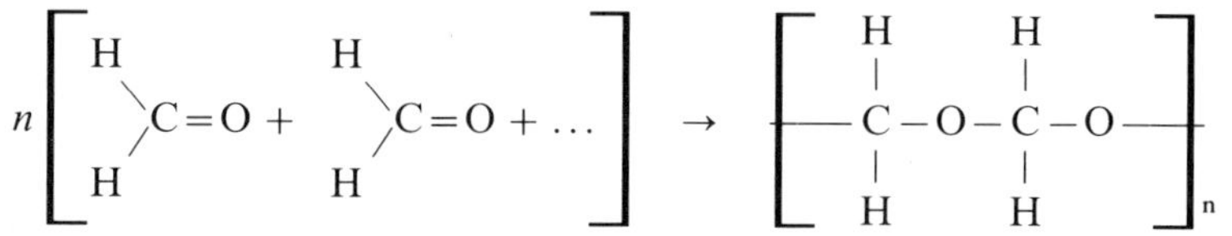

$$n \left[\begin{array}{c} H \\ \\ H \end{array} \!\!\!\! C=O + \begin{array}{c} H \\ \\ H \end{array} \!\!\!\! C=O + \ldots \right] \rightarrow \left[\begin{array}{c} H \\ | \\ -C-O-C-O- \\ | \\ H \end{array} \begin{array}{c} H \\ | \\ \\ | \\ H \end{array} \right]_n$$

2. Polykondensate benötigen zur Synthese niedermolekulare, organische Grundmoleküle, die sich unter Abspaltung eines anderen niedermolekularen Stoffes als Abfallprodukt (meist Wasser) chemisch zu Makromolekülen verbinden.

2.1. Das erste vollsynthetische Polykondensat war das von dem flämischen Chemiker *Baekeland* 1908 erfundene Bakelit. Bakelit gehört zur Gruppe der Phenoplaste.

Saurer Katalysator → nicht härtbare Phenoplaste oder Novolake

Molverhältnis Phenol : Formaldehyd ≤ 1 : 0,8

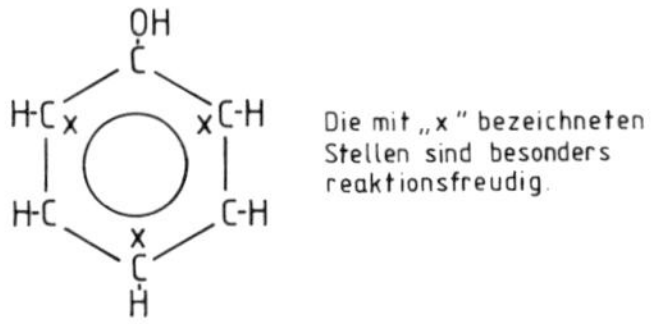

Die mit „x" bezeichneten Stellen sind besonders reaktionsfreudig

Abb. 28.1 a. Phenol

Basischer Katalysator → härtbare Phenoplaste

Molverhältnis Phenol : Formaldehyd = 1 : 2,5 bis 1 : 3

Formaldehyd: $\begin{array}{c} H \\ \\ H \end{array} \!\!\!\! C=O$

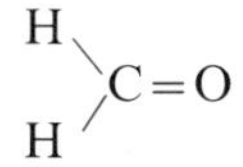

Verlauf der Synthese härtbarer Phenoplaste (Kurzzeichen: PF) (vereinfachte Darstellung)

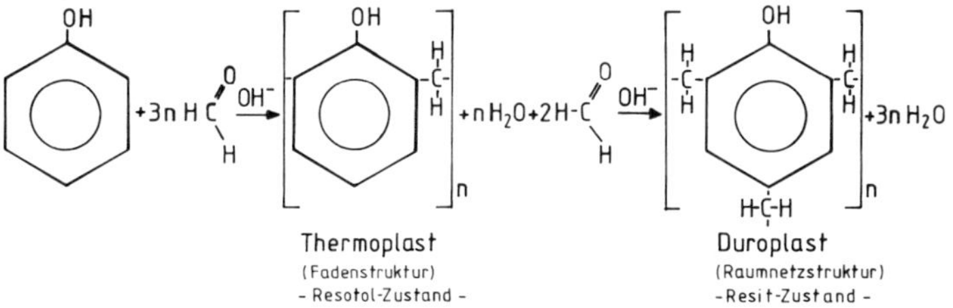

Thermoplast
(Fadenstruktur)
– Resotol-Zustand –

Duroplast
(Raumnetzstruktur)
– Resit-Zustand –

Abb. 28.1 b. Die Polykondensation von Phenol und Formaldehyd

Harnstoffharze (Kurzzeichen: UF)

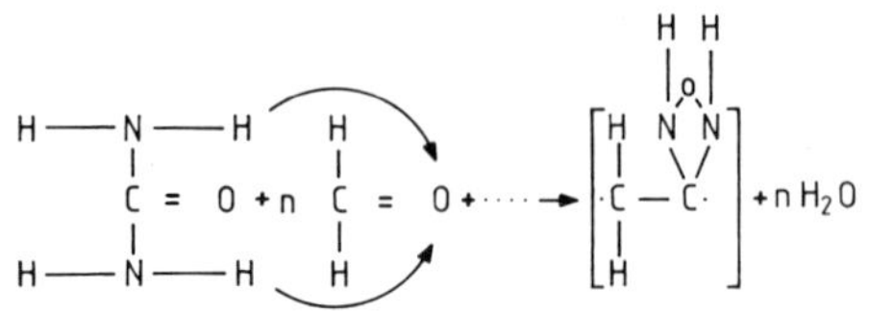

Abb. 28.1 c. Die Polykondensation von Harnstoff und Formaldehyd

Hinweis: Die restlichen aktiven H – am N gebunden – reagieren mit Formaldehyd weiter → Raumnetzstruktur und somit Duromere. Harnstoff-Formaldehydharze (Duroplaste, farblos, lassen sich aber einfärben).
Bildung von Phenolalkohol als Vorstufe der Phenoplaste (Addition von Phenol und Formaldehyd)

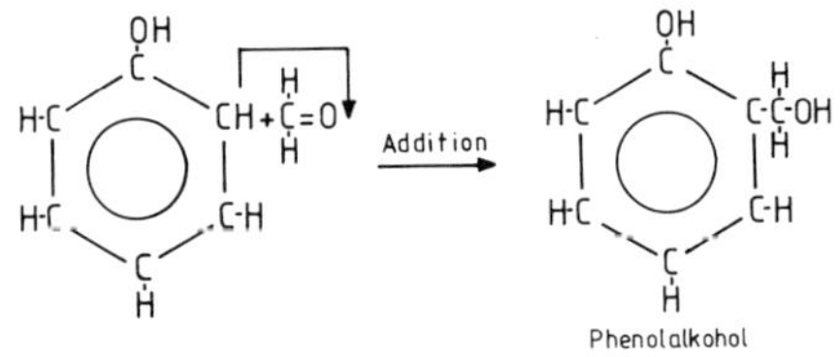

Abb. 28.1 d. Bildung von Phenolalkohol

Novolak-Bildung

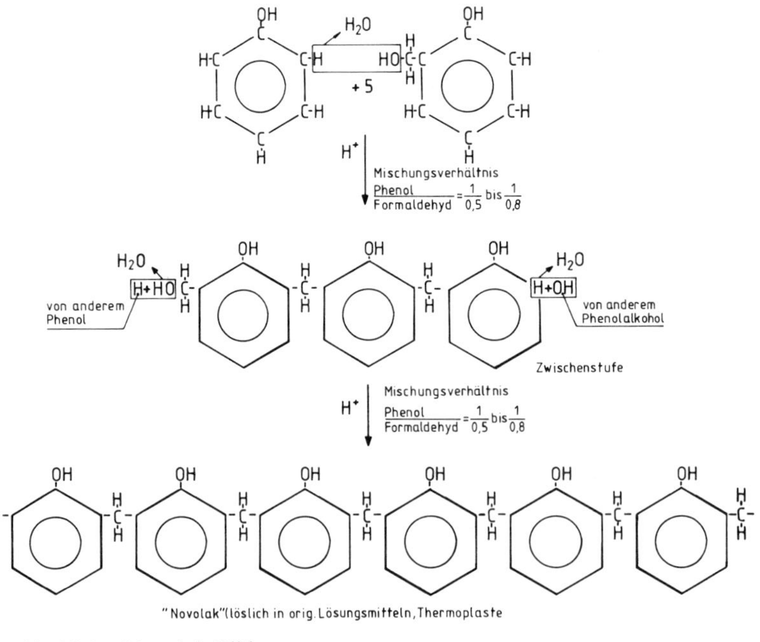

Mischungsverhältnis
$\frac{Phenol}{Formaldehyd} = \frac{1}{0,5}$ bis $\frac{1}{0,8}$

Abb. 28.1 e. Novolak-Bildung

Die Polykondensation von Phenol im sauren Medium. Es wird ein Thermoplast erhalten, sofern das molare Mischungsverhältnis

$$\frac{\text{Phenol}}{\text{Formldehyd}} = \frac{1}{0{,}5} \text{ bis } \frac{1}{0{,}8} \text{ ist}.$$

Ein größerer Formaldehydanteil ergibt Duroplaste.
Bildung von Phenolalkohol als Vorstufe der Phenoplaste (Addition von Phenol und Formaldehyd)

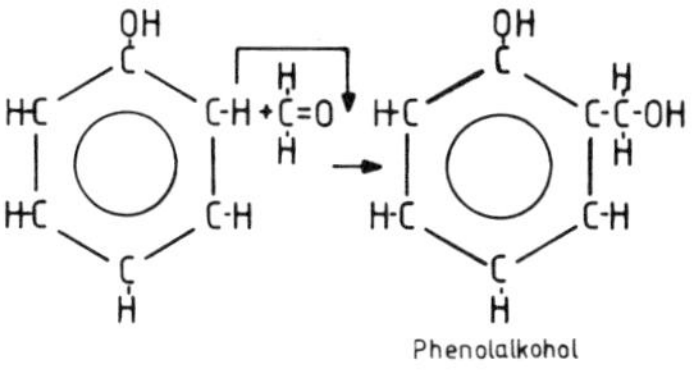

Abb. 28.1 f. Bildung von Phenolalkohol (Vorstufe bei der Phenoplastbildung)

Bildung von härtbaren Phenoplasten (Duroplastbildung)

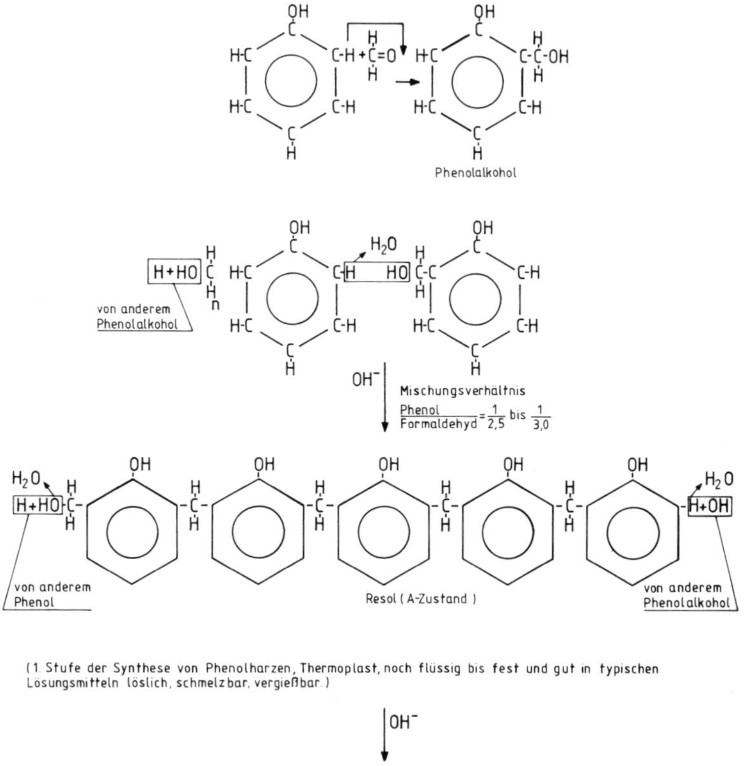

(1. Stufe der Synthese von Phenolharzen, Thermoplast, noch flüssig bis fest und gut in typischen Lösungsmitteln löslich, schmelzbar, vergießbar.)

204 28. Gliederungsmöglichkeiten der Kunststoffe

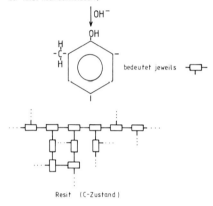

Abb. 28.1g. 1., 2. und 3. Stufe der Synthese von Phenolharzen

Bildung von Phenolalkohol

(1. Stufe der Synthese von Phenolharzen, Thermoplast, noch flüssig bis fest und gut in typischen Lösungsmitteln löslich, schmelzbar, vergießbar)
(2. Stufe der Synthese von Phenolharzen in gewissem Maße noch Thermoplast, geringfügig vernetzt, fest, in der Hitze noch schmelzbar)
(3. Stufe der Synthese von Phenolharzen, Duroplast, vollständig vernetzt, unlöslich und nicht mehr schmelzbar, nur noch spanabhebend verformbar)

Verlauf der Duroplastenbildung eines Phenolharzes.
Abb. 28.1i gibt die Synthese eines Kunststoffes (UP) wieder, bei dem die Polykondensation zu einem Thermoplast als Zwischenstufe führt, während die nächste Stufe (Endstufe), die zu einem Duroplast führt, durch Polymerisation erreicht wird.
Ungesättigter Polyester (Kurzzeichen: UP). Schon 1934 befaßte sich *Staudinger* mit der Vernetzung von Polyestern.

1. Stufe

Polykondensation (Thermoplast)

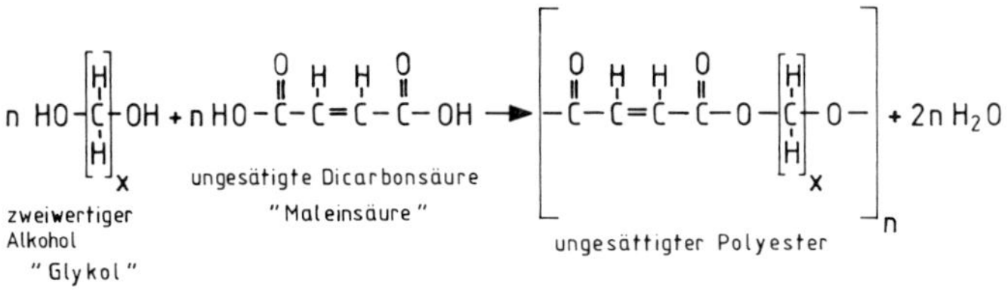

$$n\ HO-[\overset{H}{\underset{H}{C}}]_x-OH + n\ HO-\overset{O}{\overset{\|}{C}}-\overset{H}{C}=\overset{H}{C}-\overset{O}{\overset{\|}{C}}-OH \rightarrow \left[-\overset{O}{\overset{\|}{C}}-\overset{H}{C}=\overset{H}{C}-\overset{O}{\overset{\|}{C}}-O-[\overset{H}{\underset{H}{C}}]_x-O-\right]_n + 2n\ H_2O$$

zweiwertiger Alkohol "Glykol" — ungesätigte Dicarbonsäure "Maleinsäure" — ungesättigter Polyester

Abb. 28.1 h. Bildung von ungesättigtem Polyester

2. Stufe

Polymerisation (Raumnetzstrukturbildung = Duroplast)

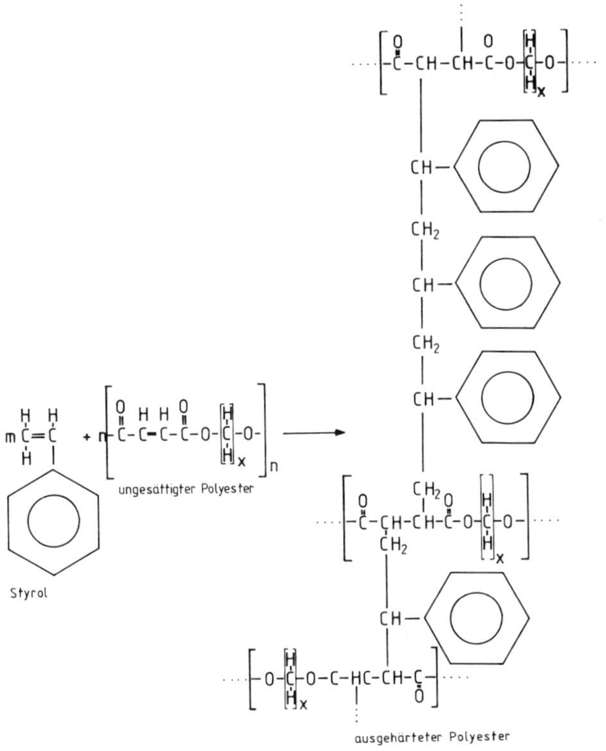

Abb. 28.1 i. Bildung von ausgehärtetem Polyester

206 28. Gliederungsmöglichkeiten der Kunststoffe

Polyester als Duroplast (Kurzzeichen: UP).

3. Polyaddukte sind makromolekulare Stoffe, die aus gleich- oder verschiedenartig aufgebauten polyfunktionellen niedermolekularen Verbindungen entstehen. Durch inter- (lat.: inter = zwischen) oder intramolekulare (lat.: intra = innerhalb) Wanderung von Wasserstoff zwei- oder mehrwertige Radikale ergeben. Diese Radikale verbinden sich dann weiter zu Makromolekülen.

$$n\ HO-(CH_2)_x-OH + n\ O=C=N-(CH_2)_y-N=C=O \xrightarrow{H\ von\ anderem\ Diol} \left[-O-(CH_2)_x-O-\underset{\underset{O}{\|}}{C}-\underset{H}{\underset{|}{N}}-(CH_2)_y-\underset{H}{\underset{|}{N}}-\underset{\underset{O}{\|}}{C}-O-\right]_n$$

Abb. 28.1 k. Polyaddition aus Diol und Diisocyanat zu Polyurethan

Polyaddition z. B. Polyurethan aus Diol + Diisocyanat (Kurzzeichen: PUR).
Verwendung: hochelastischer gummiartiger Kunststoff oder Schaumstoff.
Die Hauptvertreter der Polyaddukte sind das 1937 von *O. Bayer* erfundenen Polyurethane und die Epoxidharze, die man auch Epoxyharze nennt. Epoxidharze finden als hervorragende Klebstoffe (Metall/Metall, Metall/Glas, Metall/Kunststoffe, Kunststoffe/Kunststoffe, Holz/Metall, Beton/Beton, Metall/Beton u. v. a.) vielfache Anwendung. Aber auch als Gießharze, Lack- und Anstrichrohstoffe (zur Versiegelung von Holz und als Isolieranstrich) finden die Epoxidharze Anwendung wegen ihrer hervorragenden Eigenschaften. Der Schwund ist beim Aushärten der Epoxidharze sehr gering, daher härten die Epoxidharze spannungsfrei und reißen nicht. Der Preis für Epoxidharze liegt aber wegen ihrer Rohstoffkosten hoch.
Reaktionsablauf der Epoxidharz (EP)-Synthese:

Abb. 28.1 l. Reaktionsablauf der Epoxidharz-Synthese

Die Reaktion zwischen Epoxidharz und Härter

$$+n\ CH_2-CH-CH_2-R-CH_2-CH-CH_2 + n\ \underset{H}{\overset{H}{N}}-R_1-\underset{H}{\overset{H}{N}} \xrightarrow{\text{Polyaddition}} \cdots CH_2-CH-CH_2-R-CH_2-CH-CH_2-\underset{}{\overset{H}{N}}-R_1-\overset{H}{N}\cdots$$

| Lineares Epoxidharz Zwischprodukt (↑ vom Härter) | Härter (z.B. Diamin) | gehärtetes (abgebundenes) Epoxidharz (Makromolekül) |

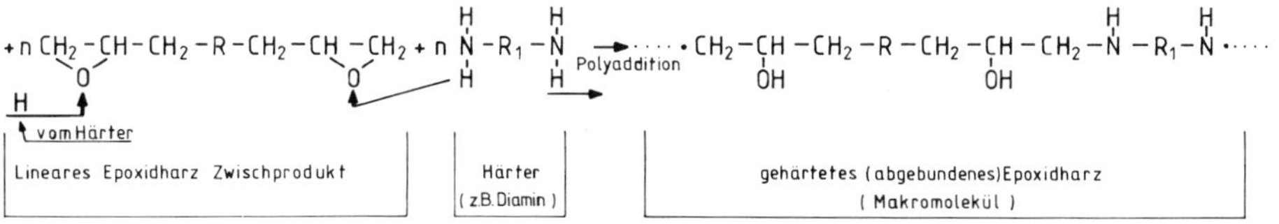

Abb. 28.1 m. Reaktion zwischen Epoxidharz und Härter

Auf die genaue Einhaltung der Harz- und Härteranteile muß geachtet werden. Der Härter ist hier kein Katalysator, sondern ein *Reaktant*. Temperatursteigerung bewirkt eine erhebliche Verkürzung der Aushärtung.
Aushärtung bei Zimmertemperatur etwa 12 Stunden, Aushärtung bei 100 °C etwa 5 Minuten.

28.2 Einteilung der Kunststoffe nach Kunststofftypen

Kunststoffe können nach ihrem physikalisch-technischen Verhalten gegliedert werden in Thermoplaste („Plastomere"), Duroplaste („Duromere") und Elastomere.

28.2.1 Thermoplaste (Plastomere)

Diese Kunststoffe lassen sich durch Erwärmen bis zur Fließtemperatur (FT) zum Fließen bringen und verformen. Nochmaliges Erwärmen ermöglicht jeweils eine erneute Verflüssigung und Verformungsmöglichkeit. Sie sind aufgebaut aus fadenförmigen (kettenförmigen) Makromolekülen (Abb. 28.2.1 c und 28.2.1 d), die auch Seitenketten haben können. Modellmäßig sind Thermoplaste vergleichbar mit einem Wattebausch, in dem die Wattefasern (auch in ihrer Regellosigkeit) bildlich den Makromolekülen gleichzustellen sind (Abb. 28.2.1 c).

Perlon-Synthese

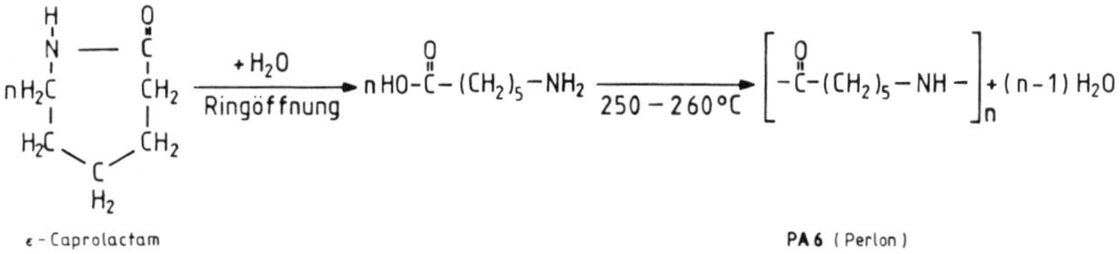

$$n\ \begin{matrix} H_2C \\ | \\ H_2C \end{matrix} \begin{matrix} H & O \\ | & \| \\ N-C \\ | & | \\ CH_2 \\ \diagdown C \diagup \\ H_2 \end{matrix} \xrightarrow[\text{Ringöffnung}]{+H_2O} n\ HO-\overset{O}{\overset{\|}{C}}-(CH_2)_5-NH_2 \xrightarrow{250-260°C} \left[-\overset{O}{\overset{\|}{C}}-(CH_2)_5-NH- \right]_n + (n-1)\ H_2O$$

ε-Caprolactam   PA 6 (Perlon)

Abb. 28.2.1 a. Synthese von Polyamid 6 (Perlon)

Polyester-Synthese

$$n\,H O-R-O H + n \cdot \begin{array}{c} HO-\overset{O}{C}-C \diagup \overset{H}{\underset{H-C}{C}} \diagdown C-\overset{O}{C}-OH \\ H-C \diagdown \underset{H}{C} \diagup C-H \end{array} \longrightarrow \left[O-R-O-\overset{O}{C} \diagup \overset{H}{\underset{H-C}{C}} \diagdown \overset{O}{C}- \\ H-C \diagdown \underset{H}{C} \diagup C-H \right]_n + (2n-1)\,H_2O$$

Glykol
(zweiwertiger Alkohol)   Terephthalsäure   Polyester

Abb. 28.2.1 b. Polykondensation einer Terephthalsäure zu einem Polyethylenterephthalsäureester (PET)

Polykondensation eines Polyethylenterephthalats (Kurzzeichen: PET) gesättigter Polyester mit $n \approx 150-200$ (thermoplastisches Fasermaterial.
Thermoplaste lassen sich auch im Tiefziehverfahren verformen, wenn man sie zwischen die Einfriertemperatur (ET) und die Fließtemperatur (FT) bringt. Die in diesem Temperaturbereich zwischen ET und FT tiefziehend verformten und dann relativ zügig wieder auf den Temperaturbereich unterhalb ET abgekühlten Werkstücke besitzen ein Rückstellvermögen. Das bedeutet, daß der so verformte Thermoplast bei einem erneuten Erwärmen auf den Bereich zwischen ET und FT eine selbstständige Ruckstellung („Memoryeffekt", „Rückstelleffekt", „Rückerinnerungseffekt") auf die Form, die er vor der Tiefziehverformung hatte, erfährt. Dieser Effekt wird durch die im thermoplastischen Bereich (Bereich zwischen ET und FT), den man übrigens auch gummielastischen Bereich nennt, erzwungene Verformung möglich.

Der Memory-Effekt:

Die Makromoleküle werden durch den Tiefziehprozeß in einen Zustand geringer Entropie (Zustand höherer Ordnung) überführt, den sie nach der Abkühlung unter ET auch zwangsweise beibehalten müssen. Gelangt der verformte Thermoplast wieder zwischen ET und FT, strebt er auch wieder einen Zustand höherer Unordnung (höherer Entropie) an, d.h. die Makromoleküle gehen wieder in einen ungeordneten Zustand über (ähnlich wie die Fasern in einem Wattebausch ungeordnet vorliegen). Anwendung findet dieser *Memoryeffekt* bei Schrumpffolienschläuchen in der Verpackungstechnik, bei der Herstellung von Kunststoffverpackungsbehältern für Margarine u.v.ä.
Ähnlich, wie vorstehend erklärt, verhält sich auch Gummi. Wenn z.B. ein Gummistreifen im gereckten Zustand mittels flüssigem Stickstoff in diesem Zustand eingefroren wird, so bleibt diese Längsordnung der Makromoleküle des Gummis im gereckten Zustand auch ohne äußere Kraftaufwendung erhalten, bis bei zunehmender Temperatur die mehr oder weniger vernetzten Makromoleküle des Gummis ihre erzwungene Längsorientierung aufgeben und in den ungeordneteren Ursprungszustand zurückgehen können. Für vernetztes Polyethylen (PE-X) gilt entsprechend das Gleiche, wenn PE-X zunächst in den Temperaturbereich von etwa 90–100 °C gebracht, in diesem Zustand verformt und dann unter Beibehaltung dieser Verformung (z.B. Dehnung) unter fließendem Wasser auf etwa Zimmertemperatur abgekühlt wird. Der Zustand ist nun „eingefroren". Bei erneuter Erwärmung tritt mit zunehmender Temperatur bei etwa 90–100 °C die völlige Rückstellung zur Ursprungsform ein.

lineare Kettenmoleküle	Thermoplaste	schmelzbar löslich bei Raumtemperatur i. A. weich bis hart zäh
verzweigte Kettenmoleküle		

Abb. 28.2.1 c. Thermoplaste (Fadenform der Makromoleküle)

Thermoplaste können auch kristallin aufgebaut sein. Es treten nicht wie bei Metallen Kristallgitter-Strukturen auf, sondern bei den Thermoplasten liegt ein höherer Ordnungszustand vor, als bei den nichtkristallinen (amorphen) Thermoplasten. Man spricht bei derartigen Thermoplasten von einer Teilkristallinität. Der höhere Ordnungszustand liegt nur stellenweise in den fadenförmigen Makromolekülen vor. In den teilkristallinen Gebieten unterhalb von KT (Kristallisationstemperatur) sind die kettenförmigen Fadenmoleküle in Längsrichtung gebündelt (micellar) (Abb. 28.2.1 d). Dieser Zustand höherer Ordnung bewirkt, daß der Kunststoff nicht glasklar, sondern milchig trüb vorliegt. Diese Trübe verschwindet erst bei höherer Temperatur, d. h. oberhalb KT wird der Kunststoff glasklar. Der Kunststoff wird also ohne zu schmelzen glasklar, wenn die Temperatur KT (Kristallisationstemperatur) überschritten wird. Außerdem bewirkt die Teilkristallinität, daß der Fließtemperaturbereich (FT bzw. KT) dieser Thermoplaste etwas enger, d. h. exakter und etwas höher liegt. Auch die Dichte und die Festigkeit eines teilkristallinen Kunststoffes sind im Vergleich zum gleichartigen Kunststoff, der bei gleicher Temperatur nicht kristallin ist, höher.

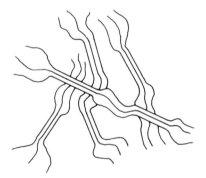

Abb. 28.2.1 d. Teilkristallinität der Thermoplaste

Vergleich von zwei Polyethylenarten:

Das kristalline (lt. DIN 7728) PE-HD, oder auch HDPE geschrieben (hier bedeutet HD high density = hohe Dichte), hat z. B. als Folie pergamentpapierähnliche, trübe Erscheinungsform und verhält sich auch beim Knautschen in dem dabei auftretenden Knautschgeräusch ähnlich wie Pergamentpapier. Formteile aus diesem PE-HD haben eine höhere Formstabilität und besitzen ungefärbt ebenfalls die weißlich-trübe Erscheinungsform. Seine Dichte liegt bei $\geq 0{,}945$ g/cm^3, während das nicht kristalline (lt. DIN 7728) PE-LD, oder auch LDPE (hier bedeutet LD low density = niedrige Dichte), im Gegensatz dazu ein fast glasklares bis höchstens schwach getrübtes Aussehen hat, erheblich weicher und schmiegsamer ist, nicht die Formstabilität besitzt und eine Dichte von $\leq 0{,}924$ g/cm^3 hat.

Wenn ein Thermoplast bei FT fließt, so handelt es sich bei dieser Kunststoffschmelze nicht um eine Flüssigkeit wie Wasser (Newton'sche Flüssigkeit), sondern um eine nicht-Newton'sche Flüssigkeit. Kunststoffschmelzen haben eine gewisse Gummielastizität und verhalten sich wegen der vorliegenden „Verschlaufungen" und anderer gegenseitiger Bindungen bzw. Haftungen gummielastisch.

28.2.2 Duroplaste

(andere Bezeichnung: Duromere)
Diese Kunststoffe erhalten einmalig durch Erwärmen in einer Presse ihre endgültige Form. Eine erneute Formänderung durch erneutes Erwärmen ist nicht mehr möglich. Erwärmen auf ca. 180 °C und höher kann bei diesen Kunststoffen letztlich nur zur Verkohlung und damit zu ihrer Zerstörung führen. Diese Kunststoffe sind nur noch spanabhebend verformbar. Die Bezeichnung einiger Duroplaste sowie ihrer Handelsnamen stehen in Tabelle 1.

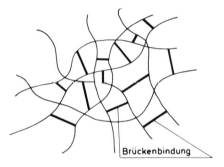

Abb. 28.2.2. Raumnetzstruktur eines Kunststoffmoleküls (Duroplaste)

Duroplaste sind also vor ihrer endgültigen Formgebung in den Zwischenstufen, d.h. im A-(Resol-) oder B-(Resitol-)Zustand, noch nahezu vollständig aus fadenförmigen Makromolekülen aufgebaut. Der Aufbau im B-Zustand ermöglicht so noch die thermoplastische Verformung in der Presse. Während dieser Formgebung bei erhöhter Temperatur (ca. 150 °C) und hohem Druck (ca. 200 bar) werden die fadenförmigen Makromoleküle (Abb. 28.1e) weitgehend chemisch miteinander verbunden und vernetzt. Dabei geht z. B. der Phenoplast vom Resitol- oder B-Zustand in den Resit- oder C-Zustand über und liegt dann als Duroplast dreidimensional vernetzt vor (Abb. 28.2.2).

Tabelle 1

Duroplaste	einige Handelsnamen
Phenolharze	Bakelit, Suraplast, Trolitan untere, dickere Schicht (braun) vom Resopal
Harnstoffharze } Aminoplaste Melaminharze }	Ultrapas, Melopas, Albamid, oberste Schicht vom Resopal Hornitex oder Formica, Supraplast, Pollopas, Palatal,
ungesättigte Polyesterharze (vgl. Abb. 28.1i)	Leguval, Vestopal als ungesättigte Polyester zur Herstellung von Duroplasten

28.2.3. Elastomere

Elastomere sind auffallend gummielastische Kunststoffe. Derartige Kunststoffe sind weitmaschig miteinander vernetzte Hochpolymere (Abb. 28.2.3a). Durch diese Art der Vernetzung können nicht so leicht Deformationen eintreten, die nicht rückgängig gemacht werden können, weil die kettenförmigen Makromoleküle durch Querverbindungen chemisch miteinander verbunden sind. Dadurch versuchen die Fäden immer wieder ihre alte Lage einzunehmen. Sie zeigen echte Elastizität, sie werden daher auch als Elastomere bezeichnet.

Abb. 28.2.3a. Vulkanisierter Kautschuk = Gummi (lockere Raumnetzstruktur)

Zu ihnen gehört der Naturkautschuk und die künstlichen Kautschukarten.

Einige gummielastische Kunststoffe mit Handelsnamen:

Synthesekautschuk („Buna"), Urethangummi („Vulkollan"), Silikongummi („Silopren"), Polysulfidkautschuk („Thiokol"), chlorsulfoniertes (sulfochloriertes) Polyethylen („Hypalon") u.v.a.

Strukturformeln verschiedener Kautschukarten:

Naturkautschuk

$$\ldots {}^{\bullet}CH_2-C=CH-CH_2-CH_2-C=CH-CH_2-CH_2-C=CH-CH_2^{\bullet}\ldots$$
$$\phantom{\ldots {}^{\bullet}CH_2-C}|||$$
$$\phantom{\ldots {}^{\bullet}CH_2-}CH_3CH_3CH_3$$
$$\phantom{\ldots {}^{\bullet}CH_2-C}|\longleftarrow \text{Baustein} \longrightarrow|$$

Zahlenbuna („Buna")

$$\ldots {}^{\bullet}CH_2-CH=CH-CH_2-CH_2-CH=CH-CH_2-CH_2-CH=CH-CH_2^{\bullet}\ldots$$
$$|\longleftarrow \text{Baustein} \longrightarrow|$$

Chlorkautschuk („Neopren")

$$\ldots {}^{\bullet}CH_2-C=CH-CH_2-CH_2-C=CH-CH_2-CH_2-C=CH-CH_2^{\bullet}\ldots$$
$$|||$$
$$ClClCl$$
$$|\longleftarrow \text{Baustein} \longrightarrow|$$

Die strukturellen und deformationsmechanischen Hauptmerkmale der Elastomere sind in DIN 7724 beschrieben.

28. Gliederungsmöglichkeiten der Kunststoffe

Zusammenfassung:

1. Thermoplaste unterscheiden sich auf Grund der chemischen Natur ihrer Bausteine wesentlich voneinander. Gemeinsam ist ihnen, daß sie bei Erwärmung biegsam werden und bei Abkühlung wieder erstarren. Sie werden ausschließlich durch Kohäsionskräfte u. ä., die zwischen den Makromolekülketten wirksam sind, zusammengehalten. Bei den teilkristallinen Thermoplasten machen sich zusätzlich noch die kristallinen Bindungskräfte zwischen den Makromolekülketten in den Gebieten mit höherem Ordnungszustand bemerkbar, das heißt in den Gebieten, in denen die Makromoleküle streckenweise gebündelt vorliegen. Hier werden die Kohäsionskräfte zwischen den fadenförmigen Makromolekülen untereinander in den Gebieten der Bündelung auf größerer Strecke wirksam. Der Fließpunkt (FT = Fließtemperatur) der kristallinen Thermoplaste muß daher auch höher liegen als bei den gleichartigen, aber nichtkristallinen Thermoplasten.
2. Duroplaste sind durch das Vorliegen einer Raumnetzstruktur im Molekülbau gekennzeichnet. Die anfangs vorliegenden fadenförmigen Makromoleküle sind in der Endstufe alle weitgehend miteinander chemisch verbunden, daß eine räumliche Vernetzung im duroplastischen Zustand vorliegt. Man könnte sogar sagen, daß der Duroplast im Idealzustand aus nur einem Molekül besteht. Da auf dem Weg zum Duroplast zwischen den fadenförmigen Makromolekülen der duroplastischen Vorstufe Brückenglieder chemisch eingebaut werden, müssen auch erheblich größere Bindungskräfte wirksam werden als bei den Thermoplasten. Die physikalische Bindungsenergie zwischen den vor der räumlichen Vernetzung vorhandenen fadenförmigen Makromolekülen ist nur etwa $\frac{1}{10}$ bis $\frac{1}{20}$ der nach der Vernetzung vorliegenden chemischen Bindungsenergie. Somit sind erheblich größere Energiebeiträge zur Zerstörung dieser Brückenbindungen zwischen den Makromolekülen erforderlich, was dann aber auch eine höhere Temperaturbeständigkeit dieser Makromoleküle bezüglich ihrer Formstabilität zur Folge hat. Eine erneute Formänderung durch nochmaliges Erwärmen ist bei Duroplasten nicht möglich, da die dazu erforderliche Temperatursteigerung gleichbedeutend mit der Cracktemperatur (etwa $\geq 180\,°C$) eines organischen Moleküls ist.
3. Elastomere sind auffallend gummielastische Kunststoffe, deren Makromolekülketten weitmaschig miteinander verknüpft sind. Hierdurch sind die Freiheitsgrade der Makromolekülketten eingeschränkt worden. Durch diese Art der Vernetzung können dauerhafte Deformationen nicht leicht eintreten. Verformungen an Elastomeren werden durch die chemischen Querverbindungen zwischen den Makromolekülketten wieder rückgängig gemacht.

Der Molekülaufbau der Kunststoffe (relativ großer Molekülabstand) erklärt auch die wesentlich geringere Dichte im Vergleich mit anderen Werkstoffen.

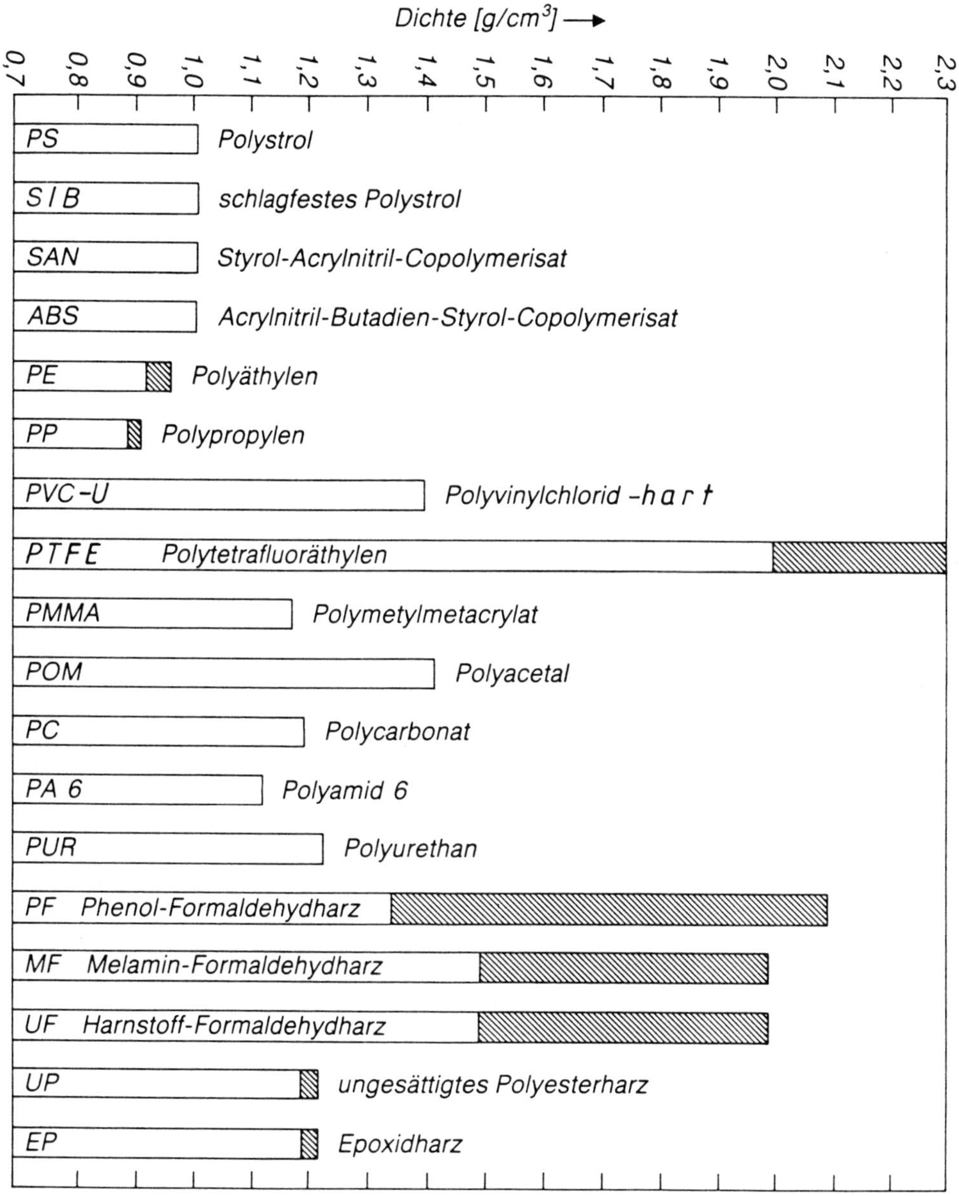

28. Gliederungsmöglichkeiten der Kunststoffe 213

Dichte [g/cm³] ⟶

PS	Polystrol
S I B	schlagfestes Polystrol
SAN	Styrol-Acrylnitril-Copolymerisat
ABS	Acrylnitril-Butadien-Styrol-Copolymerisat
PE	Polyäthylen
PP	Polypropylen
PVC-U	Polyvinylchlorid –h a r t
PTFE	Polytetrafluoräthylen
PMMA	Polymetylmetacrylat
POM	Polyacetal
PC	Polycarbonat
PA 6	Polyamid 6
PUR	Polyurethan
PF	Phenol-Formaldehydharz
MF	Melamin-Formaldehydharz
UF	Harnstoff-Formaldehydharz
UP	ungesättigtes Polyesterharz
EP	Epoxidharz

Abb. 28.2.3 b. Dichte von Kunststoffen

Fragen zu Abschnitt 28:

1. Wodurch ist im Kunststoffgefüge die Teilkristallinität (oder auch Kristallinität genannt) gekennzeichnet?

2. Was ist lt. DIN 7728 PE-X, das oft auch noch mit VPE bezeichnet wird?

3. Welche Gefügestrukturunterschiede haben ungesättigte Polyester (UP) in Vergleich zu gesättigten Polyestern (z. B. PET)?

4. Wodurch und wie können bei der PUR-Schaumstoffherstellung FCKW-Produkte voll ersetzt werden?

5. Wann wurde die Polyaddition bei der Herstellung von welchem Kunststoff erstmals als neues Kunststoffsyntheseverfahren angewandt?

6. Welche Molekül- bzw. Gefügestruktur haben Thermoplaste und welche Duroplaste bzw. Elastomere?

7. Wo nutzt man in der Technik den Memory-Effekt (Rückstelleffekt) der Kunststoffe aus?

8. In welchem Zustandsbereich kann ein thermoplastischer Kunststoff tiefziehend verformt werden?

9. Welche Vorzüge hat PE-HD-X gegenüber PE-HD bei der Verwendung für unter Druck stehende Warm- und Kaltwasserleitungen?

10. Wodurch unterscheidet sich ein Duroplast in der Gefügestruktur von einem Elastomer?

29. Sonderarten der Polymerisation
29.1 Die stereospezifische Polymerisation

Das technische Verhalten der Thermoplaste hängt u.a. stark von der sterischen, d.h. räumlichen Anordnung der Seitenketten eines fadenförmigen Makromoleküles ab. Die sterische Konfiguration der Seitenketten im Makromolekül kann ataktisch (regellos), isotaktisch (regelmäßig einseitig) oder syndiotaktisch (regelmäßig wechselseitig) sein.

ataktisch

```
      R   R       R               R   R
      |   |   |   |   |   |   |   |   |   |
    - C - C - C - C - C - C - C - C - C - C - C - C - C - C - C - C - C - C - C - C -
      |   |   |   |   |   |   |   |   |   |
              R           R   R   R                       R
```

isotaktisch

```
      R   R   R   R   R   R   R   R   R   R
      |   |   |   |   |   |   |   |   |   |
    - C - C - C - C - C - C - C - C - C - C   C - C - C - C - C - C -
      |   |   |   |   |   |   |   |   |   |
```

syndiotaktisch

```
      R       R       R       R       R
      |   |   |   |   |   |   |   |   |   |
    - C - C - C - C - C - C - C - C - C - C - C - C - C - C - C - C - C - C - C -
      |   |   |   |   |   |   |   |   |   |
          R       R       R       R       R
```

Besonders verdient gemacht haben sich auf dem Gebiet der stereospezifischen Polymerisation, d.h. der gezielten räumlichen Anordnung der Seitenketten in Makromolekülen, die Forscher *Ziegler* (Deutschland) und *Natta* (Italien). Ihnen wurde 1963 für ihre Arbeiten der Nobelpreis verliehen. Diese beiden Forscher haben bei verschiedenen Polymerisaten Möglichkeiten der katalytischen Steuerung bezüglich der räumlichen Anordnung der in den Monomeren enthaltenen Seitenketten innerhalb des Makromoleküls entdeckt. Als Katalysatoren kommen metallorganische Verbindungen amphoterer Elemente, wie besonders des Aluminiums und des Titans, in Frage. Durch die gezielte sterische (räumliche) Anordnung von Seitenketten in einem Makromolekül lassen sich erstaunliche Eigenschaftsänderungen bei Kunststoffen erreichen. Beispielsweise erweicht ataktisches Polypropylen bei einer Temperatur von 128 °C, während isotaktisches Polypropylen erst bei 165 °C erweicht. Fasern aus diesem isotaktischen Polypropylen können Festigkeiten von etwa 700 N/mm^2 haben. Damit liegt das isotaktische PP in seiner Festigkeit etwa 10–20 % höher als das ataktische PP. Diese erstaunlich hohen Festigkeitszunahmen, die durch die isotaktische Polymerisation des Propylens erzielt werden, sind allgemein auf den dadurch ermöglichten, sehr hohen Kristallinitätsgrad im isotaktischen Polypropylen, zurückzuführen. Da die Seitenketten im isotaktischen Polypropylen als CH_3-Gruppen sämtlich nur einseitig orientiert sind, ist, wie allgemein bei isotaktischen Polymeren, auch die Bildung einer kristallinen Ordnung der Makromoleküle wesentlich besser möglich als bei den ataktischen oder auch syndiotaktischen Makromolekülen.

29.2 Die Copolimerisation

Copolymerisate werden auch noch oft Mischpolymerisate genannt. Die Bezeichnung Mischpolymerisation sollte, um Irrtümer zu vermeiden, möglichst nicht mehr benutzt werden. Man versteht unter Copolymerisaten Polymere, deren Makromoleküle aus verschiedenen Monomeren (niedermolekulare Grundbausteine) aufgebaut sind. Copolymerisate ähneln in ihren neuen Eigenschaften den Metallegierungen. Ähnlich wie sich bei den Legierungen die Eigenschaften nicht unbedingt von den Eigenschaften der Legierungskomponenten ableiten lassen, so lassen sich auch nicht die neuen Eigenschaften eines Copolymerisates exakt aus den Einzeleigenschaften der Grundmoleküle des jeweiligen Copolymerisates ableiten. Ähnlich wie bei den Metallen die Legierungen, so sind bei den Kunststoffen die Copolymerisate wegen ihrer unterschiedlichen Eigenschaften besonders interessant.

Beispiel:

Aus n monomeren Bausteinen A und m monomeren Bausteinen B bildet sich etwa folgendes Makromolekül:

$$n \cdot A + m \cdot B \rightarrow \ldots -A-A-B-A-A-B-B-B-A-A-B- \ldots$$
$$\text{Copolymerisation}$$

29.3 Die Pfropfpolymerisation

Pfropfpolymerisate werden durch Aufpfropfen von Seitenketten an ein Gerüstpolymeres, das als Kettenrückgrat bereits vorliegt, gewonnen. Derartige Pfropfpolymerisate zeigen oft, ähnlich wie die Mischpolymerisate, erstaunlich neue Eigenschaften, die sich nicht exakt von den Eigenschaften der polymeren Seitenketten ableiten lassen. Pfropfpolymerisate spielen heute hauptsächlich auf dem Pasten-, Lack- oder Farbsektor eine Rolle.

Beispiel:

Das Makromolekül

$$\ldots -A-A-A-A-A-A-A-A-A-A-A-A-A-A-A- \ldots$$

soll aus den monomeren Molekülen B Seitenketten aufgepfropft bekommen:

```
                B
                |
                B
                |
... -A-A-A-A-A-A-A-A-A-A-A-A-A-A-A- ...
            |           |
            B           B
            |           |
            B           B
         Pfropfpolymerisation
```

29.4 Homopolymerisation

(griech.: homois = gleichartig, gleich)

Liegt im Makromolekül nur eine monomere Molekülart (Monomerenart), die aber unterschiedliche Molekülenden (Kopf- und Schwanzende) hat, vor, so spricht man im Gegensatz zur Copolymerisation von der Homopolymerisation (z. B. beim PVC).

Die Homopolymerisation kann vorliegen als

1. Kopf-Kopf-Polymerisation (= Schwanz-Schwanz-Polymerisation)

2. Kopf-Schwanz-Polymerisation

3. Die gleichartigen Monomeren können aber auch ohne ein Ordnungsprinzip, d.h. in unregelmäßiger Folge in einem homopolymeren Makromolekül vorliegen.

29.5 Merkmale einiger spezieller Polyethylenarten

PE-HD DIN 7728) Polyethylen (Polyethen) hoher Dichte (HD = high density), Hartpolyethylen Ein derartiges PE-HD ist ein Polyethylen, das nach dem Niederdruckverfahren (Ziegler-Verfahren) polymerisiert wurde. Dieses Polyethylen hat wegen seiner höheren Kristallinität ($\approx 75-95\%$ige Kristallinität) bei nur etwa 2–5 Seitenketten pro 1000 Ketten-C-Atomen auch eine höhere Dichte ($\varrho = 0{,}945-0{,}965$ g/cm^3).

PE-LD (lt. DIN 7728) Polyethylen (Polyethen) niedriger Dichte (LD = low density), Weichpolyethylen Ein derartiges PE-LD ist ein Polyethylen, das nach dem Hochdruckverfahren (ICI-Verfahren) polymerisiert wurde. Dieses PE ist wegen seiner niedrigeren Kristallinität (55–65%ige Kristallinität) bei etwa 20 Seitenketten pro 1000 Ketten-C-Atomen weniger dicht gepackt und besitzt somit auch eine niedrigere Dichte ($\varrho = 0{,}915-0{,}924$ g/cm^3).

PE-MD (lt. DIN 7728) Polyethylen mittlerer Dichte ($\varrho \approx 0{,}94$ g/cm^3)

PE-X   (lt. DIN 7728) Vernetztes Polyethylen, dieses Polyethylen ist nicht schweißbar. In deutschsprachigen Gebieten oft auch als VPE (vernetztes Polyethylen) bezeichnet.

29.6 Leiterpolymere

Auffallend hohe Wärmebeständigkeit besitzen die sog. „Leiterpolymere", die ihren Namen von der strickleiterartigen Strukturformel ihres Molekülbaus haben. Sie schmelzen nicht und sind außerordentlich sauerstoff- und strahlungsresistent. (In der Literatur wird diese Bezeichnung auch oft für elektrisch leitende Polymere verwandt.)

218 29. Sonderarten der Polymerisation

Allgemeine vereinfachte Darstellung der Strukturformel eines Leiterpolymeren:

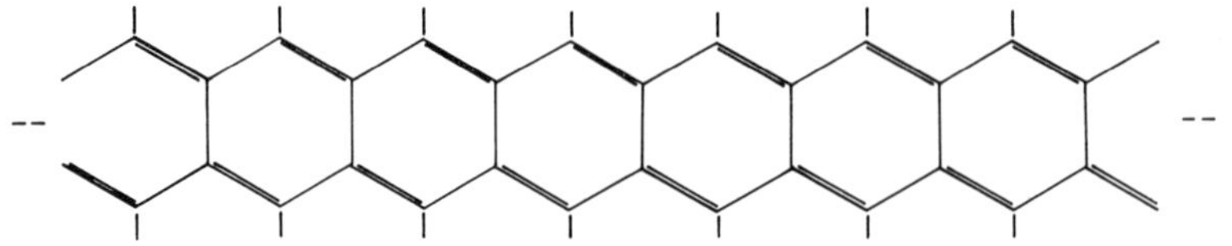

Abb. 29.6a. Allgemeine Strukturformel eines Leiterpolymeren

Durch den Einbau von Ti und Co erreicht man sogar kurzzeitige Temperaturbeständigkeit von ca. 1000 °C und auch elektrisch leitfähige Leiterpolymere.
„Black Orlon" ist ein sogenanntes Leiterpolymerisat, das wegen seiner Halbleitereigenschaft für die Elektrotechnik interessant ist und gleichzeitig als Textilfaser für die Herstellung von feuerfester Kleidung Anwendung findet.
Die Herstellung von „Black Orlon" geht vom fertigen Polyacrylnitril aus, das sich zunächst durch Erhitzen bei Sauerstofffreiheit auf > 160 °C zu Ringen schließt (s. Strukturformel). Anschließend werden diese schon leiterförmigen Makromoleküle in Gegenwart eines Katalysators bei Luftzutritt (O_2) dehydriert (Abb. 29.6b).

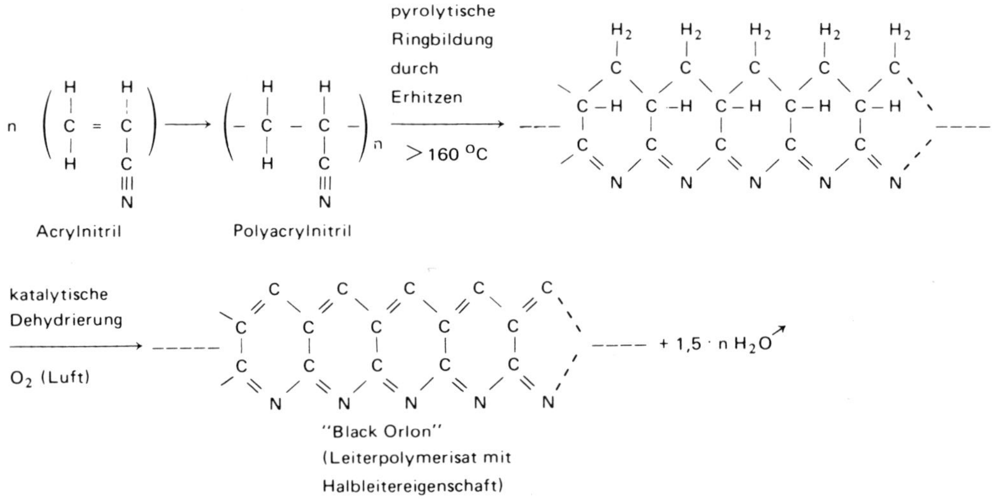

Abb. 29.6b. Chemischer Herstellungsprozeß von „Black Orlon"

Ein anderes Leiterpolymerisat ist „Pluton" als „Plutonfaser". Pluton ist ein dehydriertes Polybutadien. In ein derartiges Tuch kann flüssiges Eisen gegossen werden. Diese Faserart ist noch sehr jung. Man stellt aus diesem Fasermaterial auch Schutzanzüge her, da sie wie die anderen Leiterpolymeren-Kunststoffe durch einen hohen Schmelz- bzw. Erweichungspunkt und gute Strahlenresistenz ausgezeichnet sind. Chemischer Herstellungsprozeß formelmäßig:

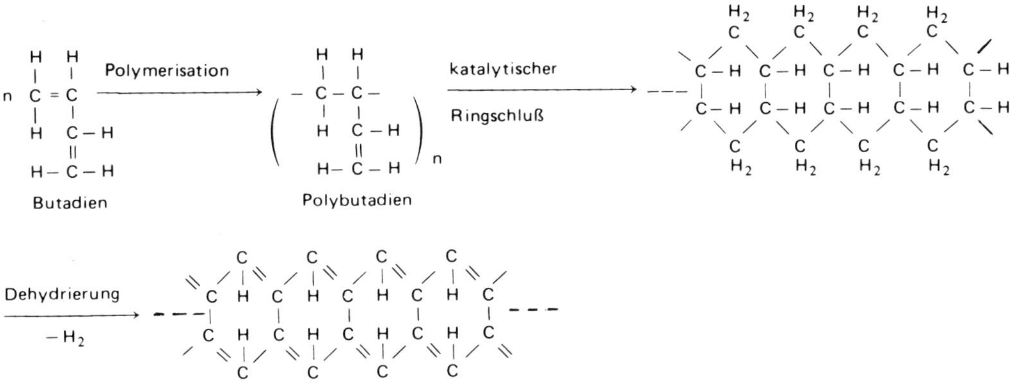

29. Sonderarten der Polymerisation 219

Abb. 29.6c. Chemischer Herstellungsprozeß von „Pluton"

Andere typische Vertreter der Leiterpolymeren sind die „Imidite" bzw. die „Polyimidite". „Imidite" zeichnen sich durch besonders gute, dauerhafte thermische Beständigkeit aus. Sie widerstehen einer Temperatur von etwa 300 °C über 600 Stunden schadlos, können also bis zu dieser Temperatur bei Konstruktionen dauerhaft eingesetzt werden, wenn sie vor Sauerstoffzutritt sicher geschützt sind, denn bei diesen hohen Temperaturen werden sie sehr leicht oxidiert. Man verwendet sie daher als Metallklebstoffe bei hohen Temperaturen, da sie einmal sehr gut auf Metallen haften und zum anderen auch so vor dem Zutritt von Sauerstoff geschützt sind.
Strukturformel einer Imidit-Molekülgruppe: (nach Christen „Grundlagen der org. Chemie")

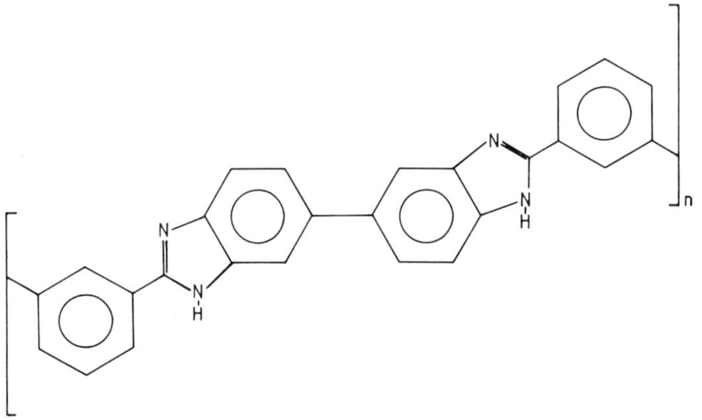

Abb. 29.6d. Strukturformel einer Imidit-Molekülgruppe

Polyimide (PI), die ebenfalls Leiterpolymere sind, werden aus Pyromellitsäure und aromatischen Diaminen synthetisiert. Sie sind die älteste (1953) und wichtigste Gruppe der hochwärmefesten Kunststoffe. Die Polyimide haben noch bei Temperaturen von 300–370 °C eine ausgezeichnete Festigkeit und Formbeständigkeit, die die des Teflons insofern übertrifft, da Teflon seine Kristallinität ab 327 °C verliert.

220 29. Sonderarten der Polymerisation

Der Dauertemperatur-Einsatzbereich des PI liegt zwischen -240 und $+260\,°C$, kurzzeitig bis $400\,°C$.

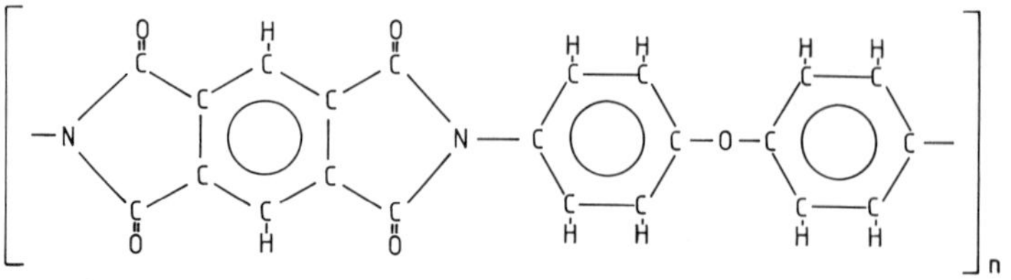

Abb. 29.6e. Strukturformel einer Polyimidgruppe

Als ein weiteres Leiterpolymerisat sei noch polymerisiertes Benzol erwähnt, das $MoCl_5$ und Wasser als Katalysator zur Herstellung benötigt. Dieses Polymerisat wird als Poly-p-phenylen bezeichnet. Bei diesem Leiterpolymerisat handelt es sich um das jüngste Polymerisat dieser Art. Es hat eine sehr hohe Wärmebeständigkeit, die kurzzeitig über $500\,°C$ liegt. Seine Verarbeitung ist nur im Sinterverfahren möglich.

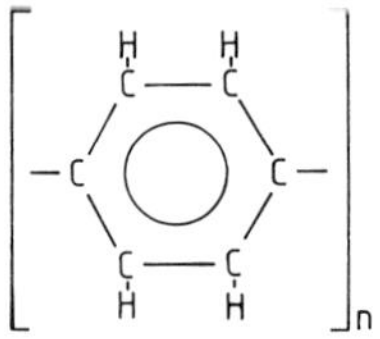

Abb. 29.6f. Strukturformel von Poly-p-phenylen

29.7 Polyblends („Kunststofflegierungen")

Polyblends sind Mischungen von verschiedenen thermoplastischen Polymeren, die sich in ihrem Aufbau so weit ähneln, daß sie zu Compounds gemischt werden können. Derartige Compounds werden auch Kunststofflegierungen genannt. Durch die Mischung verschiedener Makromoleküle können die Eigenschaften der einzelnen Polyblend-Komponenten ähnlich stark verändert werden wie die der Metalle in Legierungen.

Fragen zu Abschnitt 29:

1. Welche drei stereospezifischen Polymerisationen sind möglich?

2. Wann wird von einer Copolymerisation gesprochen?

3. Wie werden Pfropfpolymerisate hergestellt?

4. Was ist ein Polyblend?

5. Bei welchen Monomeren ist eine Homopolymerisation möglich und welche drei verschiedenen Homopolymerisationen gibt es?

6. Was sind Leiterpolymere?

7. Was ist Black Orlon?

8. Was zeichnet Pluton aus?

9. Welche Strukturformel hat Poly-*p*-Phenylen?

10. Welche kurzzeitige Temperaturbeständigkeit hat Poly-*p*-Phenylen und wie kann es daher nur verarbeitet werden, obwohl es zu den Thermoplasten gehört?

30. Die Silikone

Silikone sind neben Polytetrafluorethylen (PTFE) die teuersten Kunststoffe. Ihr Preis liegt bei ≥ 20 DM/kg.
Die Silikone wurden in den Jahren 1941 bis 1942 gleichzeitig in Deutschland (*Müller-Rochow*-Synthese) und in den USA entwickelt. Silikone sind Kunststoffe besonderer Art, denn ihr Grundgerüst wird nicht durch miteinander verbundene Kohlenstoffatome gebildet, sondern bei ihnen ist das Grundgerüst eine Si–O–Si–O-Bindung (Abb. 30). Die Silikone werden aus Quarzsand gewonnen. Sie nehmen eine Zwischenstellung zwischen den Silikaten und den Kohlenwasserstoffen ein.
Im Silikon-Makromolekül sind die Siliciumatome immer mit zwei Valenzen über Sauerstoffatome miteinander verbunden, da Silicium bevorzugt als Elektronendonator auftritt.
Nur Silikon hinterläßt als einziger nicht gefüllter Kunststoff beim Verbrennen eine weiße Asche. Diese Asche besteht aus SiO_2. Auch der während dem Verbrennen entstehende auffallende weiße Rauch ist SiO_2.
Skelett eines Silikon-Makromoleküls:

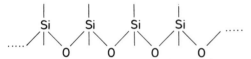

Abb. 30. Skelett eines Silikon-Makromoleküls

Erklärung: Durch die freien Valenzen sind hauptsächlich organische Radikale gebunden.

Diese Eigenschaft des Siliciums ist mit seiner Stellung im Periodensystem gut erklärbar, denn nur so erreicht Silicium den Edelgaszustand und eine volle Schale. Die restlichen zwei Valenzen des Siliciums sind durch Kohlenwasserstoffradikale (sehr häufig Methylgruppen, aber auch Ethyl-, Propyl-, Phenylgruppen u.ä.) abgesättigt. Mit steigenden Phenylgruppenanteilen im Silikonharz steigt dessen Elastizität und Wärmebeständigkeit.

Die Eigenschaften der Silikone:

1. Silikone haben eine hohe Wärmebeständigkeit bis zu Dauertemperaturen von 180–200 °C. Bei Temperaturen > 200 °C werden die Silikone thermisch zu SiO_2 zersetzt.
2. Silikonöle haben eine gute Viskositätskonstante (Zähigkeitskonstante) im Temperaturbereich von −60 bis 250 °C.
3. Silikone sind sehr hydrophob (wasserabweisend)
4. Silikone sind mit den meisten Hochpolymeren unverträglich.
5. Silikone sind hervorragende Isolatoren und stellen als Silikonkautschuk bzw. -lacke u.ä. sehr gut brauchbare Einbettungsmittel für Kabel und Leitungen dar, die höheren Temperaturen ausgesetzt sind.
6. Silikonöle oder Silikonfette u.ä. haben einen sehr niedrigen Reibungskoeffizienten. Sie können deshalb als Gleitmittel eingesetzt werden. Sie eignen sich aber nicht gut als Lagerschmieröl, da sie keine hohen Flächendrucke vertragen.

7. Silikonöle sind elastische Flüssigkeiten.
8. Silikonöle sind auch beim Dauergebrauch als Hautpflegemittel physiologisch völlig unbedenklich, da sie sich völlig indifferent verhalten.
9. Silikone besitzen einen auffallenden Antihafteffekt („Plakatabweiser") und haben daher auch ausgezeichnete Formtrenneigenschaften.
10. Silikone sind in sehr vielen Fällen hervorragende Schaumverhütungs- und -vernichtungsmittel.
11. Spezielle Silikonöle eignen sich gut als Hydrauliköle.
12. Silikonöle finden Verwendung als Diffusionspumpenöle.
13. Silikonöle sind löslich in Benzol, Toluol, aliphatischen und auch chlorierten Kohlenwasserstoffen (Fluorsilikone sind aber in Kohlenwasserstoffen und chlorierten Kohlenwasserstoffen unlöslich).
14. Silikonöle finden in der Elektrotechnik auch gute Verwendung als Dielektrika.
15. Silikonharzlösungen oder Lösungen von Silikonaten wie Natriummethylsilikonate [$CH_3Si(OH)_2ONa$] bewirken, daß kalkhaltiges Mauerwerk (z. B. kalkhaltiger Putz) durch kräftiges Besprühen mit diesen Lösungen langfristig wasserabweisend wird, während die Atmung des Mauerwerks völlig unbeeinflußt bleibt. Erklärung: Natriummethylsilikonat bewirkt bei dem Zusammentreffen mit Calcium-Ionen (im Beton, Kalk oder Kalkzementmörtel) eine sehr gute Verankerung des dann gebildeten Calciumsilikonates, das praktisch unlöslich ist und eine erstaunlich dauerhafte Imprägnierung des Mauerwerks bei offenen Poren ergibt.
16. Einige spezielle Silikonöle eignen sich hervorragend als Porengrößenregler bei PUR-Schäumen.
17. Silikonöle sind wenig beständig gegenüber starken anorganischen Säuren und Basen.
18. Silikone sind selektiv gasdurchlässig. Sauerstoff diffundiert unter Wasser relativ gut durch eine Si-Folie von etwa 25 µm Dicke. Gleiches gilt auch für Wasserdampf, während sie gegenüber flüssigem Wasser eine völlige Sperre darstellt.

31. Die Kunststoff-Kurzzeichen

Zu den Kunststoffen zählen auch die Kunstfasern („Diolen", „Trevira", „Orlon", „Dralon", „Nylon", „Perlon" u. a.), Kunstgläser („Plexiglas", „Makrolon" u. a.), der Kunstkautschuk („Buna", „Neopren" u. a.), Schaumstoffe („Moltopren", „Styropor" u. a.), Klebstoffe („Araldit", „Urecoll" u. a.) sowie viele andere Hilfsstoffe für die Maschinenbau-, Leder-, Textil-, Papier- und Erdölindustrie. Berücksichtigt man die Vielzahl der verschiedenen Handelsnamen für den gleichen Kunststoff, so erkennt man, daß für nur etwa zwei Dutzend verschiedener Kunststoffe einige tausend verschiedene Handelsnamen gebraucht werden. Dies macht es dem Verbraucher schwer, ohne ausreichende Einführung in das Gebiet der Kunststoffe den richtigen Kunststoff für einen bestimmten Anwendungszweck zu finden und einzusetzen.

Zum Zwecke der besseren Verständigung gibt man für die meist langen Bezeichnungen der Kunststoffe nur Kurzzeichen an. Diese Kunststoffbezeichnungen geben dem Chemiker und oft auch dem in der Kunststoffindustrie arbeitenden Ingenieur oder Techniker Auskunft über den Molekülaufbau. Kurzzeichen sind leichter einprägbar und bedeutungsvoller und schließen somit Mißverständnisse weitgehend aus. Außerdem haben sich diese Kurzzeichen international (ISO-Empfehlung) in der Literatur und im Sprachgebrauch eingeführt und gut bewährt.

Nachfolgend angegebene Kurzzeichen entsprechen den genormten (für Kunststoffe DIN 7728 Teil 1, Januar 1988, und für Weichmacher DIN 7723 Bl. 10) sowie den in der Industrie und Literatur häufig angewandten Kunststoff- und Weichmacher-Kurzzeichen. Nicht genormte, in der Industrie und Literatur aber häufig zu findende Kurzzeichen sind in der nachfolgenden Aufstellung mit * gekennzeichnet.

31.1 Kunststoff-Kurzzeichen

(Thermoplast = Tpl, Duroplast = Dpl, Elastomer = Elm)
Internationales Kurzzeichen laut DIN 7728 Teil 1 (Januar 1988) (Die mit * gekennzeichneten Abkürzungen sind nicht genormt, aber in der Literatur und Industrie sehr häufig zu finden.)

Erklärung: Kst-Typ = Kunststofftyp
Tpl = Thermoplast
Dpl = Duroplast
Elm = Elastomer

Kurz-zeichen	Rohdichte ϱ (g/cm³)	Kunststoffart Makromolekülbaubezeichnungen	einige Handelsnamen (Rohstoffnamen)	Anwend.-Temp. (°C)	Kst.-Typ
ABS	1,04–1,1	Acryl-Butadien-Styrol-Copolymere	Teluran, Novodur, Abinol, Abson, Cycolac, Kralastic, Ravikral, Ugikral, Sconater, Forsan, Okisan, Diapet, Stylac, Toyalac, Tufrex	70–105	Tpl
A/MMA	1,17	Acrylnitril-Methylmethacrylat-Copolymere		70	Tpl
ASA	1,07	Acrylester-Styrol-Acrylnitril-Copolymere	Luran, Geloy, Stauffer SSG, AAS resins, Vitax	85–95	Tpl
CA	1,25–1,35	Celluloseacetat	Ultraphan, Cellit, Trolit W, Cellidor A, S und U, Ecaron, Cellon, Ecarit	40–60	Tpl
CAB	1,15–1,25	Celluloseacetobutyrat	Cellidor B		
CAP	1,15–1,25	Celluloseacetopropionat			
CF		Kresolformaldehyd			Dpl
CMC	1,29	Carboxymethylcellulose	Tylose CMC, Walsroder CMC, Quellfondin		Dpl
CN	1,35–1,4	Cellulosenitrat „Nitrocellulose"	Celluloid	40–60	Tpl
CP	1,2–1,3	Cellulosepropionat	Cellidor CP, Cellit CTP	40–60	Tpl
CPVC*		Chloriertes PVC			
CR*	1,23	Polychloropren (Chlor-Butadien-Kautschuk)	Baypren, Neopren, Perbunan C	sehr beständig	Elm
CR-S*		Styrol-Butadien-Kautschuk			Elm
CSF	1,32	Casein-Formaldehyd	Galalith, Ergolith, Idealith, Lithocorn, Modealith, Wehalith	70	Dpl
CSM	1,1–1,28	Chlor-sulfoniertes Polyethylen	Hypalon	sehr beständig	Elm
CTA	1,26–1,29	Cellulosetriacetat			
EC	1,07–1,18	Ethylcellulose „Celluloseether"	AT-Cellulose, Cellon	120	Dpl
EP	1,1–1,4	Epoxidharz „Epoxyharz"	Epoxin, Lekutherm, Araldit, Epikote, Epon, UHU-Plus	70–150	Dpl Elm Tpl

Kurz-zeichen	Rohdichte ϱ (g/cm³)	Kunststoffart Makromolekülbau-bezeichnungen	einige Handelsnamen (Rohstoffnamen)	Anwend.-Temp. (°C)	Kst.-Typ
E/VA	ca. 0,9	Ethylen-Vinyl-acetat-Copolymere	Levapren, Lupolen V, Levasint	40–70	Tpl
FSI*		Silikonkautschuk		−100–250	Elm
GF*	2,54	Glasfasern zur Kunststoffverstär-kung			
GFK*	bis ≈ 2,0	Glasfaserver-stärkte Kunststoffe	Scobalit u. v. a.	130–155	Dpl
GK*		Glaskugeln zur Kunststoffver stär-kung			
GUP*	bis ≈ 2,0	Glasfaserverstärkte ungesättigte Poly-ester	Scobalit u. v. a.	130–155	Dpl
GW*		Glasgewebe			
HF*		Harnstoff-Formaldehydharz; siehe UF			Dpl
Hgw*		Hartgewebe			Dpl
Hm*		Mattenschicht-preßstoff			Dpl
HMWPE*	≈ 0,96	Polyethylen mit hohem Molekular-gewicht		80–100	Tpl
Hp*		Hartpapier			Dpl
HSW*		Holzspanwerkstoff			Dpl
KGF*		Kunstharzge-tränktes Glasflies			Dpl
MC		Methylcellulose	Tylose, Cellulosemethyl-ether, Metylan		Dpl
MF	1,48 ungefüllt	Melamin-Formaldehyd	Ultrapas, Melopas, Albamit, Supraplast, SKW-Melaminharz-Preßmassen, Alberit MF, Resopal, Horni-tex, Formika, Iporka, Kaurit, u.v.a.	je nach Füllstoff 90–100 kurzzeitig höher	Dpl
MP*	1,4 ungefüllt	Melamin-Phenol-Formaldehyd	Alberit MP u.v.a. (siehe auch unter MF)	je nach Füllstoff 90–175	Dpl

31. Die Kunststoff-Kurzzeichen

Kurz-zeichen	Rohdichte ϱ (g/cm³)	Kunststoffart Makromolekülbau-bezeichnungen	einige Handelsnamen (Rohstoffnamen)	Anwend.-Temp. (°C)	Kst.-Typ
PA	1,02–1,21	Polyamid (PA 6, PA 66, PA 6/10)	Perlon, Nylon, Trogamid, Vestamid, Ultramid B (PA 6), Ultramid A (PA 66), Ultramid S (PA 6/10) Durethan BK, Rilsan, Supronyl	<120–170 (kurz)	Tpl
PAN	1,14–1,17	Polyacrylnitril	Acryl, Orlon, Dolan, Dralon, Redon, Zytel 100, Zytel 40, Zytel 30	95	Tpl
PBT	1,29–1,41	Polybutylen-terephthalat	Ultradur	spröde ab −60 maximal +130	Tpl
PC	1,17–1,22	Polycarbonat	Makrolon, Lexan	100–140	Tpl
PC-GFK*	1,38	Polycarbonat, glasfaserverstärkt		135	Tpl
PE-HD	0,945–0,965	Polyethylen mit hoher Dichte (PE-hart)	Hostalen, Vestolen, Lupolen, Trolen, Polythen, Dyno-len, Suprathen	80–100	Tpl
PE-HD-UHMW	0,94	Polyethylen mit ultrahoher Molekülmasse (4,4–8 Mio.)	Hostalen GUR (s. S. 257)	Kristallit-schmelz-temp.: 135–138	Tpl
PE-LD	0,915–0,924	Polyethylen mit niedriger Dichte	Lupolen, Hosta-len, Vestolen, Trolen, Poly-then, Dynolen, Suprathen	60–80	Tpl
PE-MD	0,94	Polyethylen mit mittlerer Dichte		80–90	Tpl
PET	1,38–1,40	Polyethylen-terephthalat; gesättigter Polyester	Trevira, Diolen, Terylen, Vestan, Dacron, Mylan, Mylan, Hostaphan	130	Tpl
PE-X		vernetztes PE			Elm
PF	1,25	Phenol-Formaldehyd	Bakelit, Supraplast, Alberit PF, Trolitan u.a.	125	Dpl
PI		Polyimid	Folien: Kapton Formstoffe: Vespel, Kinel, Kerimid, QX13, Ultem	−240–260 kurzzeitig bis 400	Tpl
PIB	0,92	Polyisobutylen	Oppanol	ca. 100 maximal	Tpl
PMMA	1,18–1,19	Polymethyl-methacrylat	Plexiglas, Degla, Perspex, Resarit, Resartglas, Plexi-dur, Lucit, Sadur, Resardur	70–90	Tpl

Kurz-zeichen	Rohdichte ϱ (g/cm³)	Kunststoffart Makromolekülbau-bezeichnungen	einige Handelsnamen (Rohstoffnamen)	Anwend.-Temp. (°C)	Kst.-Typ
PMP	0,83	Poly-4-methyl-penten-1	TPX-Harz	ca. 150	Tpl
PO*	0,83–0,96	(Sammelbez. für Polyolefine wie PE, PP, PIB) – aber auch PO für Phenoxyharz		60 (PE) bis 130 (PP)	Tpl
POM	1,41–1,43	Polyoximethylen, Polyacetale, Polyformaldehyd	Delrin, Hostaform, Ultraform Ultraform	90 (kurzfristig bis 150)	Tpl
PP	0,896 –0,907	Polypropylen	Moplen, Daplen, Hostalen PP, Vestolen P, Novolen, Profax	spröde ab 0, maximal 100–130	Tpl
PPOX	1,06	Polyphenylenoxid	PPO von NV Polychemie AKU-GE Holland, Noryl	100 (kurzzeitig bis 150)	Tpl
PS	1,05	Polystyrol	Polystyrol, Styroflex, Sty-ron, Hostyren, Vestyron, Tro- lytul, Novidur, (ge-schäumtes PS = Styropor)	65–75	Tpl
PS-E	0,015 –0,20	expandiertes od. expandierbares Polystyrol	Styropor, Styrox, Vestypor	70–85	Tpl
PTFE	2,0–2,3	Polytetrafluor-ethylen	Teflon, Fluon, Hostaflon TF, Algoflon, Gaflon-Hostaflon TF-Compounds	spröde ab –200 dehnbar ab –100 maximal bis +260	Tpl
PUR	1,17–1,26	Polyurethan (vernetzt und linear)	Vulkollan, Durethan U, Moltopren, Contilan, Elastomoll, Phoenolan, Vulkapren, Estane, Ultramid	70–90 (maximal auch bis <130)	Tpl, Dpl, Elm
PVAC	1,18	Polyvinylacetat	Appretan, Mowicoll, Mowilith, Vinnapas	je nach Polymeri-sationsgrad 30–200	Tpl
PVAL	1,21–1,31	Polyvinylalkohol (ist rein wasserlöslich)	Mowiol, Polyviol, Manryo, Resistoflex, Cremona, Poval, Vinarol, Monosol, Viplaviol, Elvanol, Goh-senol, Roviol, Solvar	50–110	Tpl
PVB	1,1–1,2	Polyvinylbutyral	Vinylal, Kuralon, Mewlon		Tpl

Kurz-zeichen	Rohdichte ϱ (g/cm^3)	Kunststoffart Makromolekülbau-bezeichnungen	einige Handelsnamen (Rohstoffnamen)	Anwend.-Temp. (°C)	Kst.-Typ
PVC-C	1,55	chloriertes Polyvinylchlorid mit 64% Chlor	Rhenoflex	85–100	Tpl
PVC-P	1,19–1,35	Polyvinylchlorid plasticized = weich (PVC-U + 20–50% Weichmacher)	Vinnol, Mipoplast, Mipolam, Vinidur, Astralon, Supradur, Resoryl, Dynadur, Vinylite, Dynadur, Aco- dur, Igelit u. v. a.	–10 bis –50 je nach Weichmachergehalt	Tpl
PVC-U	1,38–1,4	Polyvinylchlorid hart (schlagzäh) (unplasticized)	Hostalit, Vinoflex, Vestolit	60	Tpl
PVDC	1,6–1,7	Polyvinylidenchlorid	Saran, Vestan, Diofan, Ixan, Kurekalon	höher als PVC $\approx$ 80–100	Tpl
PVDF	1,76–1,78	Polyvinylidenfluorid	Dyflor, Kynar, Trovidur, Solef	150	Tpl
PVF	1,38–1,57	Polyvinylfluorid	Davlon, Davlor, Tedlar (Folie), Dyflor	105	Tpl
PVFM	1,1–1,2	Polyvinylformal, Polyvinylformaldehyd	siehe PVA, Mowital F, Pioloform, Formvar, Formadur, Rhovinal		Tpl
PVK	1,19	Polyvinylcarbazol	Luvican	150–170	Tpl
PVP	1,18	Polyvinylpropionat	Propiofan bildet sehr weiche Abstrichfilme	von 30 (niedermolek.) bis 120 (höhermolek.)	Tpl
SAN	1,08–1,09	Styrol-Acrylnitril	Luran 52, Vestoran, Kostil, Litac, Tyril	75–95	Tpl
S/B	1,04–1,06	Styrol-Butadien-Copolymere	Polystyrol 400, schlagfestes Polystyrol, Vestyron 500	ca. 75	Tpl
S/MA	1,04–1,07	Styrol/Maleinsäureanhydrid	Cadon, Dylark		Tpl
S/MS	1,05	Styrol/α-Methylstyrol	(Vergußmassen)	>95– <115	Tpl
SI	1,25–1,7	Silicon (Silikon), Siloxan (Polysiloxan), Silan	Baysilon, DC-Silicones, Wacker Silicone; Silikon-Kautschuke: Silopren, GE-Silicon-Rubber, Wacker-Siliconkautschuk, KE-Rubber, Rhodorsil, Silastic, Silastomer, Textolit	bis $\leq$250 (kurzz. bis 300) elast. ab –50	Tpl, Dpl, Elm

31. Die Kunststoff-Kurzzeichen

Kurz-zeichen	Rohdichte ϱ (g/cm^3)	Kunststoffart Makromolekülbaubezeichnungen	einige Handelsnamen (Rohstoffnamen)	Anwend.-Temp. (°C)	Kst.-Typ
UF	1,42–1,52	Harnstoff-Formaldehyd	Pollopas, Beckamin, Hostaset UF, Beckurol, Resamin, Urecoll, Kaurit, Alberit UF u.a.	60–80 (ungefüllt)	Dpl
UP	1,1–1,22 ungefüllt	ungesättigte Polyester-Reaktionsharze	Aldenol, Levugal, Alpolit, Hostaset UP, Palatal, Vestopal, Resipol, Keripol, Bendurplast, HRS-Polyester, Nyhapol, Dedikanol, Plaskon, Dobeckan, Alberit UP, Polyleit	70 (rein) 150 (mit Füllstoffen)	Dpl
VC/E	1,35	Vinylchlorid/Ethylen	Hostalit Z	sehr witterungsbeständig	Tpl
VC/E/MA	1,35	Vinylchlorid/Ethylen/Methacrylat		50–60	Tpl
VC/E/VAC	1,35	Vinylchlorid/Ethylen/Vinylacetat		50–60	Tpl
VC/MA	1,35	Vinylchlorid/Methacrylat		50–60	Tpl
VC/MMA	1,35	Vinylchlorid/Methyl-Methacrylat		50–60	Tpl
VC/OA	1,3	Vinylchlorid/Octylacrylat		50–60	Tpl
VC/VAC	1,35	Vinylchlorid/Vinylacetat	Vestoran	50–60	Tpl
VC/VDC	1,65–1,72	Vinylchlorid/Vinylidenchlorid	Diofan, Ixan, Saran	50–60	Tpl
VF*	1,1–1,45	Vulkanfiber	Dynos, Hornex	105 kurzfr. bis 180	Dpl
ZG*	1,45–1,5	Hydratcellulose (Zellglas)	Cellophan, Priphan, Cuprophan, Ultraphan, Heliozell, Transparit, u.v.a	kurzfr. bis 190	Tpl

Weichmacher-Kurzzeichen

Einige wichtige Kurzzeichen laut DIN 7723 (Dezember 1987).

ASE	Alkylsulfonsäureester
BOA	Benzyloctyladipat
DBP	Dibutylphthalat
DEP	Diethylphthalat
DIBP	Diisobutylphthalat

DIDP	Diisodecanphthalat
DINA	Diisononyladipat
DINP	Diisononylphthalat
DIOP	Diisooctylphthalat
DMP	Dimethylphthalat
DOA	Di-2-ethylhexyladipat
DOP	Di-2-ethylhexylphthalat
DPCF	Diphenylkresylphosphat
DPOF	Diphenyloctylphosphat
TCEF	Trichlorethylphosphat
TCF	Trikresylphosphat
TOF	Trioctylphosphat
TOPM	Tetraoctylpyromellitat
TOTM	Trioctyltrimellitat
TPF	Triphenylphosphat
TXF	Trixylylenphosphat

32. Kunststoffeigenschaften

Auf Grund ihres Molekülaufbaues besitzen Kunststoffe folgende Eigenschaften:

1. Niedrige Dichte

Kunststoffe haben eine Dichte ϱ, die zwischen 0,896–0,907 g/cm^3 (PP = Polypropylen) und 2,2–2,3 g/cm^3 (PTFE = Polytetrafluorethylen) liegt. Im Vergleich der Dichte der Kunststoffe mit der Dichte des Aluminiums (2,7 g/cm^3), des Stahls (7,8 g/cm^3) und des Kupfers (8,9 g/cm^3) erkennt man, wie auffallend niedrig das spezifische Gewicht der Kunststoffe (im Mittel $\approx$ 1,1 g/cm^3) ist.

2. Oft hohe chemische Beständigkeit

Kunststoffe widerstehen oft erstaunlich gut Chemikalien wie Säuren, Basen, organischen Lösungsmitteln usw..

3. Relativ niedrige und begrenzte Temperaturbeständigkeit

Kunststoffe vertragen als Thermoplaste im allgemeinen bei Erhaltung ihrer Temperaturbeständigkeit nur maximale Temperaturen von etwa 60–80 °C. Nur einige wenige Spezialkunststoffe, wie z. B. Polytetrafluorethylen (PTFE) oder Silikone (SI) vertragen Dauertemperaturbelastungen bis etwa 250 °C. Duroplaste vertragen meist höhere Temperaturen als Thermoplaste. Die Formstabilität der Duroplaste bleibt bis zum Erreichen der Cracktemperatur meist voll erhalten, sie cracken erst oberhalb 180 °C.

4. Hohes elektrisches Isoliervermögen

Der spezifische elektrische Durchgangswiderstand der Kunststoffe ($\Omega \cdot$ cm), d.h. der elektrische Widerstand eines 1-cm^3-Kunststoffwürfels, liegt bei etwa 10^{15} Ω. Deshalb finden Kunststoffe in der Elektrotechnik sehr starke Verwendung als Isoliermaterial. Sie besitzen auch mehr oder minder die Fähigkeit, sich elektrostatisch aufzuladen. Erst wenn der spezifische Widerstand der Kunststoffe $< 10^8$ $\Omega \cdot$ cm beträgt ist die Grenze der elektrostatischen Aufladbarkeit erreicht. Der spezifische elektrische Durchgangswiderstand eines Metalles liegt bei etwa $5 \cdot 10^{-6}$ $\Omega \cdot$ cm. Beispielsweise ist der spezifische Widerstand von Kupfer $1.55 \cdot 10^{-6}$ $\Omega \cdot$ cm oder der spezifische Widerstand von Eisen $8,8 \cdot 10^{-6}$ $\Omega \cdot$ cm.

5. Niedrige Wärmeleitzahl

Die Wärmeleitfähigkeit λ der Kunststoffe ist sehr niedrig. Sie ist mindestens etwa 100- bis 300mal kleiner als die der Metalle. Der Wert für λ der Kunststoffe liegt bei etwa 1,26 kJ/m $\cdot$ h $\cdot$ K, während er für Gebrauchsmetalle bei etwa 335 ... 420 kJ/m $\cdot$ h $\cdot$ K liegt. Beispielsweise ist $\lambda_{Al} = 754,2$ kJ/m $\cdot$ h $\cdot$ K oder $\lambda_{Fe} = 188,6$ kJ/m $\cdot$ h $\cdot$ K.

6. Hohe Wärmeausdehnungszahl

Die Wärmeausdehnungszahl α der Kunststoffe ist im Vergleich zu den Metallen relativ groß. Sie ist etwa fünf- bis zehnmal größer als die der Metalle. Die Wärmeausdehnungszahl der Kunststoffe liegt bei etwa $10 \cdot 10^{-5}$ K^{-1}, während die der Metalle bei etwa $2 \cdot 10^{-5}$ K^{-1} liegt. Beispielsweise ist $\alpha_{Al} = 2,4 \cdot 10^{-5}$ K^{-1} oder $\alpha_{Fe} = 1,2 \cdot 10^{-5}$ K^{-1}.

32.1 Die Zustandsbereiche der Kunststoffe

Ähnlich wie es für niedermolekulare Stoffe drei verschiedene Zustandsbereiche (fest, flüssig, gasförmig) gibt, und diese Zustandsbereiche für jeden Stoff charakteristisch sind, gibt es vergleichbare auch für die Kunststoffe.

Man unterscheidet bei den Thermoplasten zwischen dem Einfrier- bzw. Erweichungstemperaturbereich (ET), dem Kristallit-Schmelzbereich (KT), dem Fließtemperaturbereich (FT) und dem Zersetzungstemperaturbereich (ZT) (Abb. 32.1). Jeder Thermoplast hat, dem Aufbau der Makromoleküle entsprechend, die Zustandsbereiche (ET, KT, FT, ZT). Im Bereich unterhalb ET ist der Kunststoff fest und bei tiefen Temperaturen glasartig. Im Bereich zwischen ET und FT ist der Kunststoff thermoelastisch, d. h. er besitzt gummielastische Eigenschaften. In diesem Bereich kann ein Thermoplast durch Teifziehen verformt werden. Die erhaltene Form liegt unterhalb ET, d. h. bei Zimmertemperatur, eingefroren vor und ist damit für den normalen Temperaturbereich formstabil, wenn der thermoelastische Bereich erst bei etwa 60 °C und mehr beginnt. Zwischen FT und ZT liegt der sog. thermoplastische Bereich (Fließbereich). In diesem Bereich ist der Thermoplast in der Spritzgießmaschine oder im Extruder verarbeitbar. Erwähnt sei noch, daß bei teilkristallinen Kunststoffen häufig die obere Grenze des teilkristallinen Bereichs statt mit FT auch mit KT (Kristallisationstemperatur-Bereich) bezeichnet wird wenn FT mit dem Kristallit-Schmelzbereich praktisch zusammenfällt (Abb. 32.1, Teilbild 2 und 3).

Für Duroplaste gibt es nur den festen und den zersetzten Zustandsbereich. Diese beiden Bereiche werden durch ZT voneinander getrennt (Abb. 32.1, Teilbild 1).

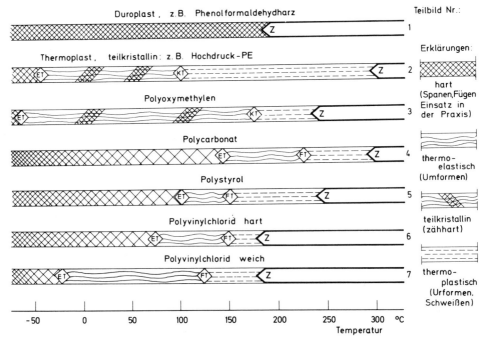

Abb. 32.1. Zustandsbereiche verschiedener Kunststoffe

32.2 Das Formänderungsverhalten der Kunststoffe

Die Kenntnis des mechanischen Verhaltens der Kunststoffe in Abhängigkeit von der Temperatur und vom Aufbau der Kunststoffmoleküle ist wichtiger als bei Werkstoffen metallischer oder nichtmetallischer Art. Bei den Kunststoffen gilt das ganz besonders für die Thermoplaste. Bei ihnen ändert sich das mechanische Verhalten (Zugfestigkeit σ und Dehnung δ) teils weniger, teils aber ganz erheblich mit der Temperatur. Bei Kunststoffen ist die Einheit für Festigkeitsgrößen N/mm^2.

Duroplaste

Zugfestigkeit und Dehnung ändern sich bei den Duroplasten bei Temperaturerhöhung bis fast zur Erreichung der Zersetzungstemperatur (ZT) praktisch überhaupt nicht, während sie dann sehr stark abfallen (Abb. 32.2a)
Nachträglich vernetzte Thermoplaste, beispielsweise vernetztes PE-HD, das durch das Kurzzeichen PE-HD-X bezeichnet wird, verhält sich aber entsprechend dem Abb. 32.2d. Hierbei handelt es sich um einen vernetzten Elastomer, der auch keinen kalten Fluß zeigt.

Thermoplaste

Anders ist es bei den Thermoplasten. Bei ihnen muß noch unterschieden werden zwischen amorphen und teilkristallinen Kunststoffen.

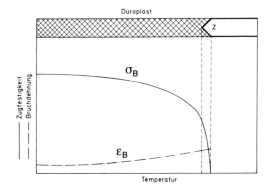

Abb. 32.2a. Die Temperaturabhängigkeit der Zugfestigkeit und der Bruchdehnung von Duroplasten

Amorphe Thermoplaste

Schon unterhalb des Einfriertemperaturbereiches (ET), in dem die thermoplastischen Kunststoffe sprödhart bis zähhart sind, nimmt bei den amorphen Thermoplasten die Zugfestigkeit bis ET kontinuierlich ab, während die Dehnung kontinuierlich bis zum ET-Bereich steigt (Abb. 32.2b). Ist der ET-Bereich erreicht worden, so fällt die Zugfestigkeit sehr stark im ET-Bereich ab, um schließlich oberhalb ET, d.h. im thermo- bzw. gummielastischen Bereich (zwischen ET und FT) wieder erheblich weniger stark, kontinuierlich weiter abzunehmen. Die Dehnung derartiger Thermoplaste nimmt aber kontinuierlich über den Bereich ET hinaus ebenso stark zu, wie sie bereits im ET-Bereich stark zunahm, denn jetzt ist die mikrobrown'sche Bewegung (Schwingung nur innerhalb der

C−C−C-Bindung) frei geworden. Nach Erreichen eines Maximums der Dehnung im thermoelastischen Bereich nimmt die Dehnung schließlich so stark ab, daß man beim Erreichen von FT vom Fließen des Thermoplasten sprechen kann. In diesem Punkte treffen sich die Zugfestigkeit und Dehnung, d.h. der thermoplastische Bereich ist erreicht, der Kunststoff fließt jetzt viskoelastisch. In diesem Bereich kann der Kunststoff thermoplastisch be- oder verarbeitet werden, d.h. der Kunststoff ist in diesem Bereich schweißbar, extrudierbar oder auf der Spritzgußmaschine verarbeitungsfähig. Ein derartiger Verlauf der Zugfestigkeits- und Dehnungskurven ist typisch für alle amorphen Kunststoffe (Acrylglas, Polystyrol, Polyvinylchlorid).

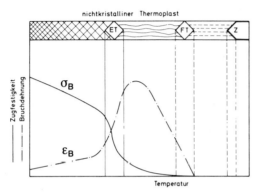

Abb. 32.2b. Die Temperaturabhängigkeit der Zugfestigkeit und der Bruchdehnung nichtkristalliner Thermoplaste

Teilkristalline Thermoplaste

Teilkristalline Thermoplaste verhalten sich anders als amorphe Kunststoffe. Bei diesen Kunststoffen tritt im ET-Bereich keine auffallende Abnahme bzw. Zunahme der Zugfestigkeit oder der Dehnung auf, sondern erst kurz vor dem Erreichen des FT-KT-Bereiches fällt die Zugfestigkeit stark bis zum Fließen ab, während die Dehnung kurz vor dem Erreichen des FT-KT-Bereiches noch stark zunimmt und im FT-KT-Bereich schnell bis ebenfalls zum Fließen abnimmt. Nun sind alle Kristallite oberhalb dieser Temperatur im Bereich zwischen FT/KT und Z nicht mehr existent, d.h. der Kunststoff ist amorph. Hier ist der teilkristalline Kunststoff schweißbar und auf dem Extruder oder der Spritzgußmaschine verformbar und kristallisiert wieder unterhalb des Temperaturbereichs FT/KT.

Teilkristalline Thermoplaste, mit chemischen Vernetzungsbrücken zwischen den ursprünglich fadenförmigen Makromolekülen

Für chemisch vernetzte, ursprünglich typische Thermoplaste, die nach der Vernetzung als duroplastische Elastomere vorliegen (z.B. PE-HD-X, wo -X lt. DIN 7728 Teil 1 die Vernetzung erklärt), gilt, daß hier ein Fließen des Kunststoffes erst nach dem Erreichen der Zersetzungstemperatur Z (oder oft auch mit „ZT" bezeichnet) erfolgt. Somit sind diese Kunststoffe nicht schweißbar, da sie erst oberhalb Z zersetzt fließen, dann nur noch in Form von undefinierten Makromolekülbruchstücken vorliegen (Abb. 32.2d).

Ab „KT" liegt bei steigender Temperatur bis Z ein nicht mehr kristallines Kunststoffgefüge vor, was bewirkt, daß ähnlich wie bei den unvernetzten Thermoplasten (entsprechend Abb. 32.2c) zwischen ET und FT, diese dann besonders leicht zwischen KT/FT

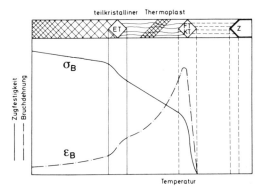

Abb. 32.2c. Die Temperaturabhängigkeit der Zugfestigkeit und der Bruchdehnung teilkristalliner Thermoplaste

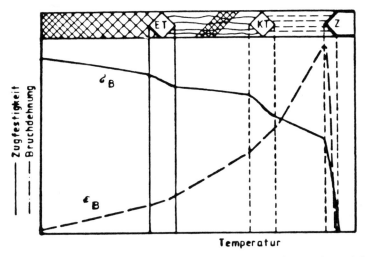

Abb. 32.2d. Die Temperaturabhängigkeit der Zugfestigkeit und Bruchdehnung nachträglich vernetzten, teilkristallinen Polyethylens

und Z tiefziehend o.ä. verformt werden können. Beim Abkühlen auf KT tritt auch wieder die ursprüngliche Kristallinität der im Molekülbau unveränderten Makromoleküle des Kunststoffs, nur in der ihm gegebenen neuen Form und mit etwas geringerer Entropie als vor der Tiefziehumformung in Erscheinung. Somit ist diese neue Form eingefroren. Bei einem erneuten Erwärmen bis in den Temperaturbereich zwischen ET und Z tritt auch hier, beim vernetzten Thermoplast, wie beim unvernetzten Thermoplast zwischen ET und FT, der Rückstelleffekt (Memoryeffekt) in Erscheinung.

32.3 Mechanische Eigenschaften

32.3.1 Verformungsverhalten von Kunststoffen

Reale Körper verhalten sich entweder elastisch oder viskos, bzw. sie relaxieren nach einer Verformung. Kunststoffe sind in allen Aggregatzuständen Körper, die elastisch und gleichzeitig auch viskos sind.

Während bei reiner Elastizität die durch eine äußere Kraft hervorgerufene Spannung der Dehnung proportional ist (Hooke'sches Gesetz $\sigma = E \cdot \varepsilon$), tritt bei idealem viskosen Verhalten diese Proportionalität zwischen Spannung und Verformungsgeschwindigkeit auf ($\sigma = \eta \cdot \dot{\varepsilon}$). Selbst im Bereich geringer konstanter Verformung von Polymeren nimmt die für eine gleichbleibende Formänderung als Funktion der Zeit erforderliche Spannung mit der Zeit ab. Diesen Effekt bezeichnet man als Relaxation.

Bei einer konstant gehaltenen Spannung nimmt die Verformung mit der Zeit zu und geht unter Umständen nach Aufheben der Belastung nicht völlig zurück. Dieser Effekt ist die Retardation (lat.: retardatio = verzögern, verlangsamen). Man spricht dann von Kriechen. Bei Zugbelastung tritt die Retardation am besten in Erscheinung.

Ein Retardationsmodul ist immer größer als ein Relaxationsmodul.

Das Ausmaß von Relaxation (lat.: relaxatio = Erholung, Erschlaffen, Ermüden) oder Kriechen ist von folgenden Parametern abhängig:

- Beanspruchungszeit
- Beanspruchungstemperatur
- Beanspruchungsgeschwindigkeit

Ein solches Verhalten läßt sich durch das Modell von Maxwell oder Voigt-Kelvin mathematisch beschreiben. Hierbei dient das Maschinenelement Feder als ideal elastischer Körper. Ein Zylinder gefüllt mit viskoser Flüssigkeit dient als Dämpfer (Abb. 32.3.1 a). Für die mathematische Beschreibung ist es dabei gleichgültig, ob man von unendlich vielen parallelgeschalteten Maxwell-Elementen ausgeht oder von unendlich vielen in Reihe geschalteten Voigt-Kelvin-Elementen. Aus diesem viskoelastischen Verhalten folgt nun die Abhängigkeit der mechanischen Eigenschaften der Kunststoffe von der Beanspruchungszeit und der Beanspruchungsgeschwindigkeit oder der Beanspruchungsfrequenz.

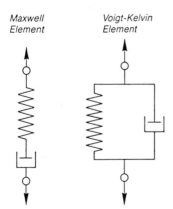

Abb. 32.3.1. Modelle zur Beschreibung des viskoelastischen Verhaltens Maxwell-Element-Voigt-Kelvin-Element

32.3.2 Kurzzeitige Beanspruchung

Abb. 32.3.2 zeigt schematisch den Zusammenhang zwischen Spannung und Dehnung in Abhängigkeit von der Beanspruchungsgeschwindigkeit.
Kurzzeitversuche, wie sie bei der metallischen Werkstoffprüfung üblich sind, liefern in der Kunststofftechnik nur selten direkte Ergebnisse zur Dimensionierung von Bauelementen.

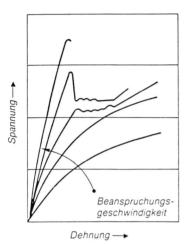

Abb. 32.3.2. Spannungs-Dehnungs-Diagramm in Abhängigkeit von der Beanspruchungsgeschwindigkeit

Eine gewisse Vorauswahl der Materialien kann allerdings bereits vom Konstrukteur getroffen werden. Auch zur Überwachung der Fertigungsqualität sind sie im allgemeinen recht gut geeignet. Die Prüfungen werden bei zügiger Beanspruchung des Probekörpers durchgeführt. Die Deformation der Probe in einer Richtung nimmt also laufend zu.

32.3.3 Die Zugfestigkeit

Die Zugfestigkeitsermittlung für Kunststoffe ist in DIN 53455 festgelegt. Als Zugspannung σ im Sinne dieser Norm wird die auf den kleinsten Anfangsquerschnitt des Probekörpers bezogene Kraft zu jedem Zeitpunkt des Versuchs bezeichnet. Die Dehnung ε ist die auf die ursprüngliche Meßlänge des Probekörpers bezogene Längenänderung zu jedem Zeitpunkt des Versuchs.
Abb. 32.3.3a zeigt die Spannungs-Dehnungskurven der gebräuchlichsten Kunststoffe.
Kunststoffe lassen sich grundsätzlich in folgende Gruppen einteilen:
a) spröde Produkte mit hoher Festigkeit und geringer Bruchdehnung (z. B. Duroplaste, Polymethylmethacrylat, Polystyrol, glasfaserverstärkte Harze).
b) zäh-harte Produkte mit hoher Festigkeit und geringer Bruchdehnung (z. B. Polyamide, Polycarbonat, Polyamid, Acrylnitril-Butadien-Styrol).
c) kautschukähnliche Produkte mit geringer Festigkeit, aber sehr hohen Bruchdehnungen (z. B. PVC weich, Polyurethan, PE).

240 32. Kunststoffeigenschaften

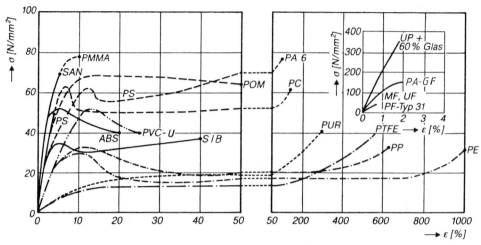

Abb. 32.3.3 a. Spannungs-Dehnungsdiagramme von Kunststoffen

Die drei Gruppen weisen folgende unterschiedliche Merkmale auf:
Harte und spröde Kunststoffe zeigen nur kleine Reißdehnung. Das Spannungs-Dehnungs-Diagramm verläuft bis zum Bruch nahezu linear.
Die zähen Werkstoffe besitzen eine ausgeprägte Streckgrenze, die darauf hinweist, daß bei der Streckspannung irreversible Fließprozesse unter Bildung einer Einschnürung einsetzen.
Die gummielastischen Kunststoffe erreichen große Dehnungen bei kleinen Kräften. Ein ausgeprägtes Maximum ist nicht vorhanden.
Im Gegensatz zu Metallen, bei denen die Festigkeitswerte in großen Temperaturbereichen von der Temperatur unabhängig sind, ist dies bei Kunststoffen nicht der Fall.

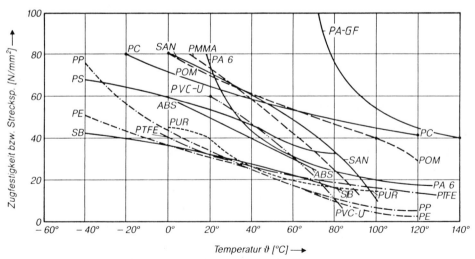

Abb. 32.3.3 b. Die Abhängigkeit der Zugfestigkeit von der Temperatur

Abb. 32.3.3 b zeigt den Abfall der Zugfestigkeit mit steigender Temperatur. Eine Erklärung hierfür ergibt sich daraus, daß die zwischenmolekularen Bindekräfte mit zunehmender Temperatur sinken.

32.3.4 Der E-Modul

Neben den Zugfestigkeiten und den Bruchdehnungen wird in Kurzzeitversuchen der E-Modul ermittelt. Dieser ist als die Steigung der Tangente im Ursprung des Spannungs-Dehnungs-Diagrammes definiert und stellt ein Maß für die Steifigkeit des Werkstoffes dar. Er liegt in der Regel wesentlich niedriger als der von Metallen. Nach DIN 53457 kann er für Zug-, Druck- oder Biegebeanspruchung ermittelt werden. Da jedoch in dieser Norm vom Hooke'schen Gesetz ausgegangen wird, gelten die Werte nur für die linearen Bereiche der Spannungs-Dehnungs-Diagramme. Abb. 32.3.4a zeigt Werte, die aus dem Zugversuch gewonnen worden sind.

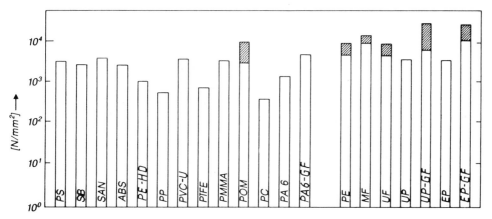

Abb. 32.3.4a. Elastizitätsmoduln von Kunststoffen

Wegen des viskoelastischen Verhaltens der Kunststoffe ist jedoch im konkreten Anwendungsfall meist die Zeit- und Temperaturabhängigkeit der Werkstoffkennwerte zu berücksichtigen. In diesem Fall muß der sog. dynamische E-Modul E' aus dem Biegeschwingungsversuch oder dem Torsionsschwingungsversuch (nach DIN 53445) ermittelt werden. Über den mechanischen Verlustfaktor d läßt sich dann der komplexe E-Modul berechnen.

$$E = E' (1 + i \cdot d)$$

Im Abb. 32.3.4b wird am Beispiel von PMMA der Verlauf des dyn. E-Moduls und des Verlustfaktors in Abhängigkeit von der Beanspruchungsfrequenz und der Umgebungstemperatur gezeigt.

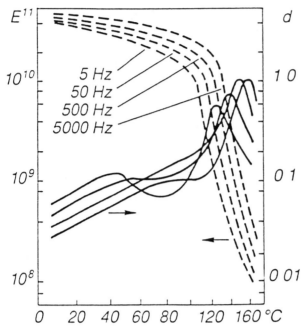

Abb. 32.3.4 b. Temperaturkurven des dynamischen E-Moduls E' und des Verlustfaktors d mit der Frequenz als Parameter für Polymethylmethacrylat

32.3.5 Die Biegefestigkeit

Der Biegeversuch ergibt gegenüber dem Zugversuch bei Kunststoffen immer höhere Festigkeiten. Dieses Verhalten wird durch die ungleichmäßige Spannungsverteilung im Prüfkörper bei Biegebeanspruchung erklärt. Die rechnerisch ermittelten Kenngrößen σ_b und ε_b beziehen sich auf die höchstbeanspruchte Randfaser der Probe, die geringer beanspruchten Zonen im Inneren üben dabei eine Stützwirkung aus. Bei thermoplastischen Kunststoffen wird im Biegeversuch häufig kein Bruch erreicht. Die Prüfung erfolgt bis zu einer in der Norm entsprechend den Probenabmessungen festgelegten Grenzdurchbiegung. Abb. 32.3.5 zeigt die Grenzwerte der nach DIN 53452 durchgeführten Biegeversuche.

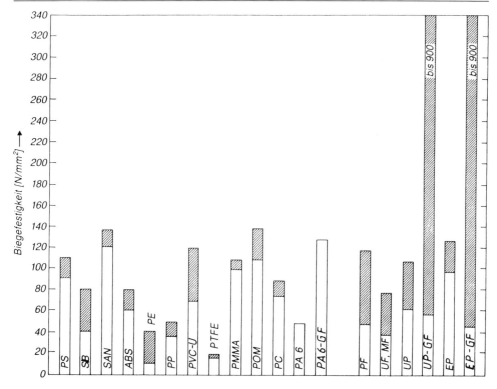

Abb. 32.3.5. Biegefestigkeit bzw. Grenzbiegespannung von Kunststoffen

32.3.6 Das Langzeitverhalten

In statischen Langzeitversuchen wird die Zeitabhängigkeit der Festigkeits- und Verformungseigenschaften bei ruhender Beanspruchung geprüft. Legt man an eine Kunststoffprobe eine konstante Spannung an, so ist die Verformung eine Funktion der Zeit. Nach einer spontanen Anfangsdehnung ε setzt eine mit der Belastungszeit zunehmende Dehnung ein, die als Kriechen, Retardation oder kalter Fluß bezeichnet wird. Somit ist es nicht möglich, Kunststoffe allein aufgrund der von Kurzzeitversuchen ermittelten Festigkeitswerte als Bauteile zu dimensionieren.

a) Die Zeitstandfestigkeit

Die Zeitstandfestigkeit ist jene Funktion, die angibt, welche Spannung ein Probenkörper wie lange aushalten kann, bis er bricht. Je nach der Beanspruchungsart wird zwischen Zeitstandzugfestigkeit, -biegefestigkeit oder -druckfestigkeit unterschieden.
Bei der Durchführung der Versuche wirkt entweder eine ruhende Kraft auf eine Probe ein, wobei dann die Abhängigkeit der Verformung von der Zeit bestimmt wird (Retardationsversuch nach DIN 53444), oder es wird von einer vorgegebenen festen Verformung die Abnahme der Spannung mit der Zeit (Relaxationsversuch nach DIN 53441) bestimmt. Grenzwerte für zugbeanspruchte Teile bringt Abb. 32.3.6a. Die Kurven wurden

244 32. Kunststoffeigenschaften

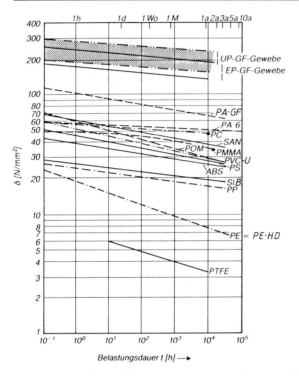

Abb. 32.3.6a. Zeitstand-Zugversuche wichtiger Kunststoffe

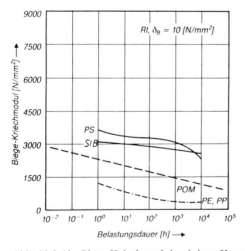

Abb. 32.3.6b. Biege-Kriechmoduln einiger Kunststoffe

im Normklima geprüft. Von den Normwerten abweichende Temperaturen oder Luftfeuchtigkeiten erfordern eigene Langzeitversuche. Auch Umgebungsmedien, wie z. B. Lösungsmittel und Dämpfe wirken sich auf die Zeitstandfestigkeit negativ aus. (z. B. Auslösung von Spannungsrissen).
Bei der Anwendung der im einachsigen Spannungszustand ermittelten Werte (z. B. im Zugversuch) auf mehrachsige Spannungszustände ist äußerste Vorsicht geboten.

b) Der Biege-Kriechmodul

Das Zeitstandverhalten von Kunststoffen wird üblicherweise im Zugversuch untersucht. Da jedoch viele Bauelemente auch häufig auf Biegung beansprucht werden, sind auch die Ergebnisse von Biegekriechversuchen eine wertvolle Hilfe bei der Dimensionierung. Abb. 32.3.6 b stellt die Abhängigkeit des Biege-Kriechmoduls von der Belastungszeit dar. (Prüftemperatur = 20 °C, Biegespannung $\sigma_B = 10$ N/mm²).

32.3.7 Die Zähigkeit

Werkstoffe, die hohe Verformungen aushalten und diesen Verformungen zugleich einen hohen Widerstand entgegenbringen, gelten als zäh. Gemessen wird die Zähigkeit in Schlagwerken (Schlagbiegeversuch nach DIN 53453 bzw. Schlagzugversuch nach DIN 53448). Dabei wird die Beanspruchungsgeschwindigkeit so stark gesteigert, daß das Kriechverhalten der Werkstoffe unterdrückt wird. Die ermittelten Werte sind somit nicht mehr zeitabhängig. Der Einfluß der Temperatur bleibt jedoch voll bestehen (Abb. 32.3.7 a). Bei zäheren Formmassen wird der Bruch durch Kerben im Probekörper erzwungen (Kerbschlagzähigkeit Abb. 32.3.7 b).

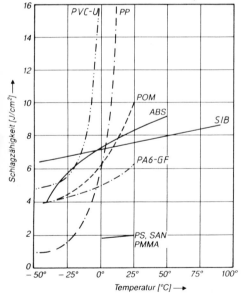

Abb. 32.3.7 a. Schlagzähigkeit von Kunststoffen

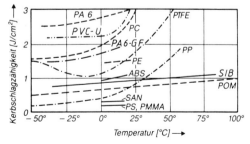

Abb. 32.3.7 b. Kerbschlagzähigkeit von Kunststoffen

32.3.8 Das dynamische Verhalten

Für Kunststoffe unter dynamischer Beanspruchung ist neben Relaxations- und Retardationserscheinung besonders die mechanische Dämpfung dieser Werkstoffe zu beachten. Insbesondere treten bei höheren Prüffrequenzen wegen der geringen Wärmeleitfähigkeit im Vergleich zu metallischen oder keramischen Werkstoffen erhebliche Eigenerwärmungen auf, welche wiederum insbesondere bei Thermoplasten eine starke Verminderung des Elastizitätsmoduls zur Folge hat. Abb. 32.3.8a zeigt die Temperaturerhöhung für Acrylglas (PMMA) in Abhängigkeit von der Lastspielzahl n bei konstanter Mittelspannung und veränderten Ausschlagsspannungen.

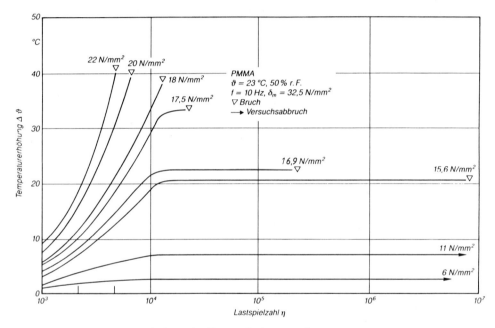

Abb. 32.3.8a. Temperaturerhöhung im Dauerschwingversuch

Werden Bauelemente, wie z. B. Zahnräder, Federelemente oder Kupplungen, durch periodisch einwirkende Kräfte beansprucht, muß der Dimensionierung die Dauerschwingfestigkeit zugrunde gelegt werden. Darunter versteht man den im Dauerschwingversuch (nach DIN 50100) ermittelten, um eine gegebene Mittelspannung schwingenden größten Spannungsausschlag, den eine Probe für eine sehr große Lastspielzahl (10^7 Lastspiele) ohne Bruch aushält. Unter den Begriff Dauerschwingfestigkeit fallen auch Wechselfestigkeit und Schwellfestigkeit bei Zug-, Druck-, Biege- und Torsionsbeanspruchung. Die Ergebnisse werden in Form von Wöhler-Kurven aufgetragen. Für die meisten Kunststoffe beträgt die Dauerschwingfestigkeit (häufig auch als Ermüdungsfestigkeit bezeichnet) etwa 20 bis 30% der im Kurzzeitzugversuch ermittelten Reißfestigkeit.
Sie sinkt mit steigender Temperatur und Lastwechselfrequenz sowie bei Vorhandensein von Kerbspannungen.

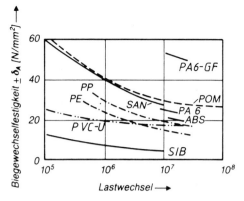

Abb. 32.3.8 b. Wöhler-Kurven von Kunststoffen

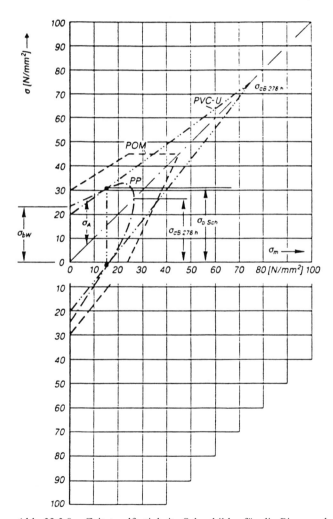

Abb. 32.3.8 c. Zeitstandfestigkeits-Schaubilder für die Biegewechselbeanspruchung

248 32. Kunststoffeigenschaften

Wöhler-Kurven für verschiedene Werkstoffe sind in Abb. 32.3.8b dargestellt. Die Versuchsbedingungen betragen hierbei 20 °C, 10 Hz, $\sigma_m = 0$. Sind Wechselfestigkeit (σ_{bw}), Schwellfestigkeit (σ_{bSch}) und Zeitstandfestigkeit (σ_{bB}) für eine Beanspruchungsart bekannt, kann hieraus das Smith-Diagramm konstruiert werden. Abb. 32.3.8c bringt Werte, die so ermittelt worden sind.

32.4 Das Reibverhalten

Reibung ist der Widerstand, der sich der Bewegung zweier sich berührender Körper entgegensetzt. Die von Coulomb formulierten Reibungsgesetze sind allerdings nur bei Metallen, nicht aber bei den hochmolekularen Stoffen gültig. Bei ihnen ist die Reibung nicht nur von den beteiligten Materialien abhängig, sondern auch von der Gleitgeschwindigkeit, den an der Oberfläche und im Inneren der Reibkörper herrschenden Temperaturen, von der Größe der Berührungsfläche, ihrer Gestalt und von der Pressung zwischen den Reibpartnern. Abb. 32.4 bringt Ergebnisse aus Gleit-Reibversuchen zwischen verschiedenen Kunststoffen und einer Oberfläche aus Einsatzstahl. Die Werte gelten für kleine Gleitgeschwindigkeiten ($V = 0,6$ m/s), niedrige Flächenpressungen ($p = 0,05$ N/mm^2), glatte Oberflächen und mäßige Oberflächentemperaturen ($t = 40$ °C).

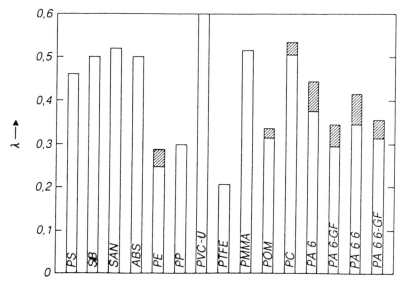

Abb. 32.4. Reibzahl wichtiger Kunststoffe auf Stahl

32.5 Thermische Eigenschaften

Bei steigenden Temperaturen wird der Molekularbereich bei Kunststoffen stark verändert. Die zwischenmolekularen Bindungskräfte verringern sich je nach Temperaturanstieg erheblich, was mit fallenden Festigkeitswerten verbunden ist. Die Abb. 32.2b, 32.2c und 32.2d zeigen das Formänderungsverhalten amorpher und teilkristalliner sowie nachträglich vernetzter thermoplastischer Kunststoffe in Abhängigkeit von der Temperatur.

Die Formbeständigkeit von Kunststoffteilen ist neben der Höhe der Temperatur jedoch auch noch von der Dauer der Wärmeeinwirkung und von der Belastung abhängig. Auch durch die Gestaltung der Bauteile kann Einfluß auf die Formbeständigkeit in der Wärme genommen werden. Die Prüfbedingungen für die Wärme-Formbeständigkeit finden sich in DIN 53460 und 53461. Temperatureinwirkung bedeutet aber nicht nur Erweichung (dies gilt ohnehin nur für Thermoplaste), sie kann auch zur Beschädigung der Molekülketten (Spaltung, Abspaltung niedermolekularer Stoffe usw.) führen. Diese als Alterung bezeichnete Erscheinung tritt bei langzeitiger Temperatureinwirkung meist schon wesentlich früher ein als eine eventuelle Formänderung infolge Wärmezufuhr.

DIN 53446 beschreibt ein Verfahren zur Bestimmung von Temperatur-Zeit-Grenzen. Diese Grenzwerte geben Aufschluß darüber, wie stark sich ein zu untersuchender Werkstoffkennwert bei gegebener Temperatur nach welcher Zeit verändert hat. Abb. 32.5a gibt einen Überblick darüber, welchen Temperaturen Kunststoffe langfristig ausgesetzt werden dürfen, ohne daß sich die maßgeblichen Werkstoffkennwerte so stark ändern, daß das Anwendungsspektrum des Kunststoffs beeinträchtigt wird. Diese Temperaturen

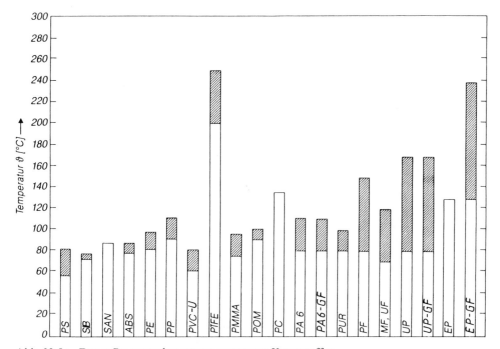

Abb. 32.5a. Dauer-Beanspruchungstemperatur von Kunststoffen

250   32. Kunststoffeigenschaften

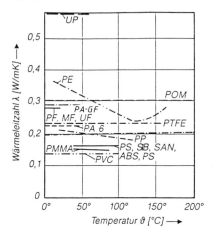

Abb. 32.5b. Wärmeleitfähigkeit von Kunststoffen

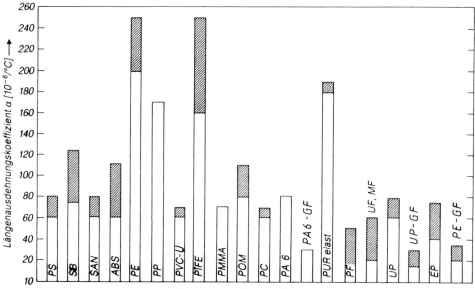

Abb. 32.5c. Wärmeausdehnungskoeffizient von Kunststoffen

liegen erheblich unter den für Metalle zulässigen Werten. Bei sehr kurzzeitiger Temperaturbeanspruchung halten aber Kunststoffkonstruktionen zum Teil sogar höhere Temperaturen aus als solche aus Metallen (z. B. Hitzeschild der Apollokapsel). Der Grund hierfür ist in der erheblich schlechteren Wärmeleitfähigkeit der Kunststoffe zu suchen (Abb. 32.5b). Sie bewirkt, daß bei der hohen Temperaturbeanspruchung der Werkstoff nur von außen her fortschreitend zerstört wird, während die inneren Schichten für wesentlich längere Zeit als bei den Metallen ihre ursprüngliche Temperatur behalten.
Der zur Berechnung der Ausdehnung von Körpern benötigte lineare Längenausdehnungskoeffizient ist bei Kunststoffen meist fünf bis zehnmal höher als bei Metallen. Richtwerte hierfür bringt Abb. 32.5c.

32.6 Elektrische Eigenschaften

Die elektrischen Eigenschaften stehen in einer gewissen Analogie zu den mechanischen Eigenschaften. Da in üblichen Kunststoffen im Gegensatz zu den Metallen nahezu keine Elektronenleitfähigkeit vorhanden ist, hängen die elektrischen Eigenschaften in besonderem Maße, ebenso wie die mechanischen Eigenschaften, von der Beweglichkeit der molekularen Bausteine der Makromoleküle ab. Kennzeichnend für diese Eigenschaften ist die Dielektrizitätskonstante ε.

Unter normalen Bedingungen sind Kunststoffe gute elektrische Isolatoren und eignen sich auch als Dielektrikum.

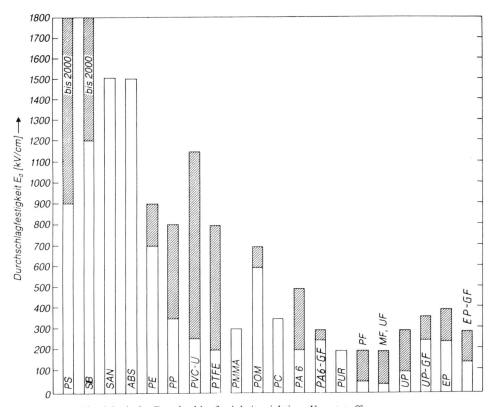

Abb. 32.6a. Die elektrische Durchschlagfestigkeit wichtiger Kunststoffe

Abb. 32.6a zeigt die elektrische Durchschlagfestigkeit verschiedener Kunststoffe. Sie ist ein Maß für das Verhalten bei kurzzeitigen hohen Spannungsbeanspruchungen. Die nach DIN 53481 gewonnenen Ergebnisse lassen also keine Aussage über die zulässigen Dauerbeanspruchungen zu.

Die Dielektrischen Eigenschaften (nach DIN 53483) sind in den Abb. 32.6b–e dargestellt. Sie sind teilweise temperatur- und zeitabhängig. Der Verlustfaktor tan δ (Abb. 32.6d und 32.6e) ist dabei ein Maß für die Verlustenergie, die im Dielektrikum in Wärme

252 32. Kunststoffeigenschaften

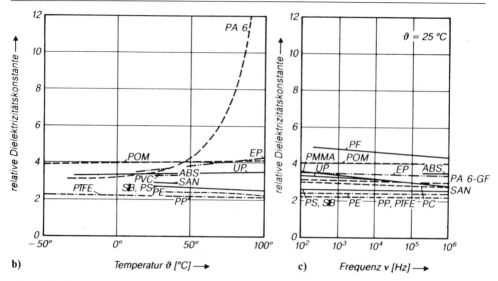

Abb. 32.6b. Die Abhängigkeit der relativen Dielektrizitätskonstanten von der Temperatur

Abb. 32.6c. Die Abhängigkeit der relativen Dielektrizitätskonstanten von der Frequenz

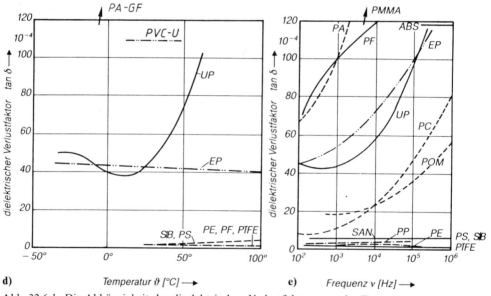

Abb. 32.6d. Die Abhängigkeit des dieelektrischen Verlustfaktors von der Temperatur

Abb. 32.6e. Die Abhängigkeit des dieelektrischen Verlustfaktors von der Frequenz

umgewandelt wird, und zwar durch das oszillierende Ausrichten von Dipolen. Diese Eigenschaft ist u. a. wesentlich für die Anwendung in der Schweißtechnik. Kunststoffe, deren Verlustfaktor tan $\delta \geq 0{,}05$ ist, lassen sich nämlich hochfrequent schweißen.

32.7 Optische Eigenschaften

Jahrhunderte hindurch war anorganisches Glas der klassische Werkstoff der optischen Industrie.
Nachdem organische Gläser (Kunststoffe) mit entsprechenden Eigenschaften gefunden worden waren, schufen geeignete Herstellungs- und Verarbeitungsverfahren die Voraussetzung für die Anwendung der Kunststoffe in der Optik. So stellt man heute optische Gegenstände im engeren Sinne, also im Strahlengang des Lichtes befindliche Teile aus diesen her. Abb. 32.7 gibt einen Überblick über die optischen Eigenschaften von Kunststoffen.

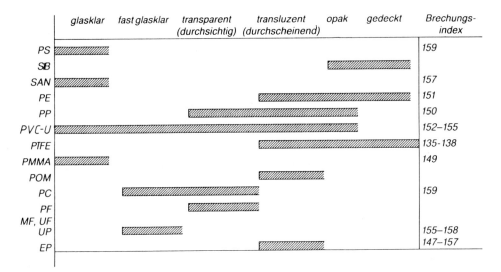

Abb. 32.7. Die optischen Eigenschaften von Kunststoffen

32.8 Chemische Beständigkeit

Im Unterschied zu den Metallen sind Kunststoffe relativ gut beständig gegenüber wäßrigen Lösungen von Säuren, Basen oder Salzen. Andererseits kann die Gebrauchstauglichkeit eines Kunststoffes aber auch durch Öle oder Fette stark eingeschränkt werden. Die Wirkung von Chemikalien ist ganz allgemein vom chemischen Aufbau des Kunststoffes abhängig. Chemikalien können ätzend, quellend oder sogar lösend wirken. Bei gleichzeitigem Vorhandensein von Spannungen können auch Spannungsrisse ausgelöst werden (siehe Tabelle 33.2.1).

Fragen zu Abschnitt 30, 31 und 32:

1. Was versteht man unter Müller-Rochow-Synthese?

2. Seit wann gibt es Silikone?

3. Welcher Rohstoff liegt der Silikonsynthese zugrunde?

4. Welche interessanten Eigenschaften haben die Silikone?

5. Wie verhält sich die selektive Gasdurchlässigkeit einer dünnen (etwa 25 µm) Silikonfolie?

6. Wie verhält sich eine SI-Folie oder SI-Oberflächenimprägnierung gegenüber flüssigem Wasser bzw. Wasserdampf?

7. Welche positiven oder negativen charakteristischen Eigenschaften zeichnen die Kunststoffe im Vergleich zu anderen Werkstoffen aus?

8. Welche besonders interessanten Eigenschaften hat Polytetrafluorethylen?

9. Was bedeutet für den Zustandsbereich eines thermoplastischen Kunststoffes ET, KT, FT und Z (oder ZT)?

10. Welche zwei Zustandsbereiche hat ein Duroplast?

11. Welche Aufgabe hat im Rahmen der Kunststoffverarbeitung eine Spritzgußmaschine und welche ein Extruder?

12. Welches Gefüge hat ein glasklarer thermoplastischer Kunststoff – ist er amorph oder kristallin?

13. Können zwei verschiedene thermoplastische Kunststoffarten (z. B. PVC und PE) miteinander verschweißt werden?

14. Was gibt die Zeitstandfestigkeit eines thermoplastischen Kunststoffs an?

15. Was ist die Relaxation bei einem Kunststoff?

16. Was ist die Retardation eines Kunststoffs?

17. Wie stehen die Wärmeausdehnungskoeffizienten (Wärmeausdehnungszahlen α) der Metalle zu den α-Werten der Kunststoffe?

18. Was ist unter dem Altern von Kunststoffen zu verstehen?

33. Kunststoffanwendung in der Konstruktion

Konstrukteure und Ingenieure sehen sich häufig Problemen gegenübergestellt, die sich weder mit Metallen noch mit Nichtmetallen üblicher Art lösen lassen.
Sehr oft wirkt sich Schmutz in Form wäßriger Lösungen oder fester Partikel korrosions- oder verschleißbegünstigend in der Technik aus. Die Folge dieser Einwirkungen auf Metalle sind Rost und andersartige Korrosionserscheinungen sowie vorzeitige notwendige Ersatzbeschaffung oder die Reparatur von Maschinenteilen und unvorhergesehene Produktionsausfälle. In vielen dieser Fälle kann der Einsatz von Kunststoffen vorteilhaft Abhilfe schaffen oder Schäden verhüten.
Oft kann man durch den Einsatz von passenden Kunststoffen anstelle von Metallen den Verschleiß an nicht schmierbaren Gleitstellen erheblich mindern und dabei zusätzlich eine wesentliche Lärmminderung erzielen.
Besonders das Konstruieren mit Kunststoffen erfordert Erfahrung im Umgang mit dieser Werkstoffklasse. Man kann nicht einfach seine konstruktiven Kenntnisse und Erfahrungen vom Stahl oder den anderen Werkstoffen auf den Einsatz von Kunststoffen übertragen, da Kunststoffe sich anders verhalten.
Zunächst müssen folgende Fragen geklärt werden:

a) Wie wird der Kunststoff bei seinem Einsatz mechanisch beansprucht? (Zahn- und Kegelräder sollten nur zum Übertragen geringer Leistungen verwendet werden.)
b) Mit welchen organischen Flüssigkeiten (Öle, Fette, Lösungsmittel, Treibstoff u.ä.) kommt der Kunststoff in Berührung?
c) Mit welchen anorganischen Flüssigkeiten (Säuren, Basen, Salze) kommt der Kunststoff in Berührung?
d) Wird der Kunststoff erwärmt? (Einsatz mit relativ geringer mechanischer Beanspruchung ist nur in einem Temperaturbereich von etwa $-40\,°C$ bis $+270\,°C$ bei PTFE möglich.)
e) Kann es im Kunststoff oder durch den Kunststoff zu Wärmestauungen kommen?
f) Kann der Kunststoff im Falle einer Überhitzung, die Crackung bewirkt, zu gesundheitlichen Schäden führen?
g) Kommt der beabsichtigte Kunststoff mit Lebensmitteln in Berührung?
h) Wie kann sich die elektrostatische Aufladung des Kunststoffs auswirken und wie kann sie vermieden werden?
i) Wie wirkt sich die hohe Wasseraufnahmefähigkeit der Polyamide aus? (PA kann 3–11% Wasser aufnehmen.)
j) Welche Maßgenauigkeit muß von dem Kunststoff erwartet werden und welche Temperaturen kann der Kunststoff im Einsatz erreichen? (Passung bei Duroplasten ≥ 7, bei Thermoplasten ≥ 10. Laufspiel zwischen Lager und Welle vor Inbetriebnahme etwa 0,3 bis 0,7%, hängt vom Durchmesser ab.)
k) In welcher Stückzahl wird dieses Kunststoffteil zum Einsatz kommen?
l) Welche Haltbarkeitsdauer hat das Kunststoffteil in der Gesamtkonstruktion?
m) Ist der Einsatz des Kunststoffteils in der Konstruktion wirtschaftlich vertretbar?

Nach gewissenhafter Klärung dieser Fragen kann der Ingenieur meist mit dem Kunststoff erheblich wirtschaftlicher und besser planen, wenn er es versteht, im Hinblick auf den richtig gewählten Kunststoff werkstoffgerecht zu konstruieren (vgl. auch DIN 2006 „Konstruktion mit thermoplastischen Kunststoffen").

Weiter sind bei der Konstruktion mit Kunststoffen noch die folgenden allgemeinen und meist positiv interessanten Eigenschaften zu beachten:

a) Die niedrige Dichte ($\varrho_{\text{Kunststoffe}} \approx 1{,}2$ g/cm^3),
b) der niedrige E-Modul (E_0 von Kunststoff $\approx \frac{1}{10}$ bis $\frac{1}{100}$ von Stahl),
c) der niedrige Reibungskoeffizient,
d) die große Abriebfestigkeit,
e) die gute Notlaufeigenschaft,
f) die gute elektrische Isolierfähigkeit,
g) die hohe Schwingungs-, Geräusch- und Stoßdämpfung,
h) die meist hohe Chemikalienbeständigkeit,
i) die hohe Wirtschaftlichkeit bei großer Stückzahl.

Die für den Maschinenbau und die Elektrotechnik interessantesten Kunststoffe sind aus der Gruppe der Thermoplaste:

> Acrylnitril-Butadien-Styrol-Copolymerisat (ABS)
> Polyamide (PA)
> Polyamid-Guß (PA)
> Polyformaldehyd (POM = Polyoximethylen)
> Polyformaldehyd glasfaserverstärkt
> Hart- und Weichpolyethylen (PE-HD und PE-LD)
> Polyethylen glasfaserverstärkt
> Polypropylen (PP-U und PP-P)
> Polypropylen glasfaserverstärkt
> Polycarbonat (PC)
> Hart- und Weich-PVC (PVC-U und PVC-P)
> schlagfestes Polystyrol (S/B und SAN)
> Polytetrafluorethylen (PTFE) Silikone (SI)

aus der Gruppe der Duroplaste:

> Schichtpreßstoffe
> Phenolharz-Hartgewebe G, F und FF (Grob-, Fein- und Feinstgewebe)
> Phenolharz-Hartpapier Kl. II
> Kunstharzpreßschichtholz
> Vulkanfiber (Vf) ⎫
> Vulkanfiber-   ⎬ (als abgewandelte Naturstoffe)
> Schichtpreßstoff ⎭
> Phenoplast-Preßmassen (PF)
> Aminoplast-Preßmassen (MF)
> Polyester-Preßmassen (UP) (= ungesättigte Polyesterharze)
> glasfaserverstärkte Polyesterharze (GUP)
> vernetztes Polyethylen (PE-HD-X)

33.1 Der Sicherheitsbeiwert der Kunststoffe

In bezug auf die Sicherheit der Konstruktion ist zu berücksichtigen, daß im Mittel mit einem Sicherheitsbeiwert von $S = 2$ gerechnet werden kann, denn der Sicherheitsbeiwert der Kunststoffe liegt zwischen $S = 1{,}4-2{,}8$. Werden zähere Kunststoffe in der Konstruktion benötigt, so ist der niedrigere Beiwert zu berücksichtigen, während bei spröden Kunststoffen zweckmäßigerweise der höhere Beiwert in die Rechnung eingeht. Bei schwingender Beanspruchung des Kunststoffes ist möglichst der Sicherheitsbeiwert $S = 3$ erforderlich, da Kunststoffe allgemein sehr kerbempfindlich sind und sich dies besonders bei schwingender Beanspruchung negativ auswirken kann.

Bei einem völlig neuen Kunststoffeinsatz ist es meist ratsam und zweckmäßig, einen Versuch unter Betriebsbedingungen durchzuführen, auch wenn schon zahlreiche Laborversuche und -messungen vorliegen.

33.2 Beurteilung der chemischen Eigenschaften von Kunststoffen

Die in der folgenden Tabelle enthaltenen Angaben über die Beständigkeit von Kunststoffen gegenüber Chemikalien und Lebensmitteln beruhen auf Versuchen mit Lagerzeiten von 1 bis zu 12 Monaten und auf jahrelangen Erfahrungen im praktischen Einsatz. Die Versuche wurden ohne Anwendung mechanischer Kräfte an spannungsfreien Probestücken durchgeführt. Da in der praktischen Anwendung noch viele andere Umstände wie z. B. Temperaturschwankungen, Lichteinwirkungen, Verunreinigungen, Zusätze usw. hinzukommen, können die in der Tabelle enthaltenen Angaben nur als unverbindliche Hinweise dienen. Zur endgültigen Beurteilung der Eignung eines Materials für einen besonderen Verwendungszweck muß eine Prüfung unter den Bedingungen der Praxis erfolgen. Solche Materialuntersuchungen führen die Kunststoffhersteller gern für ihre Kunden durch. Es empfiehlt sich deshalb, bei Bestellungen von Kunststoffteilen (z. B. Rohren) für besondere oder kritische Anwendungen die besonderen Bedingungen bekanntzugeben, unter denen diese Teile zum Einsatz kommen.

Es ist wichtig zu wissen, daß der chemische Angriff bei Kunststoffen ganz anders vor sich geht als bei Metallen. Während Metalle von Chemikalien immer nur an der Oberfläche angegriffen werden, an der dann die entstandene Reaktionsschicht das weitere Vordringen der Angriffsstoffe verhindert bzw. verlangsamt, dringen diese Substanzen bei Kunststoffen, sofern sie gegen diese nicht beständig sind, in das Material in seiner gesamten Dicke ein und führen zur Quellung des Kunststoffes und zur Veränderung der mechanischen Eigenschaften (z. B. Härte, Biegefestigkeit, Zugfestigkeit usw.). Es kommt also bei Kunststoffen nach einem chemischen Angriff im Gegensatz zu Metallen nicht zu Gewichtsverlusten, sondern zu Gewichtszunahmen.

Die Wirkung von Chemikalien ist ganz allgemein vom chemischen Aufbau der Kunststoffe abhängig. Chemikalien können also ätzend, quellend oder auch lösend wirken. Bei gleichzeitigem Vorhandensein von Spannungen können auch Spannungsrisse ausgelöst werden.

Derartige Spannungsrißbildung kann auch eintreten, wenn der Kunststoff (z. B. PC) zuvor einmal größeren mechanischen Spannungen ausgesetzt war und dann später oder auch gleich anschließend organische Chemikalien (z. B. CCl_4) auf ihn einwirken. So verliert z. B. PC durch die Einwirkung von Tetrachlormethan („Tetrachlorkohlenstoff") seine an sich ausgezeichnete Festigkeit völlig, wenn dieser Kunststoff zuvor z. B. Biegespannungen ausgesetzt wurde.

33. Kunststoffanwendung in der Konstruktion

Kunststoffart	Beständigkeit gegen: (Richtwert für Dauergebrauch bei 20°C)	Wasser	Säuren schwach im allg.	Säuren stark im allg.	Säuren oxydierend	Flußsäure	Laugen schwach	Laugen stark	Lösemittel Alkohole	Lösemittel Ester	Lösemittel Ketone	Lösemittel Ether	Lösemittel Halogenalkane	Treibstoffe und Öle Benzin	Treibstoffe und Öle Benzol u. Derivate	Treibstoffe und Öle Treibstoffgemisch	Treibstoffe und Öle Mineralöl	Treibstoffe und Öle Fette Öle	Treibstoffe und Öle aliphatische KW
Cellulose-Acetat (CA)		+	○	−	−	−	−	−	−	−	−	+	⊖	+	○	○	+	+	+
Cellulose-Acetobutyrat (CAB)		+	○	−	−	−	−	−	−	−	−	−	−	−	+	−	+	+	+
Cellulose-Propionat (CP)		+	○	−	−	−	−	−	−	−	−	−	−	−	+	−	+	+	+
Celluloid (CN)		+	○	−	−	−	○	−	−	−	−	−	−	○	○	○	+	+	+
Epoxidharze (EP)		+	+	+	−	⊕	⊕	⊕	+	○	⊕	+	○	+	+	+	+	+	+
Ethylcellulose (EC)		+	+	−	−	−	+	−	−	−	−	−	−	−	−	−	−	+	○
Harnstoffharz-Preßstoffe (UF)		+	○	−	−	−	+	○	+	+	+	+	+	+	+	+	+	+	+
Kunsthorn (CSF)		⊕	−	−	−	−	−	−	+	+	+	+	+	+	+	+	+	+	+
Melaminharz-Preßstoffe (MF)		+	○	−	−	−	+	−	+	+	+	+	+	+	+	+	+	+	+
Phenol-Preßharz (PF)		+	+	−	−	−	+	−	+	+	+	+	+	+	+	+	+	+	+
Phenolharz-(Schicht-) Preßstoffe (PF)		+	+	−	−	−	+	−	+	+	+	+	+	+	+	+	+	+	+
Polyacetale (POM)		+	⊕	−	−	−	+	+	+	+	+	+	+	+	+	+	+	+	+
Polyamide (PA)		+	−	−	−	−	+	○	+	+	+	+	+	+	+	+	+	+	+
Polycarbonat (PC)		+	+	+	○	−	−	−	⊕	⊖	⊖	−	−	+	⊖	+	+	+	+
Polyester, lineare (PL I)		+	+	−	−	+	+	−	+	⊕	+	+	−	−	+	−	+	+	+
Polyester-Harze (UP)		⊕	+	○	⊖	⊖	○	⊖	⊕	⊖	−	−	+	⊖	+	+	+	+	+
Polyethylen, hohe Dichte (PE-HD)		+	+	+	−	+	+	+	+	+	+	○	⊖	⊕	○	⊕	⊕	+	+
Polyethylen, niedere Dichte (PE-LD)		+	+	+	−	+	+	+	○	○	○	−	−	○	−	−	○	⊖	+
Polyisobutylen (PIB)		+	+	+	○	+	+	+	+	−	○	−	−	−	−	−	−	−	−
Polymethylmethacrylat (PMMA)		+	+	+	○	○	+	+	○	−	−	○	−	−	+	−	−	−	−
dsgl., Cop., mit Acrylnitril (A/MMA)		+	+	+	○	○	⊕	⊕	+	+	−	+	⊖	+	+	+	+	+	+
Polypropylen (PP)		+	+	+	−	○	+	+	⊕	⊕	○	⊖	⊕	⊖	○	+	+	+	+
Polystyrol, Reinpolymerisat (PS)		+	+	⊕	○	⊕	+	+	+	−	−	−	−	−	○	−	−	○	+	○
dsgl., Cop., mit Acrylnitril (SAN)		+	+	⊕	−	−	+	+	○	−	−	−	−	−	+	−	○	+	+	+
dsgl., mit Butadien (S/B)		+	+	○	−	○	+	+	⊕	−	−	−	−	−	○	−	−	○	+	○
dsgl., ABS-Polymerisat (ABS)		+	+	○	−	−	+	+	⊖	−	−	−	−	+	−	−	−	+	+	+
Polyvinylalkohol (PVAL)		−	−	−	−	−	−	−	−	+	+	+	+	+	+	+	+	+	−
Polyvinylcarbazol (PVK)		+	+	⊕	○	+	+	+	+	+	+	+	+	+	+	+	+	+	+
Polyvinylchlorid		+	+	+	⊕	⊕	+	+	−	−	−	⊖	−	−	⊖	−	⊖	+	+
dsgl., mit ca. 40% Weichmacher (PVC-P)		+	+	⊕	○	−	+	○	○	−	−	−	−	⊖	−	−	○	○	−
Polytetrafluorethylen (PTFE)		+	+	+	+	+	+	+	+	+	+	+	+	+	+	+	+	+	+
Polytriflourchlorethylen (PCTFE)		+	+	+	⊕	+	+	+	+	−	+	−	○	+	⊕	+	+	+	+
Silikonharze (SI)		+	+	−	−	−	+	⊕	⊖	⊖	⊕	−	−	○	⊖	○	○	⊖	⊖
Vulkanfiber (Vf)		+	○	−	−	−	−	−	+	+	+	+	+	+	+	+	+	+	+
Vulkollan (PUR)		+	+	○	−	−	○	○	⊕	−	−	⊕	−	+	⊖	○	+	+	+

+ beständig, ⊕ ausreichend beständig, ○ bedingt beständig, ⊖ meist unbeständig, − völlig unbeständig, KW = Kohlenwasserstoffe

Abb. 33.2.1. Chemikalienbeständigkeit von Kunststoffen (Tabelle)

34. Das Flammwidrigmachen brennbarer Kunststoffe

Die Kunststoffe erweisen sich größtenteils als mehr oder weniger leicht entflammbar, da sie zum überwiegenden Teil organischer, d.h. kohlenstoffhaltiger Natur sind.

1. Eine flammwidrigmachende Wirkung kann durch die Einmischung von flammwidrigmachenden Stoffen in den fertigen Kunststoff, bevor dieser granuliert wird, erzielt werden oder durch den chemischen Einbau von Halogenen wie Chlor oder Brom und deren Verbindungen in das Monomere.

1.1. Stoffe, die in den Kunststoff-Rohstoff oder dem Hochpolymeren vor dem Granulieren eingemischt werden, sind u.a.:

> halogenhaltige Phosphorsäureester, Antimonhalogenide, Antimontrioxid in Anwesenheit von halogenhaltigen Kunststoffen, Bariummetaborat, Zinkborat und andere organische Salze oder organische Verbindungen, die in der Hitze nicht brennbare Gase wie NH_3, CO_2, Halogene oder Stickstoff abspalten. Derartige Verbindungen können auch bestimmte eingearbeitete Weichmacher wie z.B. Trikresylphosphat und andere Phosphate sein.

Als flammwidrigmachende Substanzen sind bekannt:

> Tribromethan, Tetrabrombutan, Polybrombutadien, Chlorparaffine, Hexachlorbenzol, hochchlorierte Doppelringverbindungen, Tetrabrombisphenol A, Tetrabromdiphenylether, Tetrahalogenphthalsäureanhydride, Tris-(2,3-dibrompropyl)-phosphat, und andere halogenierte Alkyl-arylphosphate.

Durch das Zusammenwirken geeigneter Kombinationen der Verbindungen kann eine besonders gute Flammwidrigkeit erzielt werden.

1.2. Man kann annehmen, daß die bei erhöhten Temperaturen freigesetzten, sehr reaktionsfreudigen Halogenatome dadurch die Kettenreaktion der Verbrennung abbrechen, daß sie die durch die Verbrennung entstandenen radikalischen Molekülbruchstücke (Crackprodukte) abfangen und so ein Weiterbrennen unmöglich machen.
Halogenhaltige flammwidrigmachende Stoffe sollen die Wiederverbindung der Sauerstoffatome zu Sauerstoffmolekülen katalytisch ermöglichen und so ein Weiterbrennen verhindern.

1.3. Durch längeres Erhitzen des flammwidriggemachten Kunststoffes in der Flamme können diese additivartig eingemischten Substanzen u.U. entweichen und der Kunststoff brennt nun doch außerhalb der Flamme weiter.

2. Flammwidrigkeit der Kunststoffe kann auch erreicht werden durch den Einbau von Al, B, Si, Ti, P, Halogenen u.a. bereits in die monomeren niedrigmolekularen Grundmoleküle, aus denen dann durch Polymerisation, Polykondensation oder Polyaddition die makromolekularen Kunststoffe synthetisiert werden.
Oft wird aber dadurch auch das sonstige Eigenschaftsbild, das der leicht entflammbare Kunststoff besaß, erheblich geändert.

3. Extreme Wärmebeständigkeit besitzen die sog. „Leiterpolymeren". So besitzt die „Plutonfaser" als Tuch die Fähigkeit, flüssiges Eisen schadlos zu vertragen (Verwendung: feuerfeste Kleidung).

4. Als unbrennbar bzw. selbstverlöschend gelten folgende Kunststoffe:
PVC-U (in Weich-PVC (PVC-P) kann der Weichmacher brennen), PVDC, PVF, PC, PTFE, PFEP, PCTFE, SI (in kleiner Flamme), PF, UF, MF und Preßmassen sowie Chlorkautschuk.

5. Schwer entflammbar sind: PA, Vf.

Wichtige DIN-Vorschriften zur Konstruktion mit Kunststoffen und zur Kunststoffprüfung:

DIN 2006 Konstruktion mit thermoplastischen Kunststoffen
DIN 50100 Dauerschwingversuch
DIN 53441 Relaxationsversuch
DIN 53444 Retardationsversuch
DIN 53445 Torsionsschwingversuch
DIN 53446 Verfahren zur Bestimmung von Temperatur-Zeit-Grenzen
DIN 53448 Schlagversuch
DIN 53452 Grenzbiegewert
DIN 53453 Schlagbiegeversuch
DIN 53455 Zugfestigkeitsermittlung für Kunststoffe
DIN 53456 Kunststoffhärteprüfung
DIN 53457 E-Modul für Zug-, Druck- oder Biegebeanspruchung
DIN 53461 Prüfbedingungen für die Wärmeformbeständigkeit
DIN 53481 kurzzeitige Spannungsbeanspruchung
DIN 53483 Die dielektrischen Eigenschaften

Fragen zu Abschnitt 33 und 34:

1. Was muß bei dem Anwenden von Kunststoffen in der Konstruktion unbedingt beachtet werden?

2. Warum können Kunststoffzahnräder zur Übertragung größerer Leistungen nicht verwendet werden?

3. Welche Vorteile hat der richtige Einsatz von Kunststoffen in der Konstruktion?

4. Wo liegt bei Kunststoffen der Sicherheitsbeiwert S im Mittel?

5. Was ist für den Einsatz eines völlig neuen Kunststoffes zweckmäßig und ratsam?

6. Welche flammwidrig machende Mittel können den Kunststoffen vor der Granulierung eingemischt werden?

7. Wie kann man brennbare Kunststoffe (z. B. PP) flammwidrig präparieren?

8. Welche anorganischen Elemente können bereits durch Einbau in die zur Kunststoffsynthese benötigten Monomeren eine wirkungsvolle Flammwidrigkeit ergeben?

9. Welche Kunststoffe gelten als selbstverlöschend bzw. unbrennbar? Warum gehört PVC nicht unbedingt zu diesen Kunststoffen?

10. Welche Kunststoffe gelten als schwer entflammbar?

35. Der Technische Einsatz und die Bearbeitung von Kunststoffen

Allgemeine Einsatzmöglichkeiten für die Kunststoffe im Maschinenbau und der Elektrotechnik

In der Technik werden aus Kunststoffen Lager, Buchsen, Dichtungen, Gleitbahnen und -steine, Lauf- und Druckrollen, Kurven, Scheiben, Ritzel-, Zahn-, Ketten-, Kegel-, Schrauben- und Schneckenräder, Kugelkäfige, Kugelumlaufbüchsen, Zahnstangen, Bolzen, Schrauben, Muttern, Seil- und Umlaufrollen, Riemen- und Keilriemenscheiben, Ölleitungen und -Behälter, Kraftfahrzeugbenzintanks, Wasser- und Heizöllagertanks (sowohl unter- wie auch überirdisch), Schaugläser, Gebläse, Pumpenteile, Kipphebel und Kipphebelbuchsen, Kurvenführungen zur automatischen Steuerung, Griffe, Kurbeln, Türschließteile, Federbolzenbuchsen, Seilführungen, Türen, Verkleidungen, Schutzvorrichtungen, Kabelummantelungen, Schalttafeln und -kästen, Gehäuse für elektrische Maschinen und Geräte, gedruckte Schaltungen und vieles andere mehr gefertigt. Die Verbesserung der Gleiteigenschaften kann auch durch das Einarbeiten von Festschmierstoffen wie Molybdändisulfid (MoS_2) oder Graphit in den Kunststoff (Lagerschalen und -buchsen u. ä.) erfolgen.

35.1 Die spanabhebende Bearbeitung von Kunststoffen

Kunststoffe lassen sich gut auf allen üblichen Werkzeugmaschinen spanabhebend bearbeiten. Erforderlich ist nur stets scharfes Werkzeug, das für die Bearbeitung von Duroplasten, besonders bei längeren Arbeitsprozessen, hartmetallbestückt sein sollte, während für die Bearbeitung von Thermoplasten Werkzeuge aus Schnellstahl genügen.
Bei der Bearbeitung von sehr kerbempfindlichen duroplastischen Schichtpreß-Stoffen (Hartgewebe, Hartpapier, Kunstharzpreßholz) und Vulkanfiber-Schichtpreß-Stoffen sollten zur Verhütung von Ausbrechungen, z. B. beim Fräsen, Stoßen, Bohren, Säumen, senkrecht zu den Schichten Hartholz- oder Metallscheiben als Gegendruckscheiben gegen die Werkzeugauslaufseite gesetzt werden.
Für gute Wärmeableitung und Spanabführung ist Sorge zu tragen. Die Kunststoffe lassen sich so bohren, drehen, feilen, fräsen, hobeln, polieren, rändeln, säumen, sägen, reiben, schaben, schleifen, stanzen, stoßen.

35.2 Die Metallbeschichtung von Kunststoffen

Kunststoffe lassen sich als Fertigstücke oder Halbzeug mit Metallen bedampfen, durch Reduktion (z. B. mit Hydrazin) von Metallionen ähnlich wie bei der Spiegelfabrikation mit Metallen beschichten und besonders gut chemogalvanisch metallisieren (verchromen, vernickeln, verkupfern, versilbern, vergolden u. a.).

35.3 Die Pulverlackierung von Metallen

Die Pulverlackierung ist wegen des Fehlens von Lösungsmitteln besonders umweltfreundlich. Sie dient meist der Beschichtung von Metallen mittels Einsatz von in der Wärme duroplastisch nicht aushärtenden oder auch aushärtenden, thermoplastischen Kunststoffpulvern.

Die besonderen Vorteile der Pulverlackierung sind außer der geringen Luftverschmutzung (Lösungsmittel), der günstige Ausnutzungsgrad des Pulvers, die hohe Kratzfestigkeit der so beschichteten Oberfläche, sowie die gute Außenbewitterungsbeständigkeit. Diese Vorteile sollten eine noch stärkere industrielle Zunahme der Pulverlackierung erwarten lassen, da hier eine etwa 98 – 99%ige Verwendung des zur Lackierung eingesetzten Materials vorliegt.

Diese Beschichtung kann durch Wirbelsintern, Kunststoff-Flammspritzen oder durch gegeneinander unterschiedlich polare Aufladung (Metall entgegengesetzt dem Kunststoffpulver elektrostatisch aufgeladen) erfolgen. Die Temperatur der durch Pulverlackierung zu überziehenden Teile muß beim Wirbelsintern über dem Schmelzbereich des jeweils eingesetzten Kunststoffpulvers liegen (etwa 300 – 400 °C). Der Wärmeinhalt der zu überziehenden Teile muß ausreichend groß sein, um den zunächst aufgesinterten Kunststoff vollständig zum Schmelzen zu bringen. Dabei darf aber die direkt mit dem zu beschichtenden Teil in Berührung stehende Kunststoff-Pulverschicht nicht auf Cracktemperatur kommen.

Bei der elektrostatischen Kunststoffpulver-Beschichtung der kalten metallischen Werkstücke (kein Wärmeverzug bei dünnwandigen metallischen Werkstücken) in einer Beschichtungskammer wird das so beschichtete Stück anschließend in einer Heizkammer bis zum Schmelzen des Kunststoffpulvers durch von der Umgebungsluft zugeführte Wärme erhitzt.

Pulverlackierung mittels der Tribomatic-Pistole ist ein neueres Verfahren der elektrostatischen Pulverbeschichtung. Bei diesem Verfahren wird das Pulver mit Druckluft, wie auch bei der elektrostatischen Kunststoffpulver-Beschichtung zur Pistole befördert. Beim Austreten aus den Düsen des Pistolenkopfes laden sich die Pulverteilchen elektrostatisch auf und bewegen sich zum geerdeten Werkstück. Dort bilden sie auf der Oberfläche eine geschlossene Schicht. Zu dem Tribomaticsystem ist festzustellen, daß mit diesem System die gesamte Oberfläche, also auch hinterschnittene Flächen gut abdeckt werden. In einem weiteren Arbeitsgang wird dann die geschlossene Pulverschicht „eingebrannt". Mit entscheidend für die gute Beschichtung ist die Möglichkeit, den Pistolenkopf unterschiedlich auszubilden. Er kann entweder nur aus einer Düse oder aus bis zu acht flexiblen oder starren Düsen bestehen, so daß sich das Pulver gezielt auf die gewünschte Partie sprühen läßt. Der Umgriff ist somit auch mit nur einer Pistole als ausgezeichnet zu bezeichnen.

Als aushärtende Pulverlacke finden Anwendung: Epoxide, Polyester, Acrylharze, Alkydharze und Aminoharze.

Als nicht aushärtende Pulverlacke, d.h. solche, die als Thermoplaste im Rahmen der Beschichtung nur aufschmelzen und dann wieder thermoplastisch bleiben, finden Anwendung: Polyolefine, Polyamide, Polyvinylchlorid, Polyfluorkohlenstoffe, Polyvinylacetat u.a. Thermoplaste.

Die Beschichtungspulver können kalt oder vorgewärmt zur Anwendung kommen.

35.4 Das Verschweißen von Kunststoffen

35.4.1 Schweißverfahren

Thermoplaste lassen sich verschweißen durch:

Verfahren	Abkürzung
1. Heizelement-, Heizgradschweißung	H
2. Warmgasschweißen	W
3. Strahlschweißen	
a) Lichtstrahlschweißen (nach Messer Griesheim)	LI
b) Elektronenstrahlschweißen	E
4. US-Schweißen (Ultraschallschweißung) ist die modernste Schweißart (siehe nachfolgende Bearbeitungshinweise)	US
5. HF-Schweißung (Hochfrequenzschweißung) bei unpolaren Kunststoffen wie z. B. PE, PP oder PS nicht möglich	HF
6. Reibschweißung	FR
7. Extrusionsschweißen	ES
a) nach Raifenhäuser (Großgerät)	
b) nach Munsch (Handgerät)	
8. Heizelementimpuls-, Wärmeimpulsschweißung	HI WI

Zu 1. Das Heizelementschweißen läßt sich ausführen durch:

Verfahren	Abkürzung
1.1 Direktes Heizelementschweißen	—
1.1.1 Heizelementstumpfschweißen	HS
1.1.2 Heizelementnutschweißen	HN
1.1.3 Heizelementbiegeschweißen (Schwenkbiegeschweißen)	HB
1.1.4 Heizelement-Muffenschweißen	HD
1.1.5 Heizwendelschweißen	HM
1.1.6 Heizkeilschweißen	HH
1.1.7 Heizelement-Trennahtschweißen (Trennahtschweißen)	HT
1.2 Indirektes Heizelementschweißen	—
1.2.1 Heizelement-Wärmeimpulsschweißen (Wärmeimpulsschweißen)	HI
1.2.2 Heizelement-Wärmekontaktschweißen (Wärmekontaktschweißen)	HK
1.2.3 Heizelement-Rollbandschweißen (Rollbandschweißen)	HR

Zu 2. Das Warmgasschweißen läßt sich ausführen durch:

Verfahren	Abkürzung
2.1 Warmgas-Fächelschweißen	WF
2.2 Warmgas-Ziehschweißen	WZ
2.3 Warmgas-Überlappschweißen	WU
2.4 Warmgas-Extrusionsschweißen	WE

Zu 3. Das Lichtstrahlschweißen läßt sich ausführen durch:

Verfahren	Abkürzung
3.1 Lichtstrahl-Extrusionsschweißen	LE

35.4.2 Ultraschall-Schweißnahtgestaltung

Verarbeitungshinweise für den Konstrukteur

1. Die „Schweißfreudigkeit", d. h. ob sich der Kunststoff gut, weniger gut oder schlecht Ultraschall-Schweißen läßt, hängt von der Steifigkeit und der mechanischen Dämpfung in Abhängigkeit von der Temperatur ab, Entscheidend ist auch, ob es sich um einen amorphen oder teilkristallinen Kunststoff handelt.
2. Ferner von der Streckenlänge zwischen Kontaktfläche Sonotrode – Kunststoffteil – Fügefläche. Diese Streckenlänge sollte möglichst im Nahbereich, d. h. ≤ 6 mm liegen. Nur bei einfachen Teilen ist die günstigste Länge zu berechnen. Im allgemeinen ist man auf Versuche angewiesen.
3. In der Fügefläche soll zunächst nur eine punkt- oder linienförmige Berührung zwischen Ober- und Unterteil vorhanden sein. Das erreicht man durch „Energierichtungsgeber" (ERG) oder „Quetschnahtausbilder" (QN). Die Wahl der Fügeflächenausbildung hängt von den Konstruktionsmöglichkeiten und den Eigenschaften ab, die an die Schweißnaht gestellt werden.
4. Eine Zentrierung soll ein Verschieben der Teile während des Schweißvorganges verhindern. Sie sollte nicht unter 1 mm liegen. Die Formteile müssen so bemessen sein, daß ein Spiel von 0,05, besser von $\approx$ 0,1 mm vorhanden ist. Eine seitliche Bewegungsmöglichkeit der Fügeflächen um dieses Maß ist notwendig.
5. *Die Sonotrode* muß mit ihrer Kontaktfläche gut am Kunststoffteil anliegen. Es kommt sonst zu Schwingungsverlusten und Oberflächenmarkierungen, was besonders auf hochglänzenden Formteiloberflächen sehr störend sein kann. Abhilfe kann u. U. ein Zwischenlegen von Kunststoffolie (z. B. Polyethylen) bringen.
6. Das Unterteil muß gut fixiert werden, weshalb der *„Amboß"* der Gestalt des Schweißteils entsprechen muß. Eventuell auftretende Fremdschwingungen lassen sich häufig durch weiche, elastische Unterlagen aus Gummi, SI-Kautschuk, PUR, PE-Folie oder Filz vermeiden. Hohlräume bei den Auflageflächen, z. B. durch Späne, größere Schmutzpartikelchen oder unebene Flächen am Unterteil, sind zu vermeiden.
7. Es sollte die optimale Amplitude gewählt werden. Die durch die Sonotrode festgelegte Amplitude kann durch Amplitudentransformationsstücke erhöht oder verringert werden.
8. Die Abstimmung des US-Gerätes soll gemäß der Bedienungsanleitung des Herstellers erfolgen.

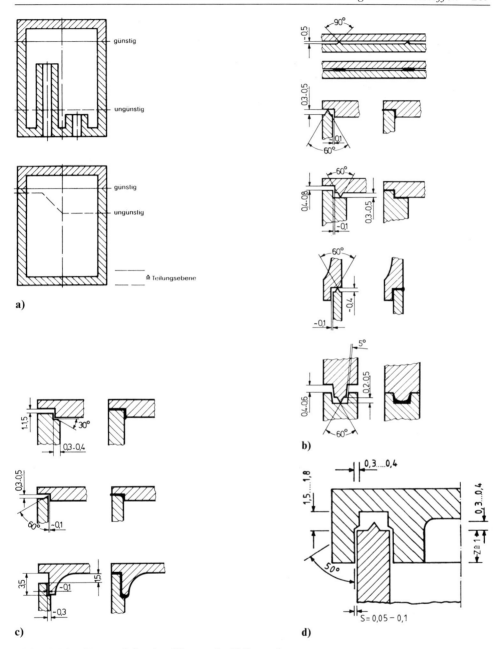

Abb. 35.4.2 a. Konstruktive Ausführung der Teilungsebene
Abb. 35.4.2 b. Fügeflächenbildung für amorphe Kunststoffe
Abb. 35.4.2 c. Fügeflächenbildung für teilkristalline Kunststoffe
Abb. 35.4.2 d. Notwendiges Spiel S der Fügeteile und Mindestzentrierhöhe Z

9. Der Druck der Sonotrode auf das Kunststoffteil muß durch Praxisversuche ermittelt werden. Dabei sollte der niedrigste Druck, der noch eine gute Verschweißung ergibt, angewendet werden, um eingefrorene Spannungen weitgehend zu vermeiden.
10. Die Einsinkgeschwindigkeit während des Schweißvorganges ist durch Praxisversuche zu ermitteln. Bei hoher Beanspruchung der Schweißnaht sollte eine etwas geringere Einsinkgeschwindigkeit gewählt werden.
11. Mit dem Hersteller der US-Schweißanlage sollte ihre Leistung, die Sonotrodenform (Länge, Gestalt, Material) sowie die Frequenz des Gerätes (20–50 kHz) im Hinblick auf die Sonotrode abgestimmt werden.

36. Das korrosionsbeständige Wasserleitungsrohr aus vernetztem Polyethylen (PE-HD-X)

Meistens verwendet man zur Herstellung eines vernetzten Polyethylens (PE-X) ein PE-HD (High-density-PE). Dieses Polyethylen hat eine hohe Dichte, eine hohe Molekülmasse und außerdem eine hohe Teilkristallinität und somit auch ohne Vernetzung eine höhere Formstabilität, ist aber noch ein Thermoplast, der also auch schweißbar ist.
PE-X ist wegen der räumlichen chemischen Vernetzung der Makromoleküle gegenüber den vor der Vernetzung nur physikalisch, z. B. durch Kohäsion miteinander verbundenen linearen Makromolekülen mit wenigen Verzweigungen, die beim PE-HD-X zusätzlich noch streckenweise bündelartig parallelgeordnet vorliegen, nicht mehr schweißbar. Nach der Vernetzung der Makromoleküle ist die zwischenmolekulare Bindungsenergie zwischen diesen etwa 10- bis 20mal größer als vor der Vernetzung. Der Versuch dieses PE-X zum Fließen zu bringen würde aber eine so große thermische Energiezufuhr benötigen, daß dadurch vor dem unzersetzten Fließen zunächst ein Zersetzen des PE-X eintreten wird, d.h. das PE-X Gewebe wird vor dem Fließen zerstört (ZT). Ein unzersetztes Fließen des Kunststoffs, was zum Schweißen unbedingt erforderlich ist, kann daher bei einem PE-X nicht möglich sein, da hier, wie man auch sagen könnte, ZT (Zersetzungstemperatur) vor FT (Fließtemperatur) liegt.
Die Dauertemperaturbeständigkeit des PE-HD-X ist durch diese Vernetzung auf über 95 °C gestiegen. Bei Warmwasserleitungen muß zum Beispiel eine Belastung von 10 bar Wasserdruck bei 95 °C garantiert werden. Daher findet vernetztes PE-HD-X überwiegend als korrosionsbeständige Warm- und Kaltwasserleitung sowie als Werkstoff für die Fußbodenheizungsrohre und Kreislaufleitungsrohre der Warmwasserheizung Anwendung. Die wasserführenden PE-HD-X-Rohre der Warm- und Kaltwasserleitungen sowie der Kreislaufleitungen der Warmwasserheizungen werden stets in schwarzen oder andersgefärbten Rippenrohren befindlich installiert. – Das „Rohr-im-Rohr-System" –
Der Vernetzungsgrad des PE-HD-X-Rohrmaterials liegt beim peroxidisch vernetzten PE-HD-X bei 75 bis 80%. Beim elektronenstrahlvernetzten PE-HD-X liegt der Vernetzungsgrad etwas niedriger.
Wegen des im Vergleich zu den Metallen etwa 5 bis 10mal größeren Wärmeausdehnungskoeffizienten eines Kunststoffs muß jedes derartige schwarze oder naturfarbige, d.h. milchig trübe PE-HD-X-Rohr einer derartigen Wasserleitung stets im „Rohr-im-Rohr-System" also in einem lichtundurchlässigen Rippenrohr verlegt werden, damit das Rohr eine freie Bewegungs-, d.h. Ausdehnungsmöglichkeit hat und gleichzeitig, sofern es nicht schwarz ist, auch vor UV-Strahlen geschützt wird. Auch im Falle einer mechanischen Beschädigung des wasserführenden PE-X-Rohres durch Anbohren o. a. ist so ein z.B. unter Putz verlegtes, beschädigtes Rohr leicht gegen ein unbeschädigtes auszuwechseln. Hierzu wird an das eine Ende des beschädigten Rohres das Ende eines unbeschädigten Rohres gekoppelt. Mit dem Herausziehen des einen Rohres kann gleich das andere Rohr wieder mit eingezogen werden. Eine derartige Rohrauswechselung erfolgt somit ohne Fliesen oder Putz u. ä. zu zerstören oder zu beschädigen.
Da PE-X weder geschweißt noch geklebt werden kann, gewährleisten hier nur Klemmverschraubungen ein werkstoffgerechtes dauerhaft sicheres Verbinden der Rohre mit den Armaturen o.ä.
Die beiden bekanntesten, vorstehend genannten Vernetzungsverfahren sind hygienisch, toxikologisch sowie lebensmittelrechtlich absolut unbedenklich, sie entsprechen den Forderungen der DIN 16892 sowie DIN 16893 und haben die DVGW-Zulassung.

Chemische Substanzen wie Holzschutzmittel, Bitumen-Mittel, die zur Verhinderung der Bildung von Pilzen und Schwämmen dem Mauerwerk beigefügt werden, können durch Gasdiffusion das Trinkwasser in PE-X-Rohren geschmacklich beeinflussen. Als Abhilfe sollen die PE-X-Leitungen in solchen Bereichen in Metallschutzrohren verlegt werden. Eine freiliegende Anordnung der *nicht schwarzen* Leitungen sollte wegen der Schädigung des Kunststoffgefüges (Versprödung) durch den Einfuß von UV-Strahlen und der Möglichkeit des Algenwuchses auf jeden Fall vermieden werden.

Naturfarbige aber anders dimensionierte PE-X-Rohre werden auch, wie bereits erwähnt, als Fußbodenheizungsrohre installiert. Ihr Einsatz findet hier natürlich ohne Rippenrohr als Außenmantel Anwendung. Allgemein ist es aber empfehlenswert, dem Wasser des Heizungskreislaufs wegen der für alle Polyethylene zutreffenden Sauerstoffdiffusion zur Verhinderung von Sauerstoffkorrosion an metallischen Teilen des Heizungssystems (Armaturen u. a.) einen Korrosionsschutz-Inhibitor zuzusetzen. Etwa alle 2 bis 3 Jahre ist anhand einer einfachen Überprüfung der noch aktive Inhibitoranteil festzustellen und gegebenenfalls durch Nachfüllen zu ergänzen.

37. Schaumstoffe

(Schaumstoffe – Begriffe, Einteilung: DIN 7726)

Die Aufgabe der Schaumkunststoffe kann sehr unterschiedlich sein.

1. Wegen ihrer *stoßdämpfenden* Eigenschaften können sie als rationelles Verpackungsmaterial für Maschinen und andere stoßempfindliche Gegenstände eingesetzt werden.
2. Man kann sie als *schalldämpfendes* bzw. *schallschluckendes* Material sowohl gegen Luft- als auch Körperschall einsetzen.
3. Ihr Einsatz erfolgt auch zum *Wärmedämmen* (Wärmeleitzahl $\lambda = 0{,}08$ bis $0{,}17$ kJ/m·h·K).
4. Im gekörnten Zustand können Schaumstoffe als bodenverbessernde Mittel in der Landwirtschaft eingesetzt werden. Sie eignen sich hier besonders – da sie größtenteils verrottungsbeständig sind – zur Warmhaltung und guten Durchlüftung des Bodens sowie in einigen Fällen zur Düngemittelspeicherung.

Zu Schäumen verarbeitet werden vor allen Dingen Phenol- und Harnstoffharze, Polystyrol, Polyurethane sowie Epoxyharze. Selbstverständlich lassen sich auch andere Kunststoffe schäumen, z. B. Kautschuk, Polyvinylchlorid hart und weich, Polyethylen und ABS-Kunststoffe. Die letzteren zeigen dann übrigens holzähnliche Struktur, nicht nur an der Oberfläche, sondern auch im Kern und in ihrer sonstigen physikalischen Verhaltensweise.

Zur Kultivierung von felsigen Böden einschließlich reiner Sandböden, wie Strandsande, wird vielfach großflächig Kunststoff, der bereits Samen und Düngemittel enthält, auf der zu kultivierenden Bodenfläche aufgeschäumt, um so weitgehendst ein Abtragen des vorhandenen Bodens durch Regen und Wind zu vermeiden.

Man unterscheidet Schaumstoffe danach, ob es sich um geschlossene oder offenporige Schaumstoffe handelt. Geschlossenporige eignen sich vor allen Dingen sehr gut zur Wärmedämmung, aber auch zur Herstellung von Verpackungen, da sie durch die eingeschlossenen Gasmengen in den Poren Stöße sehr gut dämpfen können. Schaumstoffe mit offenen, untereinander verbundenen Zellen besitzen ein vorzügliches Schallschluckvermögen, da die auftreffenden Schallwellen sich in den gewinkelten feinen Kanälen totlaufen.

37.1 Treibprozesse

Die Schaumbildung kann nach drei verschiedenen Verfahren durchgeführt werden.

37.1.1 Der mechanische Treibprozeß

Schlägt man Luft, Stickstoffgas oder auch ein anderes Gas, z. B. Frigen (siehe ABC der Chemie und Kunststoffe) in die milchartigen Ausgangsmassen von Natur- oder Synthesekautschuk-Latex oder PVC-Paste u.a. mit natürlich enthaltenen oder zugesetzten Schaumbildnern, ein, in denen die Kunststoffe in kolloidaler Verteilung vorliegen (es geschieht ähnlich wie beim Sahne oder Eischneeschlagen), so bleiben die hohlen, offenporigen Räume auch nach dem späteren Verfestigen der Schäume erhalten. Die einzelnen

Zellen sind dann miteinander verbunden. Man bezeichnet dieses Verfahren der mechanischen Schaumerzeugung bei der Schaumstoffherstellung als „Schaumschlag-Verfahren". So ist die Herstellung gut atmungsaktiver, d. h. luftdurchlässiger Polsterungen möglich. Wird ein derartiger offenporiger Schaumstoff eingedrückt, so bewirkt die besonders gute Rückstellelastizität eines derartigen offenporigen Schaumstoffes sein sofortiges Rückspringen in den Ausgangszustand. Diese Art der Schaumstoffbereitung aus PVC- oder Kautschuklatex o. a. verwendet man zum Beispiel bei der Herstellung von atmungsaktiven Schaumstoffmatratzen, entsprechenden Polsterbezügen oder auch bei der Rückseitenbeschichtung von Teppichen. Auch wegen der vor und nach dem Verfestigen der Schäume gleichbleibenden Schichtdicke hat diese mechanische Schäumung oft ihre Vorteile. Nicht auszuschließen ist die Möglichkeit, einmal atmungsaktives Kunstleder zu entwickeln. Viele Verarbeiter beschäftigen sich daher mit der Lösung dieses Problems. Derartige mechanische Treibprozesse werden auch im Bausektor eingesetzt zur Erzielung von atmungsaktiven und zusätzlich für Flüssigwasser undurchlässigen Putzen, deren Mörteln hydrophobe (wasserabweisend) und mechanisch schaumerzeugende Produkte zugesetzt wurden. Ein derartiger Putzmörtel ist übrigens geschmeidiger und besser zu verarbeiten als ein üblicher, nicht geschäumter Putzmörtel.

37.1.2 Der physikalische Treibprozeß

Auch Blähmittel (Treibmittel) können eingemischt werden. Man spricht dann von einem physikalischen Treibprozeß. Z. B. kann man Ammoniumhydrogencarbonat oder Lösungsmittel zusetzen, die später verdampfen und so einen Gasdruck im Kunststoff schaffen, der zur Porenbildung erforderlich ist. So wird z. B. Styropor hergestellt. Styropor (Kurzzeichen: PS-E) ist ein treibmittelhaltiges Polystyrol. Dieses Treibmittel wird hier durch Temperaturen oberhalb 80 °C zum Verdampfen gebracht, wobei eine starke Volumenvergrößerung, d. h. die Porenstrukturbildung eintritt. Die hier entstehenden Zellen sind in sich geschlossen. Geschäumtes Styropor hat etwa das 20- bis 50fache Volumen des ungeschäumten Materials. Es ist daher für Styropor unbedingt ratsam, daß man es nach dem Fertigstellen oder darauffolgendem Einbau vor Temperaturen ab 80 °C und höher schützt, da sonst eine zu starke Volumenvergrößerung eintritt und die Zellen schließlich zusammenbrechen. Das spezifische Gewicht derartiger Polystyrolschäume, d. h. des Styropors, kann zwischen 15 und 300 kg/m^3 liegen. Dieser Schaumstoff ist übrigens verrottungsbeständig. Styropor eignet sich im Bauwesen gut zur Wärme- und Schallisolierung (schwimmender Estrich). Auch im rationellen Verpackungswesen hat sich Styropor wegen seiner hervorragenden Stoß- und Druckbeständigkeit bewährt. Außerdem findet gekörntes und geschäumtes Styropor in der Landwirtschaft zur Entwässerung schwer trockenzulegender Böden und zu deren besserer Belüftung als „Styromull" Anwendung.

37.1.3 Der chemische Treibprozeß

Man kann das für die Porenbildung erforderliche Gas auch gewinnen durch die bei der endgültigen Synthese des Kunststoffes aus Desmodur

(Diisocyanat: $O=C=N-R-N=C=O$)

und Desmophen

(Glycol: $HO-R-OH$)

ablaufende chemische Reaktion zwischen Desmodur und Wasser bei der Kohlendioxid (CO_2) als Schaumerzeuger entsteht. Dieses Treibverfahren nennt man deswegen das chemische Treibverfahren. Ein derartiger Schaumstoff enthält in Abhängigkeit von der Schaumtemperatur und dem Wassergehalt teilweise offene Poren.

37.2 Polyurethanschäume

Das vorstehend genannte Verfahren gehört zu den Polyurethanschäumen (PUR-Schäume). Hier reagiert „Desmophen" (zwei- oder mehrwertiger Alkohol) mit „Desmodur" (Diisocyanat) zu Polyurethan. Das im Desmodur/Desmophen-Gemenge vorhandene Wasser bewirkt durch Reaktion mit einem Teil des vorhandenen Diisocyanates die Bildung von Kohlendioxid, das dann das Polyurethan (Bayer-Patent um 1937) aufbläht. „Moltopren" ist ein derartiger Schaum. Diese Schäume lassen sich relativ leicht ohne großen technischen Aufwand unter Druck (nur etwa 2–3 bar) oder auch bei normalem Luftdruck herstellen. Daher hat sich Polyurethan in kürzester Zeit auf allen Gebieten der Technik große Anwendungsmöglichkeiten erobert.

Besonders interessant sind die Schaumstoffe in ihrer Verwendung in der Luft- und Raumfahrt (z.B. als Hitzeschild). Man hat z.B. Polyurethanschäume mit „Frigen" (FCKW's) wegen der äußerst günstigen Wärmeleitzahl von 0,022 auf die Außenhaut der Raumkapsel aufgebracht, um das Innere beim Wiedereintritt in die Luft vor Überhitzung zu schützen. Eine 1 cm dicke Polyurethanhartschaumschicht entspricht im Mittel in der Wärmedämmung 12–25 cm eines normalen Mauerwerkes.

Die Polyurethane werden bevorzugt durch die Polyaddition von Dioder Polyalkoholen (Desmophen-Typen) an Di- oder Polyisocyanaten (Desmodur-Typen) hergestellt. Die durch intermolekulare Umlagerung (der Wasserstoff des Alkohols springt an den jeweiligen Stickstoff des Isocyanats) eingetretene Radikalbildung ermöglicht nun eine lineare oder vernetzte Polyurethanbildung. Setzt man bei der Herstellung des Polyurethans diesem Gemenge etwas Wasser zu, so reagiert der Wasserstoff des Wassers mit dem äquivalenten Teil der Isocyanate unter Entwicklung von Kohlendioxid und einem entsprechenden Di- oder Triamin.

Aus Gründen der besseren Übersicht sei dieser Prozeß hier nicht am Diisocyanat, sondern am Isocyanat erklärt:

$$R-N=C=O + H_2O \rightarrow R-NH-\underset{\underset{O}{\|}}{C}-OH$$

Isocyanat + Wasser → Carbaminsäure

Die Carbaminsäure ist bei höheren Temperaturen instabil und zersetzt sich nach folgender Gleichung:

$$R-NH-\underset{\underset{O}{\|}}{C}-OH \rightarrow R-NH_2 + CO_2$$

Carbaminsäure → Amin + Kohlendioxid

Dieser Wasseranteil befindet sich zweckmäßigerweise immer im Desmophen, da es sich hier um Alkohole (OH-Gruppen) handelt, in denen sich Wasser (OH-Gruppen) mehr oder weniger leicht löst. Alter Wahlspruch: „Ähnliches ist in Ähnlichem meist gut löslich".

Die Schaumbildung kann man aber auch erreichen, wenn, wie bereits erwähnt, Frigen o. ä. in das Desmodur-Desmophen-Gemenge eingemischt wird. So läßt sich durch das Einrühren von Gasen in das Desmodur-Desmophen-Gemenge ein Schaum erzeugen. Gerade das Einrühren von „Frigen" in das Desmodur-Desmophen-Gemenge bewirkt bei der Erstarrung eine Schaumstoffbildung mit besonders schlechter Wärmeleitung, d. h. also, mit hervorragend guter Wärmeisolierung, da die Wärmeleitung des „Frigens" erheblich schlechter ist („Frigen" siehe „ABC der Chemie und Kunststoffe"), als die des CO_2 oder der Luft.

Wärmeleitzahl von Luft

bei 20 °C = ca. 0,092 kJ/m · h · K

Wärmeleitzahl von CO_2

bei 20 °C = ca. 0,059 kJ/m · h · K

Wärmeleitzahl von Frigen-Gas

bei 20 °C = ca. 0,038 kJ/m · h · K

37.3 Integral- und Strukturschäume

Integralschäume sind Schaumstoffe besonderer Art. Sie besitzen einen zelligen Kern bei einer geschlossenen Formteiloberfläche und können in einem Spritzvorgang hergestellt werden. Man nennt derartige Schäume, wenn sie aus Desmodur/Desmophen hergestellt werden, Polyurethan-Integralschäume weil der porige Kern des Formteils in seine geschlossene Oberfläche übergeht. Man kann die Desmodur/Desmophen-Kombination so einstellen, daß halbharte bis weiche Integralschäume entstehen, deren Oberfläche lederähnlich genarbt oder glatt ist. Die Oberflächenbeschaffenheit ist von der Art der Gestaltung der Forminnenwände abhängig. Man geht so vor, daß man die Form praktisch drucklos mit einem Desmodur-Desmophen-Gemenge füllt und sofort dicht schließt. Nach einigen Sekunden ist dann die gesamte Form durch das aufschäumende Gemenge gefüllt, wobei die Schaumoberfläche geschlossen ist und die Gestalt der Forminnenwand angenommen hat.

Bei diesen Integralschäumen muß man auch weiterhin mit „Frigen" als Treibmittel zur Erzielung einer geschlossenen Oberflächenhaut arbeiten. Bei Polyurethan-Hartschäumen (PUR-Schaum) setzt man zumindest heute ebenfalls noch „Frigen" – ein Fluorchlorkohlenwasserstoff (FCKW) – als Treibmittel ein, d. h. sofern es sich um Hartschaum handelt, der als Wärmedämmaterial Anwendung finden soll. Ansonsten wendet man heute, wenn eben möglich, CO_2 als Treibmittel an. Dieses CO_2 wird chemisch durch den etwas höheren Einsatz von Desmophen und Wasser erzeugt. Mit Wasser getriebene Schaumsysteme zeichnen sich durch eine höhere Druckfestigkeit und Wärmeformbeständigkeit aus.

Die mechanischen Eigenschaften eines so mit FCKW's erzeugten Integralschaumes können je nach Rezeptur der eingesetzten Komponenten in weiten Grenzen variiert werden. Die Struktur der Oberfläche kann ebenfalls, entsprechend der Innenoberfläche der Form, beliebig geändert werden. Heute werden diese Integralschäume im großen Stil beim Einsatz von Kunststoffen für die Autoinnenausstattung angewandt. Typische Beispiele sind Armlehnen sowie Armaturenbrettabdeckungen mit lederähnlicher Oberfläche, aber auch Stoßstangenpolsterungen bzw. ganze Stoßstangen mit und ohne Stahlkern werden heute schon aus diesem Material zeit- und somit kostensparend hergestellt. Man kann Polyurethan auch als Duroplast mit hartem Kern aber zelliger Struktur ausstatten.

Sandwich-Bauweise

Strukturschaumstoffe finden auch Anwendung im Rahmen der sog. Sandwich-Bauweise (abgeleitet vom engl. Sandwich = belegtes Brot). Hier schäumt man einen Hohlraum zur Erzielung erheblich höherer Steifigkeit mit einem Polyurethan-Hartschaum aus (Kraftfahrzeug- und Flugzeugbau). Auch korrosionsgefährdete Hohlräume im Kraftfahrzeug lassen sich so ausschäumen. Hierdurch wird nicht nur die Wärmeisolierung erheblich verbessert, sondern auch die Stabilität des Werkstücks. Diese Stabilitäts-Zunahme wird dadurch ermöglicht, das das Gas, das sich in den wabenartigen Zellen befindet, die ja beim Schäumen des Kunststoffes entstehen, aus diesen praktisch nicht entweichen kann.

Schäume mit holzähnlicher Oberfläche und Dichte

Zu erwähnen wäre in diesem Zusammenhang der ABS-Schaum. ABS-Kunststoffe sind Copolymerisate aus Acrylnitril, Butadien und Styrol, d. h. an dem Aufbau des ABS-Makromoleküls haben sich diese vorstehenden drei verschiedenen Monomerenarten gemeinsam beteiligt. Dem ABS-Copolymerisat wird ein Treibmittel eingemischt, das dann während des Spritzvorganges zum Aufschäumen führt. Erstaunlich ist das holzartige Aussehen und der holzähnliche Griff dieses ausgehärteten Schaumes (etwa seit 1968). Diese interessante Eigenschaft des Schaumes hat dazu geführt, daß bisher aus Holz gefertigte, komplizierte Gegenstände (Schnitzwerk u. ä.), nunmehr aus diesem Integralschaum in großer Stückzahl preiswert hergestellt werden können.
Derartige holzschnitzähnliche Ornamente lassen sich durch Metallbedampfung im Hochvakuum oder wesentlich besser haftend chemogalvanisch mit Metallen beschichten. Eine chemogalvanische Vergoldung z. B. stellt eine Vergoldung mittels Blattgold in Bezug auf ihre Dauerhaftigkeit natürlich weit in den Schatten.

38. Kunstharze

Kunstharze sind Kunststoffe („Plaste"), die in ihrem Aussehen den Naturharzen ähneln, da beide, Naturharze und Kunstharze, die charakteristischen Merkmale der Harze besitzen. Eines der wichtigsten Merkmale der Kunstharze ist die Nichtkristallinität. Allgemein versteht man heute unter Kunstharzen solche Polymere, wie sie in der Lackindustrie Verwendung finden. Sie können wie die anderen Kunststoffe durch Polymerisation, Polykondensation oder Polyaddition synthetisch gewonnen werden, in ihrem allgemeinen Verhalten sind sie ausgesprochen naturharzähnlich und können daher auch oft, ähnlich wie diese, mit Naturharzen oder Fetten und Ölen modifiziert, d. h. in ihren Eigenschaften geändert oder abgewandelt werden. Aus anfangs thermoplastischen Kunstharzen (1. Zwischenstufe) kann man über eine oder weitere Zwischenstufen letztlich durch ausgeprägte räumliche Vernetzung duroplastische (duromere) Kunststoffe herstellen. Der älteste Kunstharz (lat.: resina = Harz) dieser Art ist „Bakelit", der in seiner Herstellung drei Stufen durchläuft. In der 1. oder der A-Stufe („Resol") beginnend ist der später feste Kunststoff noch flüssig oder er kann noch sehr leicht durch geringe Temperaturerhöhungen verflüssigt werden. In der zweiten oder der B-Stufe („Resitol") ist der Kunststoff bei Zimmertemperatur bereits fest, er kann aber noch durch Erwärmen verflüssigt werden. In der 3. oder der C-Stufe („Resit") ist letztlich die Aushärtung, d. h. die Bakelitbildung durch die völlige Raumnetzstrukturbildung erreicht. Ein derartiger Kunststoff (Duroplast) kann jetzt nur noch spanabhebend weiter verformt werden.

Die gebräuchlichsten Vertreter der Gruppe der Kunstharze, die im Endzustand als Duromere (Duroplaste) und Elastomere vorliegen, sind in folgender Zusammenstellung enthalten:

Phenolplaste:

Phenol- (Kresol-, Resorcin-)Formaldehydharze	PF

Aminoplaste:

Harnstoff-Formaldehydharze	UF
Melamin-Formaldehydharze	MF
Ungesättigte Polyesterharze	UP
glasfaserverstärkt GFK	UP-GF
Epoxidharze	EP
als GFK	EP-GF
Polyurethane	PUR
(Di- oder Triisocyanatharze)	
Silikonharze	SI

39. Ionenaustauscher auf der Basis vernetzter Kunststoffe

Ionenaustauscher können reversible, d.h. umkehrbare Kationen- oder Anionenaustauscher sein. Ursprünglich wurden Mineralien (Aluminium-Silikate oder andere Ton-Minerale) als Ionenaustauscher eingesetzt („Permutide"), später auch körnige Kunststoffe mit Ionenaustauscher-Eigenschaften. Heute benutzt man ausschließlich poröse Kunstharze auf der Basis von Phenol-Formaldehydharz, vernetztem Polystyrol, Polyacrylat oder Copolymerisat mit aktiven Gruppen, die in der Lage sind, Wasserstoff- oder Hydroxyl-Ionen zu halten und gegen Metall bzw. Säurereste auszutauschen.
Kationenaustauscher mit H^+-Ionen aktiviert

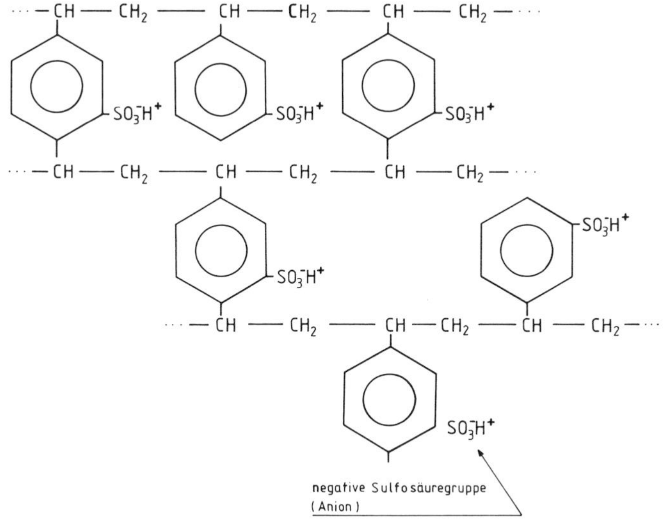

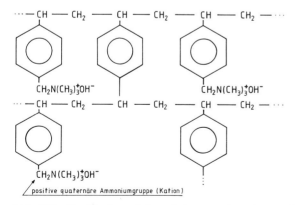

Abb. 39a. Strukturformel eines Kationenaustauschers auf der Basis eines vernetzten Polystyrols.

Abb. 39b. Strukturformel eines Anionenaustauschers auf der Basis eines vernetzten Polystyrols.

Kationenaustauscher enthalten meist in Kunstharz verankerte Sulfosäuregruppen, die entweder schon im „Monomeren" vorhanden sein können oder erst später dem fertigen Makromolekül angeknüpft werden (vgl. Abb. 39a und 39b).
Anionenaustauscher mit OH^--Ionen aktiviert

Beladene Ionenaustauscher können durch Zugabe von Säure (HCl oder H_2SO_4) bzw. Base (NaOH), die im Überschuß zugegeben wird, wieder reaktiviert werden.

Einsatz der Ionenaustauscher

1. Ionenaustauscher finden Anwendung in Wasserenthärtungs- oder Wasservollentsalzungsanlagen. Im Rahmen der Wasserenthärtung werden nur die Kationen der Härtebildner gegen Natrium-Ionen ausgewechselt, die keine Härtebildung ermöglichen. – Es gibt bekanntlich keine schwerlöslichen Natriumsalze. –
Durch die Anwendung in Vollentsalzungsanlagen kann aus üblichem Trinkwasser, das Härtebildner und andere Salze enthält, sogenanntes demineralisiertes Wasser („aqua demineralisata") hergestellt werden. Einfaches Hindurchleiten des Wassers durch gekörnte Kationen- und Anionenaustauscher, die mit H^+- bzw. OH^--Ionen beladen sind, ermöglicht dies.
Den großtechnischen Vollentsalzungsanlagen schaltet man wegen des relativ hohen Preises der Natronlauge, die zum Regenerieren der Kationenaustauschersäule erforderlich wäre, eine Kalk-Soda-Enthärtung (s. ABC der Chemie und Kunststoffe) vor. Man entfernt dann im Ionenaustauscher nur noch die Resthärte.
Demineralisiertes Wasser entspricht zwar in seiner Mineralsalzfreiheit meist sogar einem Bidestillat (destilliertes Wasser nochmals destilliert), nicht aber in seiner Biologischen Reinheit dem destillierten Wasser.
2. Heute werden Ionenaustauscher auch im Hinblick auf die Sauberhaltung der Gewässer an Stelle von starken Säuren, wie z. B. Schwefelsäure, und Basen, wie z. B. Natronlauge, als „Festsäuren" bzw. „Festbasen", wie man derartige Ionenaustauscher auch bezeichnen kann, bei chemischen Reaktionen als wasserunlösliche Makromoleküle flüssigen oder dampfförmigen Phasen zugesetzt. Derartige Festsäuren bzw. -basen können als solche wieder leicht nach Abschluß der Reaktion von der flüssigen oder dampfförmigen Phase getrennt werden und führen nicht, wie bei der Anwendung flüssiger Säure bzw. Base, zur Abwasserbelastung. Durch Regenerierung sind derartige Ionenaustauscher nahezu beliebig oft wieder zu verwenden. Außerdem sei noch erwähnt, daß sie auf Grund ihrer Grenzflächenaktivität oft auch noch andere erwünschte Reaktionsmöglichkeiten zusätzlich bieten.
3. Ionenaustauscher finden in der analytischen Chromatographie Anwendung.
4. Ionenaustauscher verwendet man in der technischen Chemie oft als sogenanntes „Molekularsieb".

Einige Handelsnamen für Kunstharzionenaustauscher:

Lewatit, Lewasorb, Wofatit, Amberlite, Dowex u.a.

In Mischbettentsalzungsanlagen sind Kationen- und Anionenaustauscher untereinander vermischt in einer Säule. Da aber Kationenaustauscher nur mittels Säure und die Anionenaustauscher nur mittels Base regeneriert werden können, müssen die Kationenaustauscher vor dem Regenerieren von den Anionenaustauschern getrennt werden. Diese Trennung wird so vorgenommen, daß zunächst die Anionenaustauschermasse vollständig oberhalb der Kationenaustauschermasse gebracht wird. Diese Trennung der Austauschermassen gelingt durch Rückspülung, d. h. man läßt Wasser in entgegengesetzter Richtung durch die Säule strömen. Die dabei aufgewirbelten Austauscherkörner trennen sich dabei aufgrund ihrer unterschiedlichen Dichte, da die Körner der Kationenaustauschermasse stets eine größere Dichte haben als die Körner der Anionenaustauschermasse. Die Kationenaustauschermasse enthält regeneriert $SO_3^-H^+$-Ionengruppen und die Anionenaustauschermasse $N(CH_3)_3{}^+OH^-$-Ionengruppen.

40. Klebstoffe

Eines der *ältesten Fügeverfahren* ist das Kleben. Schon vor etwa 4000 Jahren verwandten die Ägypter *Kitte* und *Klebstoffe* wie *Wachse, Asphalte* und *Pech* zum Abdichten von Gefäßen und Schiffsrümpfen und -planken; zum Binden von Farben verwandten sie *Gummi arabicum*. Später wurden zum Kleben, Kitten und Dichten auch andere wasserlösliche pflanzliche (z. B. *Stärkeleime* und *-kleister*) und tierische *Leime auf Eiweißbasis* (z. B. *Knochen-* und *Hautleim, Glutin*) benutzt. Auf anorganischer Basis wurde dann zur Bereitung von Kitten und Klebstoffen sowie zur Farbbindung *Wasserglas* (*Natrium-* und *Kaliumsilikat*) als wasserlösliches Salz des Elementes Silicium eingesetzt. Wasserglas ist ein Klebstoff, der unter Ablauf einer chemischen Reaktion den Klebeeffekt ergibt.

Kitte können Klebkitte oder Füllkitte sein. In der Regel sind sie lt. DIN 7732 als Klebkitte bei gewöhnlicher Temperatur mit oder ohne Füllstoff plastisch verformbar und enthalten keine oder nur flüchtige Lösungsmittel. Sie kleben uns dienen gleichzeitig zum Füllen dickerer Klebfugen.

Füllkitte finden als Füll- oder Dichtungsmassen Verwendung. Sie dienen eindeutig nur zum Füllen von dickeren Fugen und Hohlräumen sowie zum Abdichten. An die Haftfestigkeit wird keine besondere Forderung gestellt.

Klebkitte können auch nach ihrer physikalischen oder chemischen Klebeeffektbildung in Schmelz-, Abdunst- oder Reaktionskitte unterteilt werden.

Schmelzkitte, die bei Zimmertemperatur fest sind, aber durch Erwärmung erweichen, erfüllen so dem Kittling gegenüber ihre Aufgabe.

Abdunstkitte sind Kleb- und Füllstoffe, die durch Lösungsmittel kleb- und streichbar gemacht werden.

Reaktionskitte erfüllen ihre Aufgabe erst nach Zugabe der Reaktionspartner. Dabei ist besonders auf die Verarbeitungszeit zu achten.

Moderne Reaktionskitte sind z. B. Polysulfid-, Polyurethan-, Epoxidharz-, Silikonharzkitte, die durch Füllstoffe und andere Zusätze wie Thixotropiermittel modifiziert werden können.

Unter *Klebstoffen* werden meist Stoffe verstanden, die hauptsächlich durch ihre *Adhäsionskraft* (Bindungskräfte zwischen Fügeteil und Klebschicht) zu den Fügeteilen und durch ihre *Kohäsionskraft* (molekulare Bindungskräfte in der Klebstoffschicht) Fügeteile miteinander verbinden.

Lt. DIN 16920 Abs. 1 (verkürzt wiedergegeben) ist ein Klebstoff ein nichtmetallischer Stoff, der Fügeteile durch Flächenhaftung und innere Festigkeit (Adhäsion und Kohäsion) ohne Oberflächen- und Gefügeänderungen verbinden kann.

Die Entwicklung der heute fast nur noch benutzten *synthetischen Klebstoffe* begann erst mit der Entdeckung der *Kautschukvulkanisation (1839)* durch *Goodyear* (USA).

Heute wird in der *Fügetechnik* das Kleben von Werkstoffen (*Metall/Metall* oder *Kunststoff/Metall* und *Kunststoff/Kunststoff* sowie *Glas/Metall* u.a.), auch im Hinblick auf einen wirtschaftlichen Fertigungsprozeß in sämtlichen Sparten der Industrie zunehmend praktiziert. Diese Tatsache bewirkt, daß die Klebstoffproduktion ständig wächst, da diese Verbindungstechnik zahlreiche Vorteile gegenüber dem Schweißen, Nieten und Punktschweißen bietet. Oft wird auch noch das Klebnieten sinnvoll verwandt, wo die überlappte Klebung zusätzlich zwecks weiterer Verbindungssicherung im Schälbereich durch ein Niet (oft als „Angstniet" bezeichnet, wenn für nicht notwendig erachtet) abgesichert wird. Selbstverständlich müssen Klebeverbindungen bereits vom Konstrukteur im Bezug auf ein *klebegerechtes Konstruieren* berücksichtigt werden.

Die Entwicklung der modernen Klebstoffe *(Thermoplaste, Duromere, Elastomere)* soll die nachfolgende tabellarische Aufstellung zeigen:

1839 *Kautschukvulkanisation*

1907 *Phenol-Formaldehyd-Harze (Phenoplaste,* z. B. Bakelit) eignen sich zum Kleben von Polyimiden (PI), sind sprödbrüchig, temperaturbeständig bis ca. 150 °C, später durch Modifizierung verschiedener Art *(Nitrilkautschuk, Chloropren, Naturharze* u. a.), Erhöhung der Flexibilität (z. B. „Redux"). – Duromere bis *Elastomere* –

1928 *Acrylatharze* (Polyacrylester) *Haftklebstoffe* und als Klebstoffe in *Chlorkohlenwasserstoffen* gelöst u. a.) – *Thermoplaste* –

1930 *Harnstoff-* und *Melaminharze* (z. B. „*Kaurit-Leim*"), später auch modifiziert. – Duromere –

1934 *Polychlorbutadien* („*Baypren*", „*Neopren*", in org. Lösungsmitteln gelöst: z. B. „*Pattex*") – Elastomere –

1936 *ungesättigte Polyesterharze* – Duromere –

1937 *Polyurethanharze,* vor dem Abbinden physiologisch nicht unbedenklich. – Duromere –

1938 *Epoxidharze,* vor dem Abbinden physiologisch nicht unbedenklich, keine flüchtigen Nebenprodukte beim Abbinden, kalt- und warmhärtend (20 bis 120 °C). Einsatztemperatur maximal 80 °C („*Araldit*"). *Ein-* und *Zweikomponentensysteme* (das nur warmhärtende *Epoxid-Nylon-Klebstoffsystem* gibt es nur als *Klebefolie* für den Einsatzbereich – 60 °C bis + 120 °C). – Duromere –

1941/42 *Silikonharze* (z. B. „*Silopren*" unter Verwendung des *Haftvermittlers* HV-N1) Temperaturdauerbeständigkeit des Vulkanisates bis etwa 180 °C, im Dampf wird aber die Haftfestigkeit rasch zerstört. Spezielle Siliconklebstoffe binden mit Feuchtigkeit ab. – Elastomer –

1953 *Anaerobe Klebstoffe (Dimethylacrylester* und *Diacrylsäureester).* Diese Klebstoffe binden nur durch Luftabschluß (Sauerstoffabschluß) und Metallkontakt ab. Der Metallkontakt hat wegen der dabei vorliegenden Metall-Ionen eine katalytische Funktion. Daher tritt auch die Bindung *(Polymerisation)* nur in den luftabgeschlossenen Bereichen nach dem Aneinanderpressen der Fügeteile ein. Einsatztemperatur bis ca. 80 °C. Diese Festigkeit nimmt in der Kälte ab (bei – 40 °C nur noch 50% der Festigkeit bei Raumtemperatur). Besonders gut zur Gewindesicherung u. ä. verwendbar.

1957 *Cyanacrylat* („*Sekundenkleber*": „*Cynolit*", „*Eurecryl*", „*Terotop*", „*Siconit*" u. a.) ist dünnflüssig und polymerisiert in Anwesenheit von geringer Menge Feuchtigkeit (wenn möglich: leicht basisch aber keinesfalls sauer, da pH < 7 das Eintreten des Klebeeffekts verzögert) in etwa 20 Sekunden bis handfest aus, ist ungiftig und gewebeverträglich, wird daher auch statt Nähen bei Operationen angewandt. Technische Anwendung: Kleinklebungen der Gummiwaren-, Spielwaren- und Elektroindustrie. Die Raumluft sollte eine relative Feuchtigkeit von ≈ 60% haben aber keinesfalls ≤ 30% sein. Die Schälfestigkeit dieses Klebstoffes ist schlecht.

1964 *Polyamidimide („Torlon 4000")* ist ein *PAI,* es wird gelöst in *n-Methylpyrrolidon* zu einer 35%igen Lösung. Die mit diesem Klebstoff beschichteten PAI-Fügeteile werden bei 175 bis 195 °C zusammengepreßt etwa 30 Minuten belassen. Dauertemperaturbeständigkeit: 220 °C.

Da zwischenmolekulare Kräfte *(van-der-Waals-Bindungskräfte)* an den Grenzflächen besonders in Form von polaren *Nebenvalenz- Bindungskräften (Adhäsion)* den eigentlichen Klebeeffekt bewirken, gibt es auch keine Klebstoffe, die alles kleben. Daher wird für die Erzielung einer sehr guten, d. h. sicheren und dauerhaften Klebefestigkeit ein Klebstoff benötigt, dessen Moleküle besonders zu den Kontaktflächen der zu verklebenden Werkstoffe eine hohe Adhäsion (Oberflächenhaftung) besitzen und dessen Kohäsion (mechanische Festigkeit) für die Klebung ausreichend ist. Da aber die *Adhäsionskraft* meistens nur über einige μm reicht und somit wirksam sein kann, wird auch für viele Klebungen nur eine recht dünne, im μm-Bereich (lückenlos, höchstens 100 bis 200 μm) liegende, Klebstoff-Schichtdicke *(Klebfuge)* verwandt. So können die zwischenmolekularen Kräfte an den Grenzflächen des Klebstoffs und den zu verklebenden Werkstoffen zum Teil von der einen Klebstoffschichtoberfläche über die Klebfuge hinweg auch noch auf der anderen, jenseits der Klebstoffschicht liegenden Werkstoffoberfläche adhäsiv wirksam werden. Die mechanische Festigkeit des Klebstoffs (Kohäsionskraft) wird dann somit kaum oder gar nicht beansprucht. Daher sollte man bei Klebungen nicht davon ausgehen, daß eine gute Klebstoffschichtdicke immer auch einen guten Klebeeffekt ergibt. Viel wichtiger ist dagegen eine gute, d. h. lückenlose Benetzung der Fügeflächen mit dem Klebstoff.

Wie wirkt sich die Polarität der Kunststoff-Fügeteile beim Verkleben derartiger Kunststoffe aus?

Als Faustregel gilt, daß zwischen der Polarität der Monomeren, aus denen die Polymeren (Kunststoffe) synthetisch aufgebaut worden sind, und dem Haftvermögen eines geeigneten polaren Klebstoffes eine gewisse Proportionalität bestehen sollte. Sind diese polaren Kunststoffe löslich, so sind sie auch gut klebbar. Unpolare Kunststoffe, die außerdem auch nicht anlösbar sind, z. B. PTFE, PP, PE, können meist ohne eine Vorbehandlung der Fügeflächen durch Beizen, Beflammen bzw. Corona-Entladungen u. a. nicht mit ausreichender Haftfestigkeit verklebt werden.

Durch das Beizen der Kunststoff-Fügeflächen unpolarer Kunststoffe werden die Fügeflächen dieser Kunststoffe aktiviert. Beispielsweise oxidiert Chromschwefelsäure die Fügeoberflächen. Diese Sauerstoffanlagerungen in den Fügeflächen machen nur diese so gebeizten Fügeflächen polar, während der Kern unpolar bleibt. Hierdurch wird eine bessere Benetzung und somit auch problemlos ein guter Klebeeffekt erreicht. Ebenso wirken das sehr kurzzeitige Beflammen (Abflammen) oder die Corona-Entladung z. B. einer PE-Fügefläche, die bedruckt oder beklebt werden soll, das Gleiche. Die Klebung oder Bedruckung sollte dann möglichst bald erfolgen.

Einige unpolare, für die Technik interessante Kunststoffe, die leicht-, schwer- oder unlöslich sind:

PE	schwerlöslich, nur mit Vorbehandlung gut klebbar
PP	schwerlöslich, nur mit Vorbehandlung gut klebbar
PTFE	unlöslich, nur mit Vorbehandlung gut klebbar
PIB	leichtlöslich, gut klebbar
PS	leichtlöslich, gut klebbar

Einige polare, für die Technik interessante Kunststoffe, die leicht-, schwer- oder unlöslich sind:

PVC	leichtlöslich, gut klebbar
PMMA	leichtlöslich, gut klebbar
PA6/66, 11/12	schwer- bis unlöslich, auch mit Vorbehandlung schlecht klebbar

Kunststoffe mit hoher Polarität sind nicht so gut miteinander zu verkleben wie Kunststoffe niedriger Polarität. Um einen maximalen Hafteffekt zwischen den beiden Fügeteilen zu erzielen, müssen vor dem Auftrag des Klebstoffs die Grenzflächen der Fügeteile zunächst gründlichst von Staub, Fett, Feuchtigkeit, Formtrennmitteln und anderen Schmutzpartikeln gesäubert werden. U. U. ist ein gründliches Aufrauhen der Fügeflächen (z. B. Bürsten, Schmirgelleinen 240 bzw. Sandstrahlen) von Vorteil, da dadurch nicht nur die für die Adhäsion wirksame Oberfläche vergrößert wird, sondern auch eine gewisse mechanische Verankerung des Klebstoffs in der Fügeteiloberfläche begünstigt und gleichzeitig ein besserer Hafteffekt erzielt wird. Die Rauhtiefe soll möglichst nicht 100 bis 200 µm überschreiten.

Einteilung der Klebstoffe:

1. *Chemisch reagierende Klebstoffe* können den Klebeeffekt wirksam werden lassen durch *Polymerisation* (z. B. *ungesättigte Polyester* werden durch Polymerisation mit *Styrol* vernetzt), *Polykondensation* (z. B. *Phenoplaste* im Resol- oder Resitolzustand bei Temperaturen > ca. 150 °C vernetzt) oder *Polyaddition* (z. B. *Epoxidharze* werden mit aktivem Wasserstoff - „Härter" - bei Zimmertemperatur im Verlauf von 10 oder mehr Stunden und bei etwa 100 °C in Minuten vernetzt. Auch hier zeigt sich, daß die bekannte Regel, nach der eine Temperatursteigerung jeweils um 10 °C eine Verdoppelung der Reaktionsgeschwindigkeit bewirkt, Gültigkeit hat. Bezüglich der Verlangsamung einer chemischen Reaktion gilt das entsprechende bei einer Temperaturerniedrigung um 10 °C.

1.1 *Klebungen durch Polymerisation:* hier wird beispielsweise bei UP-Klebstoffen (ungesättigte Polyesterharze) der Klebeeffekt durch *Vernetzung* von bereits vorliegenden ungesättigten *Polyester-Makromolekülen* durch Polymerisation mit dem als *Zweitkomponente* zugefügten monomeren *Styrol* erzielt. Als weitere Beispiele seien hierzu erwähnt die Schnellklebungen mit den einkomponentigen Cyanacrylatklebern („Sekundenklebstoffe") und den Dimethacrylatklebern („Acrylatkleber"), die geringe Mengen sehr schwach basische Feuchtigkeit zum Abbinden benötigen. Die adhäsiv gebundene Kondensfeuchtigkeit bei 50–80 % relativer Luftfeuchte genügt dabei. Letztere binden ebenfalls einkomponentig nur unter Sauerstoffausschluß (anaerob) und in Anwesenheit von Metallionen als Katalysator, also nur bei der Anwesenheit von Metallen (z. B. bei der Schraubensicherung ab. Die Klebefugen sollten bei Cyanacrylat-Klebungen nicht größer als 0,05 mm sein, während Dimethacrylat-Klebstoffe noch 0,3 mm dicke Fugen gut verkleben können. Diese *Klebung*en können *ohne Anpreßdruck* vorgenommen werden müssen aber zunächst gegen Bewegung abgesichert werden.

Cyanacrylate werden in erster Linie als primäre Montagehilfen eingesetzt, sie sind keine typischen Konstruktionsklebstoffe, da sie meist relativ spröde aushärten.

Dimethacrylate werden dagegen als konstruktive Kleb- und Dichtstoffe bis zu Fügespalten von 0,3 mm eingesetzt. Sie dienen aber auch zum vorübergehenden Befestigen bei der Montage von Kleinteilen. Handfestigkeit wird nach etwa 10–20 Sekunden erreicht. Die Scherfestigkeit anaeroben Klebstoffs liegt hoch, die Temperaturbeständigkeit reicht von − 55 bis 230 °C (maximale Grenzwerte), die Medienbeständigkeit ist ausgezeichnet.

Nicht alle Metalle besitzen diesem anaeroben Klebstoff (Dimethacrylat) gegenüber die gleiche Klebeaktivität. Als besonders klebeaktiv gelten folgende Metalle: Stahl, Messing, Bronze, Kupfer. Passive Metalle und Beschichtungen, d. h. solche, die nicht oder nur mit Aktivatoren klebbar werden und deren offene Zeiten von einigen Minuten bis zu 24 Stunden reichen, sind: hochlegierte Stähle, Aluminium, Nickel, Zink, Zinn, Silber, Gold, Oxidschichten, Chromatschichten, anodische Beschichtungen, Kunststoffe, Keramik, Glas.

1.2 *Klebungen durch Polykondensation:* Der Klebeeffekt wird hier beispielsweise bei *PF-Klebstoffen (Phenoplastharze)* durch Vernetzung von *Resolen* bzw. Weitervernetzung von Resitolen mittels Temperaturerhöhung auf etwa 150 °C unter Freisetzung von H_2O erreicht. *Diese Klebung muß unter kräftigem Anpreßdruck, höher als der Dampfdruck des Wassers, erfolgen*, da nur so eine Zerstörung des Klebeeffektes durch den *freiwerdenden Wasserdampf* verhindert wird.
1.3 Klebungen durch Polyaddition: Typische Vertreter dieser Gruppe sind die Polyurethan-Klebstoffe sowie die Epoxidharz-Klebstoffe. Bei den Polyurethan-Klebstoffen und bei den EP-Klebstoffen wird zur Makromolekülbildung, d. h. zur Ausbildung des Klebeeffektes aktiver Wasserstoff, wie er von Aminen oder Alkoholen angeboten wird, benötigt. Diese den aktiven Wasserstoff anbietenden Verbindungen („Härter") werden als Zweitkomponente dem Reaktionsklebstoff zugesetzt. Eine derartige Klebung benötigt keinen Anpreßdruck, sondern nur eine verrutschsichere Festlegung (Fixierung).
Bei Epoxidharz-Klebstoffen ist die günstigste Fugendicke 0,2 mm, die reguläre Abbindezeit von 12–24 Stunden kann durch Erwärmen erheblich verkürzt werden. Allgemein sollte vor dem Einsatz von Epoxidharz- oder Polyurethanharz-Klebstoffen folgendes beachtet werden: In der Wärme haben Epoxidharz-Klebstoffe eine bessere Beständigkeit als Polyurethanharz-Klebstoffe, während die Beständigkeit in der Kälte umgekehrt ist.
2. Durch *physikalische Prozesse abbindende Klebstoffe* liegen bei *Lösungsmittelklebstoffen („Quellschweißer", „Diffusionskleber"), Kontaktklebstoffen, Haftklebstoffen*, bei *Heißsiegel-* und z. T. bei *Schmelzklebstoffen („Hotmelts")* sowie *Dispersionsklebstoffen* vor.
2.1 *Lösungsmittelklebstoffe* werden bei der Verklebung von *Kunststoff-Fügeteilen* eingesetzt, indem entweder auf beide Grenzflächen der Kunststoffteile ein hierfür geeignetes Lösungsmittel gestrichen wird („Quellschweißen") oder es wird ein im Kunststoff-Lösungsmittel enthaltener *anpolymerisierter gleichartiger Kunststoff* als solcher auf die Fügefläche gestrichen. *Dabei diffundiert das Lösungsmittel in die Kunststoffoberfläche ein* und führt zum Anlösen der Flächen. Die Fügeteile werden dann in beiden Fällen unter gelindem Anpreßdruck zusammengefügt.
Andere *rein physikalisch abbindende Klebstoffe* sind die wasserlöslichen Kunststoffe der *Celluloseether*, wie die reine *Methylcellulose*, z. B. der *Tapetenkleister „Metylan"* oder als *Farbbindemittel* für dauerhaft wischfeste Innenanstriche. *Methylcellulose* bleibt somit auch nach dem Austrocknen (Abbinden) wasserlöslich.
„Metylan" als *Spezialtapetenkleister* basiert zwar auch auf *Methylcellulose*, enthält aber *Kunstharzzusätze*, die chemisch abbinden können und dann nicht mehr gut wasserlöslich sind.
2.2 *Kontaktklebstoffe* („*Pattex*" und andere meist auf *Kautschuk-* sowie *Chlorkautschukbasis* hergestellte gelöste *elastomere Klebstoffe*) müssen immer auf beide Fügeflächen gestrichen werden. Nach ausreichendem Ablüften des Lösungsmittels (etwa 10 bis 15 Minuten, möglichst nicht unnötig länger) werden die Fügeteile unter hohem, es braucht aber nur ein sehr kurzer Anpreßdruck zu sein (z. B. Hammerschläge) zusammengepreßt. Die elastische Klebung erfolgt augenblicklich, eine gute Nachjustierung ist nicht mehr möglich. Es werden so gute, d. h. feste und dauerhafte Verklebungen erzielt.
2.3 *Haftklebstoffe* basieren fast nur auf großen Adhäsions- und erheblich geringeren Kohäsionskräften. Sie ergeben eine elastische, dauernd klebfähige Verbindung, sofern beide (z. B. Verschlußklappenrand und Gegenstreifen eines Briefumschlages) Fügeflächen oder auch nur eine (z. B. *Heftpflaster* oder *Selbstklebeetiketten*) der

Fügeflächen mit einem derartigen Klebstoff bestrichen wurden. Als Material finden meist *Polyvinylether* oder *Polyisobutylen* und *Polyacrylester* als Grundstoffe Anwendung.

2.4 *Dispersionsklebstoffe* bestehen aus dem *feinstdispers vorliegenden Klebstoff* und Wasser, oder einem anderen *flüssigen Dispersionsmittel*, das gegenüber dem eigentlichen Klebstoff *nicht als Lösungsmittel* wirkt. Eine derartige *Klebdispersion* wird auf die Fügeflächen beider oder auch nur eines Teiles aufgestrichen. Durch Aufeinanderlegen und schwaches Zusammendrücken verbinden sich die so bestrichenen Fügeflächen. Noch *feuchter Dispersionsklebstoff kann feucht entfernt werden*, während *trockener Dispersionsklebstoff nicht wasserlöslich* ist. Anwendungen: *Polyvinylacetat, Polyvinypropionat* als „*Haftbrückenbildner"* zwischen zwei *Mörtel-* oder *Betonschichten* (Alt- und Neumörtel, bzw. -beton) oder auch als „*weißer Holzleim"* („*Mowicoll", „Ponal"*) sowie als *Leder-, Papier-* odet *Textilienleim* und als „*Binder"* in *Wandanstrichfarben*.

Mit einer Reihe der heute bekannten Klebstoffe ist es auch möglich, sehr unterschiedliche Werkstoffe miteinander zu verbinden (z. B. Klebungen *Kunststoff/Kunststoff, Kunststoff/Metall, Metall/Metall,* oder *Glas/Metall* u. a.). Einwandfreie Klebeverbindungen sind ganzflächige Verbindungen, deren Klebfügungen *flüssigkeits-* und *gasdicht* sind. Somit sind Klebeverbindungen weitgehendst *korrosionssichere, elektrisch isolierende* Verbindungen, die keine zusätzlichen Dichtungen benötigen.

Im Vergleich zu ebenflächigen *Niet-* und *Punktschweißfügungen* liegt die *dynamische Ermüdungsfestigkeit* bei Wechselbeanspruchung einer ordnungsgemäßen, ganzflächigen *Klebefügung* etwa *15* bis *20* mal *höher*, wie vergleichende Messungen ergaben.

Verfahrenstechnik bei der Herstellung von Klebfügungen

Für die Herstellung ordnungsgemäßer Klebungen ist der folgende Arbeitsablauf einzuhalten:

1. Herrichten der Fügeteile in Form von *Reinigen* einschließlich *Entfetten* (mit wässriger Lösungen waschaktiver Substanzen – Tenside – oder guter organischer Fettlöser) sowie *Aufrauhen* der zu verklebenden Fügeflächen durch Bürsten, Schmirgeln mit Schmirgelleinen 240 oder Sandstrahlen o.ä. Auch Beflammen oder Corona-Entladung (60 kV) sowie andere oxidative Behandlung der Fügeflächen z. B. mit Chromschwefelsäure ($K_2Cr_2O_7$) sind besonders bei Polyolefinen (PE, PP) und POM zur Klebungsvorbereitung der Fügeteile zwingend erforderlich. Schutzbrille und Schutzbekleidung sind dabei obligatorisch.
2. Herrichten der Klebstoffe (Bei Zweikomponenten-Klebstoffen Mischen der Klebstoffkomponenten).
3. Aufstreichen des Klebstoffs und Sichern der Fügeteile.
4. Festlegen der Fügeteile, durch verschiebesicheres Aneinanderlegen z. B. bei einer Reihe chemisch härtender Polymerisations- oder Polyadditionsklebstoffe bis zum Abbinden, wie z. B. bei UP- oder EP-Klebstoffen oder Fixierung durch Anpressen (z. B. bei allen chemisch härtenden Polykondensationsklebstoffen) bis zum Aushärten und bei allen Lösungsmittelklebstoffen bis zum Verdunsten des organischen Lösungsmittels, sowie kurzer, aber kräftiger Anpreßdruck (z. B. Hammerschlag o.ä.) bei Kontaktklebstoffen.
5. Abbindenlassen des Klebstoffs, falls erforderlich unter Wärmeeinwirkung.
6. Vor Belastung der Klebefügung Abkühlen auf Raumtemperatur, wenn Abbinden des Klebstoffs bei erhöhter Temperatur erfolgt (z. B. EP-Klebstoff, der bei 100 °C flexibel

ist und nur geringe Festigkeit hat aber bei etwa Raumtemperatur mit voller Haftfestigkeit erstarrt).

Arbeitsschutz beim Umgang mit Klebstoffen

Im Hinblick auf die Arbeitssicherheit bei der Vorbereitung und Ausführung von Klebearbeiten in der Industrie ist ganz besonders die Sicherheit am Arbeitsplatz zu gewährleisten. Hierzu gehört, daß unbedingt außer den bekannten Gefahrensymbolen auch den Schlüsselbuchstaben mit -zahlen auf den Klebstoffverpackungen Beachtung geschenkt werden muß.
So geben auszugsweise die folgenden R- und S-Sätze Hinweise auf besondere Gefahren und Sicherheitsratschläge:

Bezeichnung der gefährlichen Stoffe

R 10 Entzündlich

R 11 Leichtentzündlich

R 20 Gesundheitsschädlich beim Einatmen

R 21 Gesundheitsschädlich bei Berührung mit der Haut

R 22 Gesundheitsschädlich beim Verschlucken

R 23 Giftig beim Einatmen

R 24 Giftig bei Berührung mit der Haut

R 25 Giftig beim Verschlucken

R 26 Sehr giftig beim Einatmen

R 27 Sehr giftig bei Berührung mit der Haut

R 28 Sehr giftig beim Verschlucken

R 33 Gefahr kumulativer Wirkungen

R 34 Verursacht Verätzungen

R 35 Verursacht schwere Verätzungen

R 36 Reizt die Augen

R 37 Reizt die Atmungsorgane

R 38 Reizt die Haut

R 39 Ernste Gefahr irreversiblen Schadens

R 40 Irreversibler Schaden möglich

R 42 Sensibilisierung durch Einatmen möglich

R 43 Sensibilisierung durch Hautkontakt möglich

Sicherheitsratschläge für gefährliche Stoffe

S 7 Behälter dicht verschlossen halten

S 16 Von Zündquellen fernhalten – Nicht rauchen

S 22 Staub nicht einatmen

S 23 Gas/Rauch/Dampf/Aerosol nicht einatmen

S 24 Berührung mit der Haut vermeiden

S 25 Berührung mit den Augen vermeiden

S 26 Bei Berührung mit den Augen gründlich mit Wasser abspülen und Arzt konsultiere

S 27 Beschmutzte, getränkte Kleidung sofort ausziehen

S 28 Bei Berührung mit der Haut sofort abwaschen mit viel Wasser und Seife

S 36 Bei der Arbeit geeignete Schutzkleidung tragen

S 37 Geeignete Schutzhandschuhe tragen

S 39 Schutzbrille/Gesichtsschutz tragen

S 44 Bei Unwohlsein ärztlichen Rat einholen (wenn möglich dieses Etikett vorzeigen)

In der von der Deutschen Forschungsgemeinschaft herausgegebenen *MAK-Wert-Liste* und den Unfall-Verhütungsvorschriften der gewerblichen Berufs-Genossenschaften (VBG 81 und VBG 81 DA) *Richtlinie „Verarbeiten von Klebstoffen"* sind die wichtigsten und unbedingt beachtenswerten Regeln enthalten.

Sichere Konstruktion einer Klebverbindung (s. Bilder 40a und 40b)

Klebungen mit dem richtigen Klebstoff sind bei günstiger Verbindungsformgestaltung und ordnungsgemäßer Verklebung allgemein Dauerbeanspruchungen gut bis sehr gut gewachsen. Besonders günstige und daher stets *anzustrebende Verbindungsformen sind bei Klebeverbindungen Überlappungen, ein- oder zweischnittige Laschungen sowie Muffenverbindungen, während stumpfstoßende Klebeverbindungen immer als konstruktive Schwachstellen anzusehen sind und daher möglichst vermieden werden sollten.*
Die vorstehend angegebenen *Überlappungs-, oder Laschungs- sowie Muffenverklebungen nehmen Belastungen in Form von Zug, Scherung, Druckscherung oder Zugscherung sowie Torsion erstaunlich gut, d. h. ohne Zerstörung der Klebeverbindung auf. Örtlich konzentrierte Krafteinwirkung, wie sie z. B. bei einer Schälbeanspruchung auftritt, ist immer*, so auch für die vorstehenden Verbindungsformgestaltungen, *sehr kritisch* (s. Abb. 40a).

Gestaltung einer Klebverbindung bei der Möglichkeit einer Schälbeanspruchung

Der Konstrukteur muß einer derartigen Möglichkeit ganz besonders durch eine sinnvolle Technik entgegenwirken (s. Abb. 40b). Dies kann durch das anbringen eines Niets oder einer Schraube im Anfangsbereich der möglichen Abschälung erfolgen (A). Außerdem kann die Schälung verhindert werden durch Umlenkung der einwirkenden Kraft (B) sowie durch besondere Materialverstärkung (C) bzw. dadurch, daß die Fügefläche in diesem besonders von der Schälung beanspruchten Verklebungsbereich wesentlich vergrößert wird (D).

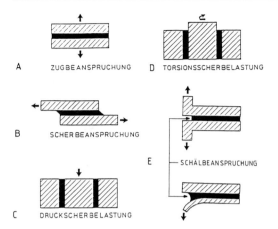

Abb. 40a. Beanspruchungsarten von Verklebungen

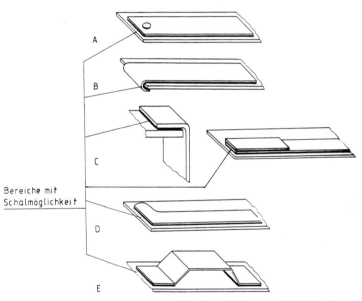

Abb. 40b. Gestaltung einer Klebverbindung bei der Möglichkeit einer Schälbeanspruchung

Auch Profile, die aufgeklebt werden, können durch ihre versteifende Auswirkung die Schälbeanspruchung in der Klebeverbindung wesentlich verringern (E).
Tabellarischen Eigenschaftszusammenstellung schnellabbindender Klebstoffe (Quelle Abb. 40a–c: Dr. Detlev Symietz, Technisches Zentrum der Bostik Gesellschaften, Oberursel)

VERGLEICH VERSCHIEDENER KLEBSTOFFSYSTEME (Schnellabbinder)

EIGENSCHAFT	CYAN-ACRYL.	ANAEROBE	SGA	HOTMELT (REAKTIV)
ZUGSCHERFESTIGK.	+ +	+ +	+ +	O/+
FESTIGKEIT BEI HÖHERER TEMP.	O	+	+	O/+
SCHÄLFESTIGKEIT	−	−/O	+	+
ABBINDEZEIT	+ +	+	+	+
SCHLAGFESTIGKEIT	O	O	+ +	+
FLEXIBILITÄT	−	−	O/+	+
SUBSTRAT-VORBEHANDLUNG	O	O	+	O
AUSHÄRTUNGS-GESCHWINDIGKEIT	+ +	+	+ +	O/+
SCHICHTDICKE	−	O	+	O

+ + SEHR GUT O BEFRIEDIGEND
+ GUT − SCHLECHT

Abb. 40c. Tabellarische Eigenschaftszusammenstellung schnellabbindender Klebstoffe

40. Klebstoffe

Erläuterungen zur tabellarischen Eigenschaftszusammenstellung: (Abb. 40c)

Cyanacrylat-Klebstoffe: (2-Cyanacrylsäuremethylester)
: Allgemein werden sie mit „Sekundenkleber" bezeichnet. Klebschichtdicke < 0,1 mm. Zum Abbinden benötigen sie Spuren von Feuchtigkeit, die meist adsorptiv gebunden auf den Fügeteiloberflächen ausreichend vorliegen (Leicht basische Feuchtigkeit wirkt beschleunigend, während schwach saures Wasser eine Abbindeverzögerung bewirkt). Temperaturbeständig bis 100 °C.

Anaerobe Klebstoffe: (Diacrylsäureester)
: Sie binden nur in den Bereichen ab, in denen keine Luft (kein Sauerstoff) vorhanden ist. Hauptsächliche Anwendung: Gewindesicherung statt Kontermutter oder auch Welle-Nabe-Verbindungen u. ä. Temperaturbeständig bis 150 °C.

SGA:
: Acrylatklebstoffe der 2. Generation (Second Generation Acrylics) sind erheblich besser als die Acrylatklebstoffe der 50er Jahre. Besondere Vorteile gegenüber den Acrylatklebstoffen der 1. Generation
  - ohne reguläre Vermischung anwendbar
  - hohe Festigkeit auch bei verschmutzten Fügeflächen
  - schnelle Abbindung auch bei Raumtemperatur
  - Spaltweitenüberbrückung von ca. 1 mm
  - Kombination von Scher-, Schäl- und Schlagfestigkeit

Hotmelt (Reaktiv):
: Bei diesen reaktiven Klebstoffen handelt es sich um Schmelzklebstoffe, die im geschmolzenen Zustand auf eine Fügeteilfläche aufgetragen werden. Anschließend werden beide Fügeteile zusammengedrückt. Nach Abkühlung auf Zimmertemperatur wird der Klebeeffekt schon z. T. wirksam.
Reaktive Schmelzklebstoffe, z. B. auf Polyurethanbasis, benötigen zum einwandfreien Abbinden Feuchtigkeit. Schnelle Kristallisation bringt die Anfangsfestigkeit, während die Endfestigkeit nach etwa 24 Stunden erreicht wird, wobei die anfängliche Sprödigkeit in eine gute Flexibilität übergegangen ist. Die Möglichkeit der so klebetechnisch zu verbindenden Fügeteilarten ist erstaunlich groß (Holz, Metalle, Kunststoffe, Gummi, Leder und viele andere Stoffe).

DIN-Normen und Richtlinien sowie Merkblätter

DIN 8593 Teil 8	Fertigungsverfahren Fügen; Kleben, Einordnung, Unterteilung, Begriffe
DIN 16860	Klebstoffe für Bodenbeläge; Klebstoffe für Polyvinylchlorid (PVC)-Beläge ohne Träger; Anforderung, Prüfung
E DIN 16860	Klebstoffe für Boden-, Wand- und Deckenbeläge; Dispersionsklebstoffe und Kautschukklebstoffe für Polyvinylchlorid (PVC)-Beläge ohne Träger; Anforderung, Prüfung
DIN 16864	Klebstoffe für Bodenbeläge; Klebstoffe für homogene und heterogene Elastomer-Beläge; Anforderung, Prüfung
DIN 16866	Klebstoffe für Bodenbeläge; Klebstoffe für Elastomer-Beläge mit profilierter Oberfläche; Anforderung, Prüfung
DIN 16920	Klebstoffe; Klebstoffverarbeitung; Begriffe

DIN 16970	Klebstoffe zum Verbinden von Rohren und Rohrleitungsteilen aus PVC hart; Allgemeine Güteanforderung und Prüfung
E DIN 29640	Luft- und Raumfahrt; Tempern von Acrylglas; Fertigungsrichtlinien
DIN 53276	Prüfung von Klebstoffen für Bodenbeläge; Prüfung zur Ermittlung der elektrischen Leitfähigkeit von Klebstoffilmen
DIN 53277 Teil 1	Prüfung von Klebstoffen für Bodenbeläge; Prüfung der Zugscherfestigkeit von Verklebungen; Klebstoffe auf Basis von Kunstkautschuk-Lösungen
DIN 53277 Teil 2	Prüfung von Klebstoffen für Bodenbeläge; Prüfung der Zugscherfestigkeit von Verklebungen; Dispersionsklebstoffe
DIN 53278	Prüfung von Klebstoffen für Bodenbeläge; Prüfung des Schälwiderstandes von Verklebungen; Dispersionsklebstoffe
DIN 53278 Teil 2	Prüfung von Klebstoffen für Bodenbeläge; Prüfung des Schälwiderstandes von Klebungen; Reaktionsklebstoffe für Elastomerbeläge nach DIN 16852
DIN 53281 Teil 1	Prüfung von Metallklebstoffen und Metallklebungen; Proben, Klebeflächenvorbehandlung
DIN 53281 Teil 2	Prüfung von Metallklebstoffen und Metallklebungen; Proben, Herstellung
DIN 53281 Teil 3	Prüfung von Metallklebstoffen und Metallklebungen; Proben, Kenndaten des Klebvorgangs
DIN 53282	Prüfung von Metallklebstoffen und Metallklebungen; Winkelschälversuch
DIN 53283	Prüfung von Metallklebstoffen und Metallklebungen; Bestimmung der Klebfestigkeit von einschnittig überlappten Klebungen (Zugscherversuch)
DIN 53284	Prüfung von Metallklebstoffen und Metallklebungen; Zeitstandversuch an einschnittig überlappten Klebungen
DIN 53285	Prüfung von Metallklebstoffen und Metallklebungen; Dauerschwingversuch an einschnittig überlappten Klebungen
DIN 53286	Prüfung von Metallklebstoffen und Metallklebungen; Bedingungen für die Prüfung bei verschiedenen Temperaturen
DIN 53287	Prüfung von Metallklebstoffen und Metallklebungen; Bestimmung der Beständigkeit gegenüber Flüssigkeiten
DIN 53288	Prüfung von Metallklebstoffen und Metallklebungen; Zugversuch
DIN 53289	Prüfung von Metallklebstoffen und Metallklebungen; Rollenschälversuch
DIN 53364	Benetzbarkeit von Polyethylen (PE)- und Polypropylen (PP)-Folien
DIN 53455	Prüfung von Kunststoffen; Zugversuch
LN 9120 Teil 68	Werkstoffe und Halbzeug; Klebstoffe für Kunststoffe, Übersicht

Klebstoff-Richtlinien und Merkblätter

DVS 2204 (Deutscher Verband für Schweißtechnik, Düsseldorf)
    Kleben von thermoplastischen Kunststoffen
    Teil 1: PVC, weichmacherfrei
    Teil 2: Polyolefine
    Teil 3: Polystyrol und artverwandte Kunststoffe
    Teil 4: Polyamide

DVS 2206; Beschreibung der in der Praxis anwendbaren zerstörungsfreien Prüfungen
Prüfen von Bauteilen und Konstruktionen aus thermoplastischen Kunststoffen

VDI 3821 (Verlag des Vereins Deutscher Ingenieure, Düsseldorf)
Kunststoffkleben

AGI Q 131 Teil 11

Datenblatt Klebstoffe

VBG 81

(Vorschriften der gewerblichen Berufsgenossenschaften – Unfallverhütungsvorschriften „Verarbeiten von Klebstoffen")

VBG 81 DA

Durchführungsanweisungen zur Unfallverhütungsvorschrift: Verarbeiten von Klebstoffen

41. Verfahren zur Kunststoff-Metallisierung

Für die Beschichtung von Kunststoffen mit Metallen kommen in der Technik heute überwiegend zwei Verfahren zur Anwendung.

1. Das Hochvakuummetallbedampfungsverfahren.

Mit Hilfe der Hochvakuumbedampfung kann bei einer Reihe von Kunststoffen eine Oberflächenmetallisierung erzielt werden. Im Hochvakuum, d.h. bei einem Luftdruck von $< 10^{-3}$ Torr werden die jeweiligen Metalle verdampft und auf einem im gleichen Raum befindlichen Kunststoffteil wieder abgeschieden. Diese Metallbeschichtung ist äußerst dünn und nicht besonders abriebfest. Derartige Beschichtungen können daher nur dauerhaft auf der Rückseite, d.h. auf der mechanisch nicht strapazierten und möglichst nicht verschmutzenden Unterseite eines klar durchsichtigen Kunststoffteils aufgebracht werden (besonders eignen sich hier die Polycarbonate und auch Polystyrol). Mit diesem Verfahren werden auf Fensterglas und optischen Gläsern (Linsen u.ä.) Antireflexbeläge aufgebracht.

2. Das Verfahren der chemogalvanischen Metallabscheidung (auch Kunststoffgalvanisierung genannt).

Die chemogalvanische Metallisierung von Kunststoffteilen ist im Gegensatz zu dem oben genannten Verfahren (Hochvakuumbedampfung) bei allen Kunststoffen einzusetzen. Im Aussehen oder im Gebrauch zeigt sich bei solchen chemogalvanisch verkupferten, vernickelten und verchromten Kunststoffen praktisch kein Unterschied zu entsprechenden Ganzmetallgegenständen, da die Haftung der chemogalvanisch auf Kunststoffen aufgebrachten Metallschichten hervorragend ist. Am besten eignen sich die ABS-Kunststoffe für das Chemogalvanisieren. So lassen sich auch holzähnliche ABS-Strukturschaumstoffe sehr gut chemogalvanisch metallisieren und es ist dann möglich, statt des bisherigen Blattgoldbelages auf Schnitzwerken o.ä. bei derartigen täuschend schnitzwerkähnlichen ABS-Schaumstoffen chemogalvanische Vergoldungen vorzunehmen. In bezug auf Dauerhaftigkeit stellt diese Beschichtung der Oberfläche Blattgold weit in den Schatten. Das Polieren der galvanisierten ABS-Formteile erübrigt sich, da dies die Verfahrenstechnik der Chemogalvanisation ermöglicht, während bei der Galvanisation von Metallteilen ein Nachpolieren üblich und erforderlich ist. Inzwischen sind für die Galvanisierung von ABS-Kunststoffen zahlreiche Produkte auf den Markt gekommen, die es ermöglichen, daß bei der Galvanisation derartiger Kunststoffe eine hochglänzende Metalloberfläche entsteht. Um das zu erreichen, ist peinlichste Sauberkeit im Umgang mit den ABS-Formteilen – schon vom Entformen an – unumgänglich notwendig.

Wenn ABS-Formteile hergestellt werden, die später chemogalvanisiert werden sollen, so ist schon beim Granulat auf völlige Freiheit von Polyethylen und Polypropylen zu achten. Das gleiche gilt für die Spritzgußmaschinen, die zur Herstellung der Formteile Verwendung finden. Schon bei der Vorbereitung der Spritzgußmaschine und des Werkzeuges ist somit unbedingt darauf zu achten, daß die Maschine auf der vorher mit Polyethylen oder mit Polypropylen gearbeitet worden ist, durch zwischenzeitliche Schüsse mit Polystyrol von den letzten Spuren PE oder PP gesäubert wird. Außerdem ist eine Schneckenspritzgußmaschine einer Kolbenspritzgußmaschine vorzuziehen, da das Formteil, das chemogalvanisch metallisiert werden soll, frei von Spannungen sein muß. Eine Schneckenspritzgußmaschine arbeitet zwar etwas langsamer, die so erhaltenen

Formstücke dann aber auch spannungsfreier. Weiter ist darauf zu achten, daß chemogalvanisch zu metallisierende Kunststoffteile nicht zu schroff im Werzeug abgekühlt werden und vom Entformen ab nicht mehr ohne Baumwoll- oder Plastikhandschuhe berührt werden. Nur so kann man das Aufbringen von Hautfett vermeiden. Fingerabdrücke würden später noch im Metallbelag sehr störend wirken.

Die Vorbereitung und eigentliche Galvanisierung (PEP, PP, PA, ABS oder POM):

1. 5 bis 25 Minuten beizen mit 20–60 °C warmer, reiner Chromschwefelsäure (ein sehr starkes Oxidationsmittel) oder phosphorsäurehaltiger Chromschwefelsäure. Anschließend mit klarem Wasser spülen und trocknen.
2. Chemische Aufbringung einer Leitfähigkeitsschicht (Kupfer- oder Nickelschicht) in einem stabilisierten, speziellen Kupfer- oder Nickelreduktionsbad.
3. Bei einer chemisch aufgebrachten Nickel-Leitfähigkeitsschicht wird diese Schicht zunächst galvanisch verstärkt durch Vernickeln, dann wird weiter galvanisch verkupfert, nochmals vernickelt und verchromet. Die Gesamtschichtdicke soll ≥ 25 µm betragen und das Schichtendicke-Verhältnis Kupfer : Nickel sollte stets ca. 4 : 1 sein. Wenn zuerst chemisch verkupfert wurde, was heute fast nicht mehr üblich ist, so wird diese chemisch aufgebrachte Kupferschicht galvanisch auf das vierfache der darauf aufzubringenden Nickelschicht verstärkt. Diese Nickelschicht wird abschließend verchromt.

Wärmedehnungskoeffizienten-Verhältnis Kunststoff : Metall $\approx 7 : 1$

42. Elektrische Leitfähigkeit der Kunststoffe

Bei der elektrischen Leitfähigkeit unterscheidet man zwischen Elektronenleitung (Metalle und Halbleiter) und Ionenleitung (Elektrolyte, Salzschmelzen). Bei dem größten Teil aller Kunststoffe liegt zwischen den Kohlenstoffatomen eine Einfachbindung (nur ein Elektronenpaar) und somit weder metallische noch ionische Bindung, sondern reine Kovalenzbindung (Atombindung) vor, d. h. die Elektronen sind räumlich in gerichteten Bindungen fixiert. Anders als bei den Halbleitern ist daher bei fast allen Kunststoffen die Differenz zwischen der Energie der Bindungselektronen und den Energiezuständen bei denen die Elektronen delokalisiert sind zu groß, als das die entsprechende Energie ohne Zerstörung des Materials zugeführt werden könnte. Daher sind die Kunststoffe Materialien mit meist hervorragenden elektrischen Isoliereigenschaften, weil sie meist zuwenig oder keine leicht anregbaren π-Elektronen haben. π-Elektronen liegen immer in konjugierten Doppelbindungen vor.

Die Außenelektronen (Valenzelektronen) eines Atoms sind für die Bindung zuständig. Sie halten sich energetisch gesehen im Valenzband (VB) auf. Ist dieses nicht vollständig besetzt (wie bei den Metallen) so ist die elektrische Leitfähigkeit in diesem Band möglich und das Band wird gleichzeitig zum Leitfähigkeitsband (LB).

Bändermodell:

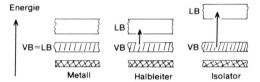

Abb. 42.1. Bändermodell Metall-Halbleiter-Isolator

Bei kovalenter (atomarer) Bindung mit abgeschlossener Edelgasschale ist das VB vollständig besetzt. Ein Elektron kann in diesem Falle nur dann von einem Atom zum anderen wechseln, wenn es mit einem anderen den Platz tauscht. Ein Stromfluß und damit elektrische Leitfähigkeit kommt daher nicht zustande. Erst wenn ein Elektron durch Energiezufuhr (Wärme oder Licht) in das höher gelegene LB angehoben wird, ist die Leitfähigkeit möglich (Halbleiter). Beim Isolator (Kunststoff) ist die zu überwindende Energiedifferenz zwischen VB und LB zu groß, um (ohne Zerstörung des Materials) überwunden zu werden, sofern keine π-Elektronen vorliegen.

42.1 Elektrisch leitfähige Kunststoffe

In der Hochfrequenztechnik ist es für den Bau von Teilen und Leitern unbedingt wichtig und ratsam, Kunststoffe zu haben, deren dielektrische Verlustfaktoren recht günstige Werte besitzen. Kunststoffe wie z. B. Polystyrol (PS), Polyethylen (PE), Polyisobutylen (PIB) rechtfertigen daher wegen ihrer geringen dielektrischen Verlustwerte auch einen derartigen Einsatz.

42.2 Elektrisch leitfähige, gefüllte Kunststoffe

Daß aber alle Kunststoffe elektrische Nichtleiter sind, kann heute nicht mehr mit Sicherheit von allen Kunststoffartikeln gesagt werden. Füllstoffe, wie Kohlenstoff (Ruß), Antioxidantien (Oxidations-Verhinderungsmittel), Antistatika (Mittel zur Verhinderung oder weitgehenden Reduzierung der statischen Auflladung von Kunststoffen), Entflammungsverzögerer (flammwidrig machende Substanzen) oder Vulkanisatoren (Vernetzer zwischen den fadenförmigen Makromolekülen) können schon eine gewisse Verbesserung der Leitfähigkeit bei Kunststoffen bewirken. Ebenso kann besonders bei Polyamiden höhere Luftfeuchtigkeit eine Verbesserung der Leitfähigkeit zur Folge haben.

Mitte der 50er Jahre erkannte man gewisse Zusammenhänge zwischen antistatisch wirksamen Additiven (Zusätzen) und dem elektrischen Leitvermögen der Kunststoffe. Später begann man sogar damit, die Makromoleküle selbst so zu modifizieren, daß sie zu mehr oder weniger guten Stromleitern wurden.

Derartige Kunststoffe und solche, die ihre Leitfähigkeit durch sehr fein verteiltes Silber- oder Kupferpulver erhalten, werden heute als sog. „Leitlacke" eingesetzt. Mit diesen Leitlacken ist man z. B. in der Lage, elektrische Geräte hervorragend gegen Störströme abzuschirmen. Durch einfaches einmaliges Aufspritzen von diesen Leitlacken lassen sich bei Kunststoffen Widerstandswerte von nur ca. 0,1 Ohm gegenüber dem Widerstand von 10^{15} Ohm bei allgemeinen Kunststoffen erzielen.

Die so erhaltene leitende oder halbleitende Oberfläche bewirkt, daß sich in verschiedenen Fällen sogar die Korrosionsbeständigkeit von Metallen ändert. Kunststoffe mit Leitzusätzen können u.U. in ihrer Entflammbarkeit erheblich beeinflußt werden. Bei der Verwendung elektrisch leitfähiger Klebstoffe kann man sogar verschiedentlich höhere Festigkeit an der Klebestelle erzielen. Auch der Reibungswiderstand nimmt dabei häufig ab. Noch eine Reihe anderer interessanter Verwendungsmöglichkeiten (gedruckte Schaltungen, großflächige Heizwiderstände z. B. für die Beheizung von Kleidungsstücken u. a.) lassen von derartigen Leitlacken vielseitige andere technische Einsatzgebiete erkennen und ahnen.

Interessant ist übrigens auch, daß oft eine höhere Mikrobenresistenz von elektrisch leitfähigen Kunststoffen gegenüber gleichartigen nichtleitenden Kunststoffen festgestellt werden kann.

42.3 Organische Halbleiter

Hierbei handelt es sich vorwiegend um eine Reihe meist thermostabiler aromatischer Polymere, die leicht anregbare π-Elektronen enthalten (s. 42.4 unter Polyacetylen). Leiterpolymere wie z. B. „Black Orlon" besitzen übrigens Halbleitereigenschaften (s. „Leiterpolymere", Abs. 29.6).

42.4 Die „organischen Metalle" („Synmetals")

Eine völlig neue Klasse von makromolekularen Werkstoffen (organische Polymere) nimmt stürmisch immer mehr Gestalt an.

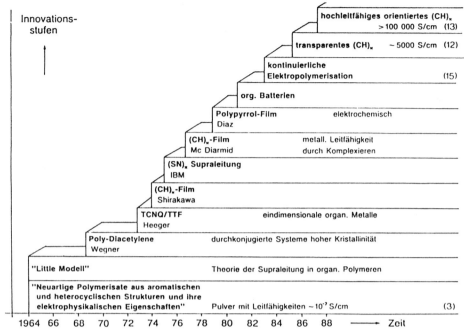

Abb. 42.4a. Die zeitliche Entwicklung „organischer Metalle"

Reine organische Polymere, d. h. Kunststoffe ohne Metallpulver- oder andere elektrisch leitfähige Stoffzusätze mit der elektrischen Leitfähigkeit von Metallen waren schon 1982 synthetisch herstellbar. Schon 1981 erschien die „organische Batterie" mit dieser „organischen Metalle" hypothetisch möglich, wie aus Abb. 42.4a zu entnehmen ist. *Naarmann* und *Beck* (BASF) berichteten schon 1964 (Halbleitertagung in München) von neuartigen Polymerisaten aus aromatischen und heterocyclischen Strukturen und ihren elektrophysikalischen Eigenschaften. Im gleichen Jahr entwickelte *Little* die Theorie, daß Polyen-Ketten mit Cyaninseitengruppen bei Raumtemperatur nicht nur elektronische Leitfähigkeit, sondern sogar Supraleitung aufweisen sollten. Abb. 42.4b veranschaulicht das Little'sche Modell, das allerdings bis heute nicht verwirklicht wurde. [62]

1. Polyacetylen

Erst das Auffinden der Ziegler-Natta-Katalyse (Metall-organische Katalysatoren) zur Herstellung von Polyacetylenfilmen (s. Abb. 42.4c) und vor allem die Anwendung des Konzepts der partiellen Ladungsübertragung durch Komplexierung (durch mit Nebenvalenzen gebundene Zugaben) auf konjugierte Polymere leiteten eine stürmische Entwicklung ein. (Polymere in denen eine Doppelbindung jeweils von der nächsten Doppelbindung durch eine Einfachbindung getrennt ist, sind konjugierte Polymere.) In diesen sind die Elektronen, die an der Konjugation beteiligt sind (jeweils die Elektronen, die in der Doppelbindung die zweite Bindung ermöglichen) delokalisiert, d. h. sie treten wie im Benzolring als π-Elektronen auf. Sie sind nicht an Atome gebunden. Für die elektrische Leitfähigkeit von Kunststoffen sind daher in den Polymeren zur Erzielung einer ausreichenden ElektronenLeitfähigkeit (metallische elektrische Leitfähigkeit) das Vorliegen möglichst zahlreicher derartiger konjugierter Doppelbindungen im Makromolekül die

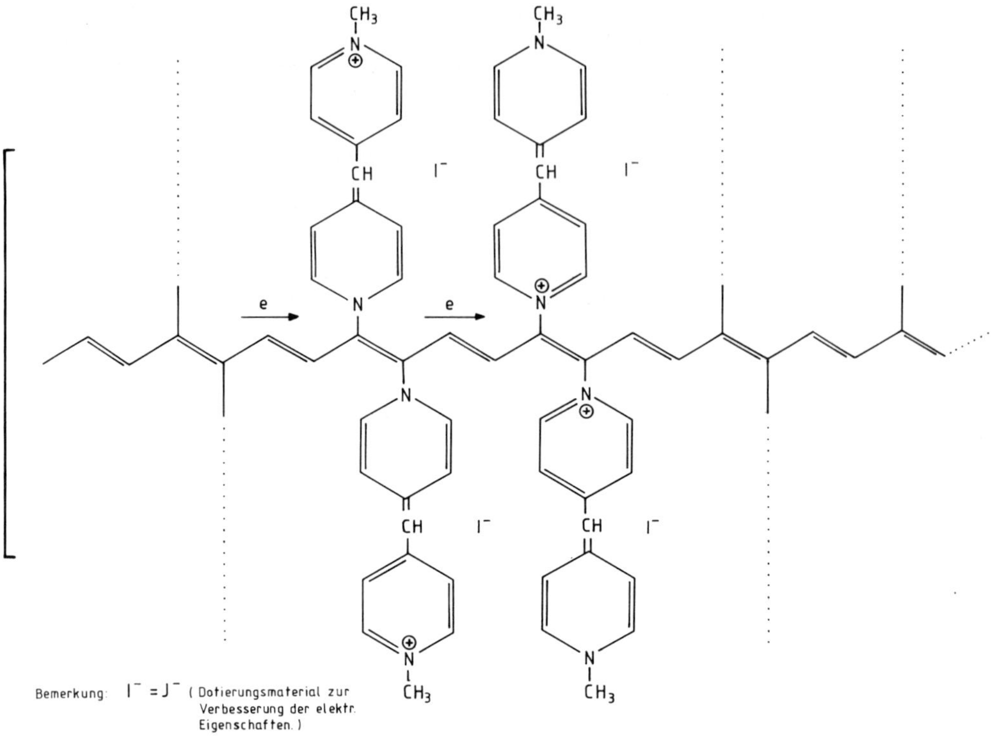
CH3
N
CH
I−
e
Bemerkung: I− = J− (Dotierungsmaterial zur Verbesserung der elektr. Eigenschaften.)

Abb. 42.4b. Little's Modell: Polare Farbstoffgruppen an einem Polyenbackbone sollen extreme elektrische Leitfähigkeit auslösen

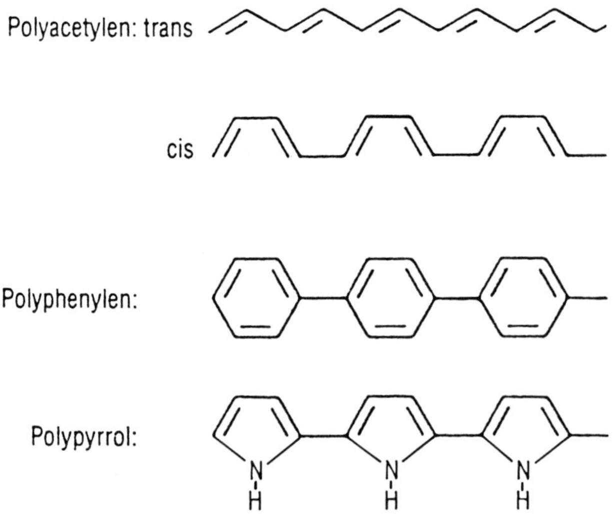
Polyacetylen: trans
cis
Polyphenylen:
Polypyrrol:
N
H

Abb. 42.4c. Polymere mit π-Elektronen-Konjugation

Grundvoraussetzung, um dann nach einer Dotierung (Dopen), auch Komplexierung genannt, eine den Metallen entsprechende Leitfähigkeit zu erreichen (s. Tabelle). Ebenso ist in dieser Tabelle ersichtlich, daß schon heute bei verschiedenen Polyacetylen-Typen eine erstaunlich hohe elektrische Leitfähigkeit erreichbar ist. Durch etwa 550%ige Dehnung eines derartigen Polyacetylenfilmes in einer Richtung tritt eine hohe Orientierung, d. h. Parallelanordnung der Makromoleküle im Film ein, was nach der Komplexierung mit Jod in Dehnungsrichtung gemessen zu einer gewichtsbezogenen Leitfähigkeit von 104347 S · cm² · g⁻¹ oder zu einer volumenbezogenen Leitfähigkeit von 120000 S/cm führt. Im rechten Winkel zur Dehnungsrichtung gemessen ist die elektrische Leitfähigkeit praktisch gleich 0 S/cm. Der Kunststoff ist in dieser Richtung dann ein Isolator, d. h. daß der Kunststoff anisotropes Leitungsverhalten besitzt. Zum Vergleich sei erwähnt, daß die gewichtsbezogene Leitfähigkeit von Silber 63972 S · cm² · g⁻¹ und die des Kupfers 72147 S · cm² · g⁻¹ aber die volumenbezogene Leitfähigkeit des Silbers 671140 S/cm und die des Kupfers 645000 S/cm beträgt. Damit wird deutlich, daß die Gewichtsleitfähigkeit des Silbers, des besten metallischen Elektroleiters, bereits deutlich überschritten ist (siehe Tabelle). Man weiß, daß organische Polymere den elektrischen Leitfähigkeitsbe-

Metall	Leitfähigkeit (Volumen) in S/cm	spez. Gewicht in g/cm³		Leitfähigkeit (Gewicht) in S · cm² · g⁻¹
Hg	10365	13,546		767
Sb	25575	6,618		3864
Pt	101522	21,45		4733
As	30030	5,72		5250
Ir	195694	22,65		8639
Cr	77519	7,19		10781
Fe	102986	7,87		13085
Ni	146113	8,908		16402
Co	160256	8,92		17965
Au	470588	19,3		24382
Ag	671140	10,491		63972
Cu	645000	8,94		72147
		vor dem Dopen	nach dem Dopen	
S–(CH)$_x$	1000 gedopt AsF$_5$ 520 gedopt I$_2$/CCl$_4$	0,40	1,23	813 422
S–(CH)$_x$ orientiert	3200 gedopt AsF$_5$ 1600–1800 gedopt I$_2$	0,50 —	1,26 —	2539
N–(CH)$_x$ orientiert	18000–28000 gedopt I$_2$/CCl$_4$	0,85	1,12	16071–25000
ARA-Methode N-(CH)$_x$ orientiert	120000	0,90	1,15	104347

Vergleich der Leitfähigkeiten von einigen Metallen mit verschiedenen Polyacetylen-Typen [62]

reich jetzt vom ausgezeichneten Isolator über das Halbmetall bis zum Metall überstreichen können. Aus dem Grunde wird auf dem Sektor der „Organometalle", auch „Synmetals" genannt, weltweit sehr intensiv gearbeitet. Während Polyacetylen-Filme schon nach relativ kurzer Zeit bei Lagerung in der Luft (22 °C, 55 % relative Luftfeuchtigkeit) ihre elektrische Leitfähigkeit stark mindern, liegen alle Polypyrrol-Filme in dem Erhalt ihrer elektrischen Leitfähigkeit wesentlich günstiger, d.h. ihre Leitfähigkeit nimmt bei Luftlagerung nur geringfügig ab.

2. Polypyrrol

Ein anderes Polymerisat – das Polypyrrol – läßt sich sowohl chemisch als auch elektrochemisch polymerisieren. Mit Hilfe der kontinuierlichen Elektropolymerisation (US Pat. 4.468.291. Jun. 27. 1983/May 28, 1984, Continuous production of polypyrrole films, BASF Germany) werden freistehende Filme erhalten.

Aussichten auf die Anwendungsmöglichkeiten der Organometalle

Bereits jetzt ergeben sich als Anwendung für die elektrisch leitfähigen Polymere unter Ausnutzung der elektrischen Leitfähigkeit:
Flexible Leiterbahnen, Heizfolien und, aufgrund des Rückstellvermögens, Tastenschalter (Polypyrrolfilme). Die im Vergleich mit gefüllten elektrisch leitfähigen Kunststoffen hohe Leitfähigkeit legen ihre Verwendung zur Abschirmung elektromagnetischer Wellen nahe. Auch als Elektrodenmaterial zur elektrochemischen Abscheidung von Metallen sowie als elektrisch leitfähige Membranen (z. B. Ionenaustauschmembranen) sind beispielsweise die Polypyrrolfilme geeignet.

Polypyrrol-Elektroden für Akkumulatorzellen

Die Ausnutzung der elektrochemischen Reversibilität (Umkehrbarkeit) bietet eine weitere Anwendungsvariante für Polypyrrol. So hat die BASF in Zusammenarbeit mit der Firma VARTA einen Akkumulator mit Polypyrrol als Elektrodenmaterial gebaut. Polymerelektroden bieten den Vorteil der variablen Formgebung, die zu neuartigen Batterietypen führen, beispielsweise für den Elektroniksektor, und Impuls für andere kostensparende Fertigungsmethoden geben könnte. Die Zellenspannung beträgt hier nicht, wie im allgemeinen Batterietyp 1,5 Volt, sondern 3 Volt.
Die elektrischen Eigenschaften der Kunststoffe waren bisher nur durch nachfolgende vier charakteristische Hauptgrößen gekennzeichnet:

1. Der elektrische Widerstand (Isolationswiderstand). Prüfmethode: DIN 53 482 Der elektrische Widerstand läßt sich weiter untergliedern in:
1.1 Durchgangswiderstand $R_D = \frac{V}{I}$ in Ohm bzw. spezifischer Durchgangswiderstand $\varrho_D = R_D \cdot \frac{A}{d}$ in Ohm · cm (Erklärung: A = Fläche in cm^2; d = Dicke in cm),
1.2 Oberflächenwiderstand R_O in Ohm.
1.3 Widerstand zwischen den Stöpseln.
2. Die Durchschlagfestigkeit (gemessen in kV/mm). Prüfmethode: DIN 53 481
3. Die Kriechstromfestigkeit (gemessen in Kunststofftropfenzahl bis zu dem Zeitpunkt bei dem ein Stromdurchgang > 0,5 Ampère erfolgt). Prüfmethode: DIN 53 480
4. Die Dielektrizitätskonstante (DK) und der dielektrische Verlustfaktor (tan δ). Prüfmethode: DIN 53 483

Heute gehören zur Aufzählung der elektrischen Eigenschaften der Kunststoffe folgende, wenn auch noch in Weiterentwicklung befindliche Polymere mit sehr interessanten Eigenschaften hinzu:

5. Die Halbleitereigenschaften (organische Halbleiter) [62]
6. Die metallische Leitfähigkeit der „organischen Metalle", die auch „Organometalle" oder „Synmetals" genannt werden. [62]

43. Charakteristische Eigenschaften einiger für die Technik wichtiger Kunststoffe

1. Dichte ϱ (in g/cm^3)
2. Oberflächenbeschaffenheit (Griff, Farbe, u. ä.)
3. Flammprobe (Art der Flamme und Schwadengeruch)
4. Beilstein-Probe
5. Kunststofferkennung nach Programm (s. Seite 312/313)

43.1 Thermoplaste

CA:
(Celluloseacetat)
„Cellit", „Ultraphan",
„Trolit W", „Cellon",
„Cellidor A", „Ecaron",
„Cellidor U",
„Cellidor S"

Celluloseacetate sind erheblich weniger brennbar als CN (heutiges Filmmaterial), thermische Zersetzung erst ab 170 °C, Schwadengeruch nach Essig. $\varrho = 1,3$ g/cm^3 (kann auf Eintauchflüssigkeit 3, gesättigte MgCl$_2$-Lösung, gerade noch schwimmen).

CN:
(Cellulosenitrat)
„Celluloid"

Celluloid ist glasklar, brennt mit großer, sehr heißer Flamme schnell ab, rußt, Geruch typisch, erweicht bei 70 °C, thermische Zersetzung ab 140 °C, brennbar ab 200 °C (Filmmaterial bis Ende der dreißiger Jahre). $\varrho = 1,38$ (geht in Eintauchflüssigkeit 3, gesättigte MgCl$_2$-Lösung, unter).

E/VA:
(Ethylen-Vinylacetat-
Copolymer)
„Levasint", „Acralen",
„Levapren", „Evaflex",
„Lupolen V", „Evaclene",
„Miraviten", „Evatate",
„Soablen", „Soarlex",
„Escorene", „Poly-Eze",
„Ultrathene"

In diesem Copolymer nimmt die Dichte bei bis zu 10 % Vinylacetat ab, während sie bei steigendem Vinylacetat-Gehalt bis etwa 0,95 g/cm^3 zunimmt. Dauergebrauchstemperatur: minimal -60 °C, maximal 55 °C. Ebenso, wie die Dichte steigt, nehmen die Transparenz, die Zähigkeit in der Kälte, die Klebrigkeit, die Wechselbiegefestigkeit, das Aufnahmevermögen für Füllstoffe, die Flexibilität und die Spannungsrißbeständigkeit zu, während die Chemikalienbeständigkeit, der Schmelzbereich, die Härte und die Formbeständigkeit in der Wärme abnehmen. Der Kunststoff ist glasklar, kann aber beliebig gefärbt werden. Eine Rußfüllung von 30 % ergibt einen halbleitenden Kunststoff. Flexible magnetisierbare Leisten ergeben sich durch einen Bariumferritzusatz bis zu 90 %.

PA:
(Polyamid)
„Ultramid B",
„Durethan BK",
„Trogamid", diese sind
6-PA; „Ultramid A" ist

Polyamide sind milchig-trüb oder gefärbt, ziehen in der Hitze sehr leicht sehr dünne und erstaunlich reißfeste Fäden, die Schwaden riechen hornartig. PA brennt nicht sehr gut an, brennt dann aber außerhalb der Flamme weiter, Feuchtigkeitsaufnahme im Wasser 3–9 ist Gew.%, in der Luft im Normalklima, d. h. 20 °C und 65 % rel. Luftfeuchte, 1,8–3,5

6,6-PA; „Ultramid S" 6,10-PA; „Nylon", „Perlon", „Vestamid", „Sustamid", „Zytel"	Gew.%. Lt. Schätzungen sollen ca. 70% aller Kunststoffe Polyamide sein. Dauergebrauchstemperatur: 80–100 °C. $\varrho = 1{,}07$ g/cm³ (6,10-PA) bis 1,14 g/cm³ (6-PA), (schwimmt auf gesättigter Kochsalzlösung mit $\varrho = 1{,}20$ g/cm³)
PC: (Polycarbonat) „Makrolon", „Lexan"	Glasklar mit schwachem gelblichbraunem Farbton, wenn nicht gefärbt. Dieser Farbton kann auch durch die Zugabe von optischen Aufhellern beseitigt worden sein, PC ist dann glasklar und farblos. Durch Einfärbung sind die verschiedensten anderen Farben des Makrolons zu erhalten. PC brennt in der Flamme rußend und erlischt außerhalb der Flamme. Die so erhitzten Teile sind blasig geworden und die Ränder dieser Zone sind verkohlt. Die Schwaden riechen nach Phenol, die Schwadenreaktion ist anfangs schwach sauer, d. h. feuchtes Lackmuspapier färbt sich rot. PC ist das beste „Sicherheitsglas", da es nicht wie PMMA bei sehr kräftigem Schlag oder Stoß splittert. Gestaltfestigkeit bis 135 °C. $\varrho = 1{,}17-1{,}22$ g/cm³ (kann auf ges. Kochsalzlösung oder – anderes PC-Material – auch erst auf der Eintauchflüssigkeit 3 (ges. MgCl₂-Lösung mit $\varrho = 1{,}33$ g/cm³) schwimmen.
PE: (Polyethylen) „Lupolen", „Hostalen", „Vestolen", „Trolen", „Polythen", „Marlex", „Dynalen", „Suprathen" $$\left[\begin{array}{c} \text{H} \quad \text{H} \\ \bullet\text{C} - \text{C}\bullet \\ \text{H} \quad \text{H} \end{array} \right]_n$$	Es gibt Hoch- und Niederdruck-Polyethylen Hochdruck-Polyethylen (PE$_w$ ist die alte Bezeichnung) ist ein PE mit geringerer Dichte und ist weicher, da es verzweigt ist und geringere Teilkristallinität besitzt. Niederdruck-Polyethylen (PE$_h$ ist die alte Bezeichnung) hat höhere Dichte, ist härter und steifer und hat hohe Teilkristallinität. Griff wachsartig, brennt, tropft dann, Schwaden riechen nach Paraffin, Fingernagel ritzt. Niederdruck-PE (PE-HD) ist hochkristallin (Folien aus PE-HD: Aussehen und Geräusch beim Zerknüllen ähnlich wie Pergamentpapier) und hat auf 1000 Monomere nur 1–3 Seitenketten, mit einer Molekülmasse zwischen ca. 100 000 und einigen Millionen, während Hochdruck-PE auf 1000 Monomere etwa 65 Seitenketten und ist daher nicht oder nur sehr schwach kristallin. Die Molekülmasse des Hochdruck-PE (PE-LD) liegt zwischen ca. 5000 und 100 000. $\varrho < 1$ g/cm³ (schwimmt also auf Wasser) $\varrho = 0{,}915$ bis 0,965 g/cm³ Hochdruck-PE (PE-LD = low density-PE): $\varrho = 0{,}915-0{,}924$, schmilzt bei 110–120 °C, Dauergebrauchstemperatur: minimal −50 °C, maximal 60–75 °C. Niederdruck-PE (PE-HD = high density-PE): $\varrho = 0{,}945-0{,}965$, schmilzt bei 125–135 °C, Dauergebrauchstemperatur: minimal −50 °C, maximal 70–80 °C.
PE-X: (vernetztes Polyethylen) – nicht DIN-gemäßes Kurzzeichen: VPE –	Meistens setzt man zur Herstellung von vernetztem Polyethylen das PE-HD (high density-PE) ein. Dieses Polyethylen hat schon im nicht vernetzten Zustand außer einer hohen Molekülmasse auch eine hohe Teilkristallinität und damit schon ohne Vernetzung eine höhere Formstabilität als PE-LD (low density-PE). Während unvernetztes PE schweißbar

ist, kann PE-X nicht mehr geschweißt werden, da bei ihm ein Schmelzen nur unter Zerstörung der PE-X-Struktur möglich ist. Eine räumliche chemische Verbindung zwischen den einzelnen Makromolekülen des zuvor noch nicht vernetzten PE-HD ist im Vergleich zu dieser nur physikalischen Bindung etwa 10 bis 20mal größer und benötigt zu ihrer Beseitigungsomit auch eine erheblich größere Energiezufuhr, die so zur Erreichung der Zerstörungstemperatur (ZT) führt, bevor ein Fließen (FT) des PE-X eintritt. Ausführlich wird auf den Einsatz von PE-HD-X als korrosionsbeständiges Wasserleitungsrohr im Kapitel 36 eingegangen.

PIB:
(Polyisobutylen)
„Oppanol"

Entweder farblose, ölige Flüssigkeit (Molekülmasse ≈ 3000) oder kautschukartige, weiche bis plastische Substanz (Molekülmasse ≈ 80000) oder kautschukartige, stramme Substanz (Molekülmasse ≈ 200000). PIB ist im Gegensatz zu PE und PP, deren ϱ auch < 1 ist, in aliphatischen und aromatischen sowie in chlorierten Kohlenwasserstoffen löslich. Brennt gut mit gelber, leuchtender Flamme, Schwadengeruch ist gummiähnlich, aber nicht unangenehm. Erweichungspunkt sehr unterschiedlich, kalter Fluß. $\varrho = 0{,}92$ bis $0{,}93$ g/cm^3 (schwimmt auf Wasser), gefüllt $\approx 1{,}7$ g/cm^3

PMMA:
(Polymethylmethacrylat)
„Acrylglas", „Resarit"
„Plexiglas", „Lucite",
„Plexigum", „Perspex",
„Acronal", „Deglas",
„Resartglas"

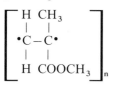

Glasklar, Schwaden haben fruchtartigen Geruch, knistert in der Flamme, bläht ,sich in der Flamme auf, löst sich in Chlorkohlenwasserstoffen, nicht beständig gegen Säuren, Basen und Benzol. $\varrho \approx 1{,}18$ g/cm^3 (schwimmt also auf gesättigter Kochsalzlösung) Dauergebrauchstemperatur: $65 - 90\,°C$.

POM:
(Polyoximethylen,
Polyacetal)
„Ultraform", „Delrin",
„Hostaform C"

Polyoximethylene haben milchig-trübes Aussehen, guten Oberflächenglanz, läßt sich aber einfärben, sehr hart und fest, niedriger Reibungskoeffizient, Schwaden riechen sehr stark nach Formaldehyd, Geruch kommt etwas später! Flamme fast farblos, wie Trockenspiritus brennt, rußt nicht, Gebrauchstemperatur bis $+90\,°C$, kurzzeitig bis $150\,°C$. $\varrho = 1{,}41$ g/cm^3 (geht in Eintauchflüssigkeit 3, gesättigte MgCl$_2$-Lösung, unter).

312 Identifikationsprogramm der häufigsten Kunststoffe

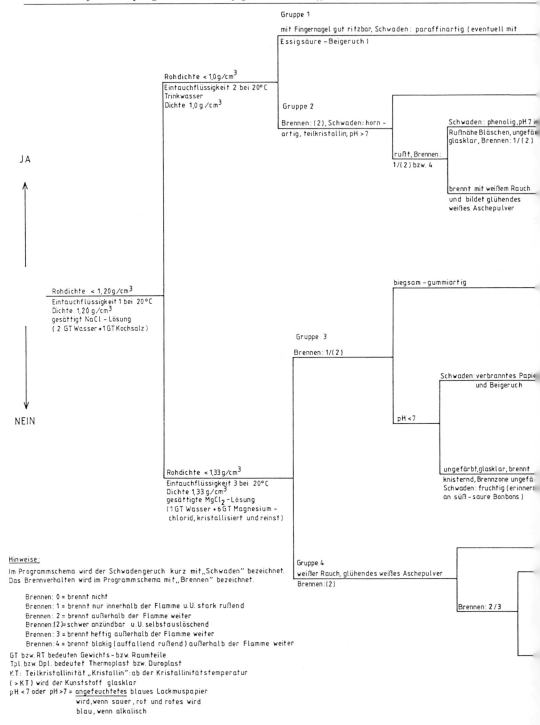

Hinweise:
Im Programmschema wird der Schwadengeruch kurz mit „Schwaden" bezeichnet.
Das Brennverhalten wird im Programmschema mit „Brennen" bezeichnet.

  Brennen: 0 = brennt nicht
  Brennen: 1 = brennt nur innerhalb der Flamme u.U. stark rußend
  Brennen: 2 = brennt außerhalb der Flamme weiter
  Brennen:(2)= schwer anzündbar u.U. selbstauslöschend
  Brennen: 3 = brennt heftig außerhalb der Flamme weiter
  Brennen: 4 = brennt blakig (auffallend rußend) außerhalb der Flamme weiter
GT bzw. RT bedeuten Gewichts- bzw. Raumteile
Tpl. bzw. Dpl. bedeutet Thermoplast bzw. Duroplast
K.T: Teilkristallinität „Kristallin": ab der Kristallinitätstemperatur
(> KT) wird der Kunststoff glasklar
pH < 7 oder pH > 7 = angefeuchtetes blaues Lackmuspapier
        wird, wenn sauer, rot und rotes wird
        blau, wenn alkalisch

Identifikationsprogramm der häufigsten Kunststoffe 313

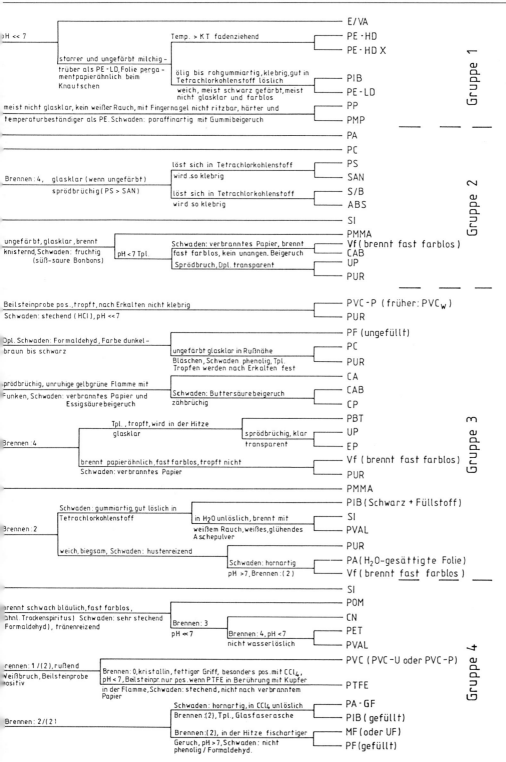

PP:
(Polypropylen)
„Novolen", „Daplen",
„Hostalen PP", „Profax",
„estolen P", „Moplen"

$$\left[\begin{array}{cc} H & H \\ | & | \\ \bullet C - C \bullet \\ | & | \\ H & CH_3 \end{array} \right]_n$$

Griff wachsartig, brennt, tropft dann, Schwaden riechen schärfer als bei PE, erinnern auch etwas an Gummischwaden, Fingernagel ritzt nicht, Dauergebrauchstemperatur: minimal $-30\,°C$, maximal $100\,°C$. $\varrho < 1$ g/cm^3 (schwimmt also auf Wasser) $\varrho = 0{,}896 - 0{,}90$ g/cm^3

PS:
(Polystyrol)
„Styroflex", „Trolitul",
„Hostyren", „Vestyron"

$$\left[\begin{array}{cc} H & H \\ | & | \\ \bullet C - C \bullet \\ | & | \\ H & C_6H_5 \end{array} \right]_n$$

Glasklar, neigt bei Spannungen leicht zu Rißbildung, brennt mit leuchtender, sehr stark rußender Flamme, Geruch der Schwaden blumigsüßlich, hyazinthenartig, beim Fallen blechartiges Schallgeräusch, PS-Folie beim Zerknüllen ähnliches Geräusch wie Aluminiumfolie, spröde, kerbempfindlich, starke Neigung zur Spannungsrißbildung, löslich in Benzin, Aceton, Benzol, Chlorkohlenwasserstoffen u. v. a., beständig gegen Wasser, Säuren, Basen und Alkohol. $\varrho = 1{,}1$ g/cm^3 (schwimmt auf gesättigter Kochsalzlösung mit $\varrho = 1{,}20$ g/cm^3)

PTFE:
(Polytetrafluorethylen)
„Hostaflon TF",
„Teflon", „Fluon",
„Algoflon", „Gaflon"

$$\left[\begin{array}{cc} F & F \\ | & | \\ \bullet C - C \bullet \\ | & | \\ F & F \end{array} \right]_n$$

Polytetrafluorethylen hat speckigen Griff, die Benetzung des PTFE mit Tetrachlorkohlenstoff ergibt ölig-glitschigen Griff. Das Aussehen ist milchig-trüb (hohe Kristallinität). Beim Umwandlungspunkt von $327\,°C$ gelieren die Kristallite, d. h. PTFE wird in der Hitze zunächst außen glasig klar, bleibt aber anfangs noch innen trüb. PTFE brennt nicht und erweicht nur sehr mäßig bei Brennertemperatur, der Geruch ist dann (Zersetzungstemperatur $400\,°C$) stechend unangenehm und sehr giftig, zersetzt sich über $400\,°C$ zu sehr gesundheitsschädlichen Fluorverbindungen (Dämpfe). PTFE wird pulverförmig sinternd bei 370 bis $380\,°C$ und 200 bis 400 kp/m^2 verarbeitet. $\varrho = 2{,}0 - 2{,}3$ g/cm^3 (geht in Eintauchflüssigkeit 3, gesättigte MgCl$_2$-Lösung, unter).

PVC:
(Polyvinylchlorid)
„Vestolit", „Vinoflex",
„Igelit", „Hostalit",
„Vinol", „Vinidur",
„Mipolam", „Supradur",
„Astralon", „Dynadur",
„Suprotherm"

$$\left[\begin{array}{cc} H & H \\ | & | \\ \bullet C - C \bullet \\ | & | \\ H & Cl \end{array} \right]_n$$

Griff nicht wachsartig aber starr (lt. DIN 7728, Jan. 1988; PVC-U), brennt nicht, grüne Flammenfärbung wenn PVC + Kupfer in Flamme (Beilsteinprobe), Schwaden riechen nach Salzsäure, angefeuchtetes Indikatorpapier zeigt, in Schwaden gehalten, Säure an, sehr kerbempfindlich. Weich-PVC (lt. DIN 7728, Jan. 1988; PVC-P) ist durch „Weichmacher" flexibel und gummiähnlich biegsam. Dauergebrauchstemperatur: PVC-U bis $65\,°C$, PVC-P bis $50\,°C$. $\varrho > 1{,}33$ g/cm^3 (geht in Eintauchflüssigkeit 3, gesättigte MgCl$_2$-Lösung unter) $\varrho = 1{,}2$ g/cm^3 (weich) bis 1,4 g/cm^3 (hart)

SI:
(Silikone)
„Silopren", „Silicon",
„Silastic", „Silikonöl",
„Silikonpaste",
„Silikonkautschuk"

Silikone sind Silicium-organische Verbindungen, die in der Hitze zu Sand zerfallen, nicht billig sind und in großen Temperaturbereichen anwendungsfähig sind. In der Regel sind die Silikone auffallend hydrophob und mit den organischen makromolekularen Stoffen (übliche Kunststoffe) nicht verträglich. Silikone ermöglichen oft auffallende Schaumvernichtung und sind (lt. Bundesgesetzblatt 4 von 1961 Nr. 7 Seite 106) physiologisch indifferent (ungiftig). Die Viskosität zahlreicher Silikonöle ist praktisch nicht oder nur unwesentlich temperaturabhängig. Als Schmieröle sind die Silikonöle aber nicht gut brauchbar, denn sie verlieren bei einem hohen Flächendruck im Lager die Schmierfähigkeit. $\varrho = 1{,}75$ g/cm^3 (geht in Eintauchflüssigkeit 3, gesättigte MgCl$_2$-Lösung, unter).

43.2 Duroplaste

EP:
(Epoxidharze)
„Lekutherm", „Araldit",
„Epikode" u. a.

Meist milchig trüb als Rohmaterial, aber auch einfärbbar, Geruch der Schwaden nach Phenol, sehr hohe Haftfestigkeit auf dem Untergrund, daher häufig als Kleber für Metalle und andere Werkstoffe, verkohlt in der Flamme, rußt und zersetzt sich dabei, Wärmeausdehnung sehr gering im Vergleich zu UP, keine Nachschwindung, nur geringe Wasseraufnahme. $\varrho = 1{,}1 - 1{,}23$ g/cm^3 (Rohdichte)

MF:
(Melaminharz)

UF:
(Harnstoffharze)
„Bakelite"-
Schnellpressmasse,
„Albamit", „Ultrapas",
„Kaurit", „Pollopas",
„Urecoll", „Resopal",
„Iporka", „Formica"

In der Hitze fischartiger Geruch, hell bis dunkel in der Farbe, verkohlt, meist farblos transparent, daher auch als Beschichtungsmaterial für bedruckte Papiere, Essgeschirr darf aus MF-Preßmassen hergestellt werden, nicht aber aus UF und PF, meist hell eingefärbt, was bei PF-Harzen nicht gut möglich ist. MF und UF = Gruppe der Aminoplaste. $\varrho = 1{,}5$ g/cm^3 (ungefüllt bis gefüllt)

PF:
(Phenolharze)
„Bakelit", „Alberit",
„Trolitan", „Wofatit",
„Plastodur"

In der Hitze Phenolgeruch, bei Typ 31 zusätzlich auch holzartiger Geruch, meist dunkelbraun bis schwarz gefärbt, verkohlt. $\varrho = 1{,}25 - 2{,}0$ g/cm^3 (ungefüllt bis gefüllt)

PUR:
(vernetzte
Polyurethane)
„Vulkollan",
„Moltopren",
„DD-Lacke" und
„DD-Kleber"

Beim Erhitzen von PUR bilden sich anfangs ohne Schmelzen durch Zersetzung weiße Dämpfe, beim stärkeren Erhitzen bilden sich gelbliche Dämpfe, die Lackmuspapier blau färben. Der Schwadengeruch ist unangenehm stechend (giftig!) und hustenreizend, brennt schlecht außerhalb der Flamme, tropft in der Flamme. Farbe meist dunkel, wird beim Erhitzen blasig, auffallend hohe Abriebfestigkeit, sehr stark schwingungsdämpfend, wird dadurch erwärmt und ist wegen der Möglichkeit des Fließens daher nicht für Autoreifen brauchbar! Als Schaumstoff kurzzeitiger Einsatz bis 130 °C möglich, Einsatztemperatur von Vulkollan in der Praxis von -20 bis $+70$ °C. $\varrho = 1{,}05-1{,}26$ g/cm^3 (Rohdichte)

UP:
(ungesättigte Polyesterharze)
„Palatal", „Vestopal", „Polyleit", „Leguval", u. a.

Brennt nicht, erweicht nicht, zerfällt in der Hitze meist feinkörnig, Geruch nach Styrol, beim Abbinden 6 – 8 Volumen-%! Schrumpfung, wenig schlagempfindlich, meist mit Glasfaserverstärkung vorliegend. $\varrho = 1{,}2$ g/cm^3 (Rohdichte)

44. Die Molekülmassenbestimmung von Kunststoffen

Die Molekülmassenbestimmung von Kunststoffen ist nur als Bestimmung der Durchschnittsmolekülmasse des betreffenden makromolekularen Stoffes zu verstehen. Eine derartige Molekülmassenbestimmung ist nach verschiedenen Methoden möglich:
1. Bestimmung einer charakteristischen Gruppe
2. Ultramikroskopie
3. Elektronenmikroskopie
4. Kryoskopie
5. Osmotische Methode
6. Fällungstitration
7. Viskosimetrische Methode

Beispiel: Viskositätsuntersuchung

Die einfachste Methode der Molekülmassenbestimmung von linearmolekularen Stoffen ist die viskosimetrische Methode. Sie hat sich gut bewährt und wird heute in der Industrie der Cellulose und deren Derivate sowie der Faserstoffe und besonders linearmolekular aufgebauter Kunststoffe angewandt. Eine wichtige Größe für eine derartige Molekülmassenbestimmung ist der sogenannte K-Wert. Oft wird dieser Wert zur Charakterisierung eines Kunststoffes angegeben.

Der K-Wert von Kunststoffen
(Bestimmung nach DIN 53726)

Der K-Wert ist das relative Maß (Proportionalitätsfaktor) für die Molekülmasse (M) bzw. den Polymerisationsgrad (n) eines Kunststoffes.
Die Molekülmasse eines löslichen Kunststoffes ist durch Viskositätsmessung unter Berücksichtigung des jeweiligen K-Wertes nach der Staudinger-Gleichung, die aber nur für das jeweils gleiche Lösungsmittel und bei gleicher Temperatur gilt, berechenbar.
Staudinger-Gleichung:

$$[\eta] = K_m \cdot M$$

Für die Grenzviskosität $[\eta]$ gilt:
Da η_{sp} dimensionslos ist, hat somit der Staudinger-Index $[\eta]$ die Dimension $cm^3 \cdot g^{-1}$.
In der amerikanischen Literatur bezeichnet man den „Staudinger-Index" oder, was das gleiche ist, die Grenzviskosität $[\eta]$ mit „intrinsic viscosity".

45. Qualitäts- und Gütezeichen für Kunststoffe

Abb. 45. Muster der nachfolgend beschriebenen Qualitäts- und Gütezeichen

– Die Zeichenbenutzer sind im Zweifelsfalle beweispflichtig. –

a) Das DIN-Zeichen kann auch mit Nummer geführt werden, wenn eine bestimmte DIN-Vorschrift erfüllt ist.
b) Das VDE-Zeichen gibt an, daß die elektrische Energieanlage oder das Energieverbrauchsgerät ordnungsgemäß ist. Ein Gerät mit dem VDE-Zeichen entspricht den Bestimmungen des „Verbandes Deutscher Elektrotechniker".
c) Das Zeichen des „Deutschen Vereins von Gas- und Wasserfachmännern" gibt an, daß diese Rohre laufend auf Grund von Überwachungsverträgen überprüft werden. Die Überprüfung wird nach den DIN-Vorschriften durchgeführt und gilt für alle Druck- und Abflußrohre aus PVC und PE.
d) Das Zeichen der „Gütegemeinschaft Kunststoffrohre" gilt ähnlich wie vorstehend für alle Druck- und Abflußrohre aus PVC und PE.
e) Das Zeichen des „Prüfungsausschusses beim Ländersachverständigenausschuß für neue Baustoffe und Bauarten". Hersteller, die das PA-Zeichen führen, verpflichten sich bei der Zulassung den Artikel laufend durch anerkannte Prüfstellen überprüfen zu lassen.
f) Das Überwachungszeichen nach DIN 7702 für typisierte Formmassen und daraus hergestellter Formteile. Erklärung: N.N. = Hersteller und Verarbeiter, hier 31 = Formmassentyp 31 wurde hier z.B. aus der Vielzahl der typisierten Formmassen für den Duroplasten eingesetzt.
Erklärung des Gesamtzeichens: Materialprüfamt Dahlem (Berlin-Dahlem).
g) Das Zeichen für „Bedarfsgegenstände im Sinne des Lebensmittelgesetzes". Es kann damit ein Hersteller oder Weiterverarbeiter seine Kunststofferzeugnisse kennzeichnen, wenn sie den einschlägigen Bestimmungen des Bundesgesundheitsamtes entsprechen.

h) Das Zeichen des „Qualitätsverbandes Kunststofferzeugnisse e. V.". Es wird verliehen, wenn das Kunststoff-Fertigerzeugnis oder -Halbzeug durch neutrale Prüfstellen nach bestimmten Prüfbestimmungen geprüft wird.

Bemerkung: RAL („Reichsausschuß für Lieferbedingungen und Gütesicherung" beim Deutschen Normenausschuß – Beuth-Vertrieb –) ist ein Ausweis für eine bestimmte Warengüte. Das Zeichen ist ein Güteausweis für einen bestimmten wirtschaftlichen Gebrauchswert der damit gekennzeichneten Ware.

Teil 5   Stöchiometrie mit Übungsbeispielen

1. Einführung in die Stöchiometrie

1.1 Was versteht man unter stöchiometrischem Rechnen?

(grch.: stoicheion = Grundstoff; metron = Maß)
Unter Stöchiometrie versteht man die Lehre von den chemischen Berechnungen. Derartige Berechnungen können nur auf Grund chemischer Analysenergebnisse durchgeführt werden und somit unter Vorgabe entsprechender chemischer Reaktionsgleichungen oder chemischer Bruttoformeln (Bruttoformel: hier sind die Atome des einzelnen Elementes, die in einem Molekül insgesamt vorliegen, jeweils zusammengezählt angegeben). Diese Berechnungen werden unter Verwendung der einfachen oder mehrfachen Atom- bzw. Molekulargewichte der betreffenden Stoffe meist durch Dreisatz oder Verhältnisrechnungen ausgeführt.

1.2 Ausführung der stöchiometrischen Berechnungen

Eine Grundvoraussetzung für die Berechnungen ist folgerichtiges Denken. Dies ist ohne Kenntnis der chemischen Reaktionsgleichungen oder in einigen Fällen der chemischen Bruttoformeln für einen Stoff nicht möglich.
Zunächst muß unbedingt die chemische Reaktionsgleichung für den betreffenden chemischen Prozeßablauf oder die Bruttoformel für den betreffenden Stoff aufgestellt werden. In vielen Fällen wird auch nur die Reaktionsgleichung, soweit sie unbedingt für die Berechnung erforderlich ist, angegeben. Man vernachlässigt dann alle in Wirklichkeit für den gesamten chemischen Prozeß erforderlichen Einzelprozesse, soweit sie nicht für die Berechnung notwendig sind (vgl. hier folgend Beispiel 2.1). Oft genügt es auch, wenn nur die Bruttoformel für die einzelne Verbindung angegeben wird. Dies gilt z. B. für die Berechnung der Atomgewichte eines Elementes an Hand einer mit diesem Element dargestellten Verbindung, wenn man deren Formel kennt.
Anschließend schreibt man die jeweiligen Atom- bzw. Molekulargewichte unter die einzelnen miteinander reagierenden Stoffe. Dies muß bei einer Reaktionsgleichung zumindest soweit erfolgen, wie diese Stoffe für die Berechnung erforderlich sind.
Wenn es sich um Gasreaktionen handelt, müssen die einzelnen Gasmolvolumina (22,4 l oder ein ganzzahliges Vielfaches davon) entweder an die Stelle der Atom- oder Molekulargewichte oder unter diese geschrieben werden. Dieses Einschreiben der Gasmolvolumina ist natürlich nur dann sinnvoll, wenn diese Stoffe, die in der Reaktionsgleichung angegeben sind, auch wirklich bei dieser Temperatur oder im praktischen Bereich höherer Temperaturen gasförmig sind oder sein können. So ist es zum Beispiel widersinnig,

wenn Kohlenstoff, der als Element erst bei sehr hohen Temperaturen in den gasförmigen Zustand übergehen kann (der Sublimationspunkt von Diamant liegt bei 4347 °C), als Gasmolvolumen angegeben wird (12 g C = 22,4 l C-Gas). Da aber jedem bestimmten Gasvolumen eine ebenso bestimmte Gasmasse gleichzusetzen ist, kann man also zum Beispiel schreiben:

$$C + O_2 \rightarrow CO_2$$
$$12 \text{ g} + 22,4 \text{ } l \rightarrow 22,4 \text{ } l$$
oder $12 \text{ kg} + 22,4 \text{ m}^3 \rightarrow 22,4 \text{ m}^3$

Aus den Atom- und Molekulargewichten, die jeweils unter den dazugehörenden chemischen Formelzeichen eingetragen sind werden nun Mole in Gramm. Stattdessen kann man auch die Dimension Gramm durch Kilogramm oder Tonnen ersetzen, wenn sich die Berechnung in diesen Größenordnungen bewegt.
Unter Zuhilfenahme des Dreisatzes oder der Verhältnisrechnung kann man jetzt praktisch immer das gestellte chemische Problem, d. h. die betreffende stöchiometrische Aufgabe, logisch denkend auf einfache Weise rechnerisch ohne hohe Mathematik lösen.

Hinweis:

Der Massenangabe in „g" entspricht bei Gasen die Volumenangabe in Liter (l)
Der Massenangabe in „kg" entspricht bei Gasen die Volumenangabe in m^3
Der Massenangabe in „t" entspricht bei Gasen die Volumenangabe in 1000 · m^3

Beispiel:

1 Kilomol Sauerstoff = 32 kg = 22,4 m^3 O_2
1 Mol Sauerstoff   = 32 g = 22,4 l O_2
1 Megamol Sauerstoff = 32 t = 22400 m^3 O_2

Unter Konzentrationsangaben in % versteht man in der Chemie, besonders im Rahmen stöchiometrischer Berechnungen, entweder

Gewichtseinheiten pro 100 Gewichtseinheiten
oder Gewichtseinheiten pro 100 Volumeneinheiten
oder Volumeneinheiten pro 100 Volumeneinheiten

Welche dieser drei Konzentrationsangaben jeweils in Frage kommt, geht aus dem Text oder dem Problem selbst hervor.

2. Stöchiometrische Übungsbeispiele

2.1 Übungsbeispiele einfacher Art

a) Übungsbeispiel: Wieviel Gramm Bariumnitrat erhält man aus 60 g Bariumhydroxid durch Salpetersäurezugabe?

Berechnung:

$$Ba(OH)_2 + 2\ HNO_3 \rightarrow Ba(NO_3)_2 + 2\ H_2O$$
$$171{,}33\ g + 2 \cdot (16 + 1)\ g \ldots \rightarrow 171{,}33\ g + 2 \cdot 62\ g \ldots$$
$$205{,}33\ g + \ldots \rightarrow 295{,}33\ g + \ldots$$

Somit gilt: (Dreisatz)

$$205{,}33\ g\ Ba(OH)_2 = 295{,}33\ g\ Ba(NO_3)_2$$
$$295{,}33\ 1\ g\ Ba(OH)_2 = \frac{295{,}33}{205{,}33}\ g\ Ba(NO_3)_2\ 205{,}33$$
$$60\ g\ Ba(OH)_2 = \frac{295{,}33 \cdot 60}{205{,}33} = \underline{\underline{86{,}30\ g\ Ba(NO_3)_2}}$$

Es werden also bei der chemischen Reaktion aus 60 g Bariumhydroxid 91,51 g Bariumnitrat erhalten.

b) Übungsbeispiel: Wieviel kg Schwefel sind zur Darstellung von 75 kg konzentrierter Schwefelsäure mindestens erforderlich?

Berechnung:

$$S + \tfrac{1}{2}O_2 + H_2O \rightarrow H_2SO_4$$
$$32{,}07\ kg + \ldots \rightarrow 98{,}05\ kg$$

In Worten: Aus 32,07 kg reinstem Schwefel lassen sich 98,05 kg H_2SO_4 (100%ig) gewinnen. Diese 98,05 kg H_2SO_4 (100%ig) entsprechen 100 kg H_2SO_4 konz. (vgl. Merkregel betr. „Konzentration der gängigen konzentrierten Säuren und Basen")

Somit gilt: (Dreisatz)

$$100\ kg\ H_2SO_4\ konz. = 32{,}07\ kg\ S$$
$$1\ kg\ H_2SO_4\ konz. = \frac{32{,}07}{100}\ kg\ S$$
$$75\ kg\ H_2SO_4\ konz. = \frac{32{,}07 \cdot 75}{100} = \underline{\underline{24{,}05\ kg\ S}}$$

Es werden zur Herstellung von 75 kg H_2SO_4 konz. 24,05 kg Schwefel benötigt.

c) Übungsbeispiel: 1253 t ZnS-Erz mit 2,6% Gangart (taubes Gestein) stehen zur Verfügung. Wieviel t konzentrierte Schwefelsäure können daraus maximal gewonnen werden?

Berechnung:

$$ZnS + \ldots \rightarrow H_2SO_4 + \ldots$$

$$97{,}46 \text{ t} + \ldots \rightarrow 98{,}05 \text{ t} + \ldots$$

Somit kann gesagt werden, daß man aus 97,46 t ZnS 98,05 t 100%ige Schwefelsäure erhält. Da aber diese 98,05 t 100%ige Schwefelsäure 100 t H_2SO_4 konz. entsprechen (lt. Faustregel gilt, daß konzentrierte Schwefelsäure etwa 98%ig ist) und 97,46 t ZnS-Erz mit den 2,6% Gangart ebenfalls 100 t ausmachen, stehen also die Gewichtsverhältnisse ZnS-Erz zu 98% H_2SO_4 wie 1 : 1.

Es können also aus 1253 t ZnS-Erz mit 2,6% Gangart 1253 t H_2SO_4 konz. gewonnen werden.

d) Übungsbeispiel: Wieviel m³ Sauerstoff sind zum Verbrennen von 178 kg Kohle mit einem Kohlenstoffgehalt von 92 Gew.% mindestens erforderlich? Wieviel m³ Kohlendioxid entstehen dabei, wenn ideale Verbrennung angenommen wird?

Berechnung:

$$C + O_2 \rightarrow CO_2$$

$$12{,}01 \text{ g} + 32 \text{ g} = 44{,}01 \text{ g}$$

(Gleichheitszeichen hier wegen des 1. chemischen Grundgesetzes)

$$12 \text{ g} + 22{,}4 \, l \rightarrow 22{,}4 \, l$$

oder $\quad 12 \text{ kg} + 22{,}4 \text{ m}^3 \rightarrow 22{,}4 \text{ m}^3$

Die angegebenen 178 kg Kohle mit 92%iger Reinheit enthalten an Kohlenstoff:
Berechnung des reinen C-Gehaltes:

Dreisatz:

$$100\% \text{ Kohle} = 178 \text{ kg}$$

$$1\% \text{ Kohle} = \frac{178}{100} \text{ kg}$$

$$92\% \text{ Kohle} = \frac{178 \cdot 92}{100} \text{ kg} = 163{,}76 \text{ kg C}$$

Berechnung des Mindestbedarfs an reinem Sauerstoff:

Dreisatz:

$$12{,}01 \text{ kg C} = 22{,}4 \text{ m}^3 \text{ O}_2$$

$$1 \quad \text{kg C} = \frac{22{,}4}{12{,}01} \text{ m}^3 \text{ O}_2$$

$$163{,}76 \text{ kg C} = \frac{22{,}4 \cdot 163{,}76}{12{,}01} = \underline{\underline{305{,}43 \text{ m}^3 \text{ O}_2}}$$

Berechnung des CO_2-Abgases bei idealer Verbrennung:

Auf Grund des chemischen Gas-Volumengesetzes kann gesagt werden, daß das gleiche Volumen wie der Mindestbedarf an Sauerstoff auch an CO_2-Gas bei der idealen Verbrennung entsteht, da lt. Ansatz (siehe oben „Berechnung") das Sauerstoff-Volumen zum Kohlendioxid-Volumen wie 1 : 1 steht.

Also gilt demnach: 305,43 m³ CO_2 entstehen bei der angenommenen Verbrennung dieser Kohle.

2.2 Berechnung von Gasreaktionen

Berechnungen von Gasreaktionen unter Verwendung der Avogadro'schen Regel und des Gay-Lussac'schen Gesetzes sowie der allgemeinen Gasgleichung.

a) Übungsbeispiel: Welches Volumen besitzt ein Gas bei 0 °C und 1013 mbar, wenn wir bei 1 bar und 25 °C ein Volumen von 245 cm³ haben?

Allgemeine Gasgleichung:

$$\frac{p_0 \cdot V_0}{T_0} = \frac{p_1 \cdot V_1}{T_1}$$

$$V_0 = \frac{p_1 \cdot V_1 \cdot T_0}{T_1 \cdot p_0} = \frac{1000 \cdot 245 \cdot 273}{298 \cdot 1013} = 221{,}56 \text{ cm}^3 \text{ bei 0 °C und 1013 mbar.}$$

b) Übungsbeispiel: Wieviel Liter Stickstoff und Wasserstoff werden mindestens benötigt, um 2,365 m³ Ammoniak herzustellen?

$$N_2 + 3 H_2 \rightarrow 2 NH_3$$
$$22{,}4\,l + 3 \cdot 22{,}4\,l \rightarrow 2 \cdot 22{,}4\,l$$

Also:

1 : 3 : 2 (Vol.-Verh.)

1182,5 l + 3547,5 l → 2365 l

2365 l : 2 = 1182,5 l N_2

1182,5 l · 3 = 3547,5 l H_2

Also: Gase reagieren miteinander stets im Volumenverhältnis einfacher ganzer Zahlen.

Der Wärmeausdehnungskoeffizient von Gasen:

Alle Gase ändern ihr Volumen bei einer Temperaturänderung von 1° um $\frac{1}{273}$ ihres Volumens von 0 °C.

Der absolute Nullpunkt: 0 K = − 273,15 °C

326   2. Stöchiometrische Übungsbeispiele

c) Übungsbeispiel: Die Molekülmassenbestimmung von Gasen bzw. leichtverdampfbaren Flüssigkeiten nach der Methode von Victor Meyer: z. B. 1,345 g einer leichtverdampfbaren org. Flüssigkeit läßt man vergasen. Dabei werden 280 cm³ Gas erhalten. Die Lufttemperatur ist dabei 25 °C = 298 K, während der Luftdruck und somit auch der Gasdruck dabei 1 bar beträgt.

Berechnung:

$$\frac{p_0 \cdot V_0}{T_0} = \frac{p_1 \cdot V_1}{T_1}$$

$$V_0 = \frac{p_1 \cdot V_1 \cdot T_0}{T_1 \cdot p_0}$$

$$V_0 = \frac{1000 \cdot 280 \cdot 273}{209 \cdot 1013} = \underline{253{,}22 \text{ cm}^3}$$

bei 0 °C und 760 Torr, d. h. unter Normbedingungen.

Es kann somit jetzt gesagt werden (Dreisatz):

$$253{,}22 \text{ cm}^3 = 1{,}345 \text{ g}$$

$$1 \text{ cm}^3 = \frac{1{,}345}{253{,}22} \text{ g}$$

$$22\,400 \text{ cm}^3 = \frac{1{,}345 \cdot 22\,400}{253{,}22} = \underline{118{,}98 \text{ g}}$$

Die relative Molekülmasse der Substanz beträgt somit 118,98.

d) Übungsbeispiel: Berechnung der mittleren Dichte der Luft. Zusammensetzung der Luft:

21 Vol.% der Luft sind Sauerstoff
79 Vol.% der Luft sind Stickstoff einschließlich ≈ 1 Vol.% anderer inerter Gase (Edelgase und etwa 0,03 Vol.% CO_2)

1. Berechnung der Masse von 21 Liter Sauerstoff

$$22{,}4\ l\ O_2 = 32 \text{ g } O_2$$

$$1\ l\ O_2 = \frac{32}{22{,}4} \text{ g } O_2$$

$$21\ l\ O_2 = \frac{32 \cdot 21}{22{,}4} = 30{,}0 \text{ g } O_2$$

2. Berechnung der Masse von 79 Liter Stickstoff

$$22{,}4\ l\ N_2 = 28 \text{ g } N_2$$

$$1\ l\ N_2 = \frac{32}{22{,}4} \text{ g } N_2$$

$$79\ l\ N_2 = \frac{32 \cdot 21}{22,4} = 98,75\ g\ N_2$$

100 Liter Luft = 30,0 g O_2 + 98,75 g N_2 = 128,75 g.

Demnach beträgt die Dichte der Luft nach dieser Berechnung 1,287 g/Liter (lt. Tabelle ist ϱ_{Luft} = 1,293 g/Liter).

e) Übungsbeispiel: Wieviel Liter Luft (Druck $\approx$ 1 bar und Temperatur 25 °C) und wieviel Liter flüssiges Wasser werden als Ausgangsstoffe zur Gewinnung der erforderlichen Elemente mindestens benötigt, um 340 g Ammoniak-Gas herzustellen?

Berechnung:

Die relative Molekülmasse von NH_3 = 14 + 3 = 17. Somit ist 1 Mol NH_3 = 17 g.

Somit gilt: (Dreisatz)

$$17\ g\ NH_3 = 1\ mol\ NH_3$$

$$1\ g\ NH_3 = \frac{1}{17}\ mol\ NH_3$$

$$340\ g\ NH_3 = \frac{1 \cdot 340}{17} = 20\ mol\ NH_3$$

Für die Synthese dieser 340 g NH_3-Gas sind somit erforderlich:

Wasserstoff: 20 · 3 = 60 g H_2
Stickstoff: 20 · 14 = 280 g N_2

Aus 18 g H_2O = 18 ml H_2O können max. 2 g H_2 elektrolytisch gewonnen werden.

Somit gilt: (Dreisatz)

$$2\ g\ H_2 = 18\ ml\ H_2O$$

$$1\ g\ H_2 = \frac{18}{2}\ ml\ H_2O$$

$$60\ g\ H_2 = \frac{18 \cdot 60}{2} = 540\ ml\ H_2O$$

$$= 0,54\ \text{Liter flüssiges } H_2O$$

In 100 l Luft sind 79 l Stickstoff enthalten, somit in 1 l Luft 0,79 l N_2. Es gilt 22,4 l N_2 = 28 g, da die Atommasse des Stickstoffs 14 ist.

Somit gilt:

$$28\ g\ N_2 = 22,4\ l\ N_2$$

$$1\ g\ N_2 = \frac{22,4}{28}\ l\ N_2$$

$$280\ g\ N_2 = \frac{22,4 \cdot 280}{28} = 224\ l\ N_2$$

Da 0,79 l N_2 in 1 l Luft vorhanden sind, gilt somit für die erforderliche Luftmenge in Normliter: (Dreisatz)

$$0{,}79\ l\ N_2 = 1\ l\ \text{Luft}$$

$$1\ l\ N_2 = \frac{1}{0{,}79}\ l\ \text{Luft}$$

$$224\ l\ N_2 = \frac{1 \cdot 224}{0{,}79} = \underline{\underline{283{,}54\ l\ \text{Luft}}}$$

Da die Luft eine Temperatur von 25 °C hat und unter einem Druck von 1 bar steht, gilt für die somit erforderliche Luftmenge:

$$\frac{p_0 \cdot V_0}{T_0} = \frac{p_1 \cdot V_1}{T_1}$$

$$V_1 = \frac{p_0 \cdot V_0 \cdot T_1}{T_0 \cdot p_1}$$

$$V_1 = \frac{1013\ \text{mbar} \cdot 283{,}54\ l \cdot 298\ \text{K}}{273\ \text{K} \cdot 1000\ \text{mbar}}$$

$V_1 = 313{,}53$ Liter Luft mit 25 °C und 1 bar

Es werden somit zur Gewinnung der für die Synthese von 340 g NH_3 erforderlichen Ausgangselemente mindestens benötigt:

0,54 Liter flüssiges Wasser
und   313,53 Liter Luft (Druck 1 bar und Temperatur 25 °C)

f) **Übungsbeispiel:** Wieviel g Wasser müssen bei idealer Verbrennung in Dampfform den Auspuff eines Autos verlassen, wenn 1 Liter Benzin im Motor verbraucht wird? Das spezifische Gewicht des Benzins kann mit 0,73 g/cm³ angenommen werden! Da Benzin ein Gemenge von Kohlenwasserstoffen von C_5H_{12} bis $C_{10}H_{22}$ ist, kann zur Berechnung der mittleren Molekülmasse von Benzin als mittlere Molekülmasse die Formel des Nonans (C_9H_{20}) eingesetzt werden!

Da die Dichte von Benzin (Normalbenzin) mit 0,73 g/cm³ angenommen werden kann, hat ein Liter Benzin eine Masse von 730 Gramm. Auf Grund der sich aus der Reaktionsgleichung ergebenden Massenverhältnisse gilt: (Dreisatz)

$$128\ \text{g Benzin} = 180\ \text{g}\ H_2O$$

$$1\ \text{g Benzin} = 1{,}406\ \text{g}\ H_2O$$

Es gilt grob: 1 Liter Benzin ergibt beim Verbrennen 1 Liter Wasser (genau: 1,026 Liter).

Berechnung:

$$C_9H_{20} + 14\ O_2 \rightarrow 9\ CO_2 + 10\ H_2O$$

$$9 \cdot 12\ \text{g} + 20\ \text{g} + 14 \cdot 22{,}4\ l \rightarrow 9 \cdot 22{,}4\ l + 10 \cdot 18\ \text{g}$$

$$128\ \text{g} + \ldots \rightarrow \ldots + 180\ \text{g}$$

$$730\ \text{g Benzin} = \frac{180 \cdot 730}{128} = \underline{\underline{1026{,}56\ \text{g Wasser}}}$$

g) Übungsbeispiel: 1 m³ Gas nachfolgender Zusammensetzung soll verbrannt werden. Wieviel Abgas entsteht, wenn bei gleichem Druck die Temperatur dieses Abgases 180 °C beträgt? Wieviel Luft unter Normbedingungen ist zur Verbrennung erforderlich?

Zusammensetzung des Gases

$$
\begin{array}{ll}
50\% \ H_2 & = 500 \ l \\
5\% \ N_2 & = \ 50 \ l \\
2\% \ O_2 & = \ 20 \ l \\
18\% \ CO_2 & = 180 \ l \\
25\% \ CO & = 250 \ l \\
\hline
100\% & 1000 \ l
\end{array}
$$

$$2 H_2 + O_2 \rightarrow 2 H_2O$$
Volumenverhältnis: $\quad 2 \ : \ 1 \ : \ 2$
$$500 \ l + 250 \ l \rightarrow 500 \ l$$

$$2 CO + O_2 \rightarrow 2 CO_2$$
Volumenverhältnis $\quad 2 \ : \ 1 \ : \ 2$
$$250 \ l + 125 \ l \rightarrow 250 \ l$$

Abgase		erforderlicher O_2
H_2O	500 l	250 l
N_2	50 l	—
O_2	—	−20 l
CO_2	180 l	—
CO	250 l	125 l
Abgas:	980 l	Sauerstoff: 355 l

21 Vol.% der Luft = 355 l Luft

1 Vol.% der Luft = 16,905 l Luft

100 Vol.% der Luft = $\dfrac{355 \cdot 100}{21}$ = 1690,5 l Luft sind also erforderlich

$$
\begin{array}{ll}
1690,5 \ l \ \text{Luft} & 1335,5 \ l \ \text{Luftstickstoff} \\
-355 \ \ \ l \ O_2 & +980 \ \ \ l \ \text{Abgas (lt. obiger Berechnung)} \\
\hline
1335,5 \ l \ N_2 & 2315,5 \ l \ \text{Abgas}
\end{array}
$$

$$1 \ V_1 = V_0 \cdot \left[1 + \dfrac{1}{273} \cdot 180\right]$$

$$V_1 = 2315,5 \cdot (1 + 0,66)$$

$$V_1 = 2315,5 \cdot 1,66$$

$$V_1 = 3843,7 \ l \ \text{Abgase bei einer Temperatur von } 180 \ °C$$

h) Übungsbeispiel: Es sollen 1,6 m³ Gas mit nachfolgender Zusammensetzung in Luft verbrannt werden.

h1) Welche Mindestluftmenge mit der Temperatur von 25 °C und dem Druck von 1006 mbar ist zum Verbrennen dieser Gasmenge erforderlich?

h2) Welches Abgasvolumen entsteht dabei, wenn die Abgastemperatur 150 °C und der Abgasdruck 1020 mbar beträgt?

Die Gaszusammensetzung:

```
40    Vol.% Methan ($CH_4$)
 5    Vol.% Ethan ($C_2H_6$)
 3    Vol.% Propan ($C_3H_8$)
 2    Vol.% Stickstoff ($N_2$)
 7    Vol.% Kohlenmonoxid (CO)
40    Vol.% Wasserstoff ($H_2$)
 1,5  Vol.% Kohlendioxid ($CO_2$)
 1,5  Vol.% Sauerstoff ($O_2$)
```

100,0 Vol.%

Berechnung zu h:

h1: Umrechnung der Volumenprozentangaben in Volumeneinheitsmengen der vorgegebenen 1,6 m³ und die Reaktionsgleichungen zum Verbrennen der einzelnen Gasbestandteile:

```
40    Vol.% Methan           = 640 l
 5    Vol.% Ethan            =  80 l
 3    Vol.% Propan           =  48 l
 2    Vol.% Stickstoff       =  32 l
 7    Vol.% Kohlenmonoxid    = 112 l
40    Vol.% Wasserstoff      = 640 l
 1,5  Vol.% Kohlendioxid     =  24 l
 1,5  Vol.% Sauerstoff       =  24 l
```

Gesamtgasvolumen: 1 600 l

1. Reaktionsgleichung:

$$CH_4 + 2\,O_2 \xrightarrow{\text{Cracken}} C + 4\,H + 4\,O \longrightarrow CO_2 + 2\,H_2O$$

$$22{,}4\,l + 2 \cdot 22{,}4\,l \longrightarrow 22{,}4\,l + 2 \cdot 22{,}4\,l$$

Volumenverhältnis:

    1 : 2   :   1 : 2

Volumenverhältnis bei Berücksichtigung des Gesamtabgases:

    1 : 2   :   3

Somit gilt für die CH_4-Verbrennung:

    640 l CH_4 + 1280 l O_2 → 1920 l Abgas

2. Reaktionsgleichung: $C_2H_6 + 3{,}5\,O_2 \rightarrow 2\,CO_2 + 3\,H_2O$

Volumenverhältnis: 2 : 7   :   10

Somit gilt für die C_2H_6-Verbrennung:

80 l C_2H_6 + 280 l O_2 → 400 l Abgas

3. Reaktionsgleichung: $C_3H_8 + 5\,O_2 \rightarrow 3\,CO_2 + 4\,H_2O$

Volumenverhältnis: 1 : 5 : 7

Somit gilt für die C_3H_8-Verbrennung: 48 l C_3H_8 + 240 l O_2 → 336 l Abgas

4. Reaktionsgleichung: Da Stickstoff sehr reaktionsträge ist, entfällt hierfür eine Reaktionsgleichung. Der Stickstoff geht unverändert ins Abgas. Also 32 l Stickstoff zum Abgas.

5. Reaktionsgleichung: $CO + \tfrac{1}{2} O_2 \rightarrow CO_2$

Volumenverhältnis: 2 : 1 : 2

Somit gilt für die CO-Verbrennung: 112 l CO + 56 l O_2 → 112 l CO_2

6. Reaktionsgleichung: $H_2 + \tfrac{1}{2} O_2 \rightarrow H_2O$

Volumenverhältnis: 2 : 1 : 2

Somit gilt für die H_2-Verbrennung: 640 l H_2 + 320 l O_2 → 640 l H_2O-Dampf

7. Reaktionsgleichung: Da der Kohlenstoff im CO_2 seine höchste Oxidationsstufe erreicht hat, kann CO_2 nicht mehr weiter reagieren. CO_2 geht somit unverändert ins Abgas. Also gehen 24 l CO_2 zum Abgas.

8. Reaktionsgleichung: Da dieses Gas bereits geringe Mengen an Sauerstoff enthält, was übrigens möglichst nie der Fall sein darf, muß dieser O_2-Anteil von dem eigentlichen Gesamtsauerstoffbedarf abgezogen werden. Der Sauerstoffbedarf verringert sich somit um 24 l.

h2: Sauerstoff-Bedarf und Abgasanfall unter Normbedingungen:

	O_2-Bedarf in Ltr. (l)	Abgasanfall in Ltr. (l)
1.	1280	1920
2.	280	400
3.	240	336
4.	—	32
5.	56	112
6.	320	640
7.	—	24
8.	−24	—
Gesamtbedarf an O_2:	2152	Abgas: 3464

332 2. Stöchiometrische Übungsbeispiele

h3: Errechnung der somit für die Verbrennung erforderlichen Luft unter Normbedingungen und des daraus anfallenden Stickstoffs, der unverändert mit in das Abgas gelangt.

a) Da die Luft 21 Vol.% Sauersoff und 79 Vol.% Stickstoff (einschließlich der Edelgase und sonstiger inerter Gase) enthält, gilt: (Dreisatz)

$$21 \text{ Vol.\% der erf. Luft} = 2152 \, l$$

$$1 \text{ Vol.\% der erf. Luft} = \frac{2152}{21} \, l$$

$$100 \text{ Vol.\% der erf. Luft} = \frac{2152 \cdot 100}{21} = 10247{,}6 \, l$$

Der Mindestluftbedarf zur Verbrennung des vorgelegten Gases beträgt also 10,25 Nm³.

b) Da dieser Mindestluftbedarf verringert um den erforderlichen Sauerstoffbedarf den Stickstoff in der erforderlichen Luftmenge ergibt, gilt für den in der Luft enthaltenen Stickstoff:

10,25 m³ Luft
−2,15 m³ Sauerstoff

8,10 m³ Stickstoff, der zum Abgas gezählt werden muß, um das gesamte Abgas unter Normbedingungen zu erhalten.

Also gilt für den Gesamtabgasanfall:

3,46 m³ Abgas bei Verbrennung in reinem O_2
8,10 m³ Stickstoffanteil im Luftbedarf

11,56 m³ Gesamtabgas

h4: Umrechnung des Luftbedarfs und der anfallenden Abgasvolumina auf die für die Luft und das Abgas angegebenen Temperatur- und Druckbedingungen:

a) Mindestluftbedarf bei 25 °C und 1 bar (= 1000 mbar):

Allgemeine Gasgleichung:

$$\frac{p_0 \cdot V_0}{T_0} = \frac{p_1 \cdot V_1}{T_1}$$

$$V_1 = \frac{p_0 \cdot V_0 \cdot T_1}{T_0 \cdot p_1}$$

$$V_1 = \frac{1013 \cdot 10{,}25 \cdot 298}{273 \cdot 1000}$$

$$V_1 = 11{,}33 \text{ m}^3 \text{ Luft (25 °C, 1 bar)}$$

b) Abgasvolumen bei 150 °C und 1020 mbar:

Allgemeine Gasgleichung:

$$\frac{p_0 \cdot V_0}{T_0} = \frac{p_1 \cdot V_1}{T_1}$$

$$V_1 = \frac{p_0 \cdot V_0 \cdot T_1}{T_0 \cdot p_1}$$

$$V_1 = \frac{1013 \cdot 11{,}56 \cdot 423}{273 \cdot 1020}$$

$$V_1 = 17{,}79 \text{ m}^3 \text{ Abgas (150 °C, 1020 bar)}$$

2.3 Berechnungen im Rahmen des Faraday'schen Gesetzes

Übungsbeispiel:

a) Geben Sie die relative Molekülmasse von Magnesiumchlorid an Hand des Periodensystems und der darin zu findenden relativen Atommassen an.

b) Welche Zeit in Stunden ist mindestens erforderlich, um mit einer Stromstärke von 2 Ampere 1 kg wasserfreies Magnesiumchlorid zu zersetzen, wobei Magnesium und Chlorgas gewonnen wird?

Berechnung:

zu a: Die Formel für Magnesiumchlorid lautet: $MgCl_2$

relative Atommasse von Mg:	24,31
relative Atommasse von Cl:	2 · 35,45
relative Molekülmasse von $MgCl_2$:	= 95,21

zu b:

$$Mg^{2+} + 2\,Cl^- \rightarrow MgCl_2$$

$$24{,}31 \text{ g} + 2 \cdot 35{,}45 \text{ g} = 95{,}21 \text{ g}$$

Lt. Faraday'schem Gesetz gilt, daß zur elektrolytischen Zersetzung von 95,21 g $MgCl_2$, d.h. zur elektrolytischen Abscheidung von 24,31 g Mg und 70,9 g Cl_2 = 22,4 l (ohne Berücksichtigung der zur Schmelzflußelektrolyse erforderlichen Wärme) folgender Strom erforderlich ist:

$$2 \cdot 96490 \text{ As} = \frac{2 \cdot 96490 \text{ As}}{3600} = 53{,}6 \text{ Ah}$$

Es gilt also bei einer Stromstärke von 2 A für die elektrolytische Zersetzung von 1 kg $MgCl_2$:

$$95{,}21 \text{ g} = \frac{2 \cdot 96\,490 \text{ As}}{3600 \cdot 2 \text{ A}} = 26{,}80 \text{ h}$$

Somit gilt: (Dreisatz)

$$95{,}2104 \text{ g Mg} = \frac{2 \cdot 96\,490}{2 \cdot 3600} \text{ h}$$

$$1 \text{ g MgCl}_2 = \frac{2 \cdot 96\,490}{2 \cdot 3600 \cdot 95{,}21} \text{ h}$$

$$1000 \text{ g MgCl}_2 = \frac{2 \cdot 96\,490 \cdot 1000}{2 \cdot 3600 \cdot 95{,}21} = \underline{\underline{281{,}51 \text{ h}}}$$

2.4 Berechnungen im Rahmen eingestellter Maßlösungen

a) Aufgabenbeispiele zum Arbeiten mit eingestellten Lösungen

$$(c_{(eq)} = 1 \text{ mol}/l \text{ oder } c_{(eq)} = 0{,}1 \text{ mol}/l)$$

Wieviel prozentig ist eine Schwefelsäure-Lösung, wenn zur Neutralisation von 10,00 cm³ dieser Schwefelsäure-Lösung 18,16 cm³ einer 0,1 mol/l NaOH ($t = 0{,}9912$) benötigt werden? Die Dichte der H_2SO_4-Lösung ist mit 1,005 g/cm³ gespindelt worden.

Auflösung: Das zur Neutralisation erforderliche Volumen der benutzten 0,1 mol/l NaOH-Lösung mit t = Titer = 0,9912 entspricht dem Volumen folgender genauen 0,1 mol/l NaOH-Lösung:

$$18{,}16 \text{ cm}^3 \cdot 0{,}9912 = 18{,}00 \text{ cm}^3 \; 0{,}1 \text{ mol}/l \text{ NaOH} \quad (t = 1{,}00)$$

da aber

$$1 \text{ cm}^3 \; 0{,}1 \text{ mol}/l \text{ NaOH } (t = 1{,}00) = 4{,}9025 \text{ mg H}_2\text{SO}_4, \quad \text{denn}$$

$$1 \; c_{(eq)} = 1 \text{ mol H}_2\text{SO}_4 = 49{,}025 \text{ g H}_2\text{SO}_4$$

gilt also:

$$18{,}00 \text{ cm}^3 \; 0{,}1 \text{ mol}/l \text{ NaOH} = 18{,}00 \cdot 4{,}9025 = 88{,}245 \text{ mg H}_2\text{SO}_4/10 \text{ cm}^3$$

Lösung = 0,088245 g/10,05 g Lösung, d.h. daß in 1 kg dieser

Lösung = 0,088245 · 1000/10,05 = 8,781 g enthalten sind.

Da die Dichte dieser Schwefelsäure-Lösung mit 1,005 gespindelt wurde, gilt: 88,245 mg Schwefelsäure (100%ig) sind in 10,05 g dieser Schwefelsäure-Lösung enthalten.

Somit ist diese zu untersuchende Schwefelsäure-Lösung:

$$\frac{100 \cdot 0{,}088245 \text{ g} \cdot 100}{1005 \text{ g}} = \underline{\underline{0{,}8781 \text{ \%ig}}}$$

b) Es soll eine H_2SO_4-Lösung so eingestellt werden, daß ihre $c_{(eq)}$-Angabe die erste Stelle hinter dem Komma nicht überschreitet. Wieviel $c_{(eq)} = $ mol/l und welchen Titer t muß dann diese H_2SO_4-Lösung haben, wenn zur Neutralisation von 20,00 cm³ dieser H_2SO_4-Lösung im Rahmen der maßanalytischen Bestimmung von einer 0,1 mol/l NaOH-Lösung 40,24 cm³ ($t = 0{,}9100$) benötigt werden?

Auflösung: Zur Titration von 20,00 cm³ der zu untersuchenden H_2SO_4-Lösung würden aufgrund der Aufgabenstellung von einer exakten 0,1 mol/l NaOH-Lösung, d.h. von einer NaOH-Lösung mit dem Faktor 1,000 benötigt:

40,24 cm³ · 0,9100 = 36,62 cm³ mit einer exakten 0,1 mol/l NaOH-Lösung.

Somit gilt:

20,00 cm³ H_2SO_4-Lösung = 36,62 cm³ einer 0,1 mol/l NaOH-Lösung ($t = 100$).

Da nun diesen 36,62 cm³ der exakten 0,1 mol/l NaOH-Lösung 20,00 cm³ der einzustellenden H_2SO_4-Lösung gegenüberstehen, wäre also die Normalität dieser Säure, wenn sie den Faktor $t = 1{,}0000$ hätte:

$$\frac{36{,}62 \cdot 0{,}1}{20{,}00} = 0{,}1831 \text{ mol}/l$$

Gefordert ist aber lt. Aufgabenstellung eine Normalitätsangabe, die die erste Dezimalstelle hinter dem Komma nicht überschreitet. Somit kann hier die Normalitätsangabe dieser Schwefelsäure-Lösung nur 0,2 mol/l sein unter Berücksichtigung eines entsprechenden Titers t. Dieser Titer läßt sich folgendermaßen berechnen:

$$t = \frac{36{,}62 \cdot 0{,}1}{20{,}00 \cdot 0{,}2} = 0{,}9155$$

Zusammenfassung:

Die einzustellende H_2SO_4-Lösung ist 0,2 mol/l mit $t = 0{,}9155$.

2.5 Berechnungen von Mischungen unter Verwendung des Mischungskreuzes

(Das Mischungskreuz ist mathematisch exakt fundiert.)

```
90%ige Säure           5 kg 90%ige Säure
            ╲       ╱
             80%ige Säure
            ╱       ╲
75%ige Säure          10 kg 75%ige Säure
                      ─────────────────────
                      15 kg 80%ige Säure
```

a) Beispiel:

Dieses Mischungskreuz würde für folgendes Beispiel gelten: Wieviel kg 90%iger Schwefelsäure sind mit wieviel kg 75%iger Schwefelsäure zu mischen, um 290 kg 80%iger Schwefelsäure herzustellen?

Berechnung:

Auf Grund des obigen Mischungskreuzes kann gesagt werden, daß zur Herstellung von 15 kg 80%iger Schwefelsäure 5 kg 90%iger Schwefelsäure erforderlich sind. Also sind für 290 kg

$$\frac{5 \cdot 290}{15} = \underline{\underline{96{,}67 \text{ kg}}} \text{ 90\%iger Schwefelsäure erforderlich und}$$

$$\frac{10 \cdot 290}{15} = \underline{\underline{193{,}33 \text{ kg}}} \text{ 75\%iger Schwefelsäure notwendig.}$$

b) Beispiel:

Durch Verdünnen einer konzentrierten Schwefelsäure mit Wasser sollen 200 kg einer 50%igen Schwefelsäure hergestellt werden. Wieviel kg konzentrierte Schwefelsäure sind zu diesem Zweck mit wieviel Liter Wasser zu verdünnen?
(Auf Grund der bekannten Faustregel wird hier die konzentrierte Schwefelsäure mit 98% eingesetzt!)

```
98%ige Säure                 50 kg konzentrierte Säure
              ╲         ╱
               50%ige Säure
              ╱         ╲
Wasser = 0%ige Säure         48 kg = 48 l Wasser
                             ─────────────────────
                             98 kg 50%ige Säure
```

Berechnung:

Auf Grund des vorstehenden Mischungskreuzes kann gesagt werden, daß zur Herstellung von 98 kg 50%iger Schwefelsäure 50 kg konzentrierte Schwefelsäure erforderlich sind und 48 l Wasser. Also sind für 200 kg dieser 50%igen Säure

$$\frac{50 \cdot 200}{98} = 102{,}04 \text{ kg konzentrierte Schwefelsäure}$$

erforderlich und

$$\frac{48 \cdot 200}{98} = 97{,}96 \; l \text{ Wasser}$$

Bemerkung:
Berechnungen unter Anwendung des Mischungskreuzes sind mathematisch einwandfrei. Sie werden in der Chemie für Mischungen zweier Stoffe üblicherweise eingesetzt. Aber nicht nur zur Lösung chemischer Mischungsprobleme jedweder Art, sondern auch zur Lösung physikalischer oder kalkulatorischer Mischungsprobleme kann das Mischungskreuz erfolgreich eingesetzt werden. Folgendes Beispiel soll dies hier demonstrieren:

c) Es soll festgestellt werden, wieviel Wasser von 80 °C erforderlich ist zur Herstellung eines Wannenbades (150 *l*), das die Temperatur von 40 °C haben soll. Diese Temperatur von 40 °C soll durch Mischen des 80°-Wassers mit Leitungswasser (10 °C) hergestellt werden.

```
80 °C          30 l Wasser mit 80 °C
    ↘    ↗
         40 °C (Temperatur, die erreicht werden soll)
    ↗    ↘
10 °C          40 l Wasser mit 10 °C
              ─────────────────────
               70 l Wasser mit 40 °C
```

Berechnung:

$\quad$ 70 *l* Wasser mit 40 °C $\;\widehat{=}\;$ 30 *l* Wasser mit 80 °C

$\quad$ 1 *l* Wasser mit 40 °C $\;\widehat{=}\;$ 30/70 *l* Wasser mit 80 °C

$\quad$ 150 *l* Wasser mit 40 °C $\;\widehat{=}\; \dfrac{30 \cdot 150}{70} = 64{,}29 \; l$ mit 80 °C

Teil 6 Metallkunde

1. Mischkristalle und Schmelze (Metallkristalle)

Alle Metalle sind kristallin aufgebaut. Da die Einzelkristalle wirr durcheinander liegen, besitzen die Metalle in der Praxis quasiisotrope (seitengleiche) Eigenschaften. Metall-Legierungen können aus Mischkristallen und/oder Reinkristallen aufgebaut sein. In Abhängigkeit von der Temperatur und der Konzentration liegen Mischkristalle und Reinkristalle vor. Die teilweise Mischkristallbildung ist für die Technik besonders interessant. Für Eisen und Stahl kann man die jeweiligen Eigenschaften aus dem Eisen-Kohlenstoff-Diagramm (Abb. 6.3) entnehmen.

1.1 Mischkristallbildung bei binären Legierungen

Abkühlungskurven (Abb. 6.1.1a) und das Erstarrungsschaubild (Abb. 6.1.1b) für die Kupfer/Nickel-Legierung (binäre Legierung mit Mischkristallbildung).

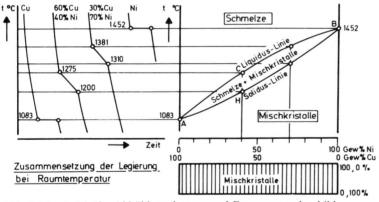

Abb. 6.1.1a + 6.1.1b. Abkühlungskurven und Erstarrungsschaubild

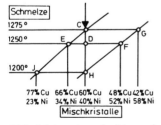

Abb. 6.1.1c. Ausschnitt aus dem Erstarrungsschaubild

340　1. Mischkristalle und Schmelze (Metallkristalle)

Allgemein trägt man die Knickpunkte und Haltepunkte jeder Abkühlungskurve in ein Schaubild ein, dessen Ordinaten wiederum die Temperatur, dessen Abszissen aber die Gewichtsprozente der Legierungsbestandteile sind (Abb. 6.1.1 b). So erhält man das Erstarrungsschaubild (Zustandsschaubild). Betrachtung am Beispiel einer Cu−Ni-Legierung: Bei dieser Legierung ist oberhalb der Kurve A C B alles flüssig, unterhalb A H B alles fest. Betrachtet man eine Legierung von z. B. 40% Ni und 60% Cu (Abb. 6.1.1c), so beginnt die Erstarrung bei C durch Ausscheiden von Mischkristallen. An einem beliebigen Punkt D ist das Mengenverhältnis:

$$\frac{\text{Mischkristalle}}{\text{Schmelze}} = \frac{\text{E D}}{\text{D F}}$$

Im Punkt H ist die Legierung vollständig fest und besteht aus homogenen Mischkristallen. Die Zusammensetzung der Mischkristalle ist durch den Punkt G gegeben. Die Mischkristalle sind also stets reicher an Bestandteilen mit der höheren Schmelztemperatur als die Schmelze selbst. Die Schmelze wird mit sinkender Temperatur kupferreicher, entsprechend der Kurve A C B (Abb. 6.1.1 b). Die Mischkristalle werden auch mit sinkender Temperatur kupferreicher, entsprechend der Kurve A H B (Abb. 6.1.1 b). Die Schmelze ist dadurch bei H im vorliegenden Fall durch Auskristallisation der restlichen Mischkristalle und durch Aufsaugung in die schon vorhandenen Mischkristalle völlig aufgezehrt.

1.2 Reinkristallbildung bei binären Legierungen

Z. B. Blei/Antimon: Da die Legierungsbestandteile im festen Zustand nicht ineinander löslich sind, muß entweder Blei oder Antimon rein auskristallisieren. Betrachtet man die Legierung 50% Pb, 50% Sb, so beginnt deren Erstarrung bei M_1 durch Ausscheidung von reinen Antimonkristallen. Pb-Kristalle sind bei dieser Temperatur (460 °C) nicht denkbar. An einem beliebigen Punkt M_2 ist das Mengenverhältnis:

$$\frac{\text{Antimonkristalle}}{\text{Schmelze}} = \frac{M'_2 \, M_2}{M'_2 \, M_2}$$

Die Zusammensetzung der Schmelze für Punkt M_2 ergibt sich aus M'_2 (Antimongehalt bzw. Bleigehalt in der Schmelze). Mit weiterem Sinken der Temperatur scheiden sich immer mehr Antimonkristalle aus. Die Schmelze wird dadurch immer antimonärmer und relativ bleireicher. Sie verändert ihre Zusammensetzung entsprechend der Kurve E M_1 a (Liquidus-Linie). Der Punkt E entspricht einer Legierung, die für Antimon und Blei gesättigt ist, da bei Legierungen mit höherem Bleigehalt stets Bleikristalle auskristallisieren. Diese Legierung (13% Sb/87% Pb) erstarrt mit konstanter Temperatur (247 °C) unter gleichzeitiger Ausscheidung reiner, feinkörniger Bleikristalle und Antimonkristalle mit insgesamt 13 Gewichtsprozenten Antimon und 87 Gewichtsprozenten Blei.
Man nennt diese Legierung eine eutektische Legierung. Die restliche Schmelze der Legierung von 50% Sb und 50% Pb erstarrt also als Ganzes, sobald die eutektische Zusammensetzung erreicht ist.
Im Schliffbild würden dann unter dem Mikroskop reine Antimonkristalle erkennbar, die vom Eutektikum umgeben sind. Bei 13% Sb und 87% Pb erkennt man nur ein feinkör-

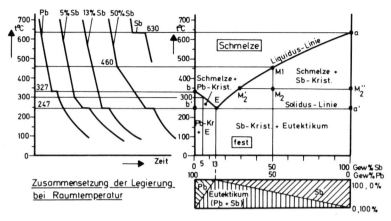

Abb. 6.2a + 6.2b. Abkühlungskurven und Erstarrungsschaubild für Blei/Antimon-Legierung ohne Mischkristallbildung

niges Eutektikum. Bei 5% Antimon würde man entsprechend dem Schaubild reine Bleikristalle im Eutektikum finden.

1.3 Die begrenzte Mischkristallbildung

Bei der begrenzten Mischkristallbildung ist in einem und demselben Schaubild sowohl das typische Schaubild für Mischkristallbildung als auch das für Reinkristallbildung enthalten. In Abhängigkeit von der Temperatur und der Konzentration der Legierungskomponenten kann man in einem solchen Schaubild, das eine begrenzte Mischkristallbildung darstellt, auch bei anderen Temperaturen und Konzentrationen die Eutektikum-Bildung feststellen.

Das Eisen-Kohlenstoff-Diagramm (Abb. 6.3) ist ein typisches Schaubild für begrenzte Mischkristallbildung. In diesem Schaubild tritt z. B. in dem Temperaturbereich von etwa 1400 bis etwa 906 °C bei einem Kohlenstoffgehalt von 0–2,1 Gew.% im Stahl nur der Austenit (τ-Mischkristalle) auf. Andererseits ist im gleichen Diagramm bei 4,3 Gew.% Kohlenstoff ein typisches Eutektikum, der Ledeburit, der aus dem eutektischen Gemenge von Primärzementit mit 6,67 Gew.% Kohlenstoff (FeC_3) und τ-Mischkristallen mit 2,1 Gew.% Kohlenstoff besteht. Diese beiden Komponenten des Ledeburits liegen mit einem Gesamtkohlenstoffgehalt von 4,3 Gew.% nebeneinander vor. Im gleichen Diagramm hat man bei 0,8 Gew.% Kohlenstoff den aus dem bereits festen Austenit gebildeten Perlit, der ein eutektoides (ähnlich wie eutektisch) Gemenge darstellt. Dieser Perlit wird deshalb Eutektoid genannt, weil er sich beim Abkühlen bei Erreichen der Temperatur von 723 °C bildet. Die Abkühlungskurve eines Stahles (Eisen-Kohlenstoff-„Legierung") zeigt bei dieser Temperatur einen Haltepunkt, ähnlich wie er bei Eutektika auftritt. Perlit ist zusammengesetzt aus Ferritkristallen und aus Sekundärzementit. Sekundärzementit unterscheidet sich vom Primärzementit nur dadurch, das er sich nicht aus der Schmelze kommend bildet, sondern aus den bereits in festem Zustand vorliegenden τ-Mischkristallen (Austenit). Der Primärzementit liegt in Zementit innerhalb des perlitischen Gefüges normalerweise schuppig vor.

342   1. Mischkristalle und Schmelze (Metallkristalle)

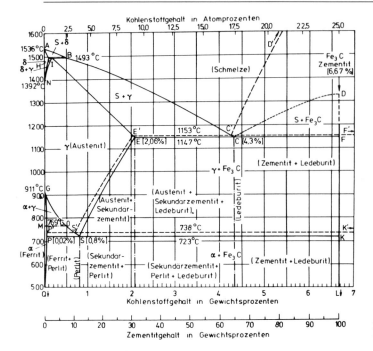

Abb. 6.3.
Eisen-Kohlenstoff-Diagramm

Eisen-Kohlenstoff-Diagramm (metastabiles Schaubild ausgezogen, stabiles gestrichelt)

Wie gesagt ist der Austenit ein typischer Vertreter für Mischkristallbildung. Der jeweils auskristallisierende Austenit steigt in seinem Kohlenstoffgehalt mit fallender Temperatur dem Verlauf der Soliduslinie JE entsprechend. Mit fallender Temperatur kristallisieren aus der Schmelze, wie vorstehend unter 6.1 genauer erläutert, in dem Bereich zwischen der Liquidus- (IBC) und Soliduskurve (IEC) zunächst bis zum Erreichen von 1147 °C zunehmend bis maximal 2,06 Gew.% Kohlenstoff τ-Mischkristalle (Austenit) aus. Wenn der Kohlenstoffgehalt im Stahl höher als 0,8 Gew.%, d.h. übereutektoidisch ist, nimmt der Gehalt an Kohlenstoff im Austenit bei weiter fallender Temperatur längs der Sättigungslinie ES ab, indem hier aus dem dann überschüssigen Kohlenstoffgehalt des Austenits Sekundärzementit (Fe_3C mit 6,67 Gew.% Kohlenstoff) gebildet wird, bis schließlich beim Erreichen des Punktes S, wie bereits vorstehend angegeben, die Bildung des Eutektoids Perlit eintritt. Ist der Kohlenstoffgehalt des Stahls niedriger als 0,8 Gew.%, d.h., handelt es sich um einen untereutektoidischen Stahl, so tritt mit fallender Temperatur beim Erreichen der Sättigungslinie GOS die Bildung von α-Mischkristallen (Ferrit), die kubisch raumzentriert sind, ein. Da die hier gebildeten α-Mischkristalle nur einen sehr geringen Kohlenstoffgehalt aufweisen (etwa 0 bis maximal 0,08 Gew.% Kohlenstoff), muß der Kohlenstoffgehalt in den zurückbleibenden α-Mischkristallen (Austenit) längs der Linie GOS ansteigen. Von dieser Seite kommend kristallisiert im Punkt S der restliche Austenit als Perlit (Eutektoid) aus. Perlitisches Gefüge besteht aus α-Mischkristallen und schuppigem Sekundärzementit mit insgesamt 0,8 Gew.% Kohlenstoff.
Erwähnt sei noch, daß bei MO (769 °C) der Curie-Punkt für Eisen liegt. Oberhalb des Curiepunktes verliert das Eisen seine ferromagnetischen Eigenschaften, d.h. das Eisen wird unmagnetisch. Bei fallender Temperatur ist Eisen vom Curie-Punkt ab ferromagnetisch.

Anhang

1. Physikalisch-chemische Daten wichtiger Säuren/Basen und Löslichkeit anorganischer Salze in Wasser

Dichtetabellen einiger Säuren und Basen:

Grad Baumé (Bé) und Dichte Bé = $145 - \dfrac{145}{\text{Dichte}}$

Tab. 1a. Dichtetabelle von Salzsäure

Dichte ϱ	° Bé	Gew.%	val/l oder mol/l	Dichte ϱ	° Bé	Gew.%	val/l oder mol/l
1,00		0,360	0,009872	1,20	24,0	27,72	6,782
1,02	2,7	4,388	1,227	1,22	26,0	30,18	7,528
1,04	5,4	8,490	2,421	1,24	27,9	32,61	8,246
1,06	8,0	12,51	3,638	1,26	29,7	35,01	8,996
1,08	10,6	16,47	4,878	1,28	31,5	37,36	9,752
1,10	13,0	20,39	6,150	1,30	33,3	39,68	10,324
1,12	15,4	24,25	7,449	1,32	35,0	41,95	11,29
1,14	17,7	28,18	8,809	1,34	36,6	44,17	12,07
1,16	19,8	32,14	10,22	1,36	38,2	46,33	12,85
1,18	22,0	36,23	11,73	1,38	39,8	48,45	13,63
				1,40	41,2	50,50	14,42
				1,42	42,7	52,51	15,21
				1,44	44,1	54,49	16,00
				1,46	45,4	56,41	16,79
				1,48	46,8	58,31	17,60
				1,50	48,1	60,17	18,40

Tab. 1b. Dichtetabelle von Schwefelsäure

Dichte ϱ	° Bé	Gew.%	val/l oder mol/l	Dichte ϱ	° Bé	Gew.%	val/l oder mol/l
1,00		0,2609	0,0532	1,52	49,4	62,00	19,22
1,02	2,7	3,242	0,6742	1,54	50,6	63,81	20,04
1,04	5,4	6,237	1,3226	1,56	51,8	65,59	20,86
1,06	8,0	9,129	1,9730	1,58	53,0	67,35	21,70
1,08	10,6	11,96	2,634	1,60	54,1	69,09	22,54
1,10	13,0	14,73	3,304	1,72	60,8	79,37	27,84
1,12	15,4	17,43	3,980	1,77	62,9	84,08	30,34
1,14	17,7	20,08	4,668	1,81	64,9	89,23	32,54
1,16	19,8	22,67	5,362	1,83	65,6	93,64	34,94
1,18	22,0	25,21	6,066	1,84	66	96	36,00

Tab. 1c. Dichtetabelle von Salpetersäure

Dichte ϱ	° Bé	Gew.%	val/l oder mol/l
1,00		0,3333	0,05231
1,02	2,7	3,982	0,6445
1,04	5,4	7,530	1,243
1,06	8,0	10,97	1,845
1,08	10,6	14,31	2,453
1,10	13,0	17,58	3,068
1,12	15,4	20,79	3,696
1,14	17,7	23,94	4,330
1,16	19,8	27,00	4,970
1,18	22,0	30,00	5,618
1,20	24,0	32,94	6,273
1,22	26,0	35,93	6,956
1,24	27,9	39,02	7,679
1,26	29,7	42,14	8,426
1,28	31,5	45,27	9,195
1,30	33,3	48,42	9,990
1,32	35,0	51,71	10,83
1,34	36,6	55,13	11,72
1,36	38,2	58,78	12,68
1,38	39,8	62,70	13,73
1,40	41,2	66,97	14,88

Tab. 1d. Dichtetabelle von Phosphorsäure

Dichte ϱ	Gew.%	mol/l	val/l
1,0038	1	0,1024	0,03413
1,0092	2	0,2059	0,0686
1,0200	4	0,4162	0,1354
1,0309	6	0,6309	0,2103
1,0420	8	0,8503	0,2834
1,0532	10	1,0743	0,3581
1,0647	12	1,3032	0,4344
1,0764	14	1,5371	0,5124
1,0884	16	1,7763	0,5921
1,1008	18	2,0197	0,6732
1,1134	20	2,2713	0,7571
1,1395	24	2,7895	0,9298
1,1665	28	3,3315	1,1105
1,1805	30	3,6123	1,2041
1,2160	35	4,3411	1,4470
1,2540	40	5,1163	1,7054
1,2930	45	5,9348	1,9782
1,3350	50	6,8094	2,2698
1,3790	55	7,7370	2,5790
1,4260	60	8,7271	2,9090

Tab. 1e. Dichtetabelle von Natronlauge

Dichte ϱ	° Bé	Gew.%	val/l oder mol/l
1,00		0,159	0,0398
1,02	2,48	1,94	0,494
1,04	5,58	3,74	0,971
1,06	8,21	5,56	1,474
1,08	10,74	7,38	1,992
1,10	13,18	9,19	2,527
1,12	15,54	11,01	3,082
1,14	17,81	12,83	3,655
1,16	20,00	14,64	4,244
1,18	22,12	16,44	4,850
1,20	24,17	18,25	5,476
1,22	26,15	20,07	6,122
1,24	28,06	21,90	6,788
1,26	29,92	23,73	7,475
1,28	31,72	25,56	8,178
1,30	33,46	27,41	8,906
1,32	35,15	29,26	9,656
1,34	36,79	31,14	10,43
1,36	38,38	33,06	11,24
1,38	39,93	35,01	12,08
1,40	41,43	36,99	12,95
1,42	42,86	38,99	13,84
1,44	44,24	41,03	14,77
1,46	45,5	43,12	15,74
1,48	46,9	45,22	16,73
1,50	48,2	47,33	17,75

Tab. 1f. Dichtetabelle von Ammoniakwasser

Dichte ϱ	Gew.%	val/l oder mol/l
0,998	0,0465	0,0273
0,994	0,977	0,570
0,990	1,89	1,10
0,980	4,27	2,46
0,970	6,75	3,84
0,960	9,34	5,27
0,950	12,03	6,71
0,940	14,88	8,21
0,930	17,85	9,75
0,920	18,88	11,28
0,910	24,03	12,84
0,908	24,68	13,16

Tab. 1 g. Dichtetabelle von Kalilauge

Dichte ϱ	°Bé	% K_2O	% KOH	g/l K_2O	g/l KOH	val/l oder mol/l
1,00	0,00	0,08	0,10	0,82	0,98	0,017
1,02	2,84	1,91	2,27	19,47	23,17	0,413
1,04	5,58	3,73	4,44	38,81	46,20	0,824
1,06	8,21	5,55	6,60	58,79	69,99	1,248
1,08	10,74	7,35	8,75	79,33	94,45	1,684
1,10	13,18	9,13	10,86	100,38	119,50	2,130
1,12	15,54	10,89	12,97	122,01	145,25	2,589
1,14	17,81	12,65	15,07	144,21	171,80	3,060
1,16	20,00	14,37	17,10	166,64	198,38	3,536
1,18	22,12	16,08	19,14	189,75	225,89	4,027
1,20	24,17	17,78	21,16	213,31	253,94	4,527
1,22	26,15	19,45	23,16	237,33	282,53	5,063
1,24	28,06	21,11	25,13	261,73	311,58	5,554
1,26	29,92	22,75	27,10	286,05	341,46	6,070
1,28	31,72	24,36	29,00	311,81	371,20	6,617
1,30	33,46	25,95	30,90	337,38	401,65	7,160
1,32	35,15	27,53	32,78	363,42	432,64	7,712
1,34	36,79	29,09	34,63	389,83	464,08	8,272
1,36	38,38	30,63	36,46	416,56	495,91	8,840
1,38	39,93	32,16	38,28	443,76	528,29	9,417
1,40	41,43	33,68	40,08	471,32	561,12	10,003
1,42	42,89	35,17	41,87	499,38	594,50	10,597
1,44	44,31	36,64	43,62	527,66	628,17	11,197
1,46	45,68	38,11	45,37	556,36	662,33	11,806
1,48	47,03	39,55	47,09	585,37	696,86	12,422
1,50	48,33	40,98	48,79	614,73	731,82	13,045

Tab. 1h. Die Löslichkeit anorganischer Salze in Abhängigkeit von der Temperatur

Bezeichnung	Formel	Löslichkeit in g/100 g H$_2$O bei °C						% Gehalt der ges. Lsg. bei 20°C	Dichte der ges. Lsg. bei 20°C
		0	20	40	60	80	100		
Aluminiumammoniumsulfat-Dodecahydrat	AlNH$_4$(SO$_4$)$_2$ · 12 H$_2$O	2,6	6,6	12,4	21,1	35,2	109,2 (95°)	6,2	1,0459 (15,5°)
Aluminiumchlorid-Hexahydrat	AlCl$_3$ · 6 H$_2$O	44,9	45,6	46,3	–	47,7	–	31,3	–
Aluminiumkaliumsulfat-Dodecahydrat	AlK(SO$_4$)$_2$ · 12 H$_2$O	2,96	6,01	13,6	33,3	72,0	109,0 (90°)	5,67	1,053
Aluminiumnitrat-Nonahydrat	Al(NO$_3$)$_3$ · 9 H$_2$O	61,0	75,4	89,0	108,0	–	–	43,0	–
Alumiumsulfat-Octadecahydrat	Al$_2$(SO$_4$)$_3$ · 18 H$_2$O	31,2	36,4	45,6	58,0	73,0	89,0	26,7	1,308
Ammoniumbromid	NH$_4$Br	60,6	75,5	91,1	107,8	126,7	145,6	43,9	–
Ammoniumchlorid	NH$_4$Cl	29,7	37,6	46,0	55,3	65,6	77,3	27,3	1,075
Ammoniumdihydrogenphosphat	NH$_4$H$_2$PO$_4$	22,7	36,8	56,7	82,9	120,7	174,0	26,9	–
Ammoniumeisen(II)-sulfat-Hexahydrat	(NH$_4$)$_2$Fe(SO$_4$)$_2$ · 6 H$_2$O	17,8	26,9	38,5	53,4	72,0	–	21,2	1,18
Ammoniumhydrogencarbonat	NH$_4$HCO$_3$	11,9	21,2	36,6	59,2	109,2	355,0	17,5	1,07
di-Ammoniumhydrogenphosphat	(NH$_4$)$_2$HPO$_4$	57,5	68,6	81,8	97,6	(115,5)	–	40,70	1,3436 (14,5°)
Ammoniumiodid	NH$_4$I	154,2	172,3	190,5	208,9	228,8	250,3	63,3	–
Ammoniumnitrat	NH$_4$NO$_3$	118,5	187,7	283,0	415,0	610,0	1000,0	65,0	1,308
Ammoniumsulfat	(NH$_4$)$_2$SO$_4$	70,4	75,4	81,2	87,4	94,1	102,0	43,0	1,247
Ammoniumthiocyanat	NH$_4$SCN	115,0	163,0	235,0	347,0	–	–	62,0	–
Antimon(III)-chlorid	SbCl$_3$	601,6	931,5	1368,0	4531,0	∞	–	90,3	–
Ammoniummonovanadat	NH$_4$VO$_3$	–	4,8	13,2	–	–	–	–	–
Bariumacetat	Ba(CH$_3$COO)$_2$	58,0	72,0	79,0	74,0	74,0	74,0	–	–
Bariumchlorid-Dihydrat	BaCl$_2$ · 2 H$_2$O	30,7	35,7	40,8	46,4	52,5	58,7	26,3	1,28
Bariumhydroxid-Octahydrat	Ba(OH)$_2$ · 8 H$_2$O	1,5	3,5	8,2	21,0	–	–	3,4	1,04
Bariumiodid-hydrat	BaI$_2$ · 2 H$_2$O	170,0	203,0	232,0	247,0	261,0	272,0	–	–
Bariumnitrat	Ba(NO$_3$)$_2$	5,0	9,1	14,4	20,3	27,2	34,2	8,3	1,069
Bleibromid	PbBr$_2$	0,45	0,85	1,5	2,4	3,3	4,7	0,843	–
Bleichlorid	PbCl$_2$	0,67	0,99	1,45	1,98	2,6	3,3	0,98	1,007
Bleinitrat	Pb(NO$_3$)$_2$	36,4	52,2	69,4	88,0	107,5	127,3	34,3	1,40
di-Bortrioxid	B$_2$O$_3$	1,1	2,2	4,0	6,2	9,5	15,7	2,15	–
Borsäure	H$_3$BO$_3$	2,7	5,04	8,7	14,8	23,6	39,7	4,8	1,015
Cadmiumchlorid-Monohydrat	CdCl$_2$ · H$_2$O	–	–	135,3	136,9	140,4	147,0	–	–
Cadmiumiodid	CdI$_2$	80,0	86,0	–	–	–	128,0	–	–
Cadmiumnitrat-Tetrahydrat	Cd(NO$_3$)$_2$ · 4 H$_2$O	–	153,0	199,0	–	–	–	60,5	–
Cadmiumsulfat-Hydrat	3 CdSO$_4$ · 8 H$_2$O	75,5	76,7	79,3	82,0	84,6	–	43,4	1,616
Cäsiumchlorid	CsCl	161,0	187,0	208,0	230,0	250,0	271,0	–	–
Cäsiumnitrat	CsNO$_3$	9,3	23,0	47,2	83,8	134,0	197,0	–	–
Cäsiumsulfat	Cs$_2$SO$_4$	167,0	179,0	190,0	200,0	210,0	220,0	–	–
Calciumacetat	Ca(CH$_3$COO)$_2$	37,4	34,7	33,2	32,7	33,5	29,7	–	–
Calciumchlorid-Hexahydrat	CaCl$_2$ · 6 H$_2$O	60,3	74,5	–	–	–	–	42,7	1,43
Calciumchlorid-Dihydrat	CaCl$_2$ · 2 H$_2$O	–	–	128,1	136,8	147,0	159,0	–	–
Calciumnitrat-Tetrahydrat	Ca(NO$_3$)$_2$ · 4 H$_2$O	101,0	129,4	196,0	–	–	–	56,4	–
Calciumsulfat-Dihydrat	CaSO$_4$ · 2 H$_2$O	0,18	0,20	0,21	0,20	0,19	0,16	0,20	1,001
Chrom(VI)-oxid	CrO$_3$	163,0	166,7	171,0	176,0	189,0	199,0	62,50	1,7100 (16,5°)
Eisen(II)-chlorid-Tetrahydrat	FeCl$_2$ · 4 H$_2$O	–	62,35	68,6	78,3	–	–	38,4	1,49
Eisen(III)-chlorid-Hexahydrat	FeCl$_3$ · 6 H$_2$O	74,5	91,9	–	–	–	–	47,9	1,52
Eisen(III)-chlorid	FeCl$_3$	–	–	–	–	525,1	537,0	–	–
Eisen(II)-sulfat-Heptahydrat	FeSO$_4$ · 7 H$_2$O	15,6	26,6	40,3	47,6	–	–	21,0	1,225
Eisen(II)-sulfat-Monohydrat	FeSO$_4$ · H$_2$O	–	–	–	–	43,8	(31,6)	–	–
Iodsäure	HIO$_3$	249,5	269,0	295,0	331,9	378,1	443,6	72,9	–
Kaliumacetat	KCH$_3$COO	217,0	256,0	323,0	350,0	–	380,0	–	–
Kaliumbromat	KBrO$_3$	3,1	6,8	13,1	22,0	33,9	49,7	6,4	1,048
Kaliumbromid	KBr	54,0	65,8	76,1	85,9	95,3	104,9	39,7	1,370
Kaliumcarbonat	K$_2$CO$_3$	106,0	110,0	117,0	127,0	140,0	156,0	–	–
Kaliumchlorat	KClO$_3$	3,3	7,3	14,5	25,9	39,7	56,2	6,8	1,042
Kaliumchlorid	KCl	28,2	34,2	40,3	45,6	51,0	56,2	25,5	1,174
Kaliumchromat	K$_2$CrO$_4$	59,0	63,7	67,0	70,9	75,1	79,2	38,9	1,378
Kaliumcyanid	KCN	(63,0) (25°)	71,6	–	81,0 (50°)	(95,0) (75°)	122,0 (103,3°)	41,73 (25°)	–

1. Physikalisch-chemische Daten wichtiger Säuren/Basen

Bezeichnung	Formel	Löslichkeit in g/100 g H_2O bei °C						% Gehalt der ges. Lsg. bei 20 °C	Dichte der ges. Lsg. bei 20 °C
		0	20	40	60	80	100		
Kaliumdichromat	$K_2Cr_2O_7$	4,7	12,5	26,3	45,6	73,0	103,0	11,1	1,077
Kaliumdihydrogen-phosphat	KH_2PO_4	14,3	22,7	33,9	48,6	68,0	–	18,5	–
Kaliumdisulfit	$K_2S_2O_5$	27,5	44,9	63,9	85,0	108,0	133,0	30,99	–
Kaliumhexachloroplatinat (IV)	$K_2[Pt(Cl)_6]$	0,74	1,1	1,7	2,6	3,8	5,2	–	–
Kaliumhexacyano-ferrat(II)-Trihydrat	$K_4[Fe(CN)_6] \cdot 3H_2O$	15,0	28,9	42,7	56,0	68,9	(82,7)	22,4	1,16
Kaliumhexacyano-ferrat(III)	$K_3[Fe(CN)_6]$	29,9	46,0	59,5	70,9	81,8	91,6	31,5	1,18
Kaliumhydrogencarbonat	$KHCO_3$	22,6	33,3	45,3	60,0	–	–	24,98	1,18
di-Kaliumhydrogenphosphat-Trihydrat	$K_2HPO_4 \cdot 3H_2O$	–	159,0	212,5	–	–	–	61,4	–
di-Kaliumhydrogenphosphat	K_2HPO_4	–	–	–	266,0	–	–	–	–
Kaliumhydrogensulfat	$KHSO_4$	36,3	51,4	67,3	–	–	121,6	33,95	–
Kaliumhydrogentartrat	$KHC_4H_4O_6$	0,32	0,5	1,3	2,5	4,6	6,9	–	–
Kaliumhydroxid-Monohydrat	$KOH \cdot H_2O$	–	–	136,4	147,0	160,0	178,0	–	–
Kaliumiodat	KIO_3	4,7	8,1	12,9	18,5	24,8	32,3	7,5	1,064
Kaliumiodid	KI	127,8	144,5	161,0	176,2	191,5	208,0	59,1	1,71
Kaliumnitrat	KNO_3	13,3	31,7	63,9	109,9	169,0	245,2	24,1	1,16
di-Kaliumoxalat-Monohydrat	$K_2C_2O_4 \cdot H_2O$	–	35,9	–	–	–	–	26,4	–
Kaliumperchlorat	$KClO_4$	0,76	1,7	3,6	7,2	13,4	22,2	1,7	1,008
Kaliumperiodat	KIO_4	0,17	0,4	0,9	2,2	4,4	7,9	0,418	–
Kaliumpermanganat	$KMnO_4$	2,8	6,4	12,6	22,4	–	–	6,0	1,04
Kaliumperoxodisulfat	$K_2S_2O_8$	0,18	0,5	1,1	–	–	–	0,468	–
Kaliumsulfat	K_2SO_4	7,3	11,1	14,8	18,2	21,3	24,1	10,0	1,0807
Kaliumthiocanat	$KSCN$	177,0	218,0	–	–	–	–	68,55	1,42
Kobaltchlorid-Hexahydrat	$CoCl_2 \cdot 6H_2O$	41,9	53,6	69,5	–	–	–	34,9	–
Kobaltchlorid	$CoCl_2$	–	–	–	(90,5)	100,0	107,5	–	–
Kobaltnitrat-Hexahydrat	$Co(NO_3)_2 \cdot 6H_2O$	83,5	100,0	126,0	169,5	–	–	50,0	–
Kobaltsulfat-Heptahydrat	$CoSO_4 \cdot 7H_2O$	25,5	36,3	49,9	(56°)	–	–	26,6	–
Kupfer(I)-chlorid	$CuCl$	–	1,5 (25°)	–	–	–	–	1,497 (25°)	–
Kupfer(II)-chlorid-Dihydrat	$CuCl_2 \cdot 2H_2O$	70,65	77,0	83,8	91,2	99,2	107,9	43,5	1,55
Kupfer(II)-nitrat-Trihydrat	$Cu(NO_3)_2 \cdot 3H_2O$	–	–	160,0	179,0	208,0	(257,0)	–	–
Kupfer(II)-sulfat-Pentahydrat	$CuSO_4 \cdot 5H_2O$	14,8	20,8	29,0	39,1	53,6	73,6	17,2	1,1965
Kupfersulfat	$CuSO_4$	25,5	36,2	48,0	60,0	70,0	83,0	–	–
Lithiumbromid	$LiBr$	143,0	177,0	205,0	224,0	245,0	266,0	–	–
Lithiumcarbonat	Li_2CO_3	–	1,3	–	–	–	–	1,31	–
Lithiumchlorid-Monohydrat	$LiCl \cdot H_2O$	–	82,8	90,4	100,0	113,0	(127,5)	45,3	1,29
Lithiumhydroxid-Monohydrat	$LiOH \cdot H_2O$	12,0	12,4	–	13,4	14,9	17,9	11,0	–
Lithiumiodid	LiI	151,0	165,0	180,0	(50°) 13,4	(75°) 14,9	480,0	–	–
Lithiumnitrat	$LiNO_3$	48,0	76,0	–	–	–	227,0	–	–
Lithiumsulfat-Monohydrat	$Li_2SO_4 \cdot H_2O$	36,2	34,8	33,5	32,3	31,5	31,0	25,6	1,23
Magnesiumchlorid-Hexahydrat	$MgCl_2 \cdot 6H_2O$	52,8	54,6	57,5	60,7	65,9	72,7	35,3	1,331
Magnesiumnitrat-Hexahydrat	$Mg(NO_3)_2 \cdot 6H_2O$	63,9	70,1	81,8	93,7	–	–	41,2	1,388 (25°)
Magnesiumsulfat-Heptahydrat	$MgSO_4 \cdot 7H_2O$	–	35,6	45,4	–	–	–	26,25	1,31
Mangan(II)-chlorid-Tetrahydrat	$MnCl_2 \cdot 4H_2O$	63,6	73,6	88,7	(106,0) (58,1°)	–	–	42,4	1,499
Mangan(II)-chlorid-Dihydrat	$MnCl_2 \cdot 2H_2O$	–	–	–	–	110,5	115,0	–	–
Mangan(II)-sulfat-Monohydrat	$MnSO_4 \cdot H_2O$	–	–	60,0	58,6	45,5	35,5	–	–
Natriumacetat-Trihydrat	$NaCH_3COO \cdot 3H_2O$	36,3	46,4	65,4	138,0 (58°)	–	–	31,7	1,17
Natriumbromid	$NaBr$	–	–	–	118,0	118,3	121,2	–	–
Natriumcarbonat-Decahydrat	$Na_2CO_3 \cdot 10H_2O$	6,86	21,7	–	–	–	–	17,8	1,1941
Natriumcarbonat	Na_2CO_3	7,1	21,4	48,5	46,5	45,8	45,5	–	–
Natriumcarbonat-Monohydrat	$Na_2CO_3 \cdot H_2O$	–	–	48,9	46,2	44,5	44,5	–	–
Natriumchlorid	$NaCl$	–	35,9	36,4	37,1	38,1	39,2	25,4	1,201
Natriumchlorat	$NaClO_3$	80,5	98,8	115,2	(138,0)	(167,0)	204,0	49,7	–
Natriumchromat-Tetrahydrat	$Na_2CrO_4 \cdot 4H_2O$	–	–	95,3	115,1	–	–	–	–
Natriumchromat	Na_2CrO_4	–	–	–	–	124,0	125,9	–	–
Natriumdichromat-Dihydrat	$Na_2Cr_2O_7 \cdot 2H_2O$	163,2	180,2	220,5	283,0	385,0	–	64,3	–
Natriumdihydrogen-phosphat-Dihydrat	$NaH_2PO_4 \cdot 2H_2O$	57,7	85,2	138,2	–	–	–	46,0	–
Natriumdihydrogen-phosphat	NaH_2PO_4	–	–	–	179,3	207,3	284,4	–	–

1. Physikalisch-chemische Daten wichtiger Säuren/Basen

Bezeichnung	Formel	Löslichkeit in g/100 g H_2O bei °C						% Gehalt der ges. Lsg. bei 20 °C	Dichte der ges. Lsg. bei 20 °C
		0	20	40	60	80	100		
tetra-Natriumdiphosphat-Decahydrat	$Na_4P_2O_7 \cdot 10 H_2O$	2,7	5,5	12,5	21,9	30,0	40,3	5,2	1,05
Natriumdisulfit	$Na_2S_2O_5$	–	65,3	71,1	79,9	88,7	(100,0)	39,5	–
Natriumfluorid	NaF	(3,6)	4,1	–	–	–	–	3,94	1,04
Natriumhydrogencarbonat	$NaHCO_3$	6,89	9,6	12,7	16,0	19,7	23,6	8,76	1,08
di-Natriumhydrogenphosphat-Dodecahydrat	$Na_2HPO_4 \cdot 12 H_2O$	1,63	7,7	–	–	–	–	7,2	1,08
di-Natriumhydrogenphosphat-Heptahydrat	$Na_2HPO_4 \cdot 7 H_2O$	–	–	55,0	–	–	–	–	–
di-Natriumhydrogenphosphat-Dihydrat	$Na_2HPO_4 \cdot 2 H_2O$	–	–	–	83,0	92,4	–	–	–
di-Natriumhydrogenphosphat	Na_2HPO_4	–	–	–	–	–	104,1	–	–
Natriumhydroxid-Monohydrat	$NaOH \cdot H_2O$	–	109,2	126,0	178,0	–	–	52,2	1,55
Natriumhydroxid	NaOH	–	–	–	–	313,7	341,0	–	–
Natriumiodat	$NaIO_3$	2,5	9,1	–	23,0	27,0	32,8	–	–
Natriumiodid	NaI	–	–	–	–	295,0	303,0	–	–
Natriumnitrat	$NaNO_3$	70,7	88,3	104,9	124,7	148,0	176,0	46,8	1,38
Natriumnitrit	$NaNO_2$	73,0	84,5	95,7	112,3	135,5	163,0	45,8	1,33
Natriumperchlorat-Monohydrat	$NaClO_4 \cdot H_2O$	167,0	181,0	243,0	–	–	–	64,4	1,757
tri-Natriumphosphat-Dodecahydrat	$Na_3PO_4 \cdot 12 H_2O$	1,5	12,1	31,0	55,0	81,0	108,0	10,8	1,106
Natriumsulfat-Decahydrat	$Na_2SO_4 \cdot 10 H_2O$	4,56	19,2	–	–	–	–	16,1	1,150
Natriumsulfat	Na_2SO_4	–	–	48,1	45,3	43,1	42,3	–	–
Natriumsulfid-Nonahydrat	$Na_2S \cdot 9 H_2O$	12,4	18,8	29,0	–	–	–	15,8	1,18
Natriumsulfit	Na_2SO_3	–	–	37,0	33,2	29,0	26,6	–	–
di-Natriumtetraborat	$Na_2B_4O_7$	1,2	2,7	6,0	20,3	31,5	52,5	–	–
Natriumthiosulfat-Pentahydrat	$Na_2S_2O_3 \cdot 5 H_2O$	52,5	70,1	102,6	–	–	–	41,2	1,39
Nickelchlorid-Hexahydrat	$NiCl_2 \cdot 6 H_2O$	51,7	55,3	–	–	–	–	35,6	1,46
Nickelnitrat-Hexahydrat	$Ni(NO_3)_2 \cdot 6 H_2O$	79,2	94,1	118,8	–	–	–	48,5	–
Nickelsulfat-Hexahydrat	$Ni_2SO_4 \cdot 6 H_2O$	–	–	–	57,0	–	–	–	–
Quecksilber(II)-bromid	$HgBr_2$	–	0,62 (25°)	(0,96)	1,7	2,8	4,9	0,62 (25°)	–
Quecksilber(II)-chlorid	$HgCl_2$	4,29	6,6	9,6	13,9	24,2	54,1	6,2	1,052
Rubidiumbromid	RbBr	89,0	110,0	–	150,0	175,0	190,0	–	–
Rubidiumchlorid	RbCl	70,6	83,6	–	–	–	128,0	–	–
Rubidiumsulfat	Rb_2SO_4	34,2	45,0	55,2	–	–	79,5	–	–
Silbernitrat	$AgNO_3$	115,0	219,2	334,8	471,0	652,0	1024,0	68,6	2,18
Silbersulfat	Ag_2SO_4	0,57	0,79	0,98	1,15	1,3	1,5	0,75	–
Strontiumbromid-Hexahydrat	$SrBr_2 \cdot 6 H_2O$	87,9	98,0	113,0	135,0	175,0	222,5	49,5	–
Strontiumchlorid-Hexahydrat	$SrCl_2 \cdot 6 H_2O$	44,1	53,9	66,6	85,2	–	–	35,0	1,39
Strontiumhydroxid-Octahydrat	$Sr(OH)_2 \cdot 8 H_2O$	0,35	0,7	1,5	3,1	7,0	24,2	0,69	–
Strontriumnitrat	$Sr(NO_3)_2$	–	–	91,2	94,2	97,2	101,2	–	–
Thallium(I)-carbonat	Tl_2CO_3	–	3,9	–	–	–	–	3,77	–
Thallium(I)-chlorid	TlCl	0,17	0,3	0,6	1,0	1,6	2,4	0,329	–
Thallium(I)-nitrat	$TlNO_3$	3,81	9,5	20,9	46,2	111,0	413,0	8,7	–
Uranylnitrat-Hexahydrat	$UO_2(NO_3)_2 \cdot 6 H_2O$	98,0	125,8	163,0	–	–	–	55,71	–
Zinkbromid	$ZnBr_2$	390,0	440,0	–	620,0	640,0	670,0	–	–
Zinkchlorid	$ZnCl_2$	–	–	453,0	488,0	541,0	–	–	–
Zinknitrat-Hexahydrat	$Zn(NO_3)_2 \cdot 6 H_2O$	92,7	118,3	–	–	–	–	54,2	1,67
Zinknitrat-Tetrahydrat	$Zn(NO_3)_2 \cdot 4 H_2O$	–	–	211,5	–	–	–	–	–
Zinksulfat-Heptahydrat	$ZnSO_4 \cdot 7 H_2O$	41,6	53,8	–	–	–	–	35,0	1,47
Zinksulfat-Monohydrat	$ZnSO_4 \cdot H_2O$	–	–	–	76,5	66,7	60,5	–	–
Zinn(II)-chlorid	$SnCl_2$	83,9	269,8 (15°)	–	–	–	–	72,96 (15°)	2,07

9. Die Häufigkeit der chemischen Elemente

Elementname	Element-symbol	Anteil (Gew.%)
Sauerstoff	O	49,4
Silicium	Si	25,8
Aluminium	Al	7,57
Eisen	Fe	4,7
		87,47
Calcium	Ca	3,39
Natrium	Na	2,64
Kalium	K	2,4
Magnesium	Mg	1,94
Wasserstoff	H	0,88
Titan	Ti	0,41
Chlor	Cl	0,19
Phosphor	P	0,09
Kohlenstoff	C	0,09
Mangan	Mn	0,09
		99,59

Anteile der Elemente in der 16 km dicken Lithospäre (Erdrinde) einschließlich der Atmospäre (Lufthülle) und der Hydrospäre (Ozeane):

2. ABC der Chemie und Kunststoffe

(Begriffe/Erläuterung)

Additive: Allgemein sind Additive Substanzen, die in geringen Mengen *Erdölprodukten* zur Verbesserung ihrer Eigenschaften physikalisch *eingemischt* sind. Die *Additive gehen keine chemische Verbindung mit der Grundsubstanz* (*Benzin* oder *Öl* u. a.) ein. Sie verleihen der Grundsubstanz neue, im Hinblick auf ihren jeweiligen Einsatz günstigere Eigenschaften. Man bezeichnet daher derartige *Öle*, die *Additive* enthalten, als *legierte Öle*.

äquivalente molare Masse: Die *Äquivalentmasse* $M_{(eq)}$ (= molare Masse eines Äquivalentes) eines Stoffes x ist ($M_{(eq)} = 1/z^* \cdot M_{(x)}$ in g/mol.
Hier bedeutet z^* die Äquivalentzahl, die ganzzahlig ist und früher die *stöchiometrische Wertigkeit* angab, die sich aus der Reaktionsgleichung ergibt. M ist allgemein das Zeichen für die molare Masse in g/mol. In diesem oben angegebenen Fall $M_{(x)}$ handelt es sich demnach um die *molare Masse des Stoffes* x. Bei einem bestimmten Stoff wird hier statt x die Molekülformel des betreffenden Stoffes eingesetzt. Dessen *Molmasse* mit $1/z^*$ multipliziert, ist dann die *Äquivalentmasse* des Stoffes, dessen chemische Formel hinter M in Klammern eingesetzt wurde.
Es gibt verschiedene Äquivalente mit den jeweiligen Massen $M_{(eq)}$ in g/mol:
1. *Säure-Base-Äquivalente*
2. *Redox-Äquivalente*
3. *Ionen-Äquivalente*
zu 1. Es ist der gedachte, also nicht *reale Bruchteil* $1/z^*$ eines *Säure-* oder *Basemoleküls* (z. B. NaOH, $\frac{1}{2}$ Ca(OH)$_2$, $\frac{1}{2}$ H$_2$SO$_4$, $\frac{1}{3}$ H$_3$PO$_4$, $\frac{1}{3}$ Al$_2$O$_3$), der bei restloser Umsetzung ein Proton freisetzen oder binden kann. Die *Äquivalentzahl* z^* entspricht der Anzahl H$^+$-Ionen im Molekül der betreffenden Säure oder Base.
zu 2. Der Bruchteil $1/z^*$ eines Teilchens (gedachtes Teilchen, das nicht real existent zu sein braucht) der bei einer *Redox-Reaktion* (z. B. *Maßanalyse* oder *Elektrolyse*) ein Elektron aufnimmt oder abgibt, ist ein *Redox-Äquivalent*. Genau $6,022045 \cdot 10^{23}$ dieser Bruchteile sind dann jeweils die *äquivalente molare Masse* in g/mol.
zu 3. Die äquivalente Ionenmasse ist der gedachte Bruchteil $1/z^*$ eines Ions, der 1 Elektron aufnehmen oder abgeben kann. Die Anzahl von $6,022 \cdot 10^{23}$ (genau $6,022045 \cdot 10^{23}$) dieser Bruchstücke sind dann die äquivalente molare Ionenmasse in g/mol. Die Ladungszahl eines Ions (z. B. SO$_4^{2-}$ hat die Ladungszahl 2, K$^+$ hat die Ladungszahl 1 und Al^{3+} hat die Ladungszahl 3) ist demnach gleich der Äquivalentzahl z^*. Demnach ist die äquivalente molare Masse in g/mol bei den vorstehenden Beispiel-Ionen:
$M(\frac{1}{2}$ SO$_4^{2-}) = 48,03$ g/mol, $M($K$^+) = 39,098$ g/mol
und $M(^1/_3$ Al$^{3+}) = 8,994$ g/mol.

Äquivalent-konzentration:	Die Äquivalentkonzentration (Stoffmengenkonzentration von Äquivalenten) hat die allgemeine Schreibweise: $c(x) = \dfrac{n(X)}{V}$ mol/l z. B. $c(\tfrac{1}{2} H_2SO_4) = 0{,}1$ mol/l. V Sie entspricht der früheren Bezeichnung Normalität in val/l und hatte das Zeichen N. Also ist die heute gültige *(SI-Einheiten) Äquivalentkonzentration* z. B. *$c(\tfrac{1}{2} H_2SO_4) = 0{,}1$ mol/l* das Gleiche, was bislang eine 0,1 N (oder auch „n") H_2SO_4 war. „Normallösungen gibt es seit 1971 (14. Generalkonferenz für Maß und Gewicht – CGPM –) nicht mehr, seitdem damals die *Basiseinheit Mol als Stoffmenge* eingeführt wurde.
Äquivalent-Stoffmenge:	$n(\tfrac{1}{2} x)$ oder noch kürzer $n(\text{eq})$. Sie wird bei der Titration in Mol-Einheit angegeben.
Äquivalent-zahl:	Die Äquivalentzahl z^* ist stets eine ganze Zahl (früher stöchiometrische „Wertigkeit"), die sich aus der Reaktionsgleichung ergibt. Der reziproke Wert der Äquivalentzahl z^* ist der Bruchteil eines Teilchens x, das ein *Atom, Molekül, Ion* oder eine *Atomgruppe* sein kann. Vor oder bis zu den SI-Einheiten wurde dieser Quotient $1/z^* \cdot x$ „Äquivalentgewicht" oder „Äquivalentmasse" genannt, jetzt wird er als *„äquivalente molare Masse" M(eq)* bezeichnet.
Affinität:	Kraft, mit der die Atome zueinander hinstreben. Die Affinität ist nicht exakt mathematisch mit Zahlen zu erfassen. Man spricht nur von großer und kleiner Affinität.
Alaune:	Alaune sind sogenannte *Doppelsalze*. Im eigentlichen Alaun hat sich ein Molekül Aluminiumsulfat mit einem Molekül Kaliumsulfat zu einem Doppelsalzmolekül $KAl(SO_4)_2$ verbunden, das mit 12 Molekülen Kristallwasser zu großen Kristallen auskristallisiert. Allgemein bilden die Alaune gut ausgebildete Oktaeder oder Würfel. Außer dem Kaliumaluminiumsulfat gibt es noch eine Reihe anderer Alaune, die alle die allgemeine Formel $M^I M^{III}(SO_4)_2 \cdot 12\, H_2O$ haben. Als M^I können auch sein: Na, K, Rb, Cs, NH_4, Tl. Als M^{III} können vorliegen: Al, Sc, Ti, V, Mn, Fe, Co, Ga, In, Rh, und Ir. Alaun besitzt blutstillende Wirkung, da eiweißfällend („Rasierstein"). Im Altertum wurde Alaun schon als Konservierungsmittel für tierische und menschliche Leichen (Mumien) verwandt.
Allgemeine Gasgleichung:	$\dfrac{p_0 \cdot V_0}{T_0} = \dfrac{p_1 \cdot V_1}{T_1}$ (wird auch als *vereinigtes Gasgesetz* bezeichnet, da es sich aus dem Boyle-Mariotte'schen und dem Gay-Lussac'schen Gesetz ableitet.) $p_0 = 1{,}013 \cdot 10^5$ Pa V_0 = Volumen des Gases unter Normalbedingungen $T_0 = 273$ K (K = Kelvin), genau 273,15 K p_1 = gemessener Druck in Pa V_1 = gemessenes Gasvolumen oder neues Gasvolumen, aber nicht unter Normbedingungen T_1 = Temperatur in K, bei der V_1 gemessen oder errechnet wurde (siehe auch: Gaskonstante).
Allotropie:	Allotropie ist die Fähigkeit eines Stoffes in *verschiedenen Erscheinungsformen (Modifikationen)* bei gleichen Temperaturen vorzuliegen (z. B. Schwefel oder Phosphor).

Ammoniakate:	*Das Kupfertetramminkomplex-Ion* (Formel: $(Cu[NH_3]_4)^{2+}$) ist z. B. ein Ammoniakat (siehe auch: „Nebenvalenzen").
Ammonium:	NH_4^+ ist die Formel *dieses Radikals*, das nur in Form seiner Verbindungen vorkommt, obwohl es sich *fast wie die Alkalielemente in chemischen Verbindungen* verhält. Mehrfach wurde seine Abscheidung an der Kathode versucht, was aber nur in einem Falle gelang: Schon im Jahre *1908 gelang Seebeck und Berzelius die Abscheidung von Ammonium*, das dann als *metallischer Legierungspartner* bei der Bildung von *Ammoniumamalgam* vorlag. Bei dieser Elektrolyse liegt an der Kathode Quecksilber vor und die Elektrolyse von Ammoniumsalz findet in flüssigem Ammoniak statt. Dieses butterweiche *Ammoniumamalgam* ist aber erst bei $-80\,°C$ stabil sowie hart und zerfällt schon bei $-30\,°C$, mit steigen der Temperatur in der Zerfallsgeschwindigkeit zunehmend, in Ammoniak, Wasserstoff und Quecksilber. *Amalgame sind Quecksilberlegierungen.*
Analyse: (grch.: Auflösung)	Zerlegen der Verbindungen auf chemischem Wege, z. B. FeS: FeS in Fe + S oder 2 HgO in 2 Hg + O
Aräometer:	Senkwaagen oder Densimeter sind Aräometer, die man auch wegen ihrer Form „Spindel" nennt. Man sagt daher auch, wenn man die Dichte einer Flüssigkeit mittels Aräometer bestimmt, daß man „spindelt".
Atombestandteile:	Nucleonen = Kernbausteine = Protonen, die die Ladung und die Masse 1 sowie Neutronen, die die Ladung ± 0 und die Masse 1 oder Elektronen, die die Ladung -1 und $\frac{1}{1836}$ der Masse eines Protons haben. Die Elektronen sind auf Elektronenschalen verteilt.
Atommasse:	Verhältniszahl eines Elementatoms zur Atommasse des Kohlenstoff-Isotops ^{12}C. Die Atommasse eines Elementes gibt an, den wievielfachen Teil der Masse ein Atom besitzt als $\frac{1}{12}$ der Masse des Kohlenstoffatoms ^{12}C. Ursprünglich Verhältniszahl zur Masse eines Wasserstoffatoms.
Atomwärme:	Die Atomwärme ist die Wärme, die erforderlich ist, um 1 Mol eines Elementes um $1\,°C$ zu erwärmen. Die Atomwärme der Metalle ist bei Zimmertemperatur lt. *Dulong-Petit'scher Regel ungefähr 25 bis 27 J/mol.*
Autoklav:	*Hochdruck-Reaktionsgefäß für chemische Reaktionen*, zu deren Ablauf hohe Drücke benötigt werden.
Autoprotolyse:	Die *Eigendissoziation des Wassers in H^+- und OH^--Ionen* wird Autoprotolyse genannt. In *10^7 Liter Wasser* sind bei $24\,°C$ nur *18 g H_2O in Ionen aufgespalten.* Also sind 1 mol H^+- und 1 mol OH^--Ionen durch die Dissoziation von 1 mol H_2O vorhanden. Diese so gebildeten *H^+-Ionen verbinden sich* augenblicklich mit einem H_2O-Molekül zu H_3O^+-Ionen und zurück bleibt *1 mol OH^--Ionen*. Somit liegen *in 10^7 Liter Wasser 1 mol H_3O^+-Ionen und 1 mol OH^--Ionen* vor. (Sie verursachen bei $18\,°C$ eine spezielle Leitfähigkeit in reinem Wasser von *$4,3 \cdot 10^{-6}$ S/m*.)

| Avogadro-Konstante: | Die Avogadro-Konstante N_A (früher auch *Loschmidtsche Zahl N_A genannt*), ist die Teilchenzahl eines Stoffes x pro Mol. Diese Teilchen können sein: *Elektronen, Atome, Moleküle, Ionen, Atomgruppen* oder *äquivalente Masseteilchen*. Die genaue molare Teilchenzahl ist: $N_A = 6{,}022045 \pm 0{,}000031 \cdot 10^{23}$ mol^{-1} |

Avogadro'sche Zahl: $N_A = 6{,}022 \cdot 10^{23}$ mol^{-1} = Loschmidt'sche Zahl = Avogadro-Konstante.

Azeotrope Gemische: *Konstantsiedende Gemenge* von zwei, drei oder mehreren Flüssigkeiten. So ist z. B. *20%ige Salzsäure* eine *azeotrope Säure*, da bei einer 25%igen HCl zunächst beim Erhitzen soviel HCl entweicht, bis 20%ige Salzsäure zurückbleibt. Bei 15%iger HCl entweicht praktisch nur Wasser, bis 20%ige HCl zurückbleibt, deren Siedepunkt dann letztlich immer 100 °C ist. *95,6%iger Ethylalkohol* ist ebenfalls ein *azeotropes Gemenge*, das also *durch Destillation nicht mehr zu trennen ist*. Es gibt einige hundert azeotrope (= azeotropische) Gemische.

Basen:
1. Basen sind nach *Arrhenius (1883) Hydroxylverbindungen*, die beim Auflösen *in Wasser OH^--Ionen* bilden.
2. Basen sind nach *Brönsted (1923)* Verbindungen, die *Protonen aufnehmen* können *(Protonenakzeptoren)*; Sie werden von ihm auch „*Protonbasen*" genannt. Nach Brönsted ist z. B. NH_3 eine *Base*, denn *NH_3 kann mittels* dem *freien Elektronenpaar noch ein H^+-Ion (= 1 Proton)* unter NH_4^+-*Bildung (Ammonium-Bildung)* aufnehmen.
3. *Lewis (1923)* versteht umfassender unter einer *Base eine chemische Verbindung, die zur Herstellung einer Kovalenzbindung ein Elektronenpaar* zur *Verfügung stellen kann*. Demnach ist NH_3 eine Base.

Beilstein-Probe: Ein zunächst in der Gasflamme ausgeglühter Kupferdraht wird im noch heißen Zustand mit der Kunststoffprobe kurz in Kontakt gebracht und anschließend in den nicht leuchtenden Teil einer Gasflamme gehalten. Sind in dem Kunststoff Halogene enthalten, so färbt sich die Flamme grünblau. – Diese qualitative Prüfung gelingt bei PTFE nicht eindeutig, höchstens bei direktem Kontakt des Kunststoffabschnittes mit Cu in der Flamme.

Betonangreifende Wässer: *Grenzkonzentrationen*, die den *Angriffsgrad nach DIN 4030* ergeben, enthält die nachfolgende Tafel. [63]

Angreifende Bestandteile	Angriffsgrad		
	schwach	stark	sehr stark
1. Säuren (pH-Wert)	6,5–5,5	5,5–4,5	unter 4,5
2. Kalklösende Kohlensäure (Marmorversuch nach Heyer) CO_2 in mg/l	15–30	30–60	über 60

Angreifende Bestandteile	Angriffsgrad		
	schwach	stark	sehr stark
3. Ammonium NH_4^+ in mg/l	15–30	30–60	über 60
4. Magnesium Mg^{2+} in mg/l	100–300	300–1500	über 1500
5. Sulfat SO_4^{2-} in mg/l	200–600	600–3000	über 3000

Bindungsarten:
1. Ionenbindung; Sie liegt vor, wenn eine chemische Verbindung aufgespalten wird und dabei in Ionen zerfällt (hauptsächlich bei anorganischen Verbindungen, z. B. NaCl).
2. Atombindung; Sie liegt vor, wenn eine chemische Verbindung aufgespalten wird und dabei in Atome zerfällt (hauptsächlich bei organischen Verbindungen, z. B. CH_4).
3. Metallische Bindung; Sie liegt bei allen Metallen vor (Atomrümpfe, die im Elektronengas schweben).
4. Komplexbindung; Hier liegt eine Verbindung höherer Ordnung vor (Kupfertetrammin-Komplex: $Cu[NH_3]_4^{2+}$ ist ein Beispiel).

Blattgold: Blattgold hat eine Dicke von 0,0001 mm (0,1 µm) und läßt Licht blaugrün hindurchscheinen. Gold hat kubisch flächenzentrierte Kristalle und ist daher leicht verformbar.

Blend: Blends sind etwas ähnliches wie Legierungen, d. h. Mischungen von Kunststoffmakromolekülen (Polymeren) ähnlicher Molekülstruktur. Hierdurch erhält der daraus hergestellte Kunststoffartikel häufig optimale neue Eigenschaften.

Chromschwefelsäure: Chromschwefelsäure, ein sehr kräftig wirkendes saures Oxidationsmittel, ist eine ungefähre Mischung von: Wasser 20 cm³ konz. Schwefelsäure 100 g Kaliumdichromat 20 g
Durch die Verwendung wird diese Lösung reduziert und ändert die Farbe von rotorange nach grün.

Compounds: Compounds sind zum Zwecke der besseren Verarbeitbarkeit von Kunststoffen (Polymeren) hergestellte Vermischungen von Kunststoffpulver oder -schmelzen mit Zusatzstoffen (Kunststoffverstärker, z. B. Glasfasern o. ä., Weichmacher, Gleitmittel, Stabilisatoren, Antistatika o. a.

Copolymerisation: Copolymerisation ist die Polymerisation eines Monomerengemenges zu Makromolekülen, die aus verschiedenen Monomeren aufgebaut worden sind. Die Eigenschaften derartiger Copolymerisate lassen sich nicht exakt aus den Eigenschaften der Makromoleküle ableiten, die jeweils aus nur einer der Monomeren aufgebaut sind, die hier im Copolymerisat-Molekül vertreten sind.

356 2. ABC der Chemie und Kunststoffe

Derivate:
(lat.: derivare = ableiten)
: Derivate sind chemische Verbindungen, die sich von einer Stammverbindung ableiten. Z. B. leitet sich Methanol (Methylalkohol) von der Stammverbindung Methan ab.

Dicht.- bzw. Klebstoff
: siehe unter Kleb.- bzw. Dichtstoff

Dispersitätsgrad:
: Zerteilungsgrad: grobdispers (z. B. Sand), kolloiddispers (z. B. Milch), molekulardispers (z. B. Zucker in Lösung)

Disproportionierung:
(oder auch Dismutation)
: Die chemische Umwandlung einer Verbindung in der ein Element in einer mittleren Wertigkeitsstufe vorliegt in Verbindungen in denen es mit einer niedrigeren und äquivalent (entsprechend) höheren Oxidationsstufe (Oxidationszahl) auftritt. Zum Beispiel Cl_2 (Chlorgas) disproportioniert, wenn es im Wasser gelöst wird:

$$\overset{\pm 0}{Cl} - \overset{\pm 0}{Cl} + H_2O \xrightarrow{\text{Disproportionierung}} \overset{-I}{H}Cl + \overset{I}{H}OCl$$

Dissoziationsgrad:
: $\alpha = \dfrac{\text{Tatsächl. in Ionen aufgespalt. Moleküle}}{\text{Gesamtzahl der aufspaltbaren Moleküle}} \cdot 100\,[\%]$

Dulong-Petit'sche Regel:
: Dulong, Professor in Paris, fand 1819 in Zusammenarbeit mit Petit, daß das Produkt aus Atommasse und spezifischer Wärme eines Metalles immer etwa 25 bis 27 J/mol ergibt. Nernst und Weber stellten fest, daß diese Atomwärme von der absoluten Temperatur abhängig ist und es für jedes Element einen Temperaturbereich gibt, in dem es eine Atomwärme von 25 bis 27 J/mol besitzt.

Einfriertemperatur:
: Hier zeigen nichtkristalline, d.h. amorphe, thermoplastische Kunststoffe in den mechanischen Werten, z. B. Schubmodul einen ersten Abfall, d. h. der Kunststoff beginnt weicher zu werden. Es handelt sich bei der Einfriertemperatur stets um Bereiche.

eingestellte Lösung:
: Eine eingestellte Lösung enthält in der Volumeneinheit (z. B. 1 Liter) fertiger Lösung eine bestimmte Gewichtsmenge einer Substanz oder auch einer Ionenart.

Elektron:
: Einwertig negativ geladenes Teilchen, das den Atomkern umkreist und gleiche, aber entgegengesetzte Ladung hat wie ein Proton. Die Masse eines Elektrons beträgt $\frac{1}{1836}$ der Masse eines Protons. Ladung eines Elektrons = Elementarladung. Ein Mol Elektronen besteht aus N_A Elektronen und hat die Gesamtladung von Avogadro-Konstante $\cdot$ Elementarladung = $6{,}022 \cdot 10^{23}\,\text{mol}^{-1} \cdot 1{,}6021\,\text{As} = 96490\,\text{As} \cdot \text{mol}^{-1} = 1$ Faraday.

Elektronegativität:
(Linus Pauling)
: Elektronegativität ist die Fähigkeit, Elektronen an sich zu ziehen. Das elektronegativste Element ist Fluor, da einem Fluoratom nur ein Elektron zum Erreichen des Edelgaszustandes und der vollen Elektronenschale fehlt.

Elektrophorese:
: Transport suspendierter kolloidaler Teilchen in nicht leitender Flüssigkeit durch den elektrischen Strom.

Elemente:	Stoffe, die bei chemischen Zerlegungen Atome der gleichen physikalischen und chemischen Eigenschaften liefern.
Elementar-Ladung:	Elementarladung ist die Ladung eines Elektrons (immer negative Ladung) = 1,60210 · 10−19 As (Amperesekunden). Die Elementarladung läßt sich wie folgt errechnen:

$$\frac{1 \text{ Faraday}}{N_A} = \frac{96\,480 \text{ As} \cdot \text{mol}^{-1}}{6{,}022 \cdot 10^{23} \text{ mol}^{-1}}$$

Die Ladung eines Elektrons ist das kleinste elektrische Ladungspäckchen. Ein Elektron kann quasi als das Atom der Elektrizität angesehen werden.

Emulgator:	Stoffe mit deren Hilfe man einen Stoff (z. B. Fett) in einem anderen Stoff, in dem er an sich nicht löslich ist (Flüssigkeit, häufig Wasser), gut kolloidal in „Lösung" bringen kann. Beispiele: Borwasser, Milch, Wasser in gekirnter Butter oder Magarine usw. Siehe auch unter Kolloide.
Emulsion:	Siehe Kolloide. Die Teilchengröße ≈ 1 µm.
Enthärtung des Wassers:	Wasser wird im allgemeinen enthärtet, wenn der Calcium und/oder der Magnesium-Ionengehalt zu hoch ist und abgesenkt werden soll. Eine derartige Enthärtung kann z. B. durch eine Vollentsalzung (Austausch aller Metall- und Säurerest-Ionen gegen H^+-Ionen bzw. OH^--Ionen) vorgenommen werden. Was man so erhält, ist ein „aqua demineralisata". Oder es wird nur ein Austausch der Calcium- oder Magnesium-Ionen gegen Natrium-Ionen durchgeführt. Das so behandelte Wasser hat dann zwar eine Härte von 0 dH, enthält aber noch sämtliche Metallsalze mit Ausnahme der Calcium- bzw. Magnesium-Ionen, die gegen die äquivalente Menge Na-Ionen ausgetauscht wurden. Mit einer derartigen Wasserenthärtung ist aber stets eine Zunahme der freien Kohlensäure verbunden, was die folgende Reaktionsgleichung bestätigt: $Ca(HCO_3)_2 + 2\,Na^+ \rightarrow Ca^{2+} + Na_2CO_3 + H_2O + CO_2$ Diese an das enthärtete Wasser abgegebene Kohlensäure kann (besonders wenn das zu enthärtende Wasser eine große Härte besitzt, was meistens eine Wasserenthärtung erforderlich macht) leicht zum Vorliegen von aggressiver Kohlensäure führen, die in jeder Menge im Wasser vorliegend verschiedene Metalle, auch Eisen, angreift und somit eine Gefahr für die Metallwasserleitung (auch Kupfer) darstellen kann. Kalkaggressive Kohlensäure ist erst bei 15–30 mg/l schwach kalkangreifend. Ein derartiges auf 0 dH enthärtetes Wasser muß daher, bevor es in das eigentliche Verbrauchsnetz gelangt, durch den Zusatz von nicht enthärtetem Wasser auf etwa 7 dH „aufgehärtet" werden. Wichtig ist es aber, daß vor dem Einbau einer Wasserenthärtungsanlage unbedingt zunächst eine entsprechende Auskunft vom zuständigen Wasserwerk eingeholt wird. (S. auch unter „Vollentsalzung des Wassers" sowie Abs. 39 „Einsatz der Ionentauscher")
Enthalpie:	Die Enthalpie wird mit dem Buchstaben H bezeichnet und ist der Energiebetrag, den ein System bei einem Vorgang abgibt oder aufnimmt. Sie ist eine thermodynamische Eigenschaft, die gleich der

Summe aus der inneren Energie U und der Volumenarbeit $p \cdot V$ ist. Es gilt: $H = U + p \cdot V$

Entkarbonat-
isierung: Die Entkarbonatisierung wird heute zur großtechnischen Vollentsalzung eingesetzt, um mit diesem Verfahren vor der Enthärtung mittels Ionenaustauscher wegen des teuren NaOH den Hauptanteil der Karbonathärtebildner zu entfernen. Die im Wasser vorhandene Karbonathärte und Kohlensäure wird so mittels $Ca(OH)_2$-Zusatz entfernt, d. h. als $CaCO_3$, das bekanntlich in Wasser schwer löslich ist, ausgefällt. Es braucht dann nur noch der verbleibende Rest der Wasserhärte mittels Ionenaustauscher entfernt werden. Reaktionsgleichung:

$$Ca(HCO_3)_2 + Ca(OH)_2 \rightarrow 2\ CaCO_3 + 2\ H_2O \text{ und}$$
$$CO_2 + Ca(OH)_2 \rightarrow CaCO_3 + H_2O$$

Entropie: Entropie ist ein Maß der Unordnung. Diese Zustandsgröße wurde von R. Clausius in die Thermodynamik eingeführt.

Entzündungs-
temperatur: Entzündungstemperatur ist die niedrigste Temperatur, die zur Entzündung erreicht werden muß. Man unterscheidet dementsprechend selbstentzündliche, leichtentzündliche und schwerentzündliche Stoffe. Die Entzündungstemperatur findet besonderes Interesse bei leichtentzündlichen Stoffen, wenn es um die Betriebssicherheit geht. Die Entzündungstemperatur einiger technisch wichtiger Stoffe:

Fahrbenzin	220 °C	Ethin	305 °C
Dieselkraftstoff	220–300 °C	Methanol	400 °C
Heizöl	250 °C	Methan	535 °C
Ether	180 °C	Ethanol	425 °C
weißer Phosphor	60 °C	Propan	465 °C
Schwefelkohlenstoff	102 °C		

Bei Explosivstoffen wird die Entzündungstemperatur Verpuffungstemperatur genannt. Stoffe, die sich ohne Zündflamme schon bei Zimmertemperatur in Anwesenheit von Luft selbst entzünden, werden selbstentzündlich genannt. So z. B. Phosphorwasserstoff, Siliciumwasserstoff, pyrophores Eisen, verschiedene metallorganische Verbindungen u. a.

Ettringit: Ettringit ist im Bausektor die Bezeichnung für Tricalciumsulfoaluminathydrat. Dieses Kristallgefüge ist sehr voluminös und hat die Formel $3\ CaO \cdot Al_2O_3 \cdot 3\ CaSO_4 \cdot 31\ H_2O$. Ettringitbildung bewirkt im Beton die völlige Zerstörung seiner Festigkeit. Ettringit wird auch „Zementbazillus" genannt. Einem Zementmörtel darf daher auch kein Gips ($CaSO_4$) zugesetzt werden. Jeder Wasserzutritt würde dann durch die chemische Bindung von 31 Molekülen Wasser als Kristallwasser die Ettringitbildung ermöglichen. Der Einbau dieser 31 Moleküle Kristallwasser bewirkt eine gewaltige Volumenzunahme und damit eine Zerstörung der Festigkeit im abgebundenen Zementmörtel bzw. Beton. Die Bezeichnung Ettringit ist auf die Gemeinde Ettringen in der Eifel, bei Mayen, zurückzuführen, wo Ettringit als Naturprodukt am Bellerberg in den Basaltlava vorkommt.

Faraday-Konstante:	Die Faraday-Konstante ist genau die Elektrizitätsmenge, die der negativen Elektronenladung in As von 1 mol Elektronen entspricht: $F = N_A \cdot$ Elementarladung in As = 6,022 $\cdot 10^{23}$ mol$^{-1} \cdot$ 1,6021 As = 96490 As $\cdot$ mol^{-1}. Die Elementarladung von 1 Proton ist positiv und hat die gleiche Größe wie die eines Elektrons.
Faraday'sche Gesetze:	1. Faraday'sches Gesetz: Die an den Elektroden abgeschiedenen Massen m sind der beförderten Elektrizitätsmenge Q in As direkt proportional. $m = c \cdot Q = c \cdot I \cdot t$ 2. Faraday'sches Gesetz: Gleiche Strommengen in Amperesekunden scheiden aus verschiedenen chemischen Verbindungen stets die gleiche äquivalente molare Masse in g/mol an den Elektroden (Anode = Pluspol, Kathode = Minuspol) ab. Zur elektrolytischen Abscheidung von 1 Äquivalent M(eq) mit der molaren Masse M eines Stoffes x, der die Äquivalentzahl z^* hat an der Anode und an der Kathode sind stets insgesamt 96490 As $\cdot$ mol^{-1} erforderlich. $M(1/z^*) = 96490$ As $\cdot$ mol^{-1}
Fließ-temperatur-Bereich:	Bei ihm verlassen thermoplastische Kunststoffe den gummi- oder thermoelastischen Bereich, der zwischen ET (Einfriertemperatur-Bereich) und FT (Fließtemperatur-Bereich) liegt. Jetzt beginnt der thermoplastische Kunststoff seine innere Festigkeit zwischen den Makromolekülen praktisch völlig zu verlieren, er wird flüssig. Dieser fließende Kunststoff zeigt aber kein Newton'sches Fließen wie Wasser, da diese Makromoleküle durch Verschlaufungen u. ä. immer noch relativ starke gegenseitige Bindungen besitzen.
freie Elektronen:	siehe Leitfähigkeitselektronen.
freie Kohlensäure:	Die freie Kohlensäure setzt sich zusammen aus der stabilisierenden und der aggressiven Kohlensäure. Die stabilisierende Kohlensäure ist die Kohlensäure, die erforderlich ist, um die Hydrogencarbonate der Erdalkalien ($Ca(HCO_3)_2$, $Mg(HCO_3)_2$) in wäßriger Lösung zu stabilisieren, d. h. daß sie nicht in wasserunlösliches Calciumcarbonat zerfallen: $$Ca(HCO_3)_2 \xrightleftharpoons{>60°C} CaCO_3 + H_2O + CO_2$$ Dieser stabilisierend wirkende Anteil der freien Kohlensäure greift Eisen und andere Carbonate nicht an. Die darüber hinaus vorhandene freie Kohlensäure (CO_2) ist die aggressive bzw. rostschutzverhindernde Kohlensäure, da sie Eisen bzw. seine Schutzschicht aus $FeCO_3$ angreift und auflöst. Es ist also nur ein Teil der freien Kohlensäure kalk- bzw. eisenaggressiv (siehe „Kalklösende Kohlensäure").

Frigen: „Frigen" (Hoechst), „Freon" (Du Pont), „Kaltron" (Kali-Chemie) u. a. z. B. Frigen 12:

$$\mathrm{Cl}-\underset{\underset{F}{|}}{\overset{\overset{F}{|}}{C}}-\mathrm{Cl},\quad \text{Dichlordifluormethan,}$$

Treibmittel in Sprühdosen, leicht siedende Flüssigkeit, ungiftig, in Kühlanlagen als Wärmetransportmittel. Kp = $-29,8\,°C$, Fp = $13\,°C$. Es gibt eine Reihe anderer, sich ähnlich verhaltender Frigen-Typen. Seit Wissenschaftler 1974 nachweisen konnten, daß Fluorchlorkohlenwasserstoffe (FCKW), wie „Frigen", „Freon", „Kaltron" u. a., zum Abbau des Ozons führen, wird das Risiko ihrer weiteren Anwendung weltweit diskutiert.

Wenn auch die FCKW-Verbindungen durch ihre direkte Einwirkung auf den Menschen als ungiftig angesehen werden können, so muß aber angenommen werden, daß FCKW's indirekt unser Leben gefährden. Diese Verbindungen werden, wie bereits 1974 nachgewiesen werden konnte demnach auch zum Abbau der in etwa 25 km Höhe vorhandenen, schützenden Ozonschicht führen („Ozonloch"). Ozon absorbiert die Sonnenstrahlen der Wellenlänge 300 nm und schützt dadurch das Leben auf der Erde gegen kurzwellige Strahlung, die u. a. Hautkrebserkrankungen verursachen können.

FCKW's liegen in Spraydosen als Treibmittel, in Kühl- und anderen Wärmeaggregaten, wie Kühlschränken, Wärmepumpen o. ä. als Kälteerzeugungsmittel zum Wärmetransport vor.

Laut einer Gesetzesvorlage (2. 3. 1988) tritt die Bundesrepublik einer Vereinbarung von 25 Staaten bei, die bis 1999 die FCKW-Produktion um 50% verringern wollen. Während in der Bundesrepublik 1976 noch 53 000 Tonnen FCKW's produziert wurden, waren es 1987 nur noch 20 500 Tonnen. 1988 soll die Produktion von FCKW auf 13 000 Tonnen weiter verringert werden. Alle in der Bundesrepublik hergestellten Spraydosen sollen in Kürze frei von FCKW als Treibmittel sein, wie die deutsche Industrie freiwillig vereinbart hat. Außerdem will der Bundesumweltminister (2. 3. 1988) dafür sorgen, daß v o r der Beseitigung unbrauchbar gewordener Kühlschränke o. ä. FCKW's umweltfreundlich aus diesen entnommen und entsorgt werden.

Gase: Gase sind Stoffe, die bei gleichbleibender Masse weder ein bestimmtes Volumen noch eine bestimmte Form haben.

Jedes Gas ist bestrebt, jeden ihm dargebotenen Raum gleichmäßig auszufüllen.

Ein Gas ändert bei konstantem Druck sein Volumen bei einer Temperaturänderung von 1 K um $\frac{1}{273}$ seines Volumens bei $0\,°C$ (273,15 K).

Gasgesetze: Die nachfolgenden Gasgesetze gelten streng genommen nur für „ideale Gase".

1. Avogadro'sches Gesetz (Avogadro'sche Regel): Das Molvolumen aller Gase beträgt unter Normbedingungen ($0\,°C$ und $1,013 \cdot 10^5$ Pa) 22,4 l.

2. **Dalton'sches Gesetz** („Gesetz der Partialdrucke": Der Gesamtdruck ist die Summe der Partialdrucke aller nicht miteinander reagierenden Gase einer Gasmischung.
3. **Boyle-Mariotte'sches Gesetz:** Wenn die Temperatur eines Gases gleich bleibt, ist das mathematische Produkt des Gasdruckes und des Gasvolumens einer gleichbleibenden Gasmenge stets gleich.

$$p_1 \cdot V_1 = p_2 \cdot V_2 = \text{konstant}$$

4. **Gay-Lussac'sches Gesetz:** Bei gleichbleibendem Druck (isobare Verhältnisse) ändert sich das Volumen eines Gases, das dieses bei 273,15 K (0 °C) einnimmt, pro Grad Temperaturänderung gegenüber 273,15 K um den 273,15ten Teil des Volumens, welches das Gas bei 273,15 K einnehmen würde.

$$1\ V_1 = V_0 \cdot [1 + \tfrac{1}{273,15} \cdot T]$$

Entsprechendes gilt bei gleichbleibendem Volumen (isochore Verhältnisse).

$$p_1 = p_0 \cdot [1 + \tfrac{1}{273,15} \cdot T]$$

5. **Allgemeine Gasgleichung:** („Vereinigtes Gasgesetz") Diese Gasgleichung ergibt sich aus den vorstehend angegebenen Gesetzen durch Zusammenziehung und lautet:

$$\frac{p_0 \cdot V_0}{T_0} = \frac{p_1 \cdot V_1}{T_1}$$

T_0 = Temp. von 273,15 K
T_1 = Temp. von 273,15 K + T in K
Durch Umstellung ergibt sich daraus:

$$p_1 \cdot V_1 = \frac{p_0 \cdot V_0}{T_0} \cdot T_1$$

$\dfrac{p_0 \cdot V_0}{T_0}$ ist eine Konstante.

(Druck p_0, Volumen V_0 und Temperatur T_0 sind die Normbedingungen, also $p_0 = 1,013 \cdot 10^5$ Pa (früher bar), $V_0 = 22,4\ l$ und $T_0 = 273,15$ K). Diese sich daraus ergebende Konstante wird Gaskonstante (s. dort) genannt und mit R bezeichnet. Somit ergibt sich $p_1 \cdot V_1 = R \cdot T_1$ für 1 Mol. Für n Mole wird $n \cdot R$ statt R eingesetzt.

$$R = 8{,}3143\ \frac{\text{J}}{\text{K} \cdot \text{mol}}$$

Gaskonstante: Sie wird mit dem Buchstaben R bezeichnet.

$$R = \frac{p_0 \cdot V_0}{273,15},$$

dadurch vereinfacht sich die allgemeine Gasgleichung zu:

$p_1 \cdot V_1 = R \cdot T_1$ (siehe auch allgemeine Gasgleichung).

Gase in statu nascendi: (lat.: „Im Augenblick des Geborgenwerdens")	Gase im Zustand der Entstehung. Der Augenblick, in dem die Atome gerade aus dem Molekül entstehen. In diesem Augenblick sind die Gasatome besonders reaktionsfähig. H in statu nascendi reagiert z. B. schon bei Zimmertemperatur mit Sauerstoff zu Wasser.
Gel:	Gel ist ein formbeständiges, leicht verformbares, disperses System von Kolloiden. Es gibt flüssigkeitsarme („Xerogele") und flüssigkeitsreiche Gele („Lyogele"). Die Teilchengröße der Gele liegt etwa bei 1–3 µm.
Glastemperatur:	Hier frieren amorphe, d.h. nicht kristalline thermoplastische Kunststoffe ein. Die Moleküle werden unbeweglich und der Kunststoff wird glasartig spröde. Auch für Polyethylen gibt es bei sehr tiefen Temperaturen diese Versprödung, die z.B. bei Polystyrol unterhalb von + 80 °C liegt.
Grundgesetze der Chemie:	1. chemisches Grundgesetz: (Erhaltung der Masse) Durch einen chemischen Vorgang die Gesamtmasse der beteiligten Stoffe nicht verändert, z. B.: $$55{,}9 \text{ g Fe} + 32{,}1 \text{ g S} \rightarrow 88{,}0 \text{ g FeS}$$ 2. chemisches Grundgesetz: (feste Gewichtsverhältnisse) Die Elemente vereinigen sich in ganz bestimmten, konstanten Gewichtsverhältnissen zu einer Verbindung. Die Zusammensetzung der Verbindung ist konstant. 3. chemisches Grundgesetz: (vielfache Proportionen) Wenn zwei Elemente mehrere Verbindungen miteinander bilden, so stehen die Gewichtsmengen des einen Elementes, die sich mit ein und derselben Gewichtsmenge des anderen Elementes verbinden, im Verhältnis einfacher ganzer Zahlen.
Halbwertzeit:	Siehe „Isotope".
Hauptquantenzahl:	Die Hauptquantenzahl ist die Zahl der jeweiligen Elektronenschale vom Kern aus gezählt. Diese Zahl steht vor dem jeweiligen Orbitalbuchstaben (Nebenquantenzahl) z. B. $3d^8$ bedeutet, daß es sich um das 8. Elektron des d-Zustandes auf der 3. Elektronenschale handelt. Der d-Elektronenzustand kann maximal 10 Elektronen fassen und tritt erst ab der Hauptquantenzahl 3 auf.
Hess'scher Satz: (1840)	Verläuft eine Reaktion direkt oder über Zwischenstufen bzw. auch über Umwegen zu einer Endstufe (Endprodukt), so ist die Summe der abgegebenen oder aufgenommenen Wärme immer konstant. Beispiel: $$\begin{aligned} C + \tfrac{1}{2} O_2 &\rightarrow CO + 111{,}7 \text{ kJ} \cdot \text{mol}^{-1} \\ + CO + \tfrac{1}{2} O_2 &\rightarrow CO_2 + 285{,}2 \text{ kJ} \cdot \text{mol}^{-1} \\ \hline C + O_2 &\rightarrow CO_2 + 396{,}9 \text{ kJ} \cdot \text{mol}^{-1} \end{aligned}$$
Homopolymerisation:	Hier handelt es sich im Gegensatz zur Copolymerisation nur um e i n e Monomerenart, die als Bausteine der Makromoleküle eingesetzt

werden. (So z. B. nur Vinylchlorid für die Makromolekülbildung des Polyvinylchlorids.) Bei derartigen Makromolekülen kann man unterscheiden zwischen Kopf/Kopf-, Schwanz/Schwanz- und Kopf/Schwanz-Polymerisation.

Hydratwasser:
1. Hydratwasser = Kristallwasser (vgl.: „Kristallwasser" und „Nebenvalenzbindungen").
2. Neben diesen Hydraten, in denen das Wasser im stöchiometrischen, d.h. ganzzahligen Verhältnis gebunden wird, gibt es solche, bei denen keine stöchiometrischen, d. h. ganzzahligen Verhältnisse zwischen der Stammverbindung und dem gebundenem Wasser vorzuliegen brauchen. Man spricht dann auch von Hydrosolen, Gelen u. ä. (vgl.: „Nebenvalenzbindungen,,).
3. Das Hydratwasser ist nicht als H_2O, sondern aufgespalten und so von seinem Stammolekül mehr oder weniger chemisch gebunden worden. Beispiel:

$$2\ Al(OH)_3 \rightarrow 2\ Al(OH)O + 2\ H_2O \rightarrow Al_2O_3 + 3\ H_2O$$

Dieser Vorgang läuft übrigens beim $Al(OH)_3$ (Tonerdehydrat) schon bei niedriger Temperatur, d. h. ohne äußere Einwirkung beim Lagern im Laufe der Zeit (Wochen oder Monate) selbstständig ab. Dieser Vorgang der Wasserspaltung kann durch Temperaturerhöhung zunehmend beschleunigt werden. Es entsteht letztlich dabei das völlig wasserfreie Aluminiumoxid mit der Formel Al_2O_3, das auch Tonerde genannt wird und zur schmelzflußelektrolytischen Gewinnung von Aluminium benötigt wird. In der Technik findet diese Wasserabspaltung aus Tonerdehydrat bei etwa 1200 °C statt.

Hydride:
Allgemein sind Hydride Verbindungen zwischen Wasserstoff und einem anderen Element (oft ist der Wasserstoff legierungsartig gebunden, d.h. er ist nicht unbedingt immer im exakten stöchiometrischen Verhältnis gebunden). Salzartige Hydride haben negative Wasserstoff-Ionen. Derartige Hydride sind Verbindungen zwischen unedlen Metallen und Wasserstoff. Bei der Reaktion mit Wasser (Wasserzugabe) ergeben diese Hydride Wasserstoff und Metalloxide bzw. Metallhydroxide. Beispiel:

$$CaH_2 + 2\ H_2O \rightarrow Ca(OH)_2 + 2\ H_2$$

Hydrolyse:
(griech.: hydro = Wasser u. lyein = auflösen)

Säure + Base $\rightleftharpoons$ Salz + Wasser

Bei der Hydrolyse wird ein Salz in Anwesenheit von Wasser bis zu einem Gleichgewichtszustand in Säure und Base aufgespalten. Handelt es sich dabei um ein Salz, das aus einer starken (schwachen) Säure und einer schwachen (starken) Base gebildet wurde, so bildet sich beim Auflösen eines derartigen Salzes eine sauer (basisch) reagierende Lösung, d.h. die Salzlösung weicht nach unten (oben) von pH 7,0 ab.

Hydroniumion:
Durch den Dipolcharakter des Wassers verursacht, ist ein Wassermolekül in der Lage, an seinem negativeren Ende ein H^+-Ion zu binden. Das dann vorliegende H_3O^+-Ion wird Hydroniumion genannt. Struk-

turformel des Hydroniumions:

hydrophil:	wasserfreundlich = fettabweisend
hydrophob:	wasserabweisend = fettfreundlich
hygroskopisch:	Wenn eine Verbindung aus der Luft Wasser anzieht.
Ideales Gas:	Für dieses Gas treffen die Gasgesetze für ideale Gase ohne Einschränkung zu. Es gibt aber nur die „realen Gase", die mehr oder weniger exakt mit den idealen Gasgesetzen übereinstimmen.
Indikatoren:	Indikatoren sind im weitesten Sinne in der Chemie Bezeichnungen für Substanzen, die es ermöglichen, den Verlauf einer chemischen Reaktion zu verfolgen (Säure-Base-Indikatoren siehe Kap. 8.2).
Inversionstemperatur:	Die Inversionstemperatur der meisten Gase liegt oberhalb der Raumtemperatur. Der Joule-Thomson-Effekt (s. dort), der die Abkühlung eines Gases bei seiner Entspannung bewirkt, tritt aber nur unterhalb der Inversionstemperatur in Erscheinung. Bei Wasserstoff liegt die Inversionstemperatur bei $-80\,°C$. Oberhalb der Inversionstemperatur bewirkt eine Entspannung des Gases einen Temperaturanstieg. Man sagt, daß Wasserstoff somit ein „überideales Gas" ist.
Invertseife: (lat.: Inversio = Umkehr)	Invertseifen (Kationen-Seifen) sind Seifen, in denen ein langkettiges Kation die grenzflächenaktive Wirkung hat und nicht, wie bei normalen Waschseifen (Natriumsalze langkettiger Fettsäuren), die Anionen (langkettige Fettsäurereste). Invertseifen haben bei etwa pH 9 gegen bestimmte Bakterien eine besonders gute desinfizierende Wirkung. Es gibt Invertseifen, die als Desinfektionsmittel Verwendung finden, z. B. die aus tertiären Fettaminen hergestellten Invertseifen. Invertseifen haben auch bei hartem Wasser gleichbleibend gute Waschwirkung. Seifen und Invertseifen heben sich in ihrer waschaktiven Wirkung gegenseitig auf. Zwischen diesen beiden Seifenarten stehen die sogenannten Ampholytseifen.
Ion:	Ein Ion ist ein elektrisch geladenes Atom oder eine elektrisch geladene Atomgruppe, die positiv oder negativ geladen sein kann und im angelegten elektrischen Feld als positives Teilchen (Kation) zur Kathode oder als negativ geladenes Teilchen (Anion) zur Anode wandert. Die Wertigkeit des Ions hängt von der Anzahl der fehlenden oder überzähligen Elektronen ab.
Ionenäquivalent:	Es ist der Bruchteil eines Ions pro Elementarladung, z. B. $\frac{1}{2}$ Ca oder $\frac{1}{3}$ Al. Die Äquivalentzahl z^* ist gleich der Ladungszahl des an der Titrations-Reaktion beteiligten Ions.
Ionenaustauscher:	Ionenaustauscher sind reversible, d. h. umkehrbare Kationen- bzw. Anionenaustauscher auf mineralischer oder Kunstharzbasis (vgl.

2. ABC der Chemie und Kunststoffe

Kap. 44) Handelsnamen für Ionenaustauscher auf Kunstharzbasis: Lewatit, Lewasorb, Wofatit, Amberlit, Dowex u. a. verschiedene Typen.

Ionenprodukt: Das Ionenprodukt ist das bei bestimmter Temperatur immer konstante mathematische Produkt der in einer Lösung vorhandenen Ionenkonzentration (Gramm/Liter Lösung). Der Begriff Konzentration wird im Ionenprodukt durch eckige Klammern wiedergegeben, während in der Klammer die betreffende Ionenart angegeben ist. Das Ionenprodukt von AgCl ist demnach: $[Ag^+] \cdot [Cl^-] = K = 1{,}61 \cdot 10^{-10}$ mol$^2 \cdot l^{-2}$ (bei 20 °C) Ionenprodukt = Löslichkeitsprodukt

Isotope: Sind Atome gleicher Protonenzahl, aber verschiedener Neutronenzahl. Siehe auch Mattauch'sche Regel.

IUPAC: Abkürzung von International Union of Pure and Applied Chemistrie (Internationale Union für reine und angewandte Chemie) Sie hat ihr Sekretariat in Großbritannien und garantiert die Zusammenarbeit mit den verschiedenen nationalen chemischen Gesellschaften (z. B. mit der in der Bundesrepublik maßgeblichen GdCh – Gesellschaft deutscher Chemiker –).

Jodzahl: Die Jodzahl gibt an, wieviel g Jod von 100 g Fett chemisch gebunden werden können. Diese Zahl läßt Rückschlüsse auf die Anzahl der Doppelbindungen in den am Aufbau des jeweiligen Fettes teilhabenden Molekülen zu. Pro Doppelbindung wird ein Molekül Jod bei der Jodzahlbestimmung benötigt. Viele Doppelbindungen bedeuten für Schmierstoffe (Öle und Fette), daß sie leicht verharzen.

Joule: Wärmemengeneinheit. Lt. SI-Einheiten ist 1 J = 1 Newtonmeter (Nm) = 1 Wattsekunde (Ws) ($= \frac{1}{4,18468}$ cal)

Joule-Thomson-Effekt: Unter dem Joule-Thomson-Effekt versteht man die Tatsache, daß Gase sich abkühlen, wenn sie sich unterhalb ihrer *Inversionstemperatur* befinden und sich in einem Raum geringeren Druckes ausdehnen. Da bei Wasserstoff die *Inversionstemperatur* bei -80 °C liegt, muß er erst durch flüssige Luft unter die Temperatur von -80 °C gebracht werden.

kalklösende Kohlensäure: Darunter versteht man den Anteil (mg/l) der *freien Kohlensäure*, der als *aggressive Kohlensäure* vorliegt und als solche bei kalkhaltigen Mörteln und Beton kalkauflösend wirkt. Nach DIN 4030 gilt: 15 bis 30 mg/l besitzen einen schwachen Angriffsgrad, 30 bis 50 mg/l besitzen einen starken Angriffsgrad, über 60 mg/l besitzen einen sehr starken Angriffsgrad (s. auch „freie Kohlensäure").

Katalysator: Stoff, der eine an sich mögliche Reaktion beschleunigt oder verzögert. *Negativer Katalysator* oder *Inhibitor* ist ein Verzögerer einer chemischen Reaktion.

Kelvin: (Name) Vormals Sir William Thomson, später Lord Kelvin, geb. 1824, gest. 1907

Kelvin: (absolute Temperatur)	Die absolute Temperaturangabe wird mit Kelvin bezeichnet. Beispiel: Grad Celsius + 273 = Kelvin, demnach gilt z. B. für 15 °C: $15 + 273 = 288$ K.
Kernladungszahl:	Anzahl der Protonen im Atomkern = Ordnungszahl = Anzahl aller Elektronen im Atom, auf Schalen verteilt.
Kerosin:	Sammelbezeichnung für die bei der Erdöldestillation anfallenden Fraktionen mit etwa 12 bis 18 C-Atomen im Kohlenwasserstoff-Molekül, einem Siedebereich von etwa 150–320 °C, also etwa zwischen Benzin (5–12 C-Atome eines gesättigten Kohlenwasserstoffs, Dichte zwischen 0,72 und 0,78 g/cm^3, Siedebereich zwischen 40 und 200 °C) und Dieselkraftstoff (Dichte zwischen etwa 0,84 und 0,88 g/cm^3, Siedebereich zwischen 200 und 360 °C, überwiegend gesättigte Kohlenwasserstoffe). Verwendung als Kraftstoff für Düsenantriebe (Strahltriebwerke), Reinigungsmittel und Trägersubstanz für Insektizide.
Kleb.- bzw. Dichtstoffe:	Ein Klebstoff soll hauptsächlich die Kraftschlüssigkeit ermöglichen, während ein Dichtstoff der Abdichtung zwischen den Fügeteilen dienen soll.
Koagulation:	*Ausflockung („Ausfällung")* einer Substanz, die als Sol oder Gel vorlag. Man bezeichnet Koagulation auch mit *(„Gerinnen")*.
kolloidale Lösung:	Eine kolloidale Lösung (= unechte Lösung = nicht optisch leere Lösung) ist an folgenden Eigenschaften zu erkennen: 1. nicht durch übliche Filter (Papierfilter) zurückzuhalten, 2. sieht u. U. in starker Verdünnung meist völlig klar aus, sofern man dem einfallenden Lichtstrahl direkt entgegenschaut. Schaut man aber so, daß die Blickrichtung mit dem einfallenden Lichtstrahl einen Winkel von etwa 90 (= 1 Gon) bildet, so ist die Bahn des Lichtstahles in der Lösung zu sehen.
kolloidale Systeme:	Fest/fest (z. B. Gold/Glas = purpurrote Farbe des Glases), fest/flüssig (z. B. Gold in Wasser = purpurrote Farbe), gasförmig/flüssig (z. B. Zigarettenrauch in Luft oder Wasser/Luft = Nebel), flüssig/flüssig (z. B. Fett/Wasser).
Kolloide:	Stoffe in allerfeinster Verteilung. Das Einzelteilchen in kolloidaler Verteilung besteht aus 10^3 bis 10^9 Molekülen lt. H. Staudinger (z. B. Fett in Wasser = weiße Farbe der „Lösung" = Emulsion) oder Atomen (z. B. Gold in Wasser = purpurrote Farbe der „Lösung" oder Silber in Wasser = Schwarzfärbung der „Lösung"). Teilchendurchmesser < 1 µm. Leim (lat.: colla = Eiweiß) findet hier häufig Anwendung zum Stabilisieren der kolloidalen Verteilung. Man nennt einen derartigen Stoff, der zum Stabilisieren kolloidaler Systeme erforderlich ist oder verwendet wird „Schutzkolloid" oder „Emulgator".
Konstanz der Wärmesummen: (Gesetz)	Siehe Hess'scher Satz.
Konzentration:	Anteil eines Stoffes (ausgedrückt in gebräuchlichen Einheiten), der in einer Gewichts oder Voulmeneinheit eines anderen Stoffes anwesend

ist. Konzentrationsangaben können das Verhältnis angeben von:
1. Gewicht/Gewicht: wird gewöhnlich bei Lösungen angegeben, z. B. enthält Meerwasser ≈ 3,6 g NaCl in 100 g Meerwasser = 3,6%ig, oder aber eine 15 % ige NaCl-Lösung enthält 15 g NaCl in 100 g Na Cl-Lösung (also nicht in 100 g Wasser).
2. Gewicht/Volumen: wieviel Gramm des Gelösten in der Volumeneinheit (Liter) der Lösung enthalten sind, z. B. 1 Mol pro Liter = in 1 Liter fertiger Lösung ist ein Mol des gelösten Stoffes enthalten = 1 molare Lösung.
3. Volumen/Volumen: hauptsächlich bei Gasen, z. B. Luft enthält 20,8 Vol.% Sauerstoff, d. h. in 100 Liter Luft sind 20,8 Liter Sauerstoff.

Kopf/Kopf-Polymerisation: Man spricht von der Kopf/Kopf-Polymerisation, wenn sich in Kunststoffmolekülen, die durch Homopolymerisation aufgebaut werden, gleichartige Enden der monomeren Makromolekülbausteine gegenüberstehen. (s. 29.4)

Kopf/Schwanz-Polymerisation: Man spricht von der Kopf/Schwanz-Polymerisation, wenn in einem Kunststoffmolekül, das durch Homopolymerisation aufgebaut wurde, Anfangs- und Endgruppe der monomeren Makromolekülbausteine so angeordnet sind, daß der Endgruppe des einen Monomeren die Anfangsgruppe des nächsten Monomeren folgt. (s. 29.4)

Kraftfluß: Bei einer Klebung wird unter dem Kraftfluß die Kraftübertragung von einem Fügeteil durch den Klebstoff hindurch auf das andere Fügeteil verstanden.

Kristallwasser: In kristalliner Soda (Formel: $Na_2CO_3 \cdot 10\, H_2O$) oder in abgebundenem Gips (Formel: $CaSO4 \cdot 2\, H_2O$) oder auch in Kupfersulfat (Formel: $CuSO_4) \cdot 2\, H_2O$) sind die H_2O-Moleküle als „Kristallwasser" von einem Molekül der jeweiligen Stammverbindung durch Nebenvalenzen gebunden.

K-Wert: Für den Kunststoffverarbeiter genügt es, wenn er statt des Molekulargewichtes eines Kunststoffes dessen K-Wert kennt. Der K-Wert ist das relative Maß (Proportionalitätsfaktor) für das Molekulargewicht oder den Polymerisationsgrad eines Kunststoffes.

$$\eta = K_m \cdot M$$

latente Wärmespeicher: (lat.: latens = verborgen) Latente Wärmespeicher nutzen die Wärme aus, die z. B. bei einer bestimmten Temperatur („Haltepunkt") zu einer Phasenumwandlung von fest nach flüssig oder umgekehrt benötigt wird (Umwandlungswärme = Umwandlungsenthalpie ΔH). So schmilzt beispielsweise „Glaubersalz" ($Na_2SO_4 \cdot 10\, H_2O$) bei 32,4 °C im eigenen Kristallwasser bei Wärmezufuhr. Bei Wärmeabfuhr kristallisiert dieses geschmolzen vorliegende Salz dann wieder unter Freisetzung der vorher zum Schmelzen zugeführten Wärme aus.

Man kann also mit latenten Wärmespeichern bei relativ niedrigen Temperaturen relativ große Wärmemengen (Schmelzwärme = Schmelzenthalpie) speichern. Die Wärmeabfuhr an die Umgebung ist somit relativ gering, da Wärme nur von einem Stoff höherer Temperatur auf einen Stoff niedriger Temperatur übergehen kann. Der Wärmeinhalt der betreffenden Stoffe spielt dabei keine Rolle. Die Latentwärme von $Na_2SO_4 \cdot 10\ H_2O$ ist z.B. 231 kJ/mol, während sie beim Wasser (Schmelzwärme des Eises) 334 kJ/mol beträgt.

Legierungen: Legierungen sind überwiegend physikalische feste Lösungen *(homogene und heterogene)* von metallischen Stoffen. Sie bestehen aus mindestens zwei Komponenten, von denen aber immer eine Komponente ein Metall *(Grundmetall)* sein muß. Intermetallische Verbindungen bilden sich nur in engen Grenzen (Hume-Rothery-Regel). Obwohl eine Legierung keine stöchiometrische chemische Verbindung, sondern überwiegend nur ein physikalisches Gemenge ist, zeigt sie völlig neue Eigenschaften, die sich nicht unbedingt von den Eigenschaften der Legierungspartner ableiten lassen. Diese Tatsache der neuen Eigenschaften ist für chemische Verbindungen charakteristisch. Legierungen in denen die Legierungskomponenten etwa gleichen Atomradius und ein gleichartiges Kristallgitter haben, lassen sich im beliebigen Verhältnis ineinander lösen. Z.B. eine Gold/Silber-Legierung (beide Komponenten haben kubisch flächenzentrierte Kristallgitter und die Atomradien differieren nur um 0,1%) ist in beliebigen Verhältnissen darstellbar.

Leifähigkeitselektronen: Es sind die Valenzelektronen, die im Stück Metall ganz oder teilweise von den Metallatomen abgespalten sind und sich als solche frei und unabhängig vom Atomkern im Stück Metall bewegen. Diese Elektronen werden auch freie Elektronen genannt. Sie übernehmen im Metall die elektrische Leitfähigkeit. Im ganzen gesehen bilden die Leitfähigkeitselektronen das Elektronengas. Sie kommen als praktisch masselose Teilchen, die zusätzlich wegen ihrer gleichartigen Ladung (negative Ladung) keine Massenanziehung besitzen, als Partikel eines realen Gases dem „idealen Gas" am nächsten.

Löslichkeitsprodukt: Löslichkeitsprodukt = Ionenprodukt

Lösungen, eingestellte: Molare Lösungen sind Lösungen, die in 1 Liter fertiger Lösung genau 1 Mol einer Substanz enthalten.

MAK-Wert: Der MAK-Wert gibt die maximal zulässige Arbeitsplatzkonzentration von Gasen, Dämpfen oder Stäuben während eines achtstündigen Arbeitstages an, angegeben in ppm (parts per million).
Er wurde 1959 in den USA eingeführt. Inzwischen wurde er als solcher von allen Industriestaaten ebenfalls übernommen. Seine Berücksichtigung ist für alle Industriebetriebe unbedingt erforderlich.

Makromoleküle: Sind Riesenmoleküle, deren Molekülmasse > 10 000 ist. Staudinger hat als erster diese Bezeichnung in einer Veröffentlichung (Helv. Chim. Acta 1922 Seite 783) für derartige Riesenmoleküle benutzt.

Maßanalyse: Die Maßanalyse, auch Titrimetrie genannt ist ein wesentliches Analysenprinzip für quantitative Bestimmungen. Anhand der Messung des Volumens einer eingestellten Lösung, die zur Umsetzung einer in einem bestimmten Volumen vorliegenden Substanz benötigt wird, läßt sich diese vorliegende Substanzmenge berechnen. [6]

Masse:	Die Masse wird mit m bezeichnet und hat die Dimension kg oder g.
Massenwirkungsgesetz:	MWG von Guldberg und Waage 1884 aufgestellt: Das mathematische Produkt der Konzentration der Endprodukte dividiert durch das mathematische Produkt der Konzentration der Ausgangsstoffe ist stets eine Konstante (vgl. auch „pH-Wert").
Mattauch'sche Regel: (besser: Mattauch'sches Gesetz)	Wurde 1934 formuliert: Atome, die sich in der Protonenzahl nur um 1 unterscheiden, aber die gleiche Atommasse haben, können nicht stabil sein. Diese Atome müssen, falls sie hergestellt sind oder existieren, (radioaktiv) zerfallen.
Mol:	Das Mol ist ein Einheitszeichen (mol) und eine Basiseinheit (Mol), d.h. eine Zähleinheit. Die Definition des Mols (lt. SI-Einheiten): Das Mol ist eine Stoffmenge, die aus ebensovielen Teilchen besteht, wie Kohlenstoffatome in 12,0 g des Kohlenstoffnuclids ^{12}C enthalten sind. Diese Teilchenanzahl ist gleich $N_A = N_L = 6,022 \cdot 10^{23}$. Bei der Verwendung des Begriffs Mol muß stets angegeben werden, welche Art Einzelteilchen gemeint ist. Diese Einzelteilchen können sein: Atome, Moleküle, Ionen, Elektronen, Photonen, Atomgruppen u.a. oder deren Bruchteile. Auch können andere in ihrer Zusammensetzung genau angebbare Teilchen damit gemeint sein, z.B. $KMnO_4$, $NaCl$, H_2SO_4 u.a. Die molare Teilchenzahl ist also stets $6,022 \cdot 10^{23}$ mol^{-1}.
Molalität:	Die Molalität c_m ist eine temperaturunabhängige Konzentrationsgröße in mol/kg. Man versteht darunter den Quotienten aus der im Zähler stehenden Stoffmenge n des gelösten Stoffes x in mol und der im Nenner stehenden Masse m_L des Lösungsmittels in kg. $$\text{Molalität} = \frac{\text{Stoffmenge des Stoffes } x}{\text{Masse des Lösungsmittels}} = \frac{n(x)}{m_L} \text{ mol/kg}$$
molare Masse:	Die molare Masse wird mit M bezeichnet und ist der Quotient aus der Masse m und der Stoffmenge n.
Molarität:	Die Molarität ist eine temperaturabhängige Konzentrationsgröße. Man versteht darunter den Quotienten aus der Stoffmenge des gelösten Stoffes x und dem im Nenner stehenden Volumen V der fertigen Lösung. Molarität = Stoffmengenkonzentration $$c_x \frac{\text{Stoffmenge des Stoffes } x \text{ in mol}}{\text{Volumen der fertigen Lösung in } l} = \frac{n(x)}{V} \text{ mol/l}$$
Molekül:	Kleinstes Teilchen eines Stoffes, das aus mehreren Atomen besteht, oder kleinstes Teilchen eines Stoffes, das noch die Eigenschaften des Stoffes zeigt.
Molvolumen von Gasen: (Avogadro'sche Regel)	Bei $1,013 \cdot 10^5$ Pa (1,013 bar) und 0 °C nimmt ein Mol eines jeden Gases ein Volumen von 22,4 Liter ein. Bei Edelgasen sind in 22,4 Liter bei $1,013 \cdot 10^5$ Pa und 0 °C $6,022 \cdot 10^{23}$ Atome enthalten.

Monomere:	Moleküle mit niedriger Molekülmasse, die durch Polymerisation, Polykondensation oder Polyaddition Kunststoffe, d.h. Makromoleküle ergeben.
N_A oder N_L:	N_A oder N_L ist die Teilchenzahl pro Mol. Diese Zahl ist gleich $6,022 \cdot 10^{23}$. N_A = Avogadro'sche Zahl = N_L = Loschmidt'sche Zahl, wird aber meistens mit Avogadro- oder Loschmidt-Konstante bezeichnet.
Nebenquantenzahl: („Orbital")	Sie wird auch Drehimpulsquantenzahl oder Orbital genannt und mit s-, p-, d- und f-Zustand bezeichnet. Des s-Zustand faßt maximal 2 Elektronen, der p-Zustand maximal 6, der d-Zustand maximal 10 und der f-Zustand maximal 14 Elektronen. Die erste Elektronenschale hat nur den s-Zustand, die 2. Schale die s- und p-Zustände, die dritte E-Schale die s-, p- und d-Zustände und ab der 4 E-Schale sind die s-, p-, d- und f-Zustände möglich. Die Orbital-Elektronen finden sich, wenn zunächst beim d-Orbital die ersten 5 Elektronen mit einer gleichartigen Drehrichtung um die eigene Achse (Spin) vorliegen, dann bei den restlichen 5 Elektronen paarweise mit antiparallelem Spin (entgegengesetzte Drehrichtung) zusammen.
Nebenvalenzbindungen:	Nebenvalenzbindungen sind erheblich schwächer als Hauptvalenzbindungen, d.h. sie können durch mehr oder weniger hohes Erwärmen relativ leicht beseitigt werden. Daß sie aber zu den chemischen Bindungen zu rechnen sind, zeigt sich darin, daß sie der Stammverbindung neue Eigenschaften verleihen. Da Moleküle, die polaren Charakter haben, der durch ihre asymmetrische Ladungsverteilung bewirkt wird, hierdurch Nebenvalenzen besitzen, können sie sich auch andererseits entsprechend an andere Ionen oder Moleküle, die einen ebensolchen polaren Charakter besitzen, anlagern. Man nennt daher derartige Verbindungen „Anlagerungskomplexe". Anlagerungskomplexe liegen z.B. vor, wenn man vom Kristallwasser, Hydratwasser, Ammoniakaten, Gelen oder Solvaten spricht. Man kann hier z.B. auf der äußeren Schale eines Ions durch eine derartige Anlagerung nicht nur den Edelgaszustand, sondern sogar eine volle Schale erreichen. Wesentlicher ist aber meist die räumliche Möglichkeit für die Unterbringung der Dipole. Ähnliches gilt übrigens auch für die Weichmacher in Kunststoffen. Man spricht dann auch von Solvaten, da diese Weichmacher sich als Addukte (Zusätze) an die im Makromolekül vorhandenen polaren Stellen (z.B. beim PVC an das Chlor) anlagern.
Neutralisation:	Herstellung von pH 7, d.h. die H^+-Ionen-Konzentration ist wieder 10^{-7} mol pro Liter Lösung oder anders ausgedrückt: Das Schaffen einer neutralen Reaktion durch Zugabe von Säure bzw. Basen. Im neutralen Zustand liegt dann weder Säure noch Base vor, sondern nur noch Salz und Wasser. Indikatoren verfärben sich stark durch Zugabe nur eines Tropfens Säure oder Base, z.B. Natronlauge + Lackmus wird tropfenweise mit HCl versetzt bis Farbstoff gerade von blau nach violett umschlägt (jetzt liegt pH 7 vor). Bei Zugabe eines weiteren Tropfens HCl erfolgt Rotfärbung (jetzt liegt pH < 7 vor).

2. ABC der Chemie und Kunststoffe

Neutralisations-
äquivalent: Ein Säure-Base-Neutralisationsäquivalent ist der Masseanteil eines Säure- oder Basemoleküls, der ein gedachtes H^+-Ion einer Säure in wäßriger Lösung freisetzen kann, oder der auf ein OH^--Ion einer Base in wäßriger Lösung entfällt. Diese Anzahl H^+- oder OH^--Ionen pro Säure- oder Basemolekül wird allgemein mit z^* angegeben.

Neutron: $\pm\,0$ geladener Baustein eines Atomkerns.

Nukleonen:
(lat.: nucleus = Kern) Atomkernbausteine = Protonen und Neutronen (s. auch „Atombestandteile").

Nukleonenzahl: Unter Nukleonenzahl versteht man die Summe aus Protonenzahl (Kernladungszahl) und Neutronenzahl.

Nuklide: Nuklide sind allgemein Atome irgendeines Elementes, die durch gleiche Protonenzahl und gleiche Atommassenzahl charakterisiert sind. Während Atome mit gleicher Protonenzahl aber unterschiedlicher Neutronenzahl, also unterschiedlicher Atommasse, Isotope sind.

Oktanzahl: Die Oktanzahl *(OZ)* ist ein Maß für die *Klopffestigkeit* eines Vergaser-Kraftstoffs. Ein Kraftstoff ist klopffest, wenn die Verbrennung *nicht explosionsartig* erfolgt, d.h. wenn der Kraftstoff nicht schlagartig unter plötzlicher Freimachung von sehr hohen Drücken, die der Motor nicht so schnell in Bewegungsenergie umwandeln kann, verbrennt. Die *OZ gibt die Volumenprozente Isooktan* in einem Gemenge mit Normalheptan an, die ein *Bezugskraftstoff* enthält.
Isooktan (2,2,4–Trimethylpentan):

$$\begin{array}{c} \quad\quad CH_3 \quad\quad CH_3 \\ \quad\quad | \quad\quad\quad\quad | \\ H_3C-C-CH_2-C-CH_3 \\ \quad\quad | \quad\quad\quad\quad | \\ \quad\quad CH_3 \quad\quad\, H \end{array}$$

Normalheptan:

$$H_3C-CH_2-CH_2-CH_2-CH_2-CH_2-CH_3$$

Orbitale: *Orbitale* werden gekennzeichnet durch die *Hauptquantenzahlen (Schalennummer* vom *Atomkern* aus gezählt) und die *Nebenquantenzahlen* (*s-, p-, d-, f*-Zustand). So bedeutet z.B. 2*s*, daß es sich um ein Orbital mit Hauptquantenzahl 2, also der zweiten Schale und der Nebenquantenzahl *s* handelt. Zu einem Orbital gehören jeweils zwei Elektronen *mit entgegengesetzter Drehrichtung bei der Drehung* um die eigene Achse des Elektrons *(Spin)*.

Ostwald'sche Stufenregel: Wenn ein System im Rahmen einer chemischen Reaktion über mehrere Stufen zu einer Endstufe führt, die dann die energieärmste ist, so verläuft die Reaktion stufenweise. Z.B. gehen $H_2 + O_2$, bevor sich Wasser bildet, zunächst die Verbindung H_2O_2 ein, das noch nicht so energiearm ist wie H_2O.

Ostwald'sches Verdünnungs-
gesetz: Das Gesetz besagt: Schwache Elektrolyte ändern ihre Äquivalent-Leitfähigkeit beim Verdünnen im Sinne des MWG.

2. ABC der Chemie und Kunststoffe

Oxidation: Abgabe von Elektronen. Jedes abgegebene Elektron erhöht die Oxidationszahl um 1. Beispiel:

$$Fe^{2+} \xrightarrow{Oxidation} Fe^{3+} + 1\ e^-$$

Oxidationszahl: Sie ist gleichbedeutend mit: Oxidationsstufe, Oxidationswert, elektrochemische Wertigkeit. Sie ist eine mit einem Vorzeichen versehene Kenngröße zur Charakterisierung der Oxidationsstufe eines Elementes.

Petrolether: *Petrolether* führt auch häufig die Bezeichnung *Gasolin*, ist sehr feuergefährlich, verdunstet bei niedrigen Temperaturen. Der Siedebereich liegt zwischen 40 und 70 °C. Petrolether besteht hauptsächlich aus Pentan und Hexan.

Pfropfpolymerisat: Pfropfpolymerisat ist eine Art Mischpolymerisat eines Kunststoffes, in dem man eine Hauptkette eines Polymerisates aus einer Monomerenart Seitenketten aus einer anderen Monomerenart nachträglich angepfropft hat.

Phosgen: Ist der Trivialname für $COCl_2$ *(Kohlenoxidchlorid, Kohlensäuredichlorid, Carbonyldichlorid)*. Diese Verbindung trägt den Namen Phosgen, weil sie durch Lichteinwirkung (grch.: phos = Licht und gennan = erzeugen) beim Stehen an feuchter Luft als sehr giftige (MAK-Wert 0,1 ppm), süßlich riechende, bei 61,2 °C siedende Verbindung aus Trichlormethan („Chloroform", MAK-Wert 10 ppm) entsteht. Daher wird Trichlormethan auch nicht mehr als Narkosemittel benutzt.

Photoeffekt: Bei einem Photoeffekt (*photo-* oder früher *lichtelektrischer Effekt*) unterscheidet man zwischen dem *äußeren* und dem *inneren Photoeffekt*. In den Photozellen (äußerer Photoeffekt) wird bereits durch sichtbares oder auch UV-Licht die Auslösung von Ladungsträgern (Elektronen) aus der Materie *(Photoemissionseffekt)* bewirkt. Diese Ladungsträger verlassen die Substanz und gelangen so z. B. zu einem Milliamperemeter, das den Stromfluß dieser freigesetzten Ladungsträger *(Photostrom)* mißt. Da die Anzahl dieser *Photoelektronen* exakt proportional der aufgenommenen Lichtmenge ist, kann man derartige, auf dem äußeren Photoeffekt basierende Strommeßgeräte auch als photographische Belichtungsmesser verwenden. Bei den *Photoelementen (innerer Photoeffekt)* werden *Halbleiter* elektrisch leitend. Die Ladungsträger verlassen aber nicht die lichtbestrahlte Substanz. Dieser innere Photoeffekt wird auch beim *Photowiderstand* oder dem *Phototransistor* bzw. der *Photodiode* genutzt. Andere Photoeffekte sind der *atomare Photoeffekt* und der *Kernphotoeffekt*, auf die hier aber nicht eingegangen wird.

pH-Wert: Ist der negative Exponent zur Basis 10 der Wasserstoff-Ionenkonzentration.

Polarisiertes Licht: Licht, das nur in einer Schwingungsebene schwingt, bezeichnet man als polarisiertes Licht.

Polymerisationsgrad: Der Polymerisationsgrad ist das Maß für die Anzahl der Monomeren (niedermolekulare Grundbausteine) im Makromolekül (Kunststoffmolekül). Berechnung des Polymerisationsgrades (n oder auch mit P bezeichnet):

$$P = \frac{\text{mittl. Molekulargew. d. betreff. Kunstoffes}}{\text{Molekulargewicht des Monomeren}}$$

ppm: part per million, Mehrzahl parts per million, eine in den USA besonders in der Chemie übliche Einheit für geringe Konzentrationen.

$$1 \text{ ppm} = \frac{1 \text{ Teil der Substanz}}{10^6 \text{ Teile gesamt}} = 10^{-6} = 10^{-3}\text{‰} = 10^{-4}\text{\%}$$

Prepregs: Mit Kunststoff im thermoplastischen Zustand vorimprägniertes Textilglas

Primer: Primer sind Haftvermittler. Sehr häufig enthalten die Primer bis weit über 90% Lösungsmittel, die zunächst verdunsten müssen. Die Primer müssen dünn aufgetragen werden. Der einzusetzende Primer muß gut auf das durch Klebung zu fügende Material und den Klebstoff abgestimmt sein. Es gibt keinen universell einsetzbaren Primer.

Pyknometer: Ein Pyknometer ist eine Flasche mit exakt bekanntem Volumen und Leergewicht zur Bestimmung der Dichte von Flüssigkeiten und Feststoffen.

R: 1. Gaskonstante
2. In Formeln org. Verbindungen bedeutet R ein Radikal.

Racemate: Racemate sind Gemenge optisch isomerer Substanzen (links- und rechtsdrehend), die polarisiertes Licht nicht drehen, weil die Molekülzahl der linksdrehenden Moleküle gleich der Molekülzahl der rechtsdrehenden Moleküle ist. Racemate bilden sich bei der Synthese optisch aktiver Stoffe ohne Katalysatoren, da dann die Wahrscheinlichkeit für die Synthese beider optisch isomerer gleich groß ist. Somit wird dann die erreichbare Linksdrehung durch die ebensogut erreichbare Rechtsdrehung aufgehoben, d. h. die Drehung ist dann gleich 0!

Radikal: Chemische Verbindung oder Atom mit einem ungepaarten Elektron. Allgemeines Kurzzeichen: R• Radikale sind nur etwa $^1/_{1000}$ Sekunde existenzfähig.

Raney-Nickel: Raney-Nickel ist eine für Hydrierung katalytisch wirkende feinstverteilte Nickelform. Herstellung: Eine feinpulvrige Nickellegierung aus 30–50% Ni und 50–70% Al bestehend wird mittels KOH-Lösung vom Aluminium befreit. Das zurückbleibende Ni liegt dann in sehr reaktionfähiger, mikroporöser Form (Raney-Nickel) vor.

Reaktion: Chemische Umsetzung

Redox-äquivalent: Die Äquivalentzahl z^* ist im Rahmen einer Redox-Titration der Differenzbetrag der Oxidationszahl vor und nach der Redox-Reaktion (Elektronenzahl, die pro reduziertem oder oxidiertem Teilchen verschoben wird). Es können nur Elektronen abgegeben werden, wenn sie von einem anderen Teilchen (Atom oder Ion) aufgenommen werden

2. ABC der Chemie und Kunststoffe

	können. Daher muß eine Oxidation immer mit einer äquivalenten Reduktion (und umgekehrt) gekoppelt sein.
Redox-Reaktion:	Ändert sich beim Ablauf einer chemischen Reaktion durch Elektronenverschiebung die Oxidationszahl von an der Reaktion beteiligten Elementen, so liegt eine Redox-Reaktion vor. Elektronenabgabe ist Oxidation und Elektronenaufnahme ist Reduktion. Da aber ein Element Elektronen nur abgeben kann, wenn ein anderes diese aufzunehmen vermag, ist eine Oxidation immer mit einer gleichzeitigen Reduktion gekoppelt. Es liegt somit immer eine Redox-Reaktion vor.
Reduktion:	Aufnahme von Elektronen. Jedes abgegebene Elektron erniedrigt die Oxidationszahl um 1.
Relaxation:	Bei thermoplastischen Kunststoffen geht mit zunehmender Belastungszeit die zur Erzielung einer bestimmten Verformung erforderliche Anfangsbelastung zurück. Erklärung: Die Makromoleküle gleiten mit der Zeit zunehmend gegeneinander ab, somit nimmt dann auch die Rückstellkraft des belasteten Kunststoffes ab.
Retardation:	Wird ein thermoplastischer Kunststoff dauerhaft gleichartig belastet, so nimmt die sofort feststellbare Anfangsdehnung mit der Zeit zu. Weitgehende Verhinderung: Glasfaserverstärkung bei Thermoplasten. Man spricht daher vom kalten Fluß oder dem Kriechen der thermoplastischen Kunststoffe.
Roving:	Glasseidenstrang („Textilglasstrang") in dem die einzelnen „endlosen" Glasfasern parallelgebündelt zusammengefaßt sind. Faserstärken: dünn = 0,1–3 μm, schwach = 3–12 μm, stark = 12–35 μm, elastisch = 35–100 μm, dick = 100–300 μm.
Salze:	Salze werden u.a. gebildet bei der Neutralisation von Säuren mit Basen. Hierbei entsteht auch noch Wasser. Es gibt neutrale, basische und saure Salze. Beispiele:

$NaCl$ = neutrales Salz
$Al(OH)SO_4$ = basisches Salz
$NaHSO_4$ = saures Salz

Es gibt auch sauer reagierende, neutral reagierende und basisch reagierende Salze. Bei diesen Salzen wird Lackmus rot, violett oder blau.

Säuren:	1. Säuren sind nach Liebig (1823) Wasserstoffverbindungen, in denen der Wasserstoff durch Metall ersetzbar ist, Geschmack sauer, färben Lackmus rot.
	2. Säuren sind nach Arrhenius (1883) chemische Verbindungen, die Wasserstoff enthalten, der in wäßriger Lösung als H^+-Ion abspaltbar ist.
	3. Säuren sind nach Brönsted (1923) Stoffe, die Protonen abgeben („Protonendonatoren"), er spricht von „Protonsäuren".
	4. Nach Lewis (ebenfalls 1923) sind Säuren (umfassender erklärt) „Elektronenpaarakzeptore". Er sagt, daß eine Säure ein Teilchen mit einer unvollständig besetzten äußeren Elektronenschale ist.

2. ABC der Chemie und Kunststoffe 375

Selbstent- zündungs- temperatur	Bei Selbstentzündungen wird die dazu erforderliche Selbstentzündungstemperatur durch die ohne äußeres Zutun freiwillig ablaufende exotherme chemische Reaktion (z. B. Oxidation) erreicht und führt so zum Entflammen. Die Selbstentzündungstemperatur wird eigentlich immer erreicht, wenn die beim Ablauf eines chemischen oder physikalischen Prozesses freiwerdende Wärme nicht ausreichend abgeführt wird oder abgeführt werden kann (z. B. Lagerung feuchten Heus oder ölgetränkter Lappen, unzureichende Abführung von Reibungswärme, ungenügende Verhinderung elektrostatischer Auf- und Entladung, spontane chemische Reaktion zwischen Phosphorwasserstoffgas und dem Sauerstoff der Luft).
Schmelzbruch: (stic slip-Effekt)	Bei sehr hohen Schergefällen ist Schmelzbruch möglich. Er ist vergleichbar mit dem Umschlag der laminaren Strömung einer normalen Newton'schen Flüssigkeit in eine turbulente Strömung. Schmelzbruch tritt ein, wenn der Extrusionsdruck vor der Düse an einem Extruder so stark erhöht wird, daß die Kunststoffschmelze nicht mehr glatt, sondern rauh und unregelmäßig austritt und dadurch eine mehr oder weniger aufgerissene („aufgebrochene") Formteiloberfläche entstehen läßt.
SKE:	Siehe unter „Steinkohlen-Einheit".
Sol:	Sol ist eine kolloidale Lösung (Verteilung) von festen oder flüssigen Stoffen in einem festen, flüssigen oder gasförmigen Medium. Ist das Dispersionsmedium gasförmig, so spricht man von Aerosolen (z. B. Farbsprühdosen). Ist das Dispersionsmedium wäßrig, so sind es Hydrosole. Wenn die Sole ausflocken, so bilden sich Gele (s. dort).
Solvate:	Siehe „Nebenvalenzen".
Spiegelbild- isomerie:	Wenn Bild und Spiegelbild eines Moleküls nicht zur Deckung zu bringen sind, spricht man von Spiegelbildisomerie. Derartig isomere Substanzen drehen die Schwingungsebene polarisierten Lichts nach links oder rechts.
Spin:	Drehung des Elektrons um seine eigene Achse. Ein Elektron ist die Urzelle des Magnetismus.
Staudingerindex:	Siehe auch „K-Wert".
Steinkohlen- einheit:	Sie wird meist abgekürzt mit SKE angegeben. Eine Kilogramm-SKE = $2,9 \cdot 10^7$ J. In der Technik gebraucht man meist die Tonne-SKE = $2,9 \cdot 10^{10}$ J. Eine Kilogramm-SKE entspricht der mittleren Verbrennungswärme von 1 kg Steinkohle.
stic slip-Effekt:	Darunter wird bei der Kunststoff-Formteil-Herstellung der „Schmelzbruch" verstanden.
Stöchiometrie: (grch.: stoicheion = Grundstoff, metron = Maß)	Lehre von chemischen Berechnungen auf Grund chemischer Analysenergebnisse, Reaktionsgleichungen der Bruttoformeln. Unter Verwendung der Atom- bzw. Molekulargewichte der betreffenden Stoffe benötigt man am häufigsten den Dreisatz und die Verhältnisse (Proportionen).

Synthese: (grch.: Zusammenbau)	Aufbau einer chemischen Verbindung. Z.B. Fe + S → FeS + Wärme
Teilchenanzahl $N(x)$:	Die Teilchenanzahl N von der Teilchenart x wird mit $N(x)$ bezeichnet und ist mit $n(x)$, der Stoffmenge von dem Stoff x in Mol, und N_A, der Avogadro-Konstanten, durch folgende Beziehung verbunden: $$n(x) = \frac{N(x)}{N_A}$$
Tensid: (lat.: tendere = spannen)	abgeleitete Sammelbezeichnung für grenzflächenaktive Verbindungen, die frühere Benennungen wie z. B. WAS (waschaktive Stoffe) u. a. weitgehend verdrängt hat.
Thio: (grch.: thios = Schwefel)	In Thio-Verbindungen ist der Schwefel-II-wertig und meist an Stelle von Sauerstoff eingesetzt, z. B. Natriumthiosulfat: ($Na_2S_2O_3$).
Topfzeit:	Ist die Zeit zwischen dem Ansetzen eines aushärtbaren Harz-Härter-Gemenges und dessen beginnender Gelierung. In dieser Zeit muß spätestens ein derartiges duroplastisch aushärtbares Gemenge verarbeitet sein. Also nur immer begrenzte Ansätze herstellen! Die Topfzeit ist von klimatischen Bedingungen, d. h. besonders von der Temperatur abhängig. Den Ansatz daher möglichst auf niedriger Temperatur halten. Die Topfzeit ist mit dem Beginn auffallender, meßbarer Temperatursteigerung im angesetzten Harz abgelaufen! Es beginnt dann die Gelierzeit des späteren Duroplasten.
Val:	Ein Val ist das Äquivalentgewicht in Gramm. zu seiner elektrolytischen Abscheidung ist 1 Faraday = 96490 As erforderlich.
Verpuffungstemperatur:	Die Verpuffungstemperatur ist die Temperatur, bei der übereinkommengemäß 0,5 g eines Explosivstoffes (bei sehr gefährlichen Explosivstoffen nur 0,1 g) entflammen, verpuffen oder verbrennen. Der Explosivstoff befindet sich in einem Reagenzglas, das 2 cm tief in ein 100 °C warmes Metallbad (z. B. Wood'sches Metall o. ä.) eintaucht und dessen Temperatur pro Minute um 20 °C steigt. Die Verpuffungstemperatur läßt Rückschlüsse auf die Temperaturempfindlichkeit zu.
Verseifungszahl:	Die Verseifungszahl gibt an, wieviel mg KOH für die Verseifung von 1 g Fett benötigt werden.
Vollentsalzung des Wassers:	Die vollständige Entfernung von Salzen aus Wasser ist Vollentsalzung. Dies kann durch Destillieren („aqua destillata") oder Ionenaustauscher („aqua demineralisata") geschehen. Statt der Destillation verwendet man heute zur Vollentsalzung von Wasser Ionenaustauscher, die mit gekörnten Spezialkunstharzen arbeiten. Diese Kunstharze (Ionenaustauscher) ermöglichen einerseits durch chemische Bindung das Binden von Säurerest-Ionen. Gleichzeitig wird von den jeweiligen Kunstharzen die äquivalente (ladungsmäßig entsprechende) Anzahl H^+- bzw. OH^--Ionen an das hindurchfließende Wasser in Austausch ab gegeben. Das durch Ionenaustauscher vollentsalzte Wasser ist nur in Bezug auf Salzfreiheit gleich dem destillierten Wasser, nicht aber in

	Bezug auf Bakterien- oder Algenfreiheit (es ist also nicht biologisch rein!). Es muß streng zwischen vollentsalztem Wasser (aqua demineralisata) und destilliertem Wasser (aqua destillata) unterschieden werden.
Wärme:	Wärme ist eine Energieform, deren Einheit Joule (J nach Si) ist. Früher war die Einheit Kalorie (1 cal = 4,1868 J).
Wärmesummenkonstanz-Gesetz:	Siehe „Hess'scher Satz".
Wasserhärte:	Sie wird bewirkt durch das Vorhandensein von löslichen Erdalkalisalzen im Wasser (Erdalkalimetalle = Metalle der zweiten Hauptgruppe). Sie wird in Deutschland oft noch in dH gemessen. 1° dH = 1 mg CaO/100 ml H_2O.
z^*:	Die Äquivalenzzahl wird mit z^* bezeichnet. Das Ionen-Äquivalent von Fe^{2+} hat z. B. die Äquivalenzzahl $z^* = 2$, während die Äquivalenzzahl bei der Oxidation von Fe^{2+} zu Fe^{3+} $z^* = 1$ ist. $1/z^*$ ist allgemein der Bruchteil eines Teilchens x (= Atom, Molekül, Ion oder Atomgruppe), der bei einer bestimmten Reaktion jeweils am Austausch von einer positiven oder auch negativen Elementarladung beteiligt ist.
Zement:	Zemente sind an der Luft und auch unter Wasser hydraulisch abbindende Bindemittel. Nichthydraulische Bindemittel sind Kalk und Gips, die nur an der Luft abbinden und sich unter Wasser zersetzen, d.h. ihre Festigkeit verlieren. Man unterscheidet: (nach DIN 1164 genormte Zemente) Portlandzement (Abkürzung: PZ), Eisenportlandzement (Abkürzung: EPZ), Hochofenzement (Abkürzung: HOZ), Traß-Zement (Abkürzung: TrZ). Nicht genormt sind: Tonerdeschmelzzement (Abkürzung: TSZ), Traßhochofenzement (Abkürzung: TrHOZ), Sulfathüttenzement (Abkürzung: SHZ). Portlandzement hat folgende Hauptbestandteile: Tricalciumsilikat (Abkürzung: C_3S), Dicalciumsilikat (Abkürzung: C_2S), Tricalciumaluminat (Abkürzung: C_3A), Tetracalciumaluminatferrit (Abkürzung: C_4AF), freier Kalk (CaO), freie Magnesia (MgO) mit ≤ 4 Gew.%, SO_3-Gehalt 3,5 Gew.%.

3. Literaturverzeichnis

[1] *Hollemann-Wiberg:* Lehrbuch der anorganischen Chemie, Verlag Walter de Gruyter, Berlin
[2] *Christen:* Grundlagen der organischen Chemie, Sauerländer Verlag, Aarau
[3] *Christen:* Grundlagen der allgemeinen Chemie, Sauerländer Verlag, Aarau
[4] *Scholz:* Baustoffkenntnis, Werner-Verlag, Düsseldorf
[5] *Hummel-Charisius:* Baustoffprüfung, Werner-Verlag, Düsseldorf
[6] *Jander-Jahr:* Maßanalyse, Verlag Walter de Gruyter, Berlin
[7] *Hansmann:* Chemie kurz und bündig, Vogel-Verlag, Würzburg
[8] *Römpp:* Chemie-Lexikon, Franck'sche Verlagshandlung, Stuttgart
[9] *Barrow:* Physikalische Chemie 1, Verlag Vieweg, Braunschweig
[10] *Dewar:* Einführung in die moderne Chemie, Verlag Vieweg, Braunschweig
[11] *Ebert:* Elektrochemie kurz und bündig, Vogel-Verlag, Würzburg
[12] *Merck:* Tabellen für das Labor, Merck, Darmstadt
[13] *Dorfner:* Ionenaustauscher, Verlag Walter de Gruyter, Berlin
[14] *Helfferich:* Ionenaustauscher, VCH Verlagsgesellschaft, Weinheim
[15] *Inczédy:* Analytische Anwendung von Ionenaustauschern, Verlag der ungarischen Akademie der Wissenschaften
[16] *Riemann-Walton:* Ion Exchange in Analytical Chemistry, Pergamon Press, Oxford
[17] *Stoeckhert:* Kunststoff-Lexikon, Carl Hanser Verlag, München
[18] *Fein-Kunz:* Neue Konstruktionsmöglichkeiten mit Kunststoffen, Weka Fachverlage, Kissing
[19] *Dominighaus:* Die Kunststoffe und ihre Eigenschaften, VDI-Verlag, Düsseldorf
[20] *Habenicht:* Kleben-Grundlagen, Springer-Verlag, Berlin
[21] *Menges:* Kleben, ein Nachschlagewerk über die Verwendung von Klebstoffen, IKV an der TH Aachen, Aachen
[22] *Matting:* Metallkleben, Springer-Verlag, Berlin
[23] *Schliekelmann:* Metallkleben, Deutscher Verlag für Schweißtechnik, Düsseldorf
[24] *Fauner-Endlich:* Angewandte Klebetechnik, Carl Hanser Verlag, München
[25] *Winnaker-Küchler:* Chemische Technologie, Carl Hanser Verlag, München
[26] *Netz:* Formeln der Technik 3, Carl Hanser Verlag, München
[27] *Orth:* Technische Chemie für Ingenieure, Wissenschaftliche Verlagsgesellschaft, Stuttgart
[28] *Autorenteam:* Meyers-Lexikon der Technik und der exakten Naturwissenschaften, Bibliographisches Institut, Mannheim
[29] *Barrow-Gordon:* Physikalische Chemie 2, Verlag Vieweg, Braunschweig
[30] *Spice:* Chemische Bindungen und Struktur, Verlag Vieweg, Braunschweig
[31] *Zimmermann-Fink-* Werkstoffkunde, Werkstoffprüfung, Schroedel *Jansen:* Schulbuchverlag, Hannover
[32] *Kuhlmann:* Die Werkstoffe der metallverarbeitenden Berufe, Buchverlag Girardet, Düsseldorf
[33] *Krist:* Chemie, Werkstoffe, Werkstoffprüfung, Hoppenstedt Technik Tabellen Verlag, Darmstadt
[34] *Biederbick:* Kunststoffe kurz und bündig, Vogel-Verlag, Würzburg
[35] *Salhofer-Thomass:* Kunststoffverarbeitung kurz und bündig, Vogel-Verlag, Würzburg

[36] *Falcke:* Kleines Handbuch des Säureschutzbaues, VCH Verlagsgesellschaft, Weinheim
[37] *Eichhorn:* Kupferrohre im Wasserfach, Deutsches Kupfer-Institut, Berlin
[38] *Barton:* Schutz gegen atmosphärische Korrosion, VCH Verlagsgesellschaft, Weinheim
[39] *Rahmel-Schwenk:* Korrosion und Korrosionsschutz von Stählen, VCH Verlagsgesellschaft, Weinheim
[40] *Logan:* The Stress Corrosion of Metals, John Wilney, New York
[41] *Scully:* The Theory of Stress Corrosion Cracking in Alloys, NATO Scientific Affairs Division, Brüssel
[42] *Waterhouse:* Fretting Corrosion, Pergamon Press, Oxford
[43] *Kreitner:* Reibkorrosion, Maschinenbau-Verlag, Frankfurt
[44] *Gellings:* Korrosion und Korrosionsschutz von Metallen, Carl Hanser Verlag, München
[45] *Dolezel:* Beständigkeit von Kunststoffen und Elastomeren, Carl Hanser Verlag, München
[46] *Krist:* Kunststoffe und Kunststoffverarbeitung, Hoppenstedt Technik Tabellen Verlag, Darmstadt
[47] *Straschill:* Oberflächenveredlung von Metallen, Oldenbourg Verlag, München
[48] *Henning-Zöhren:* Lehrbildsammlung Kunststofftechnik, Carl Hanser Verlag, München
[49] *Braun-Cherdron-* Praktikum der makromolekularen organischen *Kern:* Chemie, Hüthig Verlag, Heidelberg
[50] *Staudinger:* Arbeitserinnerungen, Hüthig Verlag, Heidelberg
[51] *Niermann:* Makromoleküle als Kunststoffe, Bayerwerke, Leverkusen
[52] *Stoeckhert:* Formenbau für die Kunststoffverarbeitung, Carl Hanser Verlag, München
[53] *Schulz:* Die Kunststoffe, Carl Hanser Verlag, München
[54] *Saechtling:* Kunststoff-Taschenbuch, Carl Hanser Verlag, München
[55] *Schreger:* Konstruieren mit Kunststoffen, Carl Hanser Verlag, München
[56] *Naarmann:* Synthese elektrisch leitfähiger Polymere, Angewandte Makromolekulare Chemie 109/110, S. 295–338, Hüthig und Wepf Verlag, Basel
[57] *Gnauck/Fründt:* Leichtverständliche Einführung in die Kunststoffchemie, Carl Hanser Verlag, München
[58] *Menges:* Werkstoffkunde der Kunststoffe, Verlag Walter de Gruyter, Berlin
[59] *Singer-Strauß:* Korrosion und Oberflächenbehandlung, Schroedel Schulbuchverlag, Hannover
[60] *Autorenteam:* MAK-Wert-Liste, VCH Verlagsgesellschaft, Weinheim
[61] *Küster-Thiel:* Rechentafeln für die chemische Analytik, Verlag Walter de Gruyter, Berlin
[62] *Naarmann:* Anwendungsspektrum noch nicht ausgereizt, Elektrisch leitfähige Polymere, Chemische Industrie, Heft 6/87
[63] *Merck:* Wasserlabor für die Bauindustrie, Merck, Darmstadt
[64] *Schindel:* Konstruktives Kleben, VCH Verlagsgesellschaft, Weinheim-Bidinelli, Gutherz
[65] *Schindel-Bidinelli:* Strukturelles Kleben und Dichten, Hinterwaldner Verlag, München
[66] *Ludeck:* Tabellenbuch der Klebtechnik, VEB Deutscher Verlag für Grundstoffindustrie, Leipzig
[67] *Autorenteam:* Der Loctite, Loctite, München

[68] *Schindel-Bidinelli*, Tagungsband Kleben 1987, Grundlagen, Technologie, Anwendung, Hoppenstedt Technik Tabellen Verlag, Darmstadt
[69] *Schindel-Bidinelli*, Tagungsband Kleben 1988, Kleben von Kunststoffen und Nichtmetallen, Hoppenstedt Technik Tabellen Verlag, Darmstadt
[70] *Bode, J.*, Kunststoffprodukte, 7. Jahrgang 1988, Verlag Hoppenstedt & Co, Darmstadt, Brüssel, Haarlem, Wien, Zürich

Stichwortverzeichnis

A
A = Anilinpunkt 131
A-Zustand 210, 279
ABC der Chemie und Kunststoffe 351–377
Abdunstkitte 285
Abel-Pensky 131
Abflammen 287, 289
abgebundener Gips 15
abgebundener Kalk 15
Abkühlungskurven 339, 340, 341
ABS-Copolymerisat-Schäume 277
ABS-Dichte 213
ABS-Kunststoffe 299
Acetat 122
Aceton 112, 118
Acetylen 88–90
Acetylen-Chemie 90
Acetylen in Stahlflaschen 90
Acetylenide 90
Acrylatharz-Klebstoffe 286, 288, 295
Acrylester-Styrol-Acrylnitril-Copolymerisat (ASA) 226
Acrylnitril-Butadien-Styrol-Copolymerisat (ABS) 226
Acrylnitril-Methylmethacrylat-Copoylmerisat (A/MMA) 226
Actinide 24
Actinium 25
Actinoide 25
acyclische Kohlenwasserstoffe 90
acyclische und cyclische Kohlenwasserstoffe 90
Addition 203, 206
Additive 351
Adhäsionskraft 285, 286, 287, 289
Äquivalent 140
äquivalente Menge 145
äquivalente molare Masse 351

Äquivalentkonzentration 352
Äquivalentkonzentration $c_{(eq)}$ 73
Äquivalentkonzentrationsangabe 76
Äquivalentstoffmenge 352
Äquivalentstoffmenge $n_{(eq)}$ 73, 352
Äquivalentzahl z^* 73–76, 140, 141, 352
Aerosole 375
Affinität 352
aggressive Kohlensäure 365
Akkumulator 137, 151, 175
– Anwendung 186
– im Elektroauto 186
– Silber-Cadmium 185
– Silber-Zink 185
Akkumulatorseparatoren 176, 181
Akkumulatorzelle mit Polypyrrol-Elektrode 306
Alaune 352
Aldehyde 118, 121, 199
aliphatische Kohlenwasserstoffe 85
Alkalimetalle 21, 24
Alkane 86
Alkene 86, 88
Alkine 86–89
Alkohol-Erkennungsmöglickeiten 111, 112
Alkohole 109–112, 121
allgemeine Gasgleichung 45, 66, 352
Allotropie 352
Aluminium 151
Aluminiumgewinnung 137, 140
Aluminiumhydroxid 15
Aluminiumnitrit 16
Aluminiumoxid 142
Amberlite 282
Amboß 268
Ameisensäure 112, 119, 122

Amide 117
Amine 117
Ammoniak-Elektronen- und Strukturformel 38
– verbrennungsverfahren 60
Ammoniakate 353
Ammoniaklösung 15
Ammoniaksynthese 60
Ammoniakwasser-Dichte-/ Konzentrationstabelle 344
Ammonium 353
Ammoniumchlorid 16
Ammoniumcyanat 83
amorphe Thermoplaste 235, 236
Ampere 140, 141
ampholytische Tenside 127
Ampholytseifen 364
amphotere Elemente 26
Anaerob-Klebstoffe 286, 288, 294, 295
Analyse 353
Analysenwaage 75
anionaktive Tenside 126
Anionen 36, 53, 137, 139
Anionenkomplex 36
Anode 53, 137, 139, 175, 176, 177, 181, 183, 184, 190
Anodenschlamm 140
„anorganische Makromoleküle" 196
Ansetzen einer Maßlösung 75
Anthracen 95
Anwendungstemperaturbereiche verschiedener Kunststoffe (Tabelle) 226–231
API-Grade 131
aqua demineralisata 282
aqua destillata 377
Aräometer 353
Arbeitsschutz 291
Arbeitsschutz und Umgang mit Klebstoffen 291

384 Stichwortverzeichnis

Armaturenbrettabdeckungen 277
Aromate 90
aromatische Kohlenwasserstoffe 85
Arrhenius, Svante 2, 137
Astat 23, 26
asymetrische Ladungsverteilung 37
asymetrisches C-Atom 100
ataktische Polymerisation 215
Atom 29
Atombau 29
Atombestandteile 353
Atombindung 5, 7, 8, 89
Atomgewicht (Atommasse) 31, 46
Atomkern 24
Atomkernspaltung 3
Atommasse 21, 31, 46, 353
Atommasse 1,00000 3, 46
Atomrümpfe 8, 35, 152, 167
Atomwärme 353
Atomzahl 32
Aufstellung von Formeln chemischer Verbindungen 16
augenblickliche Reaktion 84
Ausfällung 366
Außenelektronen 301
Außenelektronenschale (Außen-E-Schale) 21
Austenit 341, 342
Autoklav 60, 353
Autoprotolyse 56, 353
Avogadro 2, 43
– 'sches Axiom 43
– 'sches Gesetz 43, 67
– 'sche Konstante 46, 76, 354
– 'sche Regel 43, 369
– 'sche Zahl 46, 354
azeotrope Gemische 354

B
B-Zustand 210, 279
Bändermodell (Halbleiter) 170
BASF-Prüfdieselmotor 132
– Prüfmotor 129
Bayer, Otto 3, 197
Beanspruchungsgeschwindigkeit 238, 239, 240, 241

Beanspruchungstemperatur 238
Beanspruchungszeit 238
Beck 303
Becquerel 2
begrenzte Mischkristallbildung 341–342
Beilsteinprobe 312/313, 314, 354
Benzin 129, 130
– als Brennstoff in Brennstoffzellen 186
– Verbleiung 130
Benzin-Dichte 129
– Gefrierpunkt
Benzinanteil 85
Benzol 85, 90, 93, 94, 129
– Gefrierpunkt 129
Bergius 3
Berylliumgruppe 24
Bestimmungsgenauigkeit 75
betonangreifende Wässer 354
Berzelius 2, 5, 48
Bidestillat 282
Biege- oder Torsionsschwingversuch 241
Biege-Kriechmoduln 244, 245
Biegebeanspruchungsermittlung 241
Biegefestigkeit 242, 243
Biegeversuche 242 ff
Biegewechselbeanspruchung 247
Bildung von Säuren, Basen und Salzen 14
Bindungen 1. Ordnung 35
Bindungsarten 355
Biosen 115
Birkland-Eyde-Verfahren (Luftverbrennungsverfahren) 59
Bisphenol 206, 279
Bitumen 133
Black Orlon 218, 302
Blattgold 355
Blattgoldbelag 299
Blei 145
– akkuaufbau 175
– baum 145
– ion 145
– salzlösung 145
Bleiakkumulator 175
Bleiakkumulator, technische Daten 178

– Energiewirkungsgrad 179
– Lade und Entladevorgang 176, 177
– Nachteile 179
– Stromdichte 180
– Stromwirkungsgrad 179
– Vorteile 179
Bleioxide, verschiedene 48, 49
Bleisulfat 146
Bleitetraethyl 130
Bleitetramethyl 130
Blends 355
Bohr, Niels 3, 31
Bohr'sches Atommodell 31, 37, 38
Bonbonsirup 115
Borgruppe 21, 24
Boyle-Mariotte'sches Gesetz 1, 67
Boyle, Robert 1, 67
Braunstein 74, 150
Brennstoffzellen 186–190
– anodische Oxidation 188
– kathodische Reduktion 189
– Mittel- oder Hochtemperaturzellen 188
– Niedertemperatur 187
Brennverhalten 312/313
Brenzcatechin 97, 98
Brönsted 3, 12, 54
– säure 89
Brown'sche Molekularbewegung 66
Bruchdehnung 235, 236, 237
Brutto- oder Summenformel 85, 98
Bürette 75, 77
Buna 211
Butan 85
2-Butanon 112
Butansäure 119
Buttersäure 119

C
C-Zustand 210, 279
C_2S (Dicalciumsilikat) 377
C_3A (Tricalciumaluminat) 377
C_3S (Tricalciumsilikat) 377
C_4AF (Tetracalciumaluminatferrit) 377
Cadmium 26
Calciumcarbid 89
– Herstellung 89

Calciumcarbonat 15
Calciumhydroxid 15
Calciumnitrat 16
Calciumphosphat 16
Calciumphosphid 16
Calciumsulfat 15
Calciumsulfat mit 2 Molekülen Kristallwasser 15
Calziumhydrid 39, 146
cancerogen 60
ε-Caprolactam 207
Carbide 89
– kovalent 89
– metallische 89
– salzartig 89
Carbonsäure 119
Carboxymethylcellulose (CMC) 226
Casein-Formaldehyd-Harz (CSF) 226
Celluloid (CN) 59, 193, 309
Cellulose 115, 193, 194, 199, 317
– acetat 199, 226, 309
– nitrat 199, 226, 309
– Strukturbild, schematisch 194
Celluloseacetobutyrat (CAB) 226
Celluloseactopropionat (CAP) 226
Celluloseether 126
Celluloseether-Klebstoff 289
Cellulosemoleküle 193
Cellulosepropionat (CP) 226
Cellulosetriacetat (CTA) 226
CEN 129
Cetanzahl 132
CFR-Motor 129, 132
Chain 3
Chalkogene (Erzbildner) 24
Charaktergruppenbestimmung 317
Chemie- und Kunststoff-ABC 351–377
chemische
– Gesetze 43
– Grundgesetze 7, 8
chemische Beständigkeit 253, 260
chemische Bindungen 5, 8, 35
– atomare 5, 35
– elektrovalente 8
– heterogene 8, 35

– homöopolare 5, 8, 35
– ionogene 5, 35
– Komplexbindungen 36
– kovalente 8, 35
– metallische 5, 8, 35
– polare 5
– unpolare 5, 35
chemische Eigenschaften 257, 260
chemisches Gasvolumengesetz 43
chemische Korrosion 155
chemische Kurzzeichen 5
chemische Zeichensprache 2
Chemogalvanisierung 265, 299
Chilesalpeter 16, 59
Chlor-Butadien-Kautschuk (CR) 226
Chlorethen 200
chloriertes Polyvinylchlorid (PVC-C) 230
Chlorkautschuk-Klebstoffe 289
Chloroform 104, 117
Chloropren 286
chlorsulfoniertes Polyethylen (CSM) 226
Chrom-Nickel-Stahl 152
Chromatographie 282
Chromschwefelsäure 290, 300, 355
Clusius'sches Trennrohr 32
Compounds 355
Copolymerisation 216, 355
Corona-Entladung 287, 290
Coulomb 140
Cracktemperatur 212
Curie, Marie 2
Curie-Punkt 342
Cyanacrylat-Klebstoff 286, 294, 295
cyclische Alkane 86
cyclische Kohlenwasserstoffe 85
Cycloalkane 91, 92
Cyclobutan 92
Cyclohexan 87, 92
Cyclopentan 87
Cyclopropan 91
Cynolit 286
CZ (Cetanzahl) 131, 132

D
Dalton 1, 29, 48
Daniell-Element 146

Dauerbeanspruchungstemperatur 249
Dauerschwingversuch 246
DDT 96, 97
Defektelektronen 170
Dehnung 235, 236, 239
Demokrit 29
Depolarisator 150
desinfizierende Wirkung der ampholytischen Tenside 127
Desmodur-Desmophen-Gemenge 276
Derivate 85, 103, 356
Dewar-Gefäß 64
Diamant 83, 168, 169
Diamant-Modifikation 168
Diamid der Kohlensäure 117
Diamin als EP-Harzhärter 207
Dian-Harz 206
Diaphragma 147, 150
Dibenzoylperoxid 199
Dicalciumsilicat (C_2S) 377
1,1-Dichlorethan 105
1,2-Dichlorethan 105
Dicht- bzw. Klebstoffe 356
Dichte von Kunststoffen 213
Dielektrika 167
dielektrische Eigenschaften 251
Dielektrizitätskonstante (ε) 251, 252
Diesel-Kraftstoffkenndaten 130, 131
– als Brennstoff in Brennstoffzellen 186
– Kraftstoff 131
– – Zündwilligkeit 131
Dieselindex D 131
Dieselkraftstoff 86
Diffusionsklebstoff 289
Difluoroxid 40
Difluorsauerstoff 40
Dihydroxybenzol 97
Diisocyanat 206
Dimethacrylat-Klebstoff 288
Dimethylketon 118
Dimethylbutan 91
DIN 1164 (Zementnorm) 377
DIN 16 892, 16 893 271
DIN-Qualitäts- und Gütezeichen 319
DIN-Vorschriften 319

Diol 206
Dipolcharakter 37, 38
– des Wassers 37
Dipolcharakter des Wassers 37, 125, 363
Disaccharide 115
Dismutation 356
Dispersionsklebstoff 289, 290
Dispersitätsgrad 356
Disproportionierung 61, 200, 356
Dissoziationsgrad 36, 38, 53, 54, 137, 139, 356
Distickoxid 59
Distickstoffpentoxid 60
Distickstofftetroxid 60
Distickstofftrioxid 59
Döbereiner 2
– Feuerzeug 61
Dopen 304/305
Doppelbindung 87, 88, 199
doppelkohlensaures Natron 15
Dotierung 304
Dowex 282
Dralon 225, 228
Drehimpulsquantenzahl 370
Dreifachbindung 87
Druckbeanspruchungsermittlung 241
Druckscherung 292, 293
Dulong-Petit'sche Regel 2, 356
Duraluminium 151
Durchgangswiderstand 169
Durchschlagfestigkeit 169
Duroplaste bzw. Duromere 196, 201–205, 206, 210, 212, 234, 235, 239, 279, 312/313, 376
Duroplasten-Formmassenzeichen 319
dynamisches Verhalten 246

E
E-Modul 241
– Berechnung 241
E-Schale 24, 29, 35, 38, 86
ebenmäßige Korrosion 155, 156
Edelgase 21, 24, 35, 46
Edelgaszustand 26, 86
Edison-Akkumulator 180
– Nachteile 180
– Vorteile 180

Einfriertemperatur 208, 234, 235, 236, 237, 356
Einführung in die Kunststoffe 193
Einführung in die organische Chemie 83
eingestellte Lösungen 73, 356
eingestellte Maßlösung 74
Einstein, Albert 3, 30
Einstellen einer angesetzten Maßlösung 76
Eintauchflüssigkeitsdichte 312/313
Einwirkungskraft-Umlenkung 292
Eisen 26, 145
Eisen-Kohlenstoff-Diagramm 342
Eisencarbid 89
Eisenhydroxid 155
Eisenoxid 155
Eisenportlandzement (EPZ) 377
Eisensulfid 16, 50
Eiweiß 37, 193
Elastizitätsmoduln 241
Elastomere 207, 211, 212, 236
elektrische Durchschlagfestigkeit 251, 252
elektrische Eigenschaften 251
elektrische Halbleiter (theoretische Grundlagen) 169
elektrische Korrosionsformen 155
elektrische Leiter 167
– Halbleiter 167, 169
– Nichtleiter 167, 169
elektrisch leitfähige Polymere 4
elektrische Leitfähigkeit von Graphit 168
elektrische Störstellenleitung in Halbleitern 171
elektrischer Leitungsmechanismus 167
elektrischer Nichtleiter, absolut 169
elektrischer Widerstand in Isolatoren 169
Elektrizitätsmenge in A·s 140
Elektrochemie 137

elektrochemische Korrosion 155
elektrochemische Korrosion, Theorie 157
elektrochemische Spannungsreihe 145–152
elektrochemische Spannungsreihe der Ionenumladungen 149
elektrochemische Spannungsreihe der Metalle (in saurer Lösung) 147–148
elektrochemische Spannungsreihe der Nichtmetalle 146, 148
Elektrolyt 53, 137
elektrolytische Dissoziation 137
elektrolytische Zersetzung 139
Elektron 5, 24, 29, 33, 35, 37, 74, 137, 356
– als elektromagnetische Energiewelle 31
Elektronegativität 38, 356
Elektronegativitätsdifferenz 39
Elektronegativitätstabelle nach Linus Pauling (1932) und Allred-Rochow (1958) 39
Elektronenaffinität 40
Elektronenbindung 38
Elektronenformel 35, 37
Elektronengas 8, 35, 53, 64, 167
Elektronegativität 21, 38, 40, 145
– sbindung 38
– swerte, Pauling'sche 38, 39
Elektronenleiter 53, 167
Elektronenmikroskopie 317
Elektronenoktett 35
Elektronenpaarakzeptor 374
Elektronenpaarbindung 8, 35
Elektronenschale (E-Schale) 24, 25, 35, 38
Elektronenspin 31
Elektronenstrahlschweißen 267
Elektronenverteilung 30
Elektronenwolke 167
Elektronenzahl 25, 33
– maximale 29
Elektrophorese 356

Elektropolier-Rezept 152
Elektropolieren 152
– nach Evans 152
Elektropositivität 145
Elektrotraktion 186
Elementarladung 31, 141, 167, 357
Elemente 357
Elementehäufigkeitstabelle 349
Elementekennzeichnung 32
Eloxal 163
Elysieren 152
Emulgator 357
Emulsion 357
endotherm 50
Endpunkt der Maßlösungszugabe 75
Energierichtungsgeber (ERG) 268
Enthärtung des Wassers 357
Enthalpie 357
Entkarbonatisierung 358
Entropie 358
Entwicklung der Kunststoffproduktion 194,195
Entzinkung von Messing (selektive Korrosion) 156, 159
Entzündungstemperatur 358
EP 206, 279
EP-GF 279
EP-Klebstoffe 289
Epichlorhydrin 206
– A 206
Epoxidharz 206
– Dichte 213
– gehärtetes 207
– lineares 206
– Synthese 206–207
Epoxidharz (EP) 226, 315
Epoxidharz-Klebstoff-Fugendicke 289, 290
Epoxidharz-Klebstoffe 286–290
Epoxidharzkitt 285, 286
EPZ (Eisenportlandzement) 377
Erdalkalielemente 24
Ermüdungsbruch 159
Erosions- und Kavitationskorrosion 160, 161
Erstarrungsschaubilder 339, 340, 341, 342
Erweichungstemperatur 208, 234, 235, 236, 237

Erzflotation 127
Essigsäureethylester 120
Ester 120
ET 208, 234, 235, 236, 237
Ethan 85
Ethanal 118
Ethancarbonsäure 122
Ethanol 110, 117–119
Ethanol-Vergällungsmittel 112
Ethansäure 119
Ethen 88, 199
Ether 117
Ethin 88, 89
Ethylacetat 120
Ethylalkohol 110
Ethylcellulose (EC) 226
Ethylen 88, 199
Ethylen-Vinylactat-Copolymer (E/VA) 309
Ethylen-Vinylacetat-Copolymerisat (E/VA) 227
Ethylethanat 120
„Ettringit" („Zementbazillus") 358
Eurecryl 286
Euro-Super (bleifrei) 129
Eutektikum 340, 341
Eutektoid 341, 342
exotherm 50
expandiertes oder expandierbares Polystyrol (PS-E) 229
Extruder 234, 235
Extrusionsschweißen 267

F
fadenförmige Makromoleküle 207, 209, 210
Fällungstitration 317
Fahrbenzin 86
Faraday 137
– Konstante 140, 359
– 'sche Gesetze 140, 359
Faraday'sche-Gesetz-Berechnungen 333–334
FCKW 276, 360
Ferrit 342
Festbasen 282
Festigkeits-Langzeitversuche 243
Festsäuren 282
Fettalkoholsulfonat 126
Fettalkoholsulfonsäureester 126

Fetthärtung 3, 88, 121
Fettsäuren 119, 122
Fischer, E 193
Flammenprobe 312/313
Flammwidrigmachen 261
Fleming 3
Fließprozesse 240
Fließtemperatur 207, 208, 209, 210, 212
Fließtemperaturbereich 234, 235, 237, 359
Florey 3
Flotation 127
Flotationsmittel 127
Fluor 26, 38, 39, 40
Fluorchlorkohlenwasserstoffe 276, 360
Flußsäure 15
Formänderungsverhalten 235, 236, 237
Formaldehyd 201–204
Formelaufstellung 16
freie Elektronen 8, 167, 359
freie Kohlensäure 359
Freon 360
Freudenberg, K 193
Frigen- 12, 276, 360
Fruchtaromen 121
Fruchtzucker 115
FT 207, 208, 209, 210, 212, 234–237
Fügeflächenreinigung 290
Fügespalte 288
Fügetechnik 285
Fügeteilsicherung 290
Füllkitte 285

G
Galalith 197
galvanische Elemente 137, 146, 155
Galvanotechnik 137
Ganzflächenklebung 290
Gas, charakteristische Eigenschaften 63
– druck 63
– gesetze 67
– ideales 64
– kritische Größen 65
– reales 65
– Wärmeleitung 66
Gas-Molvolumen 369
gasdichte Akkumulatoren 181
– – Entwicklung und Aufbau 181, 185

388 Stichwortverzeichnis

Gase 360
Gase in statu nascendi 362
gasförmige Kohlenwasserstoffe 85
Gasgesetze 360
Gasgleichung, allgemeine 45, 66
Gaskonstante 361
Gasmasken, normale 69
Gasolin 372
Gasreaktionen-Berechnungen 325–333
Gay-Lussac 1, 43–45, 67
Gefrierpunkt von Benzin 129
Gegenstromkühlung 63
Gel 362, 363, 375
gelöschter Kalk 15
Gerinnen 366
Geruchsschwellwert 69
gesättigte Kohlenwasserstoffe 85
Gesamtchemogalvanisationsschichtdicke 300
Gesetze der Chemie 1, 43–50
– der Druckänderung bei konst. Volumen und Temperaturänderung 1, 44
– der festen Massenverhältnisse 48
– der konstanten Proportionen 1, 7, 48
– der multiplen Proportionen 1, 8
– der vielfachen Gewichtsverhältnisse 48
– der Volumenänderung bei Druck und Temperaturänderung 1, 44
– von der Erhaltung der Masse 7, 47
Gewicht 46
Gewichts-% 80
Gips 15, 56
– gegenüber Bleirohren 56
Glasfaserstärken 374
Glastemperatur 362
Glaubersalz 15, 367
Glimmentladung 137
Glycerin 110
Glycol 110
Glucose 115
Gold 26, 140, 145, 152
Graphit 83, 168, 188
Grenzbiegespannung 243

Grenzflächenaktivität 282
Grenzviskosität 317
Grundgesetze der Chemie 43–50, 362
Gruppenbezeichnung 24
Gruppennummer 6, 24, 25
Gütegemeinschaft Kunststoffrohre 319
Guldberg und Waage 2, 47, 369
gummielastische Kunststoffe 211, 240

H

H^+-Ionen-Konzentration 370, 372
H_3O^+-Ion 53, 54, 57, 363
Haarwaschmittel 125
Haber-Bosch-Verfahren 3, 60
Häufigkeitstabelle 349
Haftbrückenbildner 290
Hafteffektmaximum 287
Haftklebstoff 289
Hahn, Otto 3
Halbedelmetall Kupfer 147
Halbleiter 301
Halbleitereigenschaften 301, 302, 307
Halbleiterelemente (Halbmetalle) 24, 149, 301
Halbleitertagung 1964 303
Halbmetalle 24
Halbwertszeit 32, 362
Halogenderivate 103–106
Halogene (Salzbildner) 24
Haltepunkt 340, 341, 367
Harnstoff 83, 117, 231
– moderne Herstellung 118
Harnstoff-Formaldehydharz (UF) 231
Harnstoffharz (UF) 210, 315
Hauptgruppen 6, 24
– elemente 6, 21, 41
Hauptquantenzahl 362, 371
Hauptvalenzbindung 5
Hautfett 300
HDPE 196, 235
He-Zustand 83
Heftpflaster 289
Heißsiegelklebstoff 289
Heizelementschweißen 267
Heizgradschweißen 267
Heizöl EL-Kenndaten 130
Helium-Kondensationspunkt 64

2,2,4,4,6,8,8-Heptamethylnonan 132
Heptan, n- 85, 130, 131
Heptosen 115
Hess, K 193
Hess'scher Satz 362
Hexan 85
Hexosen 115
HF-Schweißung 267
HF-Schweißen 37
HMN 132
Hochdruck-PE 196, 234
Hochfrequenzschweißen 267
Hochfrequenztechnik 301
Hochvakuummetallbedampfung 299
Höllenstein 16
Holzstrukturschäume 277
Holzverzuckerung 115
homologe Reihe 106
Homopolymerisation 217, 362
Hotmelt-Klebstoffe 295
Hotmelt (Reaktiv)-Klebstoffe 294, 295
Hume-Rothery-Regel 368
Hydratwasser 363, 370
Hydrazin 189, 265
Hydride 39, 40, 146, 363
Hydrierung 88
Hydrochinon 97, 98
Hydrolyse 89, 115, 363
Hydroniumion (H_3O^+-Ion) 53, 54, 57, 188, 190, 363/364
hydrophil 125, 364
hydrophob 125, 364
Hydrosole 363
Hydroxyl-Ion 188
Hypalon 211

I

i-Pentan 99
ideales Gas 364
Imidit-Strukturformel 219
– Eigenschaften 219
Indikatoren 7, 56, 364
Inhibitor 7
Initiatoren 199
Innovationsstufen 303
Integralschaum 276
interkristalline Korrosion 155, 156
intermolekulare Umlagerung 206

Stichwortverzeichnis 389

intrakristalline Korrosion 155, 156
intramolekulare Umlagerung 206
Inversions-Temperatur 63
– – des Heliums 63
Inversionstemperatur 364
Invertseife 364
Ion 30, 33, 35, 137, 364
Ionenäquivalent 364
Ionenaustauscher 281–283, 364/365
Ionenaustauscher-Reaktivierung 282
Ionenbindung 5, 8, 35, 89, 140
Ionenleiter 35, 53
Ionenleitfähigkeit 140
Ionenleitung 35, 53
Ionenprodukt 365
Ionenreaktion 84
Ionenwertigkeit 142
Ionenzustand 149
Ionisierungsenergie 40
Iso-Octan 99
Isobare 29, 33, 44
Isobutanol 99
Isochore 44
Isolatoren 167, 169
Isomerie 99
Isooctan 99
Isopropanol 112, 118
Isopropylalkohol 112
isotaktische Polymerisation 215
Isotope 21, 31, 33, 365
– instabil 33
– stabil 33
IUPAC 46, 83, 115, 365

J
Jodzahl 108, 365
Joule 365
Joule-Thomson-Effekt 63, 365
Jungner-Akkumulator 180
– – Nachteile 180
– – Vorteile 180

K
K-Wert 367
K-Wertbestimmung 317
Kali 15
Kaliflotation 127
Kalilauge 15

Kalilauge-Dichte-/Konzentrationstabelle 345
Kaliumchlorid 15
Kaliumdichromat 41
Kaliumnitrat 16
Kaliumpermanganat 41, 74
Kaliumperoxodisulfat 199
Kalk-Soda-Enthärtung 282
Kalkhydrat 15
kalklösende Kohlensäure 365
Kalkstein 15
Kaltron 360
Karbidkalk 89
Katalysator 2, 6, 61, 365
Katalyse-Verfahren mit Platimetallen 61
Katalyt-Ofen 61
katalytische Nachverbrennung 61
– Gasanzünder 61
Kathode 53, 137, 139, 150, 175, 176, 177, 181, 183, 184, 190
kathodischer Korrosionsschutz 164
– Rostschutz 164
Kation 53, 137, 139
kationaktive Tenside 127
Kationenkomplex 36
Kautschuk 193
Kavitationskeime 161
Kavitationskorrosion 161
Kekulé, August 2, 8, 83, 93
– 'sche Benzolformel 93
– 'sche Valenzstrichformel 90
Kelvin 45
Kelvin (absolute Temperatur) 366
Kelvin (Name) 365
Kerbspannung 246
Kernladungszahl 24, 32, 33, 366
Kernphotoeffekt 372
Kerosin 86, 186, 366
Ketone 118
Kettenabbruch 200
kettenförmige Alkane 36
kettenförmige Paraffine 86
Kettenradikale 200
Kettenreaktion 200
Kieselgur 90
kinetische Gastheorie 65
Kirstallinitätsgrad des iso-Kirstallinitätsgrad des isotaktisch polymerisierten Polypropylens 215

Klatte, Fritz 3, 197
Kleb- bzw. Dichtstoffe 366
Klebeflächenbelastung 290
Klebefuge 285, 287
Klebestoff-Temperaturbeständigkeit 286, 288, 289, 295, 296
Klebeverbindungsgestaltung 293
Klebfügungen-Verfahrenstechnik 290
Klebniete 285
Klebstoff-Arbeitsschutz 291
Klebstoff-DIN-Vorschriften 285, 295, 296
Klebstoff-Härter 289
Klebstoff-Richtlinien und Merkblätter 296/297
Klebstoff-Schichtdicke 287
Klebstoffdefinition lt. DIN 16920 285
Klebstoffe 285–297
Klebstoffeinteilung 288
Klebstoffentwicklungs-Geschichte 286
Klebstoffmerkblätter 296, 297
Klebstoffverarbeitungsrichtlinien 292
Klebungszugbeanspruchung 292
Klemmverschraubungen 271
Klopffestigkeit 99
Knallgaszelle 189
Knickpunkte 340
Koagulation 366
Kochsalz 15
Kohäsionskraft 212, 285, 287, 289
Kohlehydrate 115
Kohlenmonoxid (CO) 69
Kohlensäure 15
Kohlensäure (aggressive + stabilisierende = freie Kohlensäure) 158
Kohlenstoffgruppe 24
Kohlenstoffiostop ^{12}C 32, 46
Kohlenstoffisotop ^{14}C 32
Kohleverflüssigung 3
Kolbenspritzgußmaschine 299
kolloidale Lösung 366
kolloidale Systeme 366
Kolloide 366
Komplexion 36

Konstantan 150
Kontaktklebstoff 289
Kontaktklebstoffe 290
Kontaktkorrosion 157
Konzentrat 127
Konzentrationgängiger konzentrierter Säuren und Basen 14
Konzentrationsangaben 366, 367
Koordinationslehre 2
Koordinationszahl 17
Kopf/Kopf-Polymerisation 367
Kopf/Schwanz-Polymerisation 367
Korngrenzen-Korrosion 156
Kornzerfall-Korrosion 156
Korrosion 151, 155
Korrosion durch Potentialumkehr bei verzinkten Eisenrohren 158
Korrosionsformen 155
Korrosionsgeschwindigkeit 155
Korrosionsmittel 155
Korrosionsschutz 155, 163, 164
– künstlicher 163
– natürlicher 163
Korrosionsschutz-Inhibitor 272
Kossel 3, 35
Kraftfluß 367
Kraftstoffe 129
Kreide 15
Kresol-Formaldehyd-Harz (CF) 226
Kresole 98, 133
Kriechstromfestigkeit 169, 306
kristalline Soda 15
Kristallinitätstemperatur 312/313
Kristallisationstemperatur 209, 234, 236, 237
Kristallit-Schmelzbereich 234, 236
Kristallwasser 367
kritische Größen von Gasen 65
Kryolith 16
Kryoskopie 317
KT 209, 234, 236, 237, 312/313

Kunstharze 279
Kunstharzionenaustauscher 281
Kunststoff-Anionenaustauscher 281, 282, 283
Kunststoff-DIN-Vorschriftenzusammenstellung 225, 262, 271
Kunststoff-Eigenschaftenzusammenstellung 226–232, 309–316
Kunststoff-Einsatzmöglichkeiten 265
Kunststoff-Elektrizitätsleiter 301–307
Kunststoff-Elektroeigenschaften 306, 307
Kunststoff-Flammspritzen 266
Kunststoff-Fügeflächen-Beizung 287, 290
Kunststoff-Gleitreibversuche 248
Kunststoff-Handelsnamen (Tabelle) 226–231
Kunststoff-Ionenaustauscher 281–283
Kunststoff-Kationenaustauscher 281, 282, 283
Kunststoff-Kerbschlagzähigkeit 245
Kunststoff-Konstruktionen 257–260
Kunststoff-Leitfähigkeitszusatzstoffe 302
Kunststoff-Metallbedampfung 265, 276, 277, 299
Kunststoff-Metallisierungsverfahren 299
Kunststoff-Reibverhalten 248
Kunststoff-Schlagzähigkeit 245
Kunststoff-Sicherheitsbeiwert 258/259
Kunststoff-Sprödigkeit 239
Kunststoff-Stahl-Reibzahlen 248
Kunststoff-Unpolarität 28
Kunststoff-Wärmeausdehnungskoeffizient 271
Kunststoff-Weichmachernamen, einige (Tabelle) 231–232
Kunststoff-Zustandsbereiche 234

Kunststoffartenbezeichnung-Tabelle-(Makromolekülbausteinbezeichnung) 226–231
Kunststoffbearbeitung 265
Kunststoffe 193
– Einführung 193
Kunststoffe-Anwendungstemperaturbereiche (Tabelle) 226–231
Kunststoffe, Einsatzgebiete 196
–, Energiebedarf 196
–, Neuentwicklungen 196
–, nicht schweißbar 236
–, organisch 197
–, schweißbar 236
–, Zusammenfassung 196–197
Kunststoffeinsatz und -bearbeitung 265
Kunststoffen-Chemikalienbeständigkeit 260
Kunststofferkennungsprogramm-Tabelle 312/313
Kunststoffgalvanisierung 299
Kunststoffgruppen 1–4 312/313
Kunststofflagerschalen 265
Kunststofflegierungen (Polyblends) 220
Kunststofflöser 121
Kunststoffmolekül-Massenbestimmung 317
Kunststoffproduktion, Entwicklung 194, 195
Kunststoffpulver-Metallbeschichtung 265, 266
Kunststoffsprödigkeit 239
Kunststofftypen 207
Kunststofftypen-Thermoplaste, Duroplaste, Elastomere-(Tabelle) 225–231
Kunststoffverformungsverhalten 238
Kunststoffverschweißen 267
Kunststoffversprödung 272
Kupfer 26, 145
– E-gewinnung, elektrolytisch 139, 140
– ion 36, 146
– platte 146
Kupfer/Rost-Korrosion 158
Kupfererzflotation 127

Stichwortverzeichnis

Kupferreduktionsbad 300
Kupfersulfat mit 5 Molekülen Kirstallwasser 16, 139, 146
Kupfertetrammin-Komplex 36
Kupfervitriol 16
Kurz-Periodensystem 21
Kurzzeichen der Kunststoffe 209, 225, 239
Kurzzeichen von verschiedenen Kunststoffen (Tabelle) 226–231

L
Lachgas 59
Lackmuspapier 312/313, 370
Ladungsverteilung, asymetrische 37
Lagenentzinkung (selektive Korrosion) 160
Lang-Periodensystem 21, 22/23, 24
Langmuir, Irving 3
Langzeitbeanspruchung 243
Lanthan 25
Lanthanide 21, 25
Lanthanoide 25
Laschungsklebung 292
latente Wärmespeicher 367
Laugen 12
Lavoisier 1, 29
Lawrencium 25
LDPE 196
Le Chatelier'sches Prinzip 60
Lebenskraft 83
Ledeburit 341, 342
Legierung 216, 220, 339, 340, 341, 368
Legierungen 368
Leiter 1. Klasse 35, 167, 168
Leiter 2. Klasse 53, 140, 167
Leiterpolymere 217–220, 261, 302
Leitfähigkeitsänderung in Abhängigkeit von der Temperatur bei Graphit und Metallen 168
Leitfähigkeitsband 301
Leitfähigkeitselektronen 8, 35, 167, 168, 368
Leitfähigkeitsschicht 300
Leitfähigkeitsvergleich, Metalle/Polyacetylentypen 305

Leitlacke 302
Lewasorb 282
Lewatit 282
Lewis 3, 35
– Base 3
– Formel 35
– Säure 3
Libby 3
Lichtbogenfestigkeit 169
lichtelektrischer Effekt 372
Lichtstrahlschweißen 267
Liebig, Justus von 2
Linde Carl von 2, 63
lineares Epoxidharz 207
Liquidus-Kurve 342
Little-Modell 4, 304
– Luftverflüssigungsverfahren 63
– – Prinzip 63
Little-Theorie 303
Little, W. A. 4
Lochfraß 155, 156
Lochfraß im Kupferrohr durch Rost 158
Löslichkeitsprodukt 368
Lösungen, eingestellte 368
Lösungsmittel 7
Lokalelement 151
– bildung 159
Loschmidt- oder Avogadro-Konstante 46
Loschmidt'sche Zahl 46
Luftsauerstoff-Element 150, 151
Luftverbrennungsverfahren 59

M
Magnesiumhydroxid 15
MAK-Werte 69, 130, 368, 372
– – Liste (Tabelle) 69
– – Tabellenausgabe 70
– – von Chlorkohlenwasserstoffen 104–106
Makromolekül-Fadenstruktur 236
Makromoleküle 3, 193, 196, 197, 199, 207, 208, 209, 210, 212, 215, 217, 218, 220, 223, 234, 237, 368
Maltose 115
Malzzucker 115
Mangandioxid 74
Manganometrie 74–75

Mariotte 1
Mark, H. 193
Marmor 15
Maßanalyse 78, 368
Maßanalysen-Berechnungen 334–335
maßanalytische Bestimmung 73, 74
– – gelöster Substanz 79
Masse/Gewicht 46, 369
Massen-Energie-Gleichung 3
Massen-Energiegesetz (A. Einstein) 30
Massenanteil der Elemente (s. PSE) 22–23
Massenkonzentration 80
Massenwirkungsgesetz (MWG) 2, 47, 54, 369, 371
Massezahl 32, 46
Maßlösungen 75
Materieaufbau 5
Mattauch'sche Regel 369
Mattauch'sches Gesetz 32, 369
„Mauersalpeter" 16, 59
maximale Arbeitsplatzkonzentration (MAK) 70, 130, 368
maximale Elektronenzahl 29
maximale Emissionskonzentration (MEK) 70
maximale Immissionskonzentration (MIK) 70
Maxwell-Element 238
Mayer, Robert 2
mehrbasige organische Säuren 120
mehrwertige Alkohole 110
MEK-Werte 70
Melamin 97
Melamin-Formaldehyd-Harz (MF) 227
Melamin-Formaldehydharz-Dichte 213
Melaminharz (MF) 315
Melaminharze 210
Memoryeffekt 208, 237
Mendelejew 2, 21
Mengenverhältnis 340
Mesomerie 2, 93
Meßkolben 76
– Ringmarke 76
Metall 6, 24, 35, 53, 145, 152

– charakter 145
– hydride 39, 40
– ionen 53
– kristalle 167, 339
– Leiter erster Klasse 35
Metall-Pulverlackierung 266
Metallaufdampfung 299
Metallbindung 5, 8, 35
– bei Carbiden 89
Metallionen 139
metallischer Charakter 145/146
Metallkristallbausteine 8
Metallkunde 339–342
Metallraffination 140
Methan 84, 85, 106
Methancarbonsäure 122
Methanol 109, 110, 112
Methansäure 112, 119, 122
methoxilierte Cellulose 126
Methyl-Tertiär-Butyl-Ether (MTBE) 129
Methylalkohol 109, 110
Methylcellulose 289
Methylcellulose (MC) 227, 289
α-Methylnaphthalin 132
n-Methylpyrrolidon 286
Methylrot 56, 80
Metylan 126, 289
Meyer, K. H. 193
Meyer, Lothar 221
Meyer, Viktor 45
MF 279
micellarer Aufbau 193
MIK-Werte 70
Milchzucker 115
Mischbettentsalzungsanlagen 282
Mischkristallbildung 339, 340, 341, 342
Mischungskreuz-Berechnungen 336–337
MnO_2 74, 150
Modifikation 352
Mol 46, 76, 369
Molalität 73, 369
molare Masse 369
molare Masse eines Ions 74
– – – Äquivalentes 74, 142
– – – Ionen-Äquvalentes 74
– – – Elementes 74
– – – Moleküls 74
molare Masse M 73, 142, 369

Molarität 73, 369
Molekül 73, 369
– masse 197
Molekülmassenbestimmung von Gasen 45
Molekülmassenzahl 46
Molekularsieb 282
Moltopren 275
Molvolumen für Gase 43–45, 369
Molybdänsulfid 265
Molzahl 73
Monomere 197, 199, 200, 370
Monosaccharide 115
Mowicoll 290
MOZ 129
MTBE 129
Müller, Richard 3
Müller-Rochow-Synthese 4, 223
Muffenverklebung 292
Munsch-Extrusionsschweißgerät 267
MWG 47, 54, 369, 371

N
n-Heptan 130
n-Hexan 91
n-Leiter 171, 172
N_A oder N_L 46, 370
Naarmann, H. 4, 303
NaH (Natriumhydrid) 40
Namen und Formeln einiger wichtiger Säuren, Basen und Salze 15
Naphthalin 94
Naphthene 91
Natrium-Propionat 122
Natriumbicarbonat („Natron") 15
Natriumcarbonat 15
Natriumchlorat 16
Natriumchlorid 15
Natriumhypochlorit 16
Natriummethylsilikonat 224
Natriumnitrid 16
Natriumnitrit 16
Natriumperchlorat 16
Natriumperoxid 40
Natriumsalpeter („Natronsalpeter") 16
Natriumsulfat, kristallin („Glaubersalz") 15, 16, 367

Natriumsulfit 16
Natron 15
Natronbleichlauge 16
Natronlauge 15
Natronlauge-Dichte-/Konzentrationstabelle 344
Natta (*1903) 215, 303
Naturproduktumwandlung 197
Ne-Zustand 83
Nebengruppen 6
– elemente 6
Nebengruppenelemente 21, 25
Nebenquantenzahl 370, 371
Nebenvalenzbindung 5, 36, 370
Nebenvalenzen 37, 370
Nebenvalenzkräfte 37, 286
Neopren 211
Nernst'sche Potentialgleichung 148
Neutralisation 78, 370
Neutralisationsäquivalent 76, 371
Neutronen 5, 24, 371
– zahl 29, 31, 33
nicht optisch leere Lösung 366
nichtionogene Tenside 127
Nichtmetalle 6
Nichtmetalle in ihrer Ionenlösung 147
Nichtmetalloxide 11
Nichtseifentenside 126
Nickel 188
Nickel-Cadmium-Akkumulator 180, 181–182
Nickel-Eisen-Akkumulator 180
– – – Nachteile 180
– – – Vorteile 180
Nickelhydrid 188
Nickelreduktionsbad 300
Niederdruck-PE 196
Nietfügung 290
Nomenklatur 5
Normal-Wasserstoffelektrode 147
Normalbenzin („Benzin") 129
Normaldruck-Destillation 86
Normalität 75
Normallösung 74
Normalpotentiale 146, 147, 148, 152

Normann 3, 88, 121
Normann'sche Fetthärtung 88, 121
Normbedingungen 45
Normdruck 45
Normtemperatur in Kelvin 45
Novolake 201, 202
Nukleonen 29, 371
– zahl 32, 371
Nuklide 29, 46, 371
Nylon 228

O
Oberflächenbeschaffenheit 312/313
Oberflächenspannung 125
Octan 85, 99
OH⁻-Ionen 53
Oktanzahl 61, 129–132, 377
Ölsäure 119, 121
Olefine 85, 87, 103
Olein 119, 121
Oligosaccharide 115
Opferanode 164
optische Eigenschaften 253
optische Isomerie 99–100
Orbital 370, 371
Ordnungszahl 21, 25, 29, 32, 33
organische Batterie 303
organische Halbleiter 302
organische Makromoleküle 196
organische Metalle 302, 307
Organometalle 307
Osmose-Methode 317
Ostwald-Verfahren 60
Ostwald'sche Stufenregel 371
Ostwald'sches Verdünnungsgesetz 371
Oxalsäure 77
2-Oxibutan 100
Oxidation 40, 146, 163, 372
Oxidationsstufen 16, 74, 372
Oxidationszahl 6, 16, 17, 25, 32, 40, 74, 372
– angabe 41
Oxiliquid-Sprengung 63
Oxisäuren 11
2-Oxypropan 112
OZ 129–132
Ozon 68
– Formel 68
– Nachweis 68

– Resonanzstrukturen 68
– Wirkung 68
– zur Desinfektion 68
– zur Entkeimung, Desodorierung 68
Ozonloch 360
Ozonschicht 360

P
p. a. Substanzen 78
p-Leiter 171, 172
π-Elektronen 2, 4, 93, 94, 301, 303, 304
π-Elektronen-Konjugation 304
PA-Prüfungsausschußzeichen 319
Paladium 26
Palmitinsäure 119
Paraffine 85, 86, 90, 103
– allgemeine Formel 103
Passivität 151, 152
– von Chrom 156
Patina 155
Pattex 286, 289
Pauling, Linus 3, 21, 38, 39
PE-HD 196, 209, 217, 228, 235
PE-HD-Elektronenstrahlvernetzung 271
PE-HD-Peroxidvernetzung 271
PE-HD-UHMW 228
PE-HD-X 235, 236, 271–272
PE-HD-X-Sauerstoffdiffusion 272
PE-HD-X-Wasserleitungen 271
PE-LD 196, 209, 217, 228
PE-MD 217, 228
PE-X 208, 228, 271–272, 312/313
Peltier-Effekt 149
Penicillin 3
Pentan 85
Pentosen 115
Per (Tetrachlorethen) 106
Periode 24
Perioden, kurze und lange 21
Periodensystem der Elemente (PSE) 21, 22/23, 26
Perlit 341, 342
Perlon 207, 228, 310
– Synthese 207

Peroxigruppe 40
PET 208
Petrolether 85, 112, 372
PF (Phenoplaste) 201, 213, 228, 279
Pfropfentzinkung des Messings 159
Pfropfpolymerisation 216, 372
pH-Wert 13, 54, 55, 312/313, 372
– Bestimmung 55–56
– Bestimmung mittels Potentialmeßgerät 7, 56
– Bestimmungen mittels Farbänderung 56
– pH-Indikatoren-Tabelle mit Umschlagbereichen 7, 56
– wässriger Lösungen 55
Phenol 109, 112, 133, 201–204, 279
Phenol-Formaldehyd-Harz-Klebstoffe 286
Phenolalkohol 202, 203, 204
Phenolharz (PF) 228, 315
Phenolharze 201–204, 210, 228
Phenoplaste 197, 199, 201–204
Phosgen 372
– MAK-Wert 372
Phosphorsäure 15, 41, 74
Phosphorsäure-Dicht-Konzentrationstabelle 344
Photodiode 372
Photoeffekt 372
Photoelemente 372
Photozelle 372
PI 219, 228, 281, 312/313, 314
– als Metallklebstoff 219
Planck, Max 2
Planck'sches Wirkungsquantum 2
Planté-Formieren 176
Planté, Gaston 175
Plastikhandschuhe 300
Plastomere 207
Platforming-Verfahren 61
Platin 61, 145, 147, 150, 188, 189, 190
– als Anode 188, 189
– als Kathode 150, 188
Platinmohr 2, 147, 188, 190

Plexiglas 228
Pluton 218, 219
PMMA-Dichte 213, 220
polarer Charakter 37, 370
Polarisation 150, 151
Polarisationsspannung 151
polarisiertes Licht 372, 375
Polarität 37, 287
Polarität chemischer Verbindungen 37
Poly-4-methylpenten-1 (PMP) 229
Poly-p-Phenylen 220
Polyacetylen 302
Polyacetylenfilm 303, 304
Polyacrylnitirl (PAN) 228
Polyaddition 3, 197, 198, 199, 206, 207, 279, 288, 289
Polyadditionsklebstoffe 290
Polyaddukte 206
Polyamid (PA) 213, 228, 309
Polyamidimide-Klebstoff 286
Polyblends 220
Polybutylenterephthalat (PBT) 228
Polycarbonat (PC) 213, 228, 310
Polyenbackbone 304
Polyermisat 199
Polyester-Reaktionsharz (UP) 204–206, 231, 316
Polyesterharze, ungesättigt (UP) 231, 316
Polyethen (PE) 88, 196, 199, 209, 213, 228, 310, 312/313
Polyethylen 39, 199
–, vernetztes 208, 228, 271
Polyethylen mit mittlerer Dichte (PE-MD) 228
Polyethylenterephthalat (PET) 228
Polyethylenterephtalsäureester (PET) 208
Polyimid (PI) 228
Polyisobutylen (PIB) 228, 311
Polykodensations-Klebstoffe 289
Polykondensation 193, 197, 198, 199, 201–205, 206, 208, 279
Polymerisation 3, 197, 198, 199, 279

Polymerisationsgrad 199, 317, 372
Polymerisationsklebungen 288
Polymethylmethacrylat (PMMA) 228, 311, 312/313
Polyorganosiloxane 4
Polyoximethylen 201
Polyoximethylen (POM) 229, 311, 312/313
Polyphenylen 304
Polyphenylenoxid (PPOX) 229
Polypropylen-Dichte 213, 229
Polypropylen (PP) 215, 229, 314
Polypropylentypen 193, 215, 229
Polypyroll 304, 306
Polypyrroll-Elektrode in Akkumulatorzelle 306
Polysaccharid 115
Polystyrol (PS) 213, 229, 312/313, 314
Polysuflid-Harzkitte 285
Polysulfidkautschuk 211
Polytetrafluorethylen (PTFE) 213, 229, 312/313, 314
Polyurethan-Hartschaum 277
Polyurethan-Integralschäume 276
Polyurethan (PUR) 197, 206, 229, 276, 279, 312/313, 315
– Dichte 213
Polyurethanharzkitt 285, 286
Polyvinylacetat (PVAC) 229, 290, 312/313
Polyvinylalkohol (PVAL) 229, 312/313
Polyvinylbutyral (PVB) 229
Polyvinylcarbazol (PVK) 230
Polyvinylchlorid 3, 197, 199, 200, 230
Polyvinylchlorid (PVC-P und PVC-U) 200, 230, 234, 312/313, 314
Polyvinylfluorid (PVF) 230
Polyvinylformaldehyd (PVFM) 230
Polyvinylidenchlorid (PVDC) 230

Polyvinylpropionat 230, 290
Polyvinylpropionat (PVP) 230
POM-Dichte 213
Ponal 290
Portlandzement (PZ) 377
Potentialumkehr bei verzinkten Eisenrohren 158
ppm (parts per million) 69, 373
Prepregs 283
Preßelektroden 181
Priestley 1
primäre, sekundäre und tertiäre Alkohole 110
Primärzementit 341, 342
Primer 373
Promotor 60
Propan 85
Propanol 110
2-Propanon 118
Propansäure 119, 122
Propionat 122
Propionsäure 119, 122
Proportionalitätskonstante c 140
Propylalkohol 110
Proton 5, 24, 29, 37, 76
Protonenakzeptor 3
Protonendonator 3
Protonenzahl 31, 32, 33
Proust 1, 48
Pummerer, P. 193
Punktschweißfügung 290
PUR 206, 229, 279
– Dichte 213, 229
PVC (PVC-P und PVC-U) 198, 200, 230, 234, 312/313, 314
PVC-Synthese 197, 200
Pyknometer 373
Pyridin 112
PZ (Portlandzement) 377

Q

Qualitäts- und Gütezeichen 319
Quasiisotropie 339
Quecksilber(I)-Verbindungen 26
Quecksilber(II)-Verbindungen 26
Quellschweißer 289
Quetschnahtausbildung (QN) 268

R

Racemate 373
Radikal 373
Radikale 108, 197, 199
Radioisotop 33
Radionuklide 31, 33
Raifenhäuser-Extrusionsschweißgerät 267
RAL 319, 320
Raney-Nickel 3, 88, 121, 187, 373
Raumnetzstruktur 201, 202, 205, 210, 279
Raumteile 312/313
Reaktant 207
Reaktion 373
Reaktionskitte 285
reales Gas 64
Redox-Äquivalent 74, 373
– Prozeß im Akku 175, 179
Redox-Reaktion 74–75, 373, 374
– Prozeßablauf 74
Redoxpaar 147
Reduktion 40, 374
Reibkorrosion und Reibverschleiß 159
Reibschweißen 267
Reinkristallbildung 340–341
Reinsubstanz 76
Reißdehnung 240
Relaxation 238, 374
Relaxationsmodul 238
Relaxationsversuch 243
Reppe-Chemie 90
Resit-Zustand 201, 204, 279
Resitol-Weitervernetzung 289
Resitol-Zustand 201, 204, 279
Resol-Zustand 203, 279
Resole-Vernetzung 289
Resorcin 97, 98
Retardation 238, 243, 374
Retardationsversuch 243
Rhodium 26
Riesenmoleküle (Makromoleküle) 193
ringförmige Paraffine 86, 91, 92
Rochow, Allred 38, 223
Rochow, Eugen Georg 3, 223
Rohdichten von verschiedenen Kunststoffen (Tabelle) 226–231, 309–314

Rohr-im-Rohr-System 271
Rosten 155
Roving 374
ROZ 129, 132
RT 312/313
Rübenzucker 115
Rückerinnerungseffekt (Memory-Effekt) 208, 237
Rückstand bei der Flotation 127
Rückstelleffekt (Memory-Effekt) 208, 237

S

Saccharide 115
Sättigungslinie 342
Säure 11, 15, 374
– Bildung 14
– restionen 53
–, sauerstofffreie 11
–, sauerstoffhaltige 11
Säure-Base-Äquivalent 74
Säure-Basen-Indikator 56, 364
Säureanhydride 11
säurebildende Elemente 26
Säuren 54/57, 374
Säuren-Basen-Salze-Daten 343–348
Säuren-Dichte-/Konzentrationstabelle 343, 344
Säurerest 11
– ion 53
Salmiak 16
Salmiakgeist 15, 38
Salmiakstein 16
Salpeter 16, 59
Salpetersäure 15, 59
– Synthese 159/160
Salpetersäure-Dichte-/Konzentrationstabelle 344
Salpetersäureester 120
salpetrige Säure 15
Salzbildung 145
Salze 1, 12, 15, 54, 374
–, alkalisch reagierende, neutral reagierende, sauer reagierende 13
–, Aufstellung von Formeln 14
–, basische, neutrale, saure 13
–, Benennung 14, 15
–, Bildung 14
–, Formeln 15

Salzlöslichkeit/Temperatur 346–348
Salzsäure 15, 61, 312/313
Salzsäure-Dichte-/Konzentrationstabelle 343
SAN-Dichte 213, 312/313
Sandwich-Bauweise 277
Sauerstoff in Peroxiden 26
– atomar 140
– Verflüssigungstemperatur 63
Sauerstoffanlagerung 287
Sauerstoffdifluorid 40
Sauerstoffgruppe 24
saures Natriumcarbonat 15
Schälbeanspruchung 292/293
Schalennummer 29
Schaumbläschenbildung 125
Schaumstoff-Geschlossenporigkeit 273/274
Schaumstoff-Offenporigkeit 273/274
Schaumstoff-Wärmedämmung 273
Schaumstoffe 273
Scheele 1
Schichtdickenverhältnis Cu/Ni 300
Schlagbiegeversuch 245
schlagfestes Polystyrol-Dichte 213
Schlagzähigkeit 245
Schlagzugversuch 245
Schliffbild 340, 341
Schmelzbruch 375
Schmelzflußelektrolyse der Aluminiumgewinnung 140
Schmelzkitte 285
Schmelzklebstoff 289, 295
Schmieröl 86, 88
– Kenndaten 130
Schmierstoffe 365
Schneckenspritzgußmaschine 299
Schnellabbinderklebstoffe 294
Schnellbinder 294
Schrumpffolienschläuche 208
Schutzkolloid 366
Schwaden-pH 312/313
Schwefel-Eisen-Versuch 49
Schwefelsäure 15, 41, 76, 140
– verdünnte 146, 175
– wasserfrei 80

Schwefelsäure-Dichte-/Konzentrationstabelle 343
Schwefelwasserstoff 15, 50
schweflige Säure 15
Schweißfreudigkeit 268
Schweitzer, O 193
Schwerentflammbarkeit 261/262
Schwerspat 16
Schwimmaufbereitung von Erzen 127
Seebeck-Effekt 149
Seifen 125
Sekundärelemente 175
sekundäres Isobutanol 99
Sekundärzementit 342
„Sekundenkleber" 286
Selbstentzündungstemperatur 375
selbstverlöschende Kunststoffe 261/262
selektive Korrosion (Entzinkung des Messings) 156, 159
SGA-Klebstoffe 294
SHZ (Sulfathüttenzement) 377
Sicherheitsratschläge 291, 292
Siconit 286
Silber 26, 140, 141, 145, 147
– ion 53
Silber-Cadmium-Akkumulator 185
Silber-Elektrizitätsleitfähigkeit 304
Silber-Zink-Akkumulator 185
Silberchlorid 16
Silbernitrat 16, 141, 147
Silikon (SI) 196, 197, 223, 224, 230, 315
– Eigenschaften 223, 224, 230
Silikongummi 211
Silopren 211, 230, 286
Sinstege, Josef 175
Sinterelektroden 181
SKE (Steinkohleneinheit) 375
Sörensen 3, 55
Sol 375
Solidus-Kurve 339, 341, 342
Solidus-Linie 339, 341
Solvate 370, 375

Sonderarten der Polymerisation 215–220
Sonderstellung des Kohlenstoffs im Periodensystem 86
Sonotrode 268, 270
SOZ (Straßenoktanzahl) 129
Spannungs-Dehnungsdiagramm 239, 240
Spannungskorrosion 155, 156
Spannungsreihe der Ionen 146
Spannungsreihe, elektrochemische 145, 146
–, thermoelektrische 149
Spannungstheorie 87
Speisefette 121
spezielle Polyethylenarten 217
Spiegelbildisomerie 99, 375
Spin 31, 371, 375
–, antiparalleles 31
–, Urzelle des Magnetismus 31
Spongiose (Schwammkorrosion) 160
Spritzgußmaschinen 234, 236, 299
Stärke 115, 194
Stärkemoleküle 193
Stärkezucker 115
Stahl-Kohlenstoffgehalt 342
Startreaktion 199
Staudinger-Gleichung 317
Staudinger, Hermann 3, 193, 196, 197, 204
– „Arbeitserinnerungen" 193, 380
Staudinger-Index 317, 375
Staufferfett 125
Stearin 119
Stearinsäure 119
Steinkohleneinheit (SKE) 375
stereospezifische Polymerisation 215
stic-slip-Effekt 375
Stickstoff und seine wichtigsten Verbindungen 57
– verflüssigungstemperatur 63
Stickstoffgruppe 24
Stickstoffmonoxid 59
Stickstoffoxide 59

Stickstofftrioxid 60
Stöchiometrie 375
Stöchiometrie-Berechungen 321
Stöchiometrie-Einführung 321
Stöchiometrie-Maßangaben 321, 322
Stöchiometrie-Übungsbeispiele 321–335
stöchiometrische Gesetze 7
– Wertigkeit 140
Stör- oder Fremdatome im Halbleiter 171
Störstellenarten (Donatoren und Akzeptoren) 172
Störstellenleitung in Halbleitern 171
Stoffmenge $n_{(x)}$ 73
Stoffmengenkonzentration $c_{(x)}$ 73
Stoßstangenpolsterungen 277
Strahltriebwerk-Kraftstoff 366
Strassmann 3
Stromfluß 35
Strukturformel 8, 16, 37, 85, 90–100
– Naphthalin 94
– vom Benzol 94
Strukturschaum 276
Styrol 205
Styrol-α-Methylstyrol (S/MS) 230
Styrol-Acrylnitirl-Copolymerisat (SAN) 230
Styrol-Butadien-Copolymer (S/B) 230
Styrol-Maleinsäureanhydrid (S/MA) 230
Styropor 4
Substitution 117
Substitutions-Isomerie 100
Sulfathüttenzement (SHZ) 377
Sulfonsäuregruppen 282
Summenformeln 16, 91–99, 115
Super-plus (bleifrei) 129
Superbenzin (bleifrei) 129
Superbenzin-Dichte 129
Superkraftstoff 86, 129, 130
Supraleitung 303
syndiotaktische Polymerisation 215

Stichwortverzeichnis 397

Synmetals 4, 302
Synthese 376
Synthesekautschuk 211
Synthesekautschuk-Latex 273
Systematik in der Chemie 21

T

Tapetenkleister 289
technische Richtkonzentrations-Werte (TRK-Werte) 69
Teer 133
– und Bitumen, Unterscheidungsmerkmale 133
Teflon 229
Teilchenzahl ($N_{(x)}$) 376
teilkirstalline Thermoplaste 209, 234, 236, 237
TEL 130
Temperatur-Zeit-Grenzen-Bestimmung 249
Temperaturbereiche der Anwendung verschiedener Kunststoffe (Tabelle) 226–231
Tenside 125–127, 376
Terotop 286
Terylen 228
Tetracalciumaluminatferrit (C_4AF) 377
Tetrachlorkohlenstoff 69, 105
Tetrachlormethan 69, 105
Tetraeder 84
Tetraederstruktur 84
Tetrosen 115
thermische Eigenschaften 249
thermische Zustandsgleichung für idelae Gase 65, 67
thermoelektrische Metallkombination 149
thermoelektrische Spannungsreihe 149
Thermoplast 312/313
Thermoplaste bzw. Thermomere 196, 201–204, 207, 208, 209, 234, 235, 236, 237
Thio 376
Thiokol 211
Thixotropiermittel 285
Tiefziehumformung 208, 237
Titer t 78, 79

Titration 75–80
TML (Bleitetramethyl) 130
Toilettenseife 125
Toluol 95, 129
Tonerdehydrat 15
Top-Destillation 86
Topfzeit 376
Torlon 4000 286
toxisch 60
TPX-Harz 229
transkristalline Korrosion 155, 156
Traubenzucker 110, 115, 193
– Strukturformel nach Fischer 116
– Strukturformel nach Haworth 116
Traubenzuckermoleküle 193
Traßhochofenzement (TrHOZ) 377
Traßzement(TrZ) 377
Treibprozesse 273–277
Trevira 228
TrHOZ (Traßhochofenzement) 377
Tribomatic-Pistole 266
Tribomaticsystem 266
Tricalciumaluminat (C_3A) 377
Tricalciumsilikat (C_3S) 377
1,1,1-Trichlorethan 105
Trichlorethen (Tri) 106
Trikresylphosphat 232
Trimerisierung 90
2.2.4-Trimethylpentan 99
Trinatrium-Aluminium-hexafluorid 16
Trinatriumphosphat 16
Triosen 115
Trolen 228
Trübe bei der Flotation 127
TrZ (Traßzement) 377
typische Isolatoren 169

U

Übergangselemente 21, 25
Überwachungszeichen 319
UF 279
UF (Harnstoffharz) 315
Ultramikroskopie 317
Ultraschallschweißen 267
Ultraschall-Schweißnahtgestaltung 268
unechte Lösung 366

ungesättigte Polyesterharze 205, 210, 231
– – Dichte 213, 312/313
ungesättigte Polyesterharze (UP) 316
Unterchlorige Säure 61
Unterrostung 155
Umformen 234
UP 206, 279
UP-GF 279
UP-Klebstoffe 288, 290
Urethangummi 211
Urformen 234
Urtitersubstanz 76
– masse 77
US-Schweißen 267

V

Val 376
Valenzband 301
Valenzelektronen 8, 35, 167
Valenzschale 40
Valenzstrichformeln 8, 35, 37
van-der-Waals-Bindungskräfte 286
Van't Hoff 2
VDE-Qualitäts- und Gütezeichen 319
Verbleiung 129
Verdichtungswärme 63
Verformungsverhalten 238
Verhältnisrechnung 322
Verklebungsbeanspruchungsarten 293
vernetztes Polyethylen (PE-X oder auch noch VPE) 228, 237, 271, 272, 310, 312/313
Vernetzungsbrücken 236
Verpuffungstemperatur 376
Verseifungszahl 376
verzinkte Eisengefäße 151
verzinkte Stahlrohre und ihre Korrosion 157
Verzinnte Eisengefäße 151
Vf (Vulkanfiber) 193, 197, 312/313
Vinylchlorid/Ethylen (VC/E) 231
Vinylchlorid/Ethylen/Methacrylat (VC/E/MA) 231
Vinylchlorid/Ethylen/Vinylacetat (VC/E/VAC) 231
Vinylchlorid-MAK-Wert 69
Vinylchlorid/Methacrylat (VC/MA) 231

Vinylchlorid/Methyl-Methacrylat (VC/MMA) 231
Vinylchlorid/Vinylacetat (VC/VAC) 231
Vinylchlorid/Vinylidenchlorid (VC/VDC) 231
Vinylradikal 200
viskoelastisches Verhalten 238
Viskositäts-Meßmethode 317
Viskositätsuntersuchung 317
Voigt-Kelvin-Element 238
vollsynthetische Kunststoffe 197
Volta 137
– 'sche Spannungsreihe 145
Volumenkontraktion 75
Vulkanfiber (VF oder Vf) 231
vulkanisierter Kautschuk 211
Vulkollan 211, 229, 315

W
Wachse 121
Wandanstrichfarben-Binder 290
Warmgasschweißen 267
Waschseifen 125
Wasser-Dipolcharakter 126, 363
wasserfreies Kupfersulfat 16
Wasserenthärtung 282, 357
Wasserenthärtungsanlagen 282
Wasserhärte 377
Wassermolekül-Schwärme 37, 38
Wasserstoff 21, 88, 145, 150
– als Bezugselektrode 145, 147, 301
– als negatives Ion 39
– als positives Ion 39, 53
– atomar 88
– im Periodensystem 39
– in der elektrochemischen Spannungsreihe der Metalle 39, 145
– Kodensationspunkt 64
– oberhalb der Alkalimetalle 39
– oberhalb der Halogene 39
– peroxid 40
Wasserstoffabscheidung 151
Wasserstoffperoxid 16
Wasserstoffsuperoxid 17, 40
Wasservollentsalzung 282, 376
Wasservollentsalzungsanlagen 282
Wärmeausdehnungskoeffizient 250, 300
Wärme-Formbeständigkeitsprüfung 226–231, 249
Wärmeimpulsschweißung 267
Wärmeleitfähigkeit 250
Wärmeleitzahlen 276
Wärmesummenkonstanz 366
Weichmacher-Bezeichnungen, einige (Tabelle) 231–232
Weichmacher im Polyvinylchlorid 37
Weichmacher-Kurzzeichentabelle (lt. DIN 7723) 231–232
Weißleim 290
Werner, Alfred 2
Wertigkeit 40
–, oxidative 40
Wertigkeit der Atome 6, 16, 24, 40
– Gold 6
– Kupfer 6
– Silber 6
Wertigkeitsangabe 17
Wieland, H 193
Wirbelsintern 266
Wöhler, Friedrich 2, 83
– 'sche Synthese 83

Wöhler-Kurven von Kunststoffen 247
Wofatit 282

X
Xylole 95–96, 129

Z
z^* (Äquivalentzahl) 377
Zähigkeit 245
Zahlenbuna 211
Zeitstand-Zugversuch 244, 245
Zeitstandfestigkeits-Schaubilder 247
Zeitreaktionen 84
Zellglas (ZG) 231
Zement 377
Zementation 160
„Zementbazillus" („Ettringit") 358
Zementit 341, 342
Zementnorm 1164 377
Zersetzungstemperaturbereich 234, 235, 236, 237, 271
Ziegler, Karl 4, 215, 303
Ziegler-Natta-Katalyse 303
Zink 26, 147, 151
– Kupfer-Element 146, 150
Zink-Ionen 147
Zinkplatte 146
Zinksulfat 146
Zinn 151
ZT oder Z 234, 235, 236, 237, 271
Zündwilligkeit 131
Zugbeanspruchungsermittlung 240, 241
Zugfestigkeit 235, 236, 237, 239, 240
Zugscherung 292
Zugspannung σ 239
Zweifachbindung 199
Zweikomponenten-Klebstoffe 290
zweipoliger Charakter 37

Tribologie Handbuch

von Horst Czichos und Karl-Heinz Habig

1992. X, 560 Seiten mit 396 Abbildungen und 130 Tabellen. Gebunden.
ISBN 3-528-06354-8

Aus dem Inhalt: In dem Werk werden für das Gebiet der Tribologie neben einem fundierten Überblick praxisorientierte Bearbeitungshilfen gegeben. Dabei werden ausführlich die verschiedenen tribologischen Beanspruchungen und die Grundlagen von Reibung, Verschleiß und Schmierung dargestellt. Die anschließend behandelten Anwendungsgebiete der Tribologie umfassen sowohl tribotechnische Werkstoffe und Schmierstoffe als auch die wichtigsten tribotechnischen Systeme des Maschinenbaus und der Fertigungstechnik. Außerdem werden die modernen Methoden der Reibungs- und Verschleißprüftechnik, der Analyse von Verschleißschäden und der systematischen Bearbeitung von Verschleißproblemen aufgezeigt. Das Buch wird Maschinenbauern, Feinwerktechnikern, Werkstofftechnikern, Physikern und Chemikern Methoden zur Lösung von Reibungs- und Verschleißproblemen in Entwicklung, Konstruktion, Fertigung, Prüfung und betrieblicher Instandhaltung vermitteln.

Über die Autoren: Prof. Dr. Horst Czichos und Prof. Dr. Karl-Heinz Habig sind tätig in der Bundesanstalt für Materialforschung und -prüfung (BAM), Berlin.

Verlag Vieweg · Postfach 15 46 · 65005 Wiesbaden

Edition CyberMedia: Periodensystem der Elemente

von Heinz Schmidkunz (Hrsg.)

1995. 3 Disketten mit 24 Seiten Begleitbroschüre.
ISBN 3-528-07001-3

Möchten Sie das Periodensystem neu entdecken? Mit diesem ganz neuen Weg des Verstehens können Sie spielerisch die zwei Facetten des Periodensystems der Elemente kennenlernen. Begreifen sie zum einen perioden- und gruppenabhängige Gesetzmäßigkeiten, indem sie im systematischen Teil auf einzelnen Seiten graphik- und zahlenorientiert z.B. EN-Werte, Dichte, Leitfähigkeit oder Radioaktivität dargestellt sehen. Wenn Sie zum anderen auch an den individuellen Elementeigenschaften interessiert sind, wird Ihnen durch Klicken auf das Element sofort ein Fenster geöffnet, wo Sie auf diesen Bildschirmseiten ausführliche Informationen über Vorkommen, Darstellung, technische Verwendung, Geschichte, Elektronenkonfiguration und die chemisch/physikalischen Daten des jeweiligen Elementes bekommen.

Über den Autor: Dr. Heinz Schmidkunz ist Professor für Didaktik der Chemie an der Universität Dortmund. Er ist Mitherausgeber der Zeitschriften CHEMKON (Chemie konkret) und „Naturwissenschaften im Unterricht Chemie". Zudem ist er Autor mehrerer Lehrbücher im Bereich Chemie für Schule und Hochschule.

Verlag Vieweg · Postfach 15 46 · 65005 Wiesbaden

Experimentalphysik für Ingenieure

von Hans-Joachim Schulz, Jürgrn Eichler, Manfred Rosenzweig, Dieter Sprenga und Wetzel

1995. Ca. 500 Seiten mit zahlreichen Abbildungen. (Viewegs Fachbücher der Technik) Kartoniert. ISBN 3-528-04934-0

Aus dem Inhalt: Mechanik – Thermodynamik – Optik – Elektromagnetismus – Bausteine der Materie – Festkörperphysik

Dieses Buch ist als Lehrbuch zum Gebrauch neben Vorlesungen konzipiert, es dient durch seinen Praxisbezug auch dem Ingenieur als Informationsquelle für physikalisches Grundlagenwissen. Es entwickelt das Verständnis für die physikalische Denkweise, sowohl im Einzelnen als auch im Zusammenhang. Besonderer Wert wird dabei auf die Hinführung zu modernen technischen Anwendungen für die Optoelektronik, Halbleiterbauelemente, Lasertechnik, Holographie, Klima- und Wärmetechnik sowie technische Akustik gelegt. Materialdiagramme und -tabellen ermöglichen es dem Benutzer, sich eine Vorstellung von den Größenordnungen der physikalischen Effekte und Größen zu machen.

Über den Autor: Die Autoren lehren an der Technischen Fachhochschule Berlin Physik.

Verlag Vieweg · Postfach 15 46 · 65005 Wiesbaden

Handbuch Technische Oberflächen

von Herbert von Weingraber und Mohamed Abou-Aly

*XVIII, 448 Seiten, 317 Abbildungen, 41 Tafeln. Gebunden.
ISBN 3-528-06318-1*

Aus dem Inhalt: Das Handbuch behandelt die den Praktiker und den Wissenschaftler gleichermaßen interessierenden vielschichtigen Probleme, die mit der Herstellung, der Prüfung und dem Gebrauchsverhalten der Oberflächen technischer Erzeugnisse verknüpft sind. Die Methoden zur quantitativen Beurteilung der geometrischen Beschaffenheit erzeugter Oberflächen werden kritisch einander gegenübergestellt. Besonderes Augenmerk gilt den statistischen Verfahren zur wissenschaftlichen Aufklärung der Zusammenhänge, die zwischen den Fertigungsbedingungen und dem erzeugten Oberflächencharakter bestehen. Diese geometrischen und physikalisch-chemischen Eigenschaften einer Oberfläche – zusammengefaßt unter dem Begriff Oberflächenzustand – bestimmen deren Gebrauchsverhalten bei einer vorgegebenen Beanspruchung. Tribologische Vorgänge und Korrosion werden abschließend erläutert.

„(. . .) Eine klare und übersichtliche Gliederung fördert die Benutzung dieses Handbuches. Es ist seit dem Erscheinen der ‚Technischen Oberflächenkunde' von G. Schmaltz im Jahre 1936 das erste neuere Werk zu diesem Thema. (...)"

W. Hillmann, PTB-Mitteilungen 1/1990

Verlag Vieweg · Postfach 15 46 · 65005 Wiesbaden